Android Studio
应用开发

实战
详解

王翠萍◎编著

人民邮电出版社

北 京

图书在版编目（CIP）数据

Android Studio应用开发实战详解 / 王翠萍编著
. -- 北京：人民邮电出版社，2017.2
ISBN 978-7-115-43673-3

Ⅰ. ①A… Ⅱ. ①王… Ⅲ. ①移动终端－应用程序－
程序设计 Ⅳ. ①TN929.53

中国版本图书馆CIP数据核字(2016)第289787号

内 容 提 要

全书共分 18 章，依次讲解了 Android 开发基础、搭建 Android 开发环境、Android Studio 集成开发环境介绍、Android Studio 常见操作、分析 Android 应用程序文件的组成、Gradle 技术基础、UI 界面布局、Material Design 设计语言、核心组件介绍、Android 事件处理、图形图像和动画处理、开发音频/视频应用程序、GPS 地图定位、Android 传感器应用开发、编写安全的应用程序、Google Now 和 Android Wear、Android 应用优化以及 Android TV 开发。本书几乎涵盖了 Android Studio 应用开发所能涉及的所有领域，在讲解每一个知识点时，都遵循了理论联系实际的讲解方式，用具体实例彻底剖析了 Android Studio 开发的每一个知识点。本书讲解方法通俗易懂，特别有利于初学者学习并消化。

本书适合 Android 初级读者、Android 应用开发人员、Android 爱好者、Android Studio 开发人员、Android 智能家居、Android 可穿戴设备研发人员学习，也可以作为相关培训学校和大专院校相关专业的教学用书。

◆ 编　著　王翠萍
　　责任编辑　张　涛
　　责任印制　焦志炜

◆ 人民邮电出版社出版发行　　北京市丰台区成寿寺路 11 号
　　邮编　100164　电子邮件　315@ptpress.com.cn
　　网址　http://www.ptpress.com.cn
　　固安县铭成印刷有限公司印刷

◆ 开本：787×1092　1/16
　　印张：25
　　字数：734 千字　　　　　　　　　　2017 年 2 月第 1 版
　　印数：1 – 2 500 册　　　　　　　　2017 年 2 月河北第 1 次印刷

定价：69.00 元

读者服务热线：(010)81055410　印装质量热线：(010)81055316
反盗版热线：(010)81055315

前　　言

因为从 Android 6.0 开始，谷歌公司宣布不再对 Eclipse 环境提供任何技术支持，而是主推 Android Studio 开发环境。为了顺应当今技术潮流，笔者编写了这本 Android Studio 应用开发的书籍，详细讲解了使用 Android Studio 工具开发 Android 应用程序的基本知识。

本书的版本

Android 系统自 2008 年 9 月发布第一个版本 1.1 以来，截止到 2016 年的最新版本 7.0，一共存在十多个版本。由此可见，Android 系统升级较快，一年之中最少有两个新版本诞生。如果过于追求新版本，会造成力不从心的结果。所以在此建议广大读者：不必追求最新的版本，我们只需关注最流行的版本即可。据官方统计，截至 2016 年 4 月 14 日，占据前 3 位的版本分别是 Android 4.4、Android 5.0 和 Android 6.0。其实这 3 个版本的区别并不是很大，只是在某领域的细节上进行了更新。

本书特色

本书内容十分丰富，并且讲解细致。我们的目标是通过一本图书，提供多本图书的价值，读者可以根据自己的需要有选择地阅读。在内容的编写上，本书具有以下特色。

（1）结构合理

从用户的实际需要出发，科学安排知识结构，内容由浅入深，叙述清楚，具有很强的实用性，几乎讲解了 Android 语言的所有知识点。同时全书精心筛选的具有代表性、读者关心的典型知识点，几乎包括 Android 应用开发的各个方面。

（2）易学易懂

本书条理清晰、语言简洁，可帮助读者快速掌握每个知识点。每个部分既相互连贯又自成体系，读者既可以按照本书编排的章节顺序进行学习，也可以根据自己的需求对某一章节进行针对性地学习。

（3）实用性强

本书彻底摒弃枯燥的理论和简单的操作，注重实用性和可操作性，详细讲解了各个知识点的基本知识和具体用法实例，使用户掌握相关的操作技能的同时，还能学习到相应的知识。

（4）案例精讲，深入剖析

为使读者步入 Android 实战角色，详细讲解了每一案例的详细实现流程。通过学习本书，读者不但对基本知识点进行了系统的学习，而且能够从实战中轻松掌握各个知识点的综合运用技巧，为读者将来更深层次的学习打下坚实的基础。

读者对象

- 初学移动开发的自学者
- Android Studio开发人员

- Android智能家居开发人员
- Android可穿戴设备研发人员
- 大中专院校的老师和学生
- 从事移动开发的程序员
- 编程爱好者
- Android开发人员
- 相关培训机构的老师和学员

特别注意

　　本人在编写过程中，得到了人民邮电出版社工作人员的大力支持，正是各位编辑的求实、耐心和效率，才使得本书在这么短的时间内出版。另外也十分感谢我的家人，在我写作的时候给予的巨大支持。由于本人水平有限，纰漏和不尽如人意之处在所难免，诚请读者提出意见或建议，以便修订并使之更臻完善。另外为本书提供了售后支持网站（http://www.toppr.net/），读者如有疑问可以在此提出，一定会得到满意的答复。在 http://www.toppr.net/中还提供了如下所示的免费资源供读者下载：

- 本书所有的源代码；
- 赠送500个实例代码；
- 1000页PDF电子书；
- 40小时的Android教学视频。

作　者

目　　录

## 第 1 章

Android开发基础

Android是一款操作系统的名称，是科技界巨头谷歌（Google）公司推出的一款运行于手机和平板电脑等设备的智能操作系统。因为Android系统的底层内核是以Linux开源系统架构的，所以它是Linux家族的产品之一。虽然Android外形比较简单，但是其功能十分强大。自从2011年开始到现在为止，Android系统一直占据全球智能手机市场占有率第一的宝座。在本章的内容中，将简单介绍Android系统的诞生背景和发展历程，为读者步入本书后面知识的学习打下基础。

1.1 移动智能设备系统发展现状

在Android系统诞生之前，智能手机这个新鲜事物大大丰富了人们的生活，得到了广大手机用户的青睐。各大手机厂商在市场和消费者用户需求的驱动之下，纷纷研发出了各种智能手机操作系统，并且大肆招兵买马来抢夺市场份额，Android系统就是在这个风起云涌的历史背景下诞生的。在了解Android这款神奇的系统之前，将首先了解当前移动智能设备系统的发展现状。

智能手机和移动智能设备介绍

智能手机是指具有像个人计算机那样强大的功能，拥有独立的操作系统，用户可以自行安装应用软件、游戏等第三方服务商提供的程序，并且可以通过移动通信网络接入到无线网络中。在Android系统诞生之前已经有很多优秀的智能手机产品，例如Symbian系列和微软的Windows Mobile系列等。

对于初学者来说，可能还不知道怎样来区分智能手机。某大型专业统计站点曾经为智能手机的问题做过一项市场调查，经过大众讨论并投票之后，总结出了智能手机所必须具备的功能标准，下面是当时投票后得票率最高的前5个选项：

（1）操作系统必须支持新应用的安装；

（2）高速度处理芯片；

（3）支持播放式的手机电视；

（4）大存储芯片和存储扩展能力；

（5）支持GPS导航。

根据大众投票结果，手机联盟制定了一个标准，并以这个标准为基础，总结出了如下智能手机的主要特点：

（1）具备普通手机的全部功能，例如可以进行正常的通话和发短信等手机应用；

（2）是一个开放性的操作系统，在系统平台上可以安装更多的应用程序，从而实现功能的无限扩充；

（3）具备上网功能；

（4）具备PDA的功能，实现个人信息管理、日程记事、任务安排、多媒体应用和浏览网页；

（5）可以根据个人需要扩展机器的功能；

（6）扩展性能强，并且可以支持第三方软件。

随着科技的进步和发展，智能手机被归纳到移动智能设备当中。在移动智能设备中，还包含了平板电脑、游戏机和笔记本电脑。

1.2 Android系统基础

Android一词最早出现于法国作家Auguste Villiers de l'Isle-Adam在1886年发表的科幻小说《未来夏娃》中，他将外表像人的机器起名为Android。本书的主角就是Android系统，在本节将简要介绍Android系统的诞生和发展历程。

1.2.1 Android系统的发展现状

从2008年HTC和Google联手推出第一台Android手机G1开始，在2011年第一季度，Android在全球的市场份额首次超过塞班系统，跃居全球第一。下面的几条数据能够充分说明Android系统的霸主地位。

（1）2011年11月数据，Android占据全球智能手机操作系统市场52.5%的份额，中国市场占有率为58%。2015年12月消息，数据研究公司IDC公布了最新的报告，报告称至2019年谷歌仍将继续保持领先。在这份报告中指出，预计2019年Android系统将占据全球82.6%的移动系统市场份额，届时iOS的预计份额将为14.1%，也就是说未来4年苹果的市场份额将出现小幅下滑。

（2）如果从某一个时间段进行统计，Android系统也是雄踞市场占有率第一的位置。据著名互联网流量监测机构Net Applications发布的最新数据显示，从2013年9月到2014年7月，在这将近一年的时间里，Android市场占有率却一直处于稳步攀升状态，从最初的29.42%狂飙至44.62%，而iOS的使用量却在一路下滑，从去年9月份的53.68%降至44.19%。

（3）如果从市场硬件产品出货量方面进行比较，Android系统则具有压倒性的优势，其市场份额高达85%，而iOS仅占11.9%

由上述统计数据可见，Android系统的市场占有率位居第一，并且毫无压力。Android机型数量庞大，简单易用，相当自由的系统能让厂商和客户轻松地定制各样的ROM，定制各种桌面部件和主题风格。简单而华丽的界面得到广大客户的认可，对手机进行刷机也是不少Android用户所津津乐道的事情。

可惜Android版本数量较多，市面上同时存在着1.6到当前最新的6.x等各种版本的Android系统手机，应用软件对各版本系统的兼容性对程序开发人员是一种不少的挑战。同时由于开发门槛低，导致应用数量虽然很多，但是应用质量参差不齐，甚至出现不少恶意软件，导致一些用户受到损失。同时Android没有对各厂商在硬件上进行限制，导致一些用户在低端机型上体验不佳。另一方面，因为Android的应用主要使用Java语言开发，其运行效率和硬件消耗一直是其他手机用户所诟病的地方。

1.2.2 常见的Android设备

因为Android系统的免费和开源，也因为系统本身强大的功能性，使得Android系统不仅被用于手机设备上，而且也被广泛用于其他智能设备中。在接下来的内容中，将简要介绍除了手机产品之外，常见的搭载Android系统的智能设备。

1. Android智能电视

Android智能电视，顾名思义是搭载了Android操作系统的电视，使得电视智能化，能让电视机实现网页浏览、视频电影观看、聊天、办公、游戏等，与平板电脑和智能手机一样的功能。其凭借Android系统让电视实现智能化的提升，数十万款Android市场的应用、游戏等内容随意安装。

2．Android机顶盒

Android机顶盒是指像智能手机一样，具有全开放式平台，搭载了Android操作系统，可以由用户自行安装和卸载软件、游戏等第三方服务商提供的程序，通过此类程序来不断对电视的功能进行扩充，并可以通过网线、无线网络来实现上网冲浪的新一代机顶盒总称。

通过使用Android机顶盒，可以让电视具有上网、看网络视频、玩游戏、看电子书、听音乐等功能，使电视成为一个低成本的平板电脑。Android机顶盒不仅仅是一个高清播放器，更具有一种全新的人机交互模式，既区别于电脑、又有别于触摸屏。Android机顶盒配备红外感应条，遥控器一般采用空中飞鼠，这样就可以方便地实现触摸屏上的各种单点操作，可以方便地在电视上玩愤怒的小鸟、植物大战僵尸等经典游戏。例如乐视公司的LeTV机顶盒便是基于Android打造的，如图1-1所示。

3．游戏机

Android游戏机就像Android智能手表一样，在2013年出现了爆炸式增长。在CES展会上，NVIDIA的Project Shield掌上游戏主机以绝对震撼的姿态亮相，之后又有Ouya和Gamestick相继推出。不久前，Mad Catz也发布了一款Andriod游戏机。

4．智能手表

智能手表是将手表内置智能化系统、搭载智能手机系统而连接于网络而实现多功能，能同步手机中的电话、短信、邮件、照片、音乐等。

图1-1　基于Android的LeTV机顶盒

5．智能家居

智能家居是以住宅为平台，利用综合布线技术、网络通信技术、智能家居-系统设计方案安全防范技术、自动控制技术、音视频技术将家居生活有关的设施集成，构建高效的住宅设施与家庭日程事务的管理系统，提升家居安全性、便利性、舒适性、艺术性，并实现环保节能的居住环境。

智能家居是在互联网影响之下的物联化体现。智能家居通过物联网技术将家中的各种设备（如音视频设备、照明系统、窗帘控制、空调控制、安防系统、数字影院系统、网络家电以及三表抄送等）连接到一起，提供家电控制、照明控制、窗帘控制、电话远程控制、室内外遥控、防盗报警、环境监测、暖通控制、红外转发以及可编程定时控制等多种功能和手段。与普通家居相比，智能家居不仅具有传统的居住功能，还兼备建筑、网络通信、信息家电、设备自动化、集系统、结构、服务、管理为一体的高效、舒适、安全、便利、环保的居住环境，提供全方位的信息交互功能。帮助家庭与外部保持信息交流畅通，优化人们的生活方式，帮助人们有效安排时间，增强家居生活的安全性，甚至为各种能源费用节约资金。

上述智能设备只是冰山一角，随着物联网和云服务的普及和发展，将有更多的智能设备诞生。

1.3　Android系统架构

Android系统是一个移动设备的开发平台，其软件层次结构包括操作系统（OS）、中间件（Middle Ware）和应用程序（Application）。根据Android的软件框图，其软件层次结构自下而上依次分为以下4层。

（1）操作系统层（OS）。

（2）各种库（Libraries）和Android运行环境（RunTime）。

（3）应用程序框架（Application Framework）。

（4）应用程序（Application）。

上述各个层的具体结构如图1-2所示。

在本节的内容中，将详细讲解Android系统各个层次的基本知识。

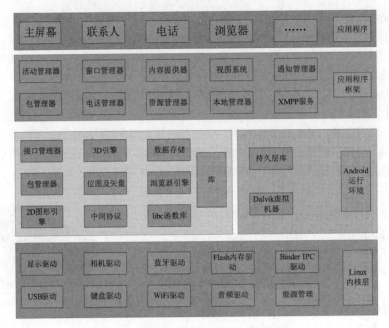

图1-2   Android操作系统的组件结构图

1.3.1   最底层的操作系统层（OS）——C/C++实现

Android系统的底层内核基于Linux操作系统，当前最新版本的Android的核心为标准Linux 3.10内核。Android底层的操作系统层（OS）使用C和C++语言编写实现，其实Android系统就是Linux系统，只是Android系统充分利用了已有的机制，尽量使用标准化的内容，如驱动程序，并且做出必要的扩展。Android灵活充分使用了内核到用户空间的接口，这主要表现在字符设备节点、Sys文件系统、Proc文件系统和不增加系统调用。

在Android系统中，包含的内核组件如下所示：

- Binder驱动程序（用户IPC机制）；
- Logger驱动程序（用户系统日志）；
- timed_output驱动框架；
- timed_gpio驱动程序；
- lowmemorykill组件；
- ram_console组件；
- Ashmem驱动程序；
- Alarm驱动程序；
- pmem驱动程序；
- ADB Garget驱动程序；
- Android Paranoid网络。

1.3.2   Android的硬件抽象层——C/C++实现

其实Android生态系统的架构十分清晰，自下而上经典的模型分别为：Linux驱动、Android硬件抽象层、Android本地框架、Android的Java框架、Android的Java应用程序。因为Android系统需要运行于在不同的硬件平台上，所以需要具有很好的可移植性。其中Android系统的硬件抽象层负责建立Android系统和硬件设备之间的联系。

对于标准化比较高的子系统来说，Android系统使用完全标准的Linux驱动，例如输入设备（Input-Event）、电池信息（Power Supply）、无线局域网（WiFi协议和驱动）和蓝牙（Bluetooth协议和驱动）。

对于Android系统的硬件抽象层来说，主要实现了与移动设备相关的驱动程序，主要包含了如下所示的驱动系统。

- 显示驱动（Display Driver）：常用基于Linux的帧缓冲（Frame Buffer）驱动。
- Flash内存驱动（Flash Memory Driver）：是基于MTD的Flash驱动程序。
- 照相机驱动（Camera Driver）：常用基于Linux的v4l（Video for）驱动。
- 音频驱动（Audio Driver）：常用基于ALSA（Advanced Linux Sound Architecture，高级Linux声音体系）驱动。
- WiFi驱动（Camera Driver）：基于IEEE 802.11标准的驱动程序。
- 键盘驱动（KeyBoard Driver）：作为输入设备的键盘驱动。
- 蓝牙驱动（Bluetooth Driver）：基于IEEE 802.15.1标准的无线传输技术。
- Binder IPC驱动：Andoid一个特殊的驱动程序，具有单独的设备节点，提供进程间通信的功能。
- Power Management（能源管理）：管理电池电量等信息。

1.3.3　各种库（Libraries）和Android运行环境（RunTime）——中间层

可以将Android系统的中间层次分为两个部分，一个是各种库，另一个是Android运行环境。Android系统的中间层次的内容大多是使用C实现的，其中包含如下所示的各种库。

- C库：C语言的标准库，也是系统中一个最为底层的库，C库是通过Linux的系统调用来实现。
- 多媒体框架（MediaFrameword）：这部分内容是Android多媒体的核心部分，基于PacketVideo（即PV）的OpenCORE，从功能上本库一共分为两大部分，一部分是音频、视频的回放（PlayBack），另一部分是则是音视频的记录（Recorder）。
- SGL：2D图像引擎。
- SSL：即Secure Socket Layer位于TCP/IP与各种应用层协议之间，为数据通信提供安全支持。
- OpenGL ES：提供了对3D图像的支持。
- 界面管理工具（Surface Management）：提供了对管理显示子系统等功能。
- SQLite：一个通用的嵌入式数据库。
- WebKit：网络浏览器的核心。
- FreeType：位图和矢量字体的功能。

在Android系统中，各种库一般以系统中间件的形式提供，它们都有一个显著的特点：与移动设备的平台的应用密切相关。

在以前的版本中，Android运行环境主要是指Android虚拟机技术：Dalvik。Dalvik虚拟机与Java虚拟机（Java VM）不同，它执行的不是Java标准的字节码（Bytecode），而是Dalvik可执行格式（.dex）中的执行文件。在执行的过程中，每一个应用程序即一个进程（Linux的一个Process）。二者最大的区别在于Java VM是基于栈的虚拟机（Stack-based），而Dalvik是基于寄存器的虚拟机（Register-based）。显然，后者最大的好处在于可以根据硬件实现更大的优化，这更适合移动设备的特点。

从Android 4.4开始，默认的运行环境是ART。ART的机制与Dalvik不同。在Dalvik机制下，应用每次运行的时候，字节码都需要通过即时编译器转换为机器码，这会拖慢应用的运行效率。而在ART环境中，应用在第一次安装的时候，字节码就会预先编译成机器码，使其成为真正的本地应用。这个过程叫作预编译（Ahead-Of-Time，AOT）。这样，应用的启动（首次）和执行都会变得更加快速。

1.3.4   应用程序框架（Application Framework）

Android的应用程序框架为应用程序层的开发者提供APIs，它实际上是一个应用程序的框架。由于上层的应用程序是以Java构建的，因此本层次提供的首先包含了UI程序中所需要的各种控件，例如：Views（视图组件），其中又包括了List（列表）、Grid（栅格）、Text Box（文本框）和Button（按钮）等，甚至一个嵌入式的Web浏览器。

作为一个基本的Andoid应用程序，可以利用应用程序框架中的以下5个部分来构建。

- Activity（活动）。
- Broadcast Intent Receiver（广播意图接收者）。
- Service（服务）。
- Content Provider（内容提供者）。
- Intent and Intent Filter（意图和意图过滤器）。

1.3.5   应用程序（Application）——Java实现

Android的应用程序主要是用户界面（User Interface）方面的，通过浏览Android系统的开源代码可知，应用层是通过Java语言编码实现的，其中还包含了各种资源文件（放置在res目录中）。Java程序和相关资源在经过编译后，会生成一个APK包。Android本身提供了主屏幕（Home）、联系人（Contact）、电话（Phone）和浏览器（Browers）等众多的核心应用。同时应用程序的开发者还可以使用应用程序框架层的API实现自己的程序。这也是Android开源的巨大潜力的体现。

1.4   Android和Linux的关系

在了解Linux和Android的关系之前，首先需要明确如下3点。

（1）Android采用Linux作为内核。

（2）Android对Linux内核做了修改，以适应其在移动设备上的应用。

（3）Andorid开始是作为Linux的一个分支，后来由于无法并入Linux的主开发树，曾经被Linux内核组从开发树中删除。2012年5月18日，Linux kernel 3.3发布后来又被加入。

1.4.1   Android继承于Linux

Android是在Linux的内核基础之上运行的，提供的核心系统服务包括安全、内存管理、进程管理、网络组和驱动模型等内容，内核部分还相当于一个介于硬件层和系统中其他软件组之间的一个抽象层次，但是严格来说它不算是Linux操作系统。

因为Android内核是由标准的Linux内核修改而来的，所以继承了Linux内核的诸多优点，保留了Linux内核的主题架构。同时Android按照移动设备的需求，在文件系统、内存管理、进程间通信机制和电源管理方面进行了修改，添加了相关的驱动程序和必要的新功能。但是和其他精简的Linux系统相比（例如uClinux），Android基本上保留了Linux的基本架构，因此Android的应用性和扩展性更强。当前Android的版本和Linux内核的版本没有直接对应关系，也就是说所有版本的Android系统都可以运行在Linux 2.6以上内核中。其实Android不是一个完整的OS（系统），这也是Android一直说自己是平台的原因。Android中的Linux内核负责系统底层的调度工作，对于一般用户而言，内核可以近似看成Windows下的"驱动"。

1.4.2　Android和Linux内核的区别

Android系统的系统层面的底层是Linux，中间加上了一个叫作Dalvik的Java虚拟机，表面层上面是Android运行库。每个Android应用都运行在自己的进程上，享有Dalvik虚拟机为它分配的专有实例。为了支持多个虚拟机在同一个设备上高效运行，Dalvik被改写过。

Dalvik虚拟机执行的是Dalvik格式的可执行文件（.dex）——该格式经过优化，以降低内存耗用到最低。Java编译器将Java源文件转为class文件，class文件又被内置的dx工具转化为dex格式文件，这种文件在Dalvik虚拟机上注册并运行。

Android系统的应用软件都是运行在Dalvik之上的Java软件，而Dalvik是运行在Linux中的，在一些底层功能——如线程和低内存管理方面，Dalvik虚拟机是依赖Linux内核的。由此可见，可以说Android是运行在Linux之上的操作系统，但是它本身不能算是Linux的某个版本。

Android内核和Linux内核的差别主要体现在11个方面，接下来将一一简要介绍。

1．Android Binder

Android Binder是基于OpenBinder框架的一个驱动，用于提供Android平台的进程间通信（Inter-Process Communication，IPC）。原来的Linux系统上层应用的进程间通信主要是D-bus（Desktop bus），采用消息总线的方式来进行IPC。

2．Android电源管理（PM）

Android电源管理是一个基于标准Linux电源管理系统的轻量级的Android电源管理驱动，针对嵌入式设备做了很多优化。利用锁和定时器来切换系统状态，控制设备在不同状态下的功耗，以达到节能的目的。

3．低内存管理器（Low Memory Killer）

Android中的低内存管理器和Linux标准的OOM（Out Of Memory）相比，其机制更加灵活，它可以根据需要杀死进程来释放需要的内存。Low memory killer的代码很简单，关键的一个函数是Lowmem_shrinker。作为一个模块在初始化时调用register_shrinke注册了个Lowmem_shrinker，它会被虚拟机在内存紧张的情况下调用。Lowmem_shrinker完成具体操作。简单来说，就是寻找一个最合适的进程杀死，从而释放它占用的内存。

4．匿名共享内存（Ashmem）

匿名共享内存为进程间提供大块共享内存，同时为内核提供回收和管理这个内存的机制。如果一个程序尝试访问Kernel释放的一个共享内存块，它将会收到一个错误提示，然后重新分配内存并重载数据。

5．Android PMEM（Physical）

PMEM用于向用户空间提供连续的物理内存区域，DSP和某些设备只能工作在连续的物理内存上。驱动中提供了mmap、open、release和ioctl等接口。

6．Android Logger

Android Logger是一个轻量级的日志设备，用于抓取Android系统的各种日志，是Linux所没有的。

7．Android Alarm

Android Alarm提供了一个定时器，用于把设备从睡眠状态唤醒，同时它也提供了一个即使在设备睡眠时也会运行的时钟基准。

8．USB Gadget驱动

USB Gadget驱动是一个基于标准Linux USB gadget驱动框架的设备驱动，Android的USB驱动是基于gadget框架的。

9．Android Ram Console

为了提供调试功能，Android允许将调试日志信息写入一个被称为RAM Console的设备里，它是一个基于RAM的Buffer。

10．Android timed device

Android timed device提供了对设备进行定时控制的功能，目前仅仅支持vibrator和LED设备。

11．Yaffs2文件系统

在Android系统中，采用Yaffs2作为MTD nand flash文件系统。Yaffs2是一个快速稳定的应用于NAND和NOR Flash的跨平台的嵌入式设备文件系统，同其他Flash文件系统相比，Yaffs2使用更小的内存来保存它的运行状态，因此它占用内存小；Yaffs2的垃圾回收非常简单而且快速，因此能达到更好的性能；Yaffs2在大容量的NAND Flash上性能表现尤为明显，非常适合大容量的Flash存储。

1.5 Android开发学习路线图

Android系统是一个巨大的智能设备系统，从系统架构到最终的问世发布，并经过一步步的完善，整个过程无不体现了科技界巨头——谷歌公司工程师们的智慧结晶。作为一名Android开发初学者来说，刚接触时会有或多或少的迷茫。在本节的内容中，将引领读者一起探讨Android开发的学习之路。

1.5.1 Android开发的两大方向

1．应用程序开发方向

移动应用程序就是经常提到的APP程序，和1.3.5节中的内容相对应，通常使用Java语言实现。这是当前Android开发中最简单的一个方向，也是当今学习者和就业者最多的一个方向。我们现实中所见到的网易客户端APP、火车站购票APP、美团APP、极品飞车游戏等，这些都属于移动应用程序范畴。

和其他几个方向相比，移动应用程序开发方向的门槛要低，需要接触的Android知识点主要涉及1.3节中提到的应用程序框架（Application Framework）层和应用程序（Application）层。开发者一般只需具备Java面向对象编程、Java网络通信和Android API等知识即可。并且移动应用程序开发方向还是其他方向的基础，也就是说，要想学习其他方向的知识，那么必须先掌握移动应用程序开发方向的知识。

2．底层开发方向

底层开发方向的主要工作是开发1.3节中介绍的除顶层之外的程序。例如硬件抽象层的Android驱动开发和移植，中间层的库订制和产品定制，基于底层的内核重构和产品制造。对于广大读者来说，底层开发方向的门槛比较高。首先读者需要对Andoid系统的源码进行完全了解，这就需要具备Java、C语言、C++和Linux内核方面的知识。然后需要具备和硬件开发相关的知识，简单的只需要直接使用市面中的开发板即可，而复杂的需要自定义实现硬件DIV，然后再进行驱动开发。最复杂的当属硬件产品开发，当然这需要一个开发团队的众多工程师联合进行。例如对于1.2.2节中介绍的移动电视来说，APP开发人员需要为用户开发开机后显示的操作界面，通过此界面可以观看电视和玩游戏。而电视设备中各个电器元件的驱动开发需要底层程序员实现，开发对应的驱动实现元器件和APP程序的桥接。

当然，笔者上述两大方向划分只是笼统地根据Android系统的整体架构进行的，具体的开发方向是一个仁者见仁智者见智的问题。下面笔者将对Andoid的开发方向进行一个简单的总结，具体如图1-3所示。

本书将重点讲解移动应用程序开发方面的知识，极少涉及底层方面的知识。

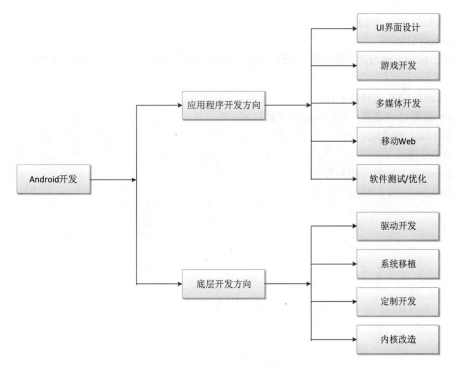

图1-3 Android开发的两大方向

1.5.2 Android应用开发需要具备的基础知识

作为学习门槛最低的Android应用程序开发方向来说，读者需要具备Java开发的一些知识，这也是学习本书应该必须具备的基础知识。在此建议读者按照如下两个阶段的学习来打基础。

（1）第一阶段：学习并掌握Java语言的基本语法、高级面向对象特性、设计模式以及常用类库。完成该阶段课程学习之后，可以熟练使用Java语言实现文件读写和网络操作等常见功能。本阶段主要学习Java语言、面向对象程序设计以及设计模式，主要内容有。

- Java基本数据类型与表达式，分支循环。
- String和StringBuffer的使用、正则表达式。
- 面向对象的抽象、封装、继承、多态、类与对象、对象初始化和回收；构造函数、this关键字、方法和方法的参数传递过程、static关键字、内部类，Java的垃极回收机制，Javadoc介绍。
- 对象实例化过程、方法的覆盖、final关键字、抽象类、接口、继承的优点和缺点剖析；对象的多态性：子类和父类之间的转换、抽象类和接口在多态中的应用、多态带来的好处。
- Java异常处理，异常的机制原理。
- 常用的设计模式：Singleton、Template、Strategy模式。
- JavaAPI介绍：基本数据类型包装类、System和Runtime类、Date和DateFomat类等。
- Java集合介绍：Collection、Set、List、ArrayList、Vector、LinkedList、Hashset、TreeSet、Map、HashMap、TreeMap、Iterator、Enumeration等常用集合类API。
- Java I/O输入输出流：File和FileRandomAccess类、字节流InputStream和OutputStream、字符流Reader和Writer，以及相应实现类、IO性能分析、字节和字符的转化流、包装流的概念，以及常用包装类和计算机编码。
- Java高级特性：反射、代理和泛型。
- 多线程原理：如何在程序中创建多线程（Thread、Runnable）、线程安全问题、线程的同步和线

　　程之间的通信、死锁。
- Socket网络编程。

（2）第二阶段：学习并掌握数据库操作方法，Web应用开发技术以及常见数据格式解析。主要学习内容有。
- Java解析XML文件DOM4J。
- SQL数据查询语言，SQLite轻量化数据库。
- JSP和Servlet应用。
- HTTP解析。
- Tomcat服务器的应用配置。
- WebService服务配置应用。

## 第 2 章

搭建Android开发环境

"工欲善其事，必先利其器"出自《论语》，意思是要想高效地完成一件事，需要有一个合适的工具。对于安卓开发人员来说，开发工具同样至关重要。作为一项新兴技术，在进行开发前首先要搭建一个对应的开发环境。而在搭建开发环境前，需要了解安装开发工具所需要的硬件和软件配置条件。在本章的内容中，将详细讲解搭建Android开发环境的基本知识，为读者步入本书后面知识的学习打下基础。

2.1 Android Studio介绍

在2013年5月16日的I/O大会上，谷歌公司为开发者推出了新的Android开发环境——Android Studio，并对开发者控制台进行了改进。并且谷歌公司宣布以后不再对以前的Eclipse+SDK环境提供支持，如果读者现在访问Android的官方网站，会发现下载的开发工具包不再包含Eclipse，而只能下载Android Studio。

Android Studio作为一个全新的Android开发环境，是一个全新的基于IntelliJ IDEA的Android开发工具，类似于Eclipse ADT插件，Android Studio提供了集成的Android开发工具用于开发和调试。在IntelliJ IDEA的基础上，Android Studio为开发者提供了。

- 基于Gradle实现项目构建。
- Android开发专属的项目重构和快速修复功能。
- 通过提示工具以及时捕获性能、可用性、版本兼容性等问题。
- 支持ProGuard和应用程序签名功能。
- 通过基于模板的向导生成常用的Android应用程序类型和组件。
- 功能强大的布局编辑器，可以让你拖拉UI控件并进行效果预览。
- 支持C++编辑和查错功能，也支持C++编辑和查错功能。

注意：可能有的读者仍不明白什么是基于Gradle的构建支持，其实在开发Android应用程序时，无需深入理解Gradle。在本书后面的第4章内容中，将简要介绍Android Studio中涉及的Gradle知识。

对于很多用Eclipse的开发者来说，可能一开始对Android Studio不是很适应，但是在上手之后会发现Android Studio的功能要比Eclipse强大很多，并且对程序开发工作要方便和简单很多。当然上述优势只是针对Android开发而言，而没有对比Java开发。根据笔者的体验，总结了如下Android Studio的独有优势（针对Android开发）。

- 可以在工程的布局界面和代码中实时预览颜色、图片等信息。
- 可以实时预览String的效果。
- 可以实现多屏预览功能，并且可以实时截图设备框界面，也可随时录制模拟器视频。
- 可以直接打开工程文件所在的位置。
- 可以实现跨多个工程的移动、搜索和跳转功能。
- 可以实现自动保存功能，因此无需担心粗心的开发者忘记保存工作。

- 实现了智能重构和智能预测报错功能，也可以灵活、方便地编译整个项目。

上面仅仅是列出了Android Studio的主要优势，还有很多优势需要读者在开发过程中亲身体验。

2.2　准备工作

在搭建Android应用开发环境之前，需要先做一些准备工作，例如确认系统配置是否满足要求等。在本节的内容中，将详细讲解在搭建Android开发环境之前的准备工作。

2.2.1　系统要求

在搭建之前，一定先确定基于Android应用软件所需要开发环境的要求，具体如表2-1所示。

表2-1　开发系统所需求参数

项目	版本最低要求	说明	备注
操作系统	Windows XP或Vista Mac OS X 10.4.8+Linux Ubuntu Drapper	根据自己的计算机自行选择	选择自己最熟悉的操作系统
软件开发包	Android SDK	建议选择最新版本的SDK	截至目前，最新手机版本是6.1
IDE	Android Studio	Eclipse3.3 (Europa), 3.4 (Ganymede)ADT(Android Development Tools)开发插件	选择"for Java Developer"
其他	JDK Apache Ant	Java SE Development Kit 5或6 Linux 和 Mac 上 使 用 Apache Ant 1.6.5+，Windows上使用1.7+版本	（单独的JRE是不可以的,必须要有JDK），不兼容Gnu Java编译器（gcj）

Android工具是由多个开发包组成的，具体说明如下。

- JDK：可以到网址http://www.oracle.com/technetwork/java/javase/downloads/index.html下载。
- Android Studio：可以到Android的官方网站http://developer.android.com下载。
- Android SDK：可以到Android的官方网站http://developer.android.com下载。
- JDK：可以到Oracle的官方网站http://developer.android.com下载。

2.2.2　获取并安装JDK

JDK(Java Development Kit)是整个Java的核心，包括了Java运行环境、Java工具和Java基础的类库。JDK是学好Java的第一步，是开发和运行Java环境的基础，当用户要对Java程序进行编译的时候，必须先获得对应操作系统的JDK，否则将无法编译Java程序。在安装JDK之前需要先获得JDK，获得JDK的操作流程如下所示。

（1）登录Oracle官方网站，网址为http://www.oracle.com/，如图2-1所示。

图2-1　Oracle官方下载页面

（2）在图2-1中可以看到有很多版本，在此选择当前和Android兼容性最好的版本Java 7，下载页面如图2-2所示。

（3）在图2-2中单击JDK下方的"Download"按钮，在弹出的新界面中选择将要下载的JDK，笔者在此选择的是Windows X86版本，如图2-3所示。

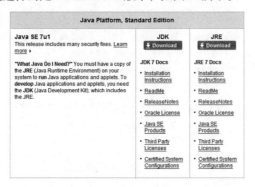

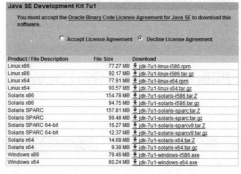

图2-2　JDK下载页面　　　　　　　　　　　　　　图2-3　选择Windows X86版本

（4）下载完成后双击下载的".exe"文件开始进行安装，将弹出"安装向导"对话框，在此单击"下一步"按钮，如图2-4所示。

（5）弹出"安装路径"对话框，在此单击"更改"按钮可以自定义设置安装路径，如图2-5所示。

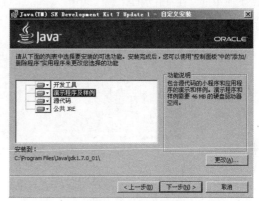

图2-4　"许可证协议"对话框　　　　　　　　　　　图2-5　"安装路径"对话框

（6）在此设置安装路径是"E:\jdk1.7.0_01\"，然后单击"下一步"按钮在安装路径开始解压缩下载的文件，如图2-6所示。

（7）完成后弹出"目标文件夹"对话框，在此选择要安装的位置，如图2-7所示。

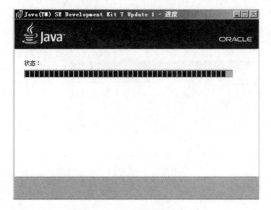

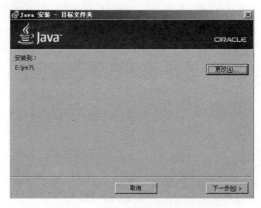

图2-6　解压缩下载的文件　　　　　　　　　　　　图2-7　"目标文件夹"对话框

（8）单击"下一步"按钮后开始正式安装，如图2-8所示。

（9）完成后弹出"完成"对话框，单击"完成"按钮后完成整个安装过程，如图2-9所示。

 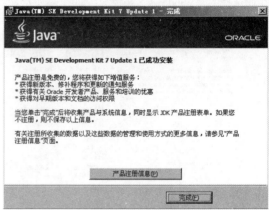

图2-8　继续安装　　　　　　　　　　　　　　图2-9　完成安装

完成安装后可以检测是否安装成功，检测方法是依次单击"开始"→"运行"，在运行框中输入"cmd"并按下回车键，在打开的CMD窗口中输入"java–version"，如果显示如图2-10所示的提示信息，则说明安装成功。

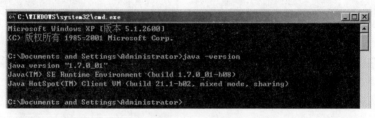

图2-10　CMD窗口

如果检测没有安装成功，需要将其目录的绝对路径添加到系统的PATH中。具体做法如下所示。

（1）右键依次单击"我的电脑"→"属性"→"高级"，单击下面的"环境变量"，在下面的"系统变量"处选择新建，在变量名处输入JAVA_HOME，变量值中输入刚才的目录，比如设置为"C:\Program Files\Java\jdk1.7.0_01"。如图2-11所示。

（2）再次新建一个变量名为classpath，其变量值如下所示。

.;%JAVA_HOME%/lib/rt.jar;%JAVA_HOME%/lib/tools.jar

单击"确定"按钮找到PATH的变量，双击或单击编辑，在变量值最前面添加如下值。

%JAVA_HOME%/bin;

具体如图2-12所示。

 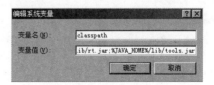

图2-11　设置系统变量　　　　　　　　　　图2-12　设置系统变量

（3）再依次单击"开始"｜"运行"，在运行框中输入"cmd"并按下回车键，在打开的CMD窗口中输入java–version，如果显示如图2-13所示的提示信息，则说明安装成功。

图2-13 CMD界面

注意：上述变量设置中，是按照笔者本人的安装路径设置的，笔者安装的JDK的路径是C:\Program Files\Java\jdk1.7.0_01。

2.3 官方方式获取并安装Android Studio

在Android官方网站公布了Android开发所需要的完整工具包，如图2-14所示。

在这个工具包中集成了Android开发所用到的全部工具，具体说明如下所示。

- Android Studio IDE：全新的开发工具，取代了原来的Eclipse，具体内容已经在2.1节中进行了讲解。
- Android SDK tools：SDK是Software Development Kit的缩写，意为Android软件开发工具包。
- Android Platform：具体的Android平台（版本）工具，在开发Android程序时，必须首先确定我们的程序运行在哪个平台上，常用的平台有1.5、2.0、4.0、5.0、6.0等。例如作者在写本书时，最新版本是Android 6.0，所以在工具包中提供的是Android 6.0 (Marshmallow) Platform。
- Android emulator system image with Google APIs：Android模拟器和谷歌API接口。

图2-14 Android官网中的工具包

在接下来的内容中，将详细讲解获取并安装Android Studio的具体过程。

2.3.1 官方方式获取工具包

（1）登录Android的官方网站http://developer.android.com/index.html，如图2-15所示。

图2-15 Android的官方网站

（2）单击顶部导航中的"Develop"链接来到"Develop（开发）"主界面，如图2-16所示。

Developers
Design
Develop
Distribute
Training
API Guides
Reference
Tools
Google Services
Samples
Get Started with Android Studio
Everything you need to build incredible app experiences on phones and tablets, Wear, TV, and Auto.
Set up Android Studio
Build your first app
Learn about Android
Sample projects
Getting Started

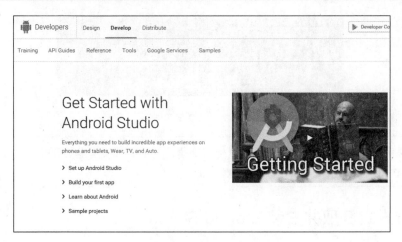

图2-16　Develop（开发）主界面

（3）单击“Set up Android Studio”链接后来到“Download（下载）”界面，如图2-17所示。

Download
Installing the SDK
Adding SDK Packages
Android Studio
Workflow
Tools Help
Build System
Performance Tools
Testing Tools
Android Studio
The official Android IDE
Android Studio IDE
Android SDK tools
Android 6.0 (Marshmallow) Platform
Android 6.0 emulator system image with Google APIs
DOWNLOAD ANDROID STUDIO FOR WINDOWS

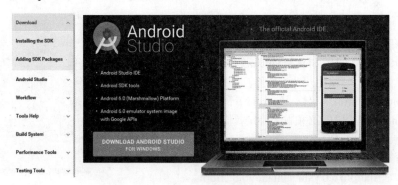

图2-17　“Download（下载）”界面

（4）单击“DOWNLOAD ANDROID STUDIO FOR WINDOWS”按钮后来到“Terms and Conditions”界面。如图2-18所示。

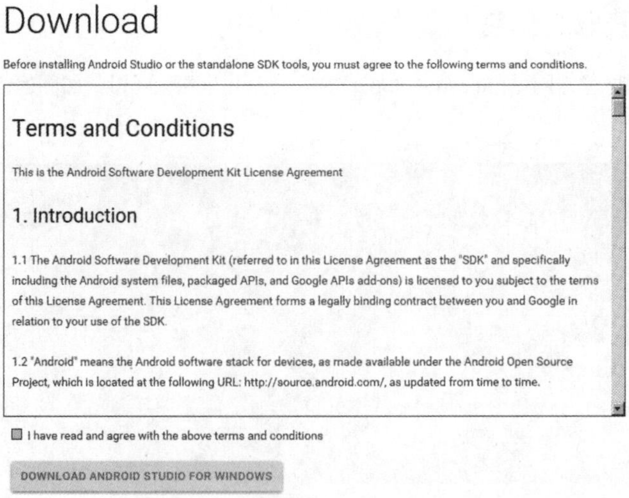

Download
Before installing Android Studio or the standalone SDK tools, you must agree to the following terms and conditions.
Terms and Conditions
This is the Android Software Development Kit License Agreement
1. Introduction
1.1 The Android Software Development Kit (referred to in this License Agreement as the "SDK" and specifically including the Android system files, packaged APIs, and Google APIs add-ons) is licensed to you subject to the terms of this License Agreement. This License Agreement forms a legally binding contract between you and Google in relation to your use of the SDK.
1.2 "Android" means the Android software stack for devices, as made available under the Android Open Source Project, which is located at the following URL: http://source.android.com/, as updated from time to time.
I have read and agree with the above terms and conditions
DOWNLOAD ANDROID STUDIO FOR WINDOWS

图2-18　“Terms and Conditions”界面

（5）勾选“I have read and agree with the above terms and conditions”前面的复选框，然后单击

"DOWNLOAD ANDROID STUDIO FOR WINDOWS"按钮后会弹出下载对话框。例如笔者使用的是搜狗浏览器，所以会弹出搜狗浏览器对应的下载对话框界面，如图2-19所示。

图2-19　下载对话框界面

2.3.2　安装工具包

（1）下载完成之后会得到一个"exe"格式的可安装文件，用鼠标双击后弹出欢迎界面，如图2-20所示。

（2）单击"Next"按钮后来到选择工具界面，如图2-21所示。由此可见Android Studio是集成了Android SDK的，在安装的时候一定要勾选"Android SDK"选项，在此建议全部勾选。

图2-20　欢迎界面

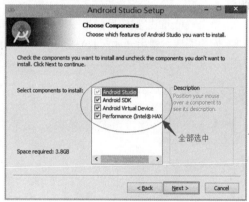

图2-21　选择工具界面

（3）单击"Next"按钮后来到同意协议界面，如图2-22所示。

（4）单击"I Agree"按钮后来到安装目录设置界面，在此分别设置Android Studio的安装目录和Android SDK的安装目录。如图2-23所示。

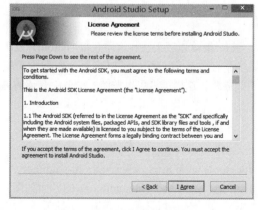

图2-22　同意协议界面

图2-23　安装目录设置界面

（5）单击"Next"按钮后来到模拟器设置界面，在此设置因特尔运行模拟器的内存大小，如图2-24所示。

（6）单击"Next"按钮后来到启动菜单设置界面，在此设置开始菜单中的启动菜单名，如图2-25所示。

图2-24　模拟器设置界面　　　　　　　　　图2-25　启动菜单设置界面

（7）单击"Install"按钮后弹出一个安装进度条，显示了当前的安装进度，如图2-26所示。

（8）安装完成后弹出完成安装界面，单击"Finish"按钮后完成全部的安装工作，如图2-27所示。

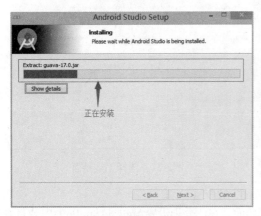 

图2-26　安装进度界面　　　　　　　　　　图2-27　完成安装界面

2.4　非官方方式获取并安装工具包

因为某些原因，很多读者会无法登录Android官方网站，所以也就无法在官网获得Android开发工具包。幸运的是，热心网友和开发者为大家提供了很多非官方渠道。例如可以在百度中搜索关键字"android-studio-bundle"后，会发现网络中有大量的相关资源，这样读者可以按照2.3.2节中介绍的方法进行安装即可。

2.4.1　快速下载站点介绍

读者可以登录两个快速站点：http://www.androiddevtools.cn/或http://www.android-studio.org/，在这两个站点中提供了完整的Android开发工具包，例如http://www.android-studio.org/的界面如图2-28所示。

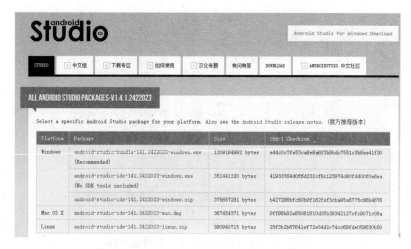

图2-28 http://www.android-studio.org/的界面

使用上述两个站点工具包的好处有。

（1）不用担心无法登录的问题，国内用户可以随时登录浏览。

（2）下载速度快，并且还提供了各个工具的网盘下载方式。

（3）更新实时性非常高，当官网更新后会在第一时间更新页面。

（4）版本全面，列出了从第一版到最新版的所有下载链接。

（5）类型多样化，既有完整安装包，也有Android Studio和Android SDK的独立安装包。

（6）提供了Windows、Linux和Mac OSX系统下的所有版本资源。

（7）提供了详细的学习教程，新手更加容易上手。

2.4.2 单独获取并安装Android Studio

在上述两个站点中，读者可以单独下载Android Studio和Android SDK。例如在http://www.android-studio.org/主界面中提供了Android Studio的单独下载链接，如图2-29所示。

单击上图中的"下载"链接可以下载单独的Android Studio工具，下载后会获得一个压缩包，解压缩后的效果如图2-30所示。

用鼠标双击来到"bin"文件夹，在此找到"studio64.exe"，这就是Android Studio工具的启动图标，如图2-31所示。如果是32位的Windows系统，启动图标是"studio.exe"。由此可见，这种方式只需解压缩即可，省去了安装过程。

图2-29 Android Studio的单独下载链接

	2015/11/21 17:40	文件夹
bin		
gradle	2015/11/21 17:39	文件夹
lib	2015/11/21 17:39	文件夹
license	2015/11/21 17:40	文件夹
plugins	2015/11/21 17:39	文件夹
build.txt	2015/11/21 17:39	文本文档
LICENSE.txt	2015/11/21 17:40	文本文档
NOTICE.txt	2015/11/21 17:40	文本文档
uninstall.exe	2015/11/21 10:12	应用程序

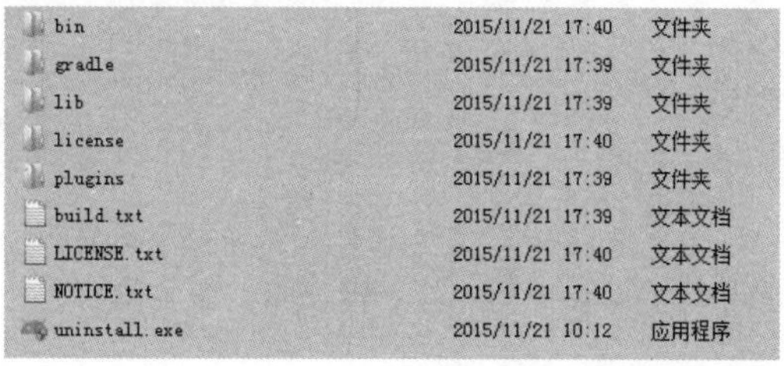

图2-30 解压缩后的效果

lldb	2015/11/21 17:39	文件夹	
appletviewer.policy	2015/11/21 17:40	POLICY 文件	1 KB
breakgen.dll	2015/11/21 17:40	应用程序扩展	33 KB
breakgen64.dll	2015/11/21 17:40	应用程序扩展	38 KB
focuskiller.dll	2015/11/21 17:40	应用程序扩展	37 KB
focuskiller64.dll	2015/11/21 17:40	应用程序扩展	43 KB
fsnotifier.exe	2015/11/21 10:12	应用程序	70 KB
fsnotifier64.exe	2015/11/21 17:40	应用程序	112 KB
idea.properties	2015/11/27 16:41	PROPERTIES 文件	2 KB
IdeaWin32.dll	2015/11/21 17:40	应用程序扩展	36 KB
IdeaWin64.dll	2015/11/21 17:40	应用程序扩展	42 KB
jumplistbridge.dll	2015/11/21 17:40	应用程序扩展	54 KB
jumplistbridge64.dll	2015/11/21 17:40	应用程序扩展	61 KB
log.xml	2015/11/21 17:40	XML 文档	3 KB
restarter.exe	2015/11/21 10:12	应用程序	58 KB
runnerw.exe	2015/11/21 10:12	应用程序	70 KB
studio.exe	2015/11/21 10:10	应用程序	875 KB
studio.exe.vmoptions	2015/11/21 17:40	VMOPTIONS 文件	1 KB
studio.ico	2015/11/21 17:40	图标	348 KB
studio64.exe	2015/11/21 10:12	应用程序	902 KB
studio64.exe.vmoptions	2015/11/21 17:40	VMOPTIONS 文件	1 KB
vistalauncher.exe	2015/11/21 17:40	应用程序	62 KB

图2-31　Android Studio工具的启动图标

2.4.3　单独获取并安装Android SDK

开发者可以单独获取Android ASDK，例如在http://www.android-studio.org/主界面中提供了Android SDK的单独下载链接，如图2-32所示。

Platform	Package	Size	SHA-1 Checksum
Windows	installer_r24.4.1-windows.exe(Recommended)	151659917 bytes	f9b59d72413649d31e633207e31f456443e7ea0b
	android-sdk_r24.4.1-windows.zip	199701062 bytes	66b6a6433053c152b22bf8cab19c0f3fef4eba49
Mac OS X	android-sdk_r24.4.1-macosx.zip	102781947 bytes	85a9cccb0b1f9e6f1f616335c5f07107553840cd
Linux	android-sdk_r24.4.1-linux.tgz	326412652 bytes	725bb360f0f7d04eaccff5a2d57abdd49061326d

图2-32　Android SDK的单独下载链接

单击“zip”格式的链接可以得到一个压缩包，解压缩后可以得到如图2-33所示的界面。双击“AVD Manager.exe”可以来到模拟器管理界面，单击“SDK Manager.exe”可以来到SDK管理界面。

add-ons	2015/11/27 15:31	文件夹	
build-tools	2014/10/18 11:17	文件夹	
docs	2014/10/18 16:29	文件夹	
extras	2014/7/16 23:06	文件夹	
platforms	2015/11/27 15:31	文件夹	
platform-tools	2015/11/27 21:17	文件夹	
samples	2015/11/27 14:53	文件夹	
sources	2015/11/27 14:54	文件夹	
system-images	2015/11/27 12:05	文件夹	
temp	2015/11/27 15:08	文件夹	
tools	2015/11/27 18:51	文件夹	
AVD Manager.exe	2015/8/15 6:31	应用程序	216 KB
SDK Manager.exe	2015/8/15 6:31	应用程序	216 KB
SDK Readme.txt	2015/8/15 6:31	文本文档	2 KB
uninstall.exe	2015/11/27 15:33	应用程序	70 KB

图2-33　获得的Android SDK

如果单击“exe”格式的下载链接，那么会得到一个可运行格式的安装文件。具体安装过程如下所示。

（1）双击“exe”格式的安装文件后首先弹出欢迎界面，如图2-34所示。

（2）单击“Next”按钮后弹出确认安装JDK界面，如图2-35所示。

 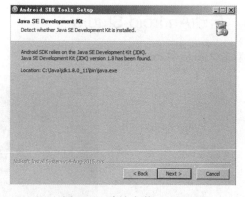

图2-34 欢迎界面   图2-35 确认安装JDK界面

（3）单击"Next"按钮后弹出选择用户界面，读者可以根据需求设置哪些用户可以使用Android SDK，如图2-36所示。

（4）单击"Next"按钮后开始选择安装路径，再单击"Next"按钮后弹出安装进图条，如图2-37所示。

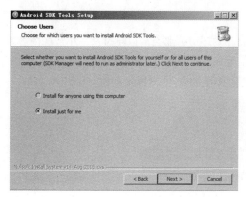 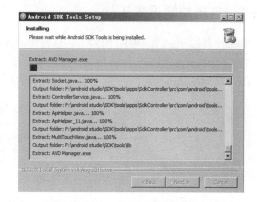

图2-36 选择用户界面   图2-37 安装进度条界面

（5）进度完成后弹出安装完成界面，如图2-38所示。单击"Finish"按钮后整个安装工作全部结束。

图2-38 安装完成界面

2.5 启动Android Studio

双击"studio64.exe"或在开始菜单中单击"Android Studio"后弹出启动界面，如图2-39所示。

图2-39 启动Android Studio界面

在接下来的内容中，将详细讲解启动Android Studio的具体过程。

2.5.1 启动前的设置工作

如果读者按照2.3节中的介绍的方法搭建了Android开发环境，那么可以跳过这一小节的内容。如果是按照2.4节中的方法搭建了Android开发环境，那么需要认真阅读本小节的内容。

（1）启动Android Studio完成后开始载入我们已经安装的Android SDK，如图2-40所示。

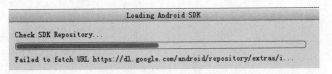

图2-40 载入Android SDK

（2）载入完成后弹出欢迎界面，如图2-41所示。

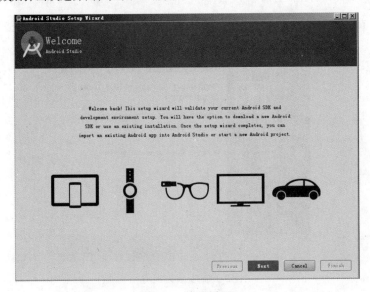

图2-41 欢迎界面

（3）单击"Next"按钮来到安装类型界面，在此可以选择第一项"Standard（典型）"，如图2-42所示。

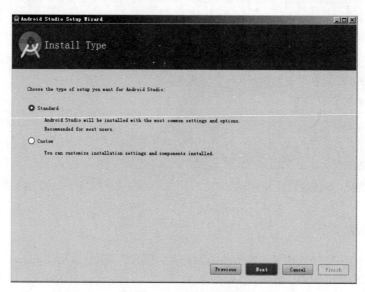

图2-42　安装类型界面

（4）单击"Next"按钮来到SDK组件设置界面，在此可以设置要安装的SDK组件。勾选所有复选框，然在在下方设置Android SDK的安装路径，如图2-43所示。

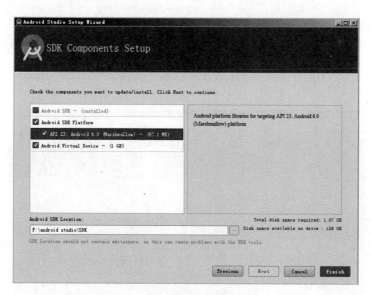

图2-43　SDK组件设置界面

（5）单击"Next"按钮来到验证设置界面，在此列出了将要安装的所有文件，如图2-44所示。

（6）单击"Finish"按钮后弹出安装进度条界面，这个过程会有一点慢，需要读者耐心等待，如图2-45所示。

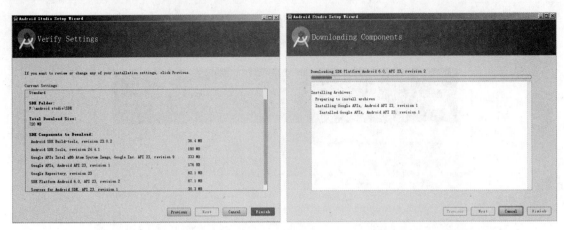

图2-44　验证设置界面　　　　　　　图2-45　安装进度条界面

2.5.2　正式启动

如果是按照2.4节中的方法搭建了Android开发环境，那么将开始正式启动Android Studio。

（1）当第一次启动Android Studio时，因为可能需要设置一下Android SDK的安装目录，所以会弹出如图2-46所示的对话框。在此需要输入我们已经安装的Android SDK目录，必须是Android SDK的根目录。

图2-46　设置对应的Android SDK的安装目录

（2）设置完成后单击"OK"按钮，来到如图2-47所示的欢迎来到Android Studio界面。

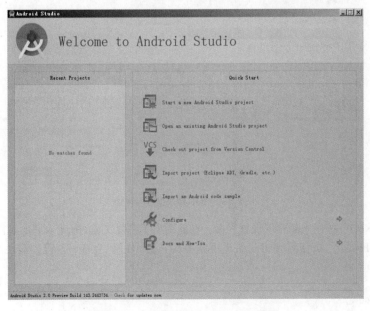

图2-47　欢迎来到Android Studio界面

（3）如果以前已经用Android Studio创建或打开过Android项目，那么会在左侧的"Recent Projects（最近工程）"中显示最近用过的工程，如图2-48所示。

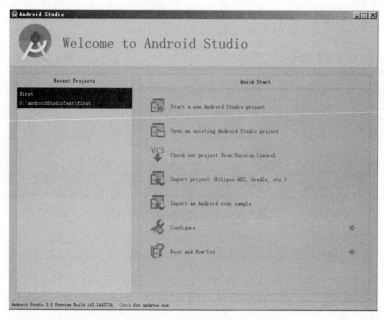

图2-48　显示近期工程的欢迎界面

（4）打开一个工程后的主界面如图2-49所示，在本书后面的内容中将进一步详细讲解Android Studio工具各个面板的基本知识。

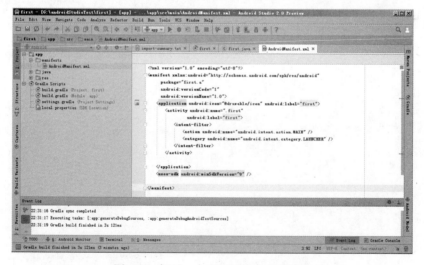

图2-49　打开一个工程后的主界面效果

2.6　通过官网学习搭建环境

在Android的官方网站中提供了搭建Android集成开发环境的完整资料，读者可以登录http://developer.android.com/sdk/了解具体信息，如图2-50所示。在左侧的导航中提供了各个知识点链接，单击后会在右侧显示对应的教程，和我们平时用的电子书一样。

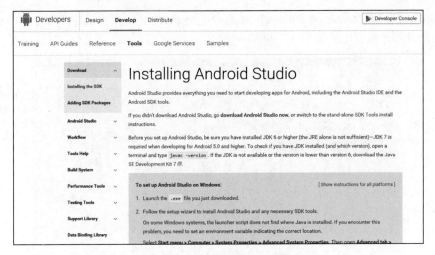

图2-50　官方提供的学习资料

第 3 章

Android Studio集成开发环境介绍

在本书前面的内容中，已经详细介绍了搭建Android开发环境的基本知识，分别剖析了获取并安装Android Studio的具体过程。为了帮助广大读者迅速掌握Android全新开发工具的用法，在本章将详细讲解Android Studio集成开发环境的基本知识，为读者步入本书后面知识的学习打下基础。

3.1 Welcome to Android Studio面板

Welcome to Android Studio面板就是本书第2章中提到的"欢迎来到Android Studio界面"，如图3-1所示。

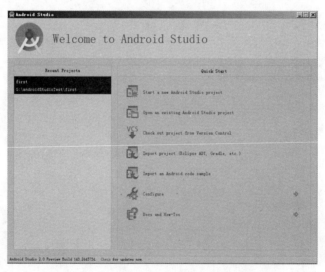

图3-1　Welcome to Android Studio面板

- Recent Project：最近打开过的工程，如果有多个打开的工程，则以列表样式显示。双击列表中的某个工程后，可以在Android Studio中打开这个工程。
- Strat a new Android Studio project：单击后可以创建一个新的Android Studio工程。
- Open an existing Android Studio project：单击后可以打开一个已经存在的Android Studio工程。
- Check out project from Version Control：从版本库中检查项目，单击后会弹出如图3-2所示的选项。由此可见，通过Android Studio可以分别加载来自GitHub、CVS、Git、Google Cloud、Mercurial、Subversion等著名开源项目管理站点中的资源。
- Import project（Eclipse ADT，Gradle，etc）：通过导入的方式打开一个已经存在的Android项目，可以导入使用Eclipse、Gradle和etc方式创建的Android项目。
- Import an Android code sample：单击后可以从官网导入Android代码示例。
- Configure：单击后可以来到系统设置面板。

- Docs and How-Tos：学习文档和操作指南，单击后可以来到学习面板，在帮助面板中提供了使用Android Studio的教程，如图3-3所示。

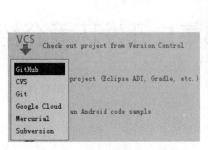

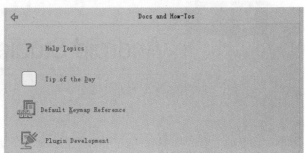

图3-2 从版本库中检查项目   图3-3 学习面板界面效果

3.2 系统设置面板

单击图3-1中的"Configure"后可以来到系统设置面板，如图3-4所示。

图3-4 系统设置面板

- SDK Manager：单击后会打开Android SDK界面。
- Settings：单击后会来到系统默认设置界面。
- Plugins：单击后会来到插件列表界面，如图3-5所示，在此可以选择安装的插件。
- Import Settings：单击后会来到导入设置文件界面，在此可以导入一个预先存在的设置文件。
- Export Settings：单击后会来到导出设置界面。
- Settings Repository：单击后会来到库设置界面，在此可以设置远程库的地址。
- Check for Update：单击后可以检查当前开发环境是否有需要更新的插件。
- Project Defaults：单击后会来到工程默认配置界面，如图3-6所示。

单击"Settings"后会来到默认设置界面，单击"Project Structure"后会来到工程结构设置界面，单击"Run Configurations"后会来到工程运行设置界面。

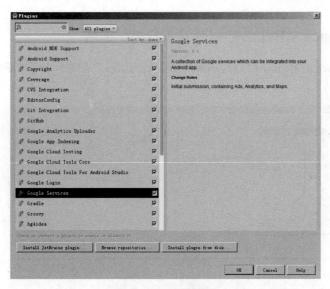

图3-5 插件列表界面

图3-6 工程默认配置界面

3.3 系统默认设置面板

依次单击"Configure"和"Settings"后可以来到"Dafault Settings（系统默认设置）"面板界面，在此可以设置当前Android Studio开发工具的基本信息，包括外观设置、版本设置、编译设置等，如图3-7所示。

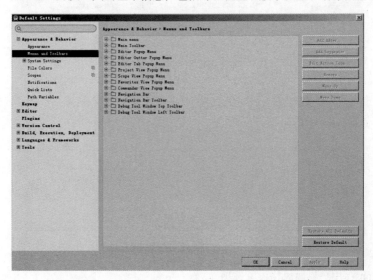

图3-7 "Dafault Settings（系统默认设置）"面板

3.3.1 Appearance & Behavior（外观与行为）面板

单击"Appearance & Behavior"后会来到外观与行为面板，在此面板可以设置和外观/行为有关的配置信息，如图3-8所示。

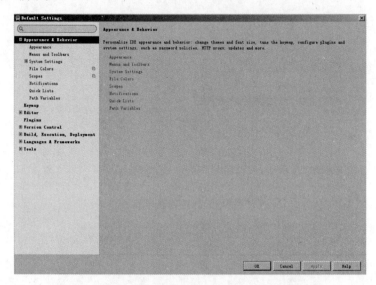

图3-8 "Appearance & Behavior（外观与行为）"面板

1. Appearance（外观）

单击上图中的"Appearance"后会来到外观设置界面，如图3-9所示。

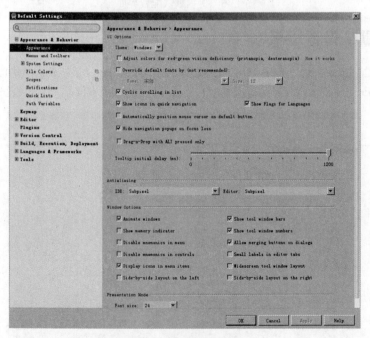

图3-9 外观设置界面

（1）UI Options：用户界面风格设置选项。

* Theme：实现主题设置，Android Studio为开发者提供了3种主题风格，分别是Darcula、IntelliJ

和Windows，读者可以分别体验这三种风格的样式。

- Adjust colors for red-green vision deficiency：勾选此复选框后可以解决红绿视力缺陷的问题。
- Override default fonts by (not recommended)：勾选后可以在下方设置编辑器的字体格式。这一个功能非常重要，可以解决大多数项目中中文乱码的问题。特别是导入一个含有中文的外部项目时，导入后会在Android Studio中显示为乱码。如果勾选此项，然后在Name（字体名）中选择一个支持中文字体的字体，比如微软雅黑，接下来设定Size（字体大小）为12，这个设置主要是IDE的菜单标题栏字体和样式等，然后保存即可。这样以后Android Studio中的文本（包括英文和中文）将显示为上述格式，如图3-10所示。

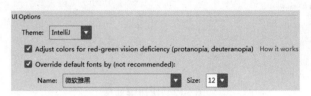

图3-10　设置文本样式

- Cyclic scrolling in list：勾选后会在视图中循环滚动列表。
- Show icons in quick navigation：勾选后会在快速导航中显示图标。
- Show Flags for Language：勾选后会显示语言标志。
- Automatically position mouse cursor on default button：在默认按钮自动定位鼠标光标。
- Hide navigation popups on focus loss：勾选后会在鼠标焦点丢失时隐藏导航栏。

（2）Antialiasing：实现抗锯齿设置。

2．Menus and Toolbars（菜单栏和工具栏）

单击上图中的"Menus and Toolbars"后会来到菜单栏和工具栏设置界面，如图3-11所示。在此可以设置不同菜单栏和工具栏的样式，例如可以设置菜单栏中各个选项的排列顺序和图标。

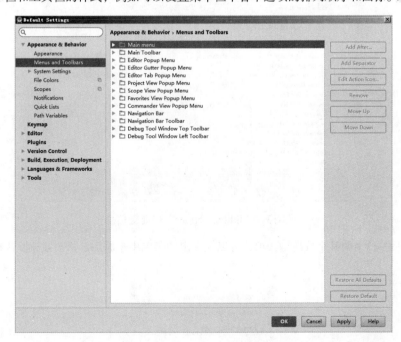

图3-11　菜单栏和工具栏设置界面

3.3.2　Keymap（快捷键）面板

单击"Keymap"后会来到快捷键面板，在此面板可以设置各种常见操作的快捷键，如图3-12所示。

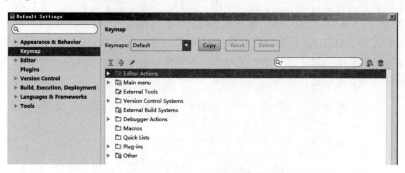

图3-12　快捷键面板

在系统中已经默认设置了各个操作的菜单快捷键，例如单击上图中"Editor Actions"后会列出下面对应的快捷键信息，如图3-13所示。

图3-13　"Editor Actions"快捷键信息

右键单击图3-13中的某个快捷键选项，可以在弹出的菜单中来添加、修改或删除快捷键信息，如图3-14所示。

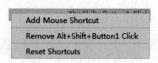

图3-14　操作快捷键信息

3.3.3 Editor（编辑器）面板

单击"Editor"后会来到编辑器面板，在此面板可以看到和程序编辑相关的信息，如图3-15所示。

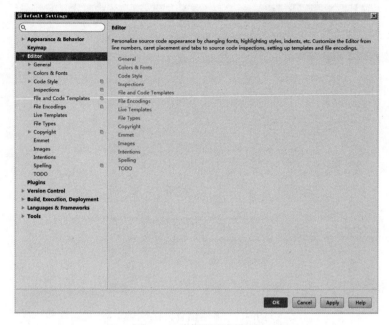

图3-15　编辑器面板界面

在编辑器面板中可以设置很多信息，为了节省本书的篇幅，接下来将只讲解几个相关面板的功能。

1. File Encodings（文件编码）

单击"File Encodings"后来到文件编码界面，在此可以分别设置"IDE Encoding/Project Encoding"文件编码的类型，例如读者可以根据自己的需要选择GBK、GB2312或UTF-8等编码类型，如图3-16所示。

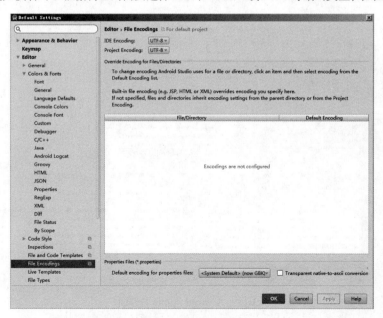

图3-16　编码类型界面

2．General（基本面板设置）

单击"General"后可以来到编辑器的基本面板设置界面，在此可以设置和编辑相关的基本信息，如图3-17所示。

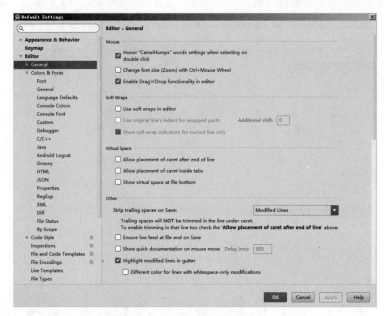

图3-17　基本信息设置界面

3.4　主界面面板

如打开或导入一个本地Android工程，此时Android Studio的主界面如图3-18所示。

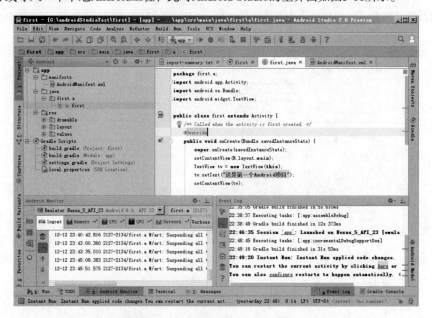

图3-18　Android Studio主界面

在接下来的内容中，将详细讲解Android Studio主界面中各个菜单和工具栏按钮的基本知识。

3.4.1 菜单栏

Android Studio菜单栏如图3-19所示。

File Edit View Navigate Code Analyze Refactor Build Run Tools VCS Window Help

图3-19 Android Studio菜单栏

1."File（文件）"主菜单

通过File主菜单可以实现和文件相关的操作，单击"File"后会弹出如图3-20所示的子菜单。

（1）New：实现新建功能，可以新建工程、模板、文件、包和Android资源文件等类型。

（2）Open：可以打开一个文件或工程。

（3）Open Recent：可以打开最近使用过的工程或文件。

（4）Close：关闭当前工程。

（5）Settings：来到3.3节中介绍的系统设置界面。

（6）Project Structure：可以查看当前项目的结构，打开后可以看到
SDK Location信息。

（7）Other Settings：其他设置信息。

（8）Import Settings：导入设置。

（9）Export Settings：导出设置。

（10）Settings Repository：设置库信息。

（11）Save All：保存当前所有的文件。

（12）Synchronize：同步操作。

（13）Invalidate Caches / Restart：清除无效缓存并重启。

（14）Export to HTML：导出到HTML。

（15）Print：打印。

（16）Add to Favorites：添加到收藏夹。

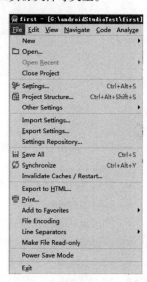

图3-20 "File"下的子菜单

（17）File Encoding：设置项目的编码格式，例如可以设置为GBK和UTF-8等。

（18）Line Separators：选择不同系统下的分隔符。

（19）Make File Read-only：设置当前文件文件为只读格式。

（20）Power Save Mode：代码自动提示设置。

（21）Exit：退出Android Studio。

2."Edit（编辑）"主菜单

通过Edit主菜单可以实现和编辑操作相关的功能，单击"Edit"后
会弹出如图3-21所示的子菜单。

（1）Undo：撤销操作，和Word中的撤销功能一样。

（2）Redo：重做，和Word中的重做功能一样。

（3）Cut：剪切。

（4）Copy：复制。

（5）Copy Path：复制当前文件的路径地址。

（6）Copy as Plain Text：实现格式化复制，可以自定义复制某一行
的代码。

（7）Copy Reference：复制参考信息，例如当前代码所属的文件和
行数等信息。

（8）Past：粘贴。

图3-21 "Edit"下的子菜单

（9）Past from History：从历史操作中选择一个复制记录。

（10）Delete：删除。

（11）Select all：选中全部。

（12）Find：实现和搜索有关的功能，单击"Find"后会弹出如图3-22所示的子菜单。

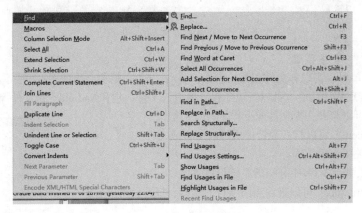

图3-22 "Find"下的子菜单

- Find：单击后弹出文本搜索框。
- Replace：搜索并替换。
- Find Next：寻找下一个。
- Find Previous：寻找上一个。
- Find in Path：在路径中搜索（全局搜索）。
- Relace in Path：在路径中替换（全局替换）。
- Find Usages：查询用法，查询在哪里被调用，可以选中要查看的类名或者方法名或者字段。
- Show Usages：显示用法，会弹出小窗口让使用者快速定位。
- Find Usages in File：在当前文件中查找。
- Hightlight Usages in File：在当前文件中突出强调。
- Rectnt Find Usages：最近的查询记录。
- Add Selection for Next Occurrences(Alt+J)：将下一个相同关键字改为选中状态。

（13）Macros：宏。

3．"View（视图）"主菜单

通过View主菜单可以设置在Android Studio主界面中显示哪些功能面板，可以隐藏哪些功能面板。单击"View"后会弹出如图3-23所示的子菜单。

（1）Tool Windows：工具窗口，单击"Tool Windows"后会弹出如图3-24所示的子菜单。

- Project：工程视图，当选择一个工程时按下这个键，可以隐藏左侧的工程。
- Messages：信息界面。
- Favorites：收藏夹。
- Run：运行程序。
- Structure：当前类的所在工程结构视图。
- Build Variants：构建版本，可以快速选择release或者debug版本。
- Event Log：事件日志。
- Gradle：Gradle工程面板。
- Gradle Console：Gradle命令行。
- Maven Projects：Maven工程面板。

- Android Monitor：内存图形化界面。如果不显示内存图形化界面，则依次打开"Tools"→ "Android"→"Enable ADB Integeration"，设置为Enable。然后单击工程结构目录中的工程名，依次单击"Build Types"→"Debuggable"，并设置为true。连接手机重新运行应用就能看到内存图形化界面了。

图3-23 "View"下的子菜单

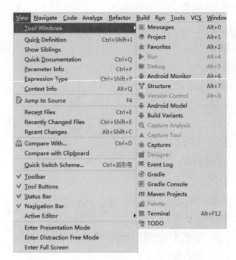

图3-24 "Tool Windows"下的子菜单

（2）Toolbar：隐藏上方工具条。

（3）Tool Buttons：外边框按钮工具条。

（4）Status Bar：状态栏工具条。

（5）Navigation Bar：导航栏。

（6）Enter Presentation Mode：开启陈述（播放）模式。

（7）Enter Full Screen：开启全屏模式。

4."Navigate（快速导航）"主菜单

通过Navigate主菜单可以显示快速导航面板，单击"Navigate"后会弹出如图3-25所示的子菜单。

- Class：快速定位类。
- File：快速定位文件。
- Symbol：和上面的File没什么区别。
- Back：回退。
- Forward：向前。
- Last Edit Location：最后一个可编辑的坐标。
- Select in：选择范围，会跳转到当前所在工程或者File路径。
- Jump to Navigation Bar：跳转到导航条。
- Delaration：宣告对当前文件调用方法查询。
- Implementstation(s)：实现类查询。
- Type Declaration：类别。

图3-25 "Navigate"下的子菜单

3.4.2 工具栏

Android Studio工具栏如图3-26所示。

图3-26　Android Studio工具栏

　：单击后会弹出打开文件或工程对话框。

　：保存所有。

　：同步当前工程。

　：撤销。

　：重做。

　：剪切。

　：复制。

　：粘贴。

　：搜索查找。

　：搜索替换。

　：返回。

　：前进。

　：编译组装工程。

　app　：单击后会弹出程序调试设置对话框。

　：运行当前程序。

　：Debug当前应用程序。

　：覆盖运行。

　：将调试器附加到安卓进程。

　：停止运行。

　：设置。

　：项目属性。

　：使用Gradle编译工程。

　：AVD管理器（Android虚拟设备镜像管理）。

　：Android SDK管理。

　：Android设备监控。

　：帮助。

3.4.3　左侧面板

在Android Studio左侧有Structure、Project、Captures、Build Variants和Favorites一共5个面板。

1."Project（工程）"面板

在"Project（工程）"面板中会显示当前工程的目录结构，如图3-27所示。单击顶部Android右侧的
，会弹出如图3-28所示的子菜单。

- Project：显示为工程目录格式。
- Packages：显示为包目录。
- Android：显示为Android目录格式。
- Project Files：显示为工程文件目录格式。
- Problems：显示为问题目录格式。
- Production：显示为产品目录格式。
- Tests：显示测试目录格式。

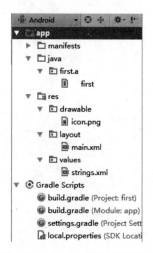

图3-27 "Project（工程）"面板　　　　图3-28 "Project"的子菜单

2．"Structure（结构）"面板

在"Structure（结构）"面板中会显示当前工程的结构，如图3-29所示。

在"Structure（结构）"面板中会显示当前活动文件的结构，不仅仅支持Java文件，同时支持XML文件、.properties配置文件等多种类型的文件。

3．"Captures（收集）"面板

在"Captures（收集）"面板中会显示收集的性能数据。

4．"Build Variants（构建变种）"面板

在"Build Variants（构建变种）"面板中可以为当前工程构建变种版本，也就是利用同一个工程源码来构建多种APK，如图3-30所示。

5．"Favorites（收藏夹）"面板

在"Favorites（收藏夹）"面板中可以查看收藏夹的信息，如图3-31所示。

图3-29 "Structure（结构）"面板

图3-30 "Build Variants"面板

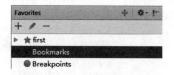

图3-31 "Favorites"面板

3.4.4 中间编辑区域

在Android Studio主界面中，大部分版面都被中间编辑区域所占据。中间编辑区域的最常用功能是显示某个程序文件的源码内容，如图3-32所示。在中间编辑区域可以打开某个工程文件，显示某个文件的源码，并且可以同时打开多个文件。另外，还可以实现代码编写、修改和删除等和编写程序相关的所有工作。

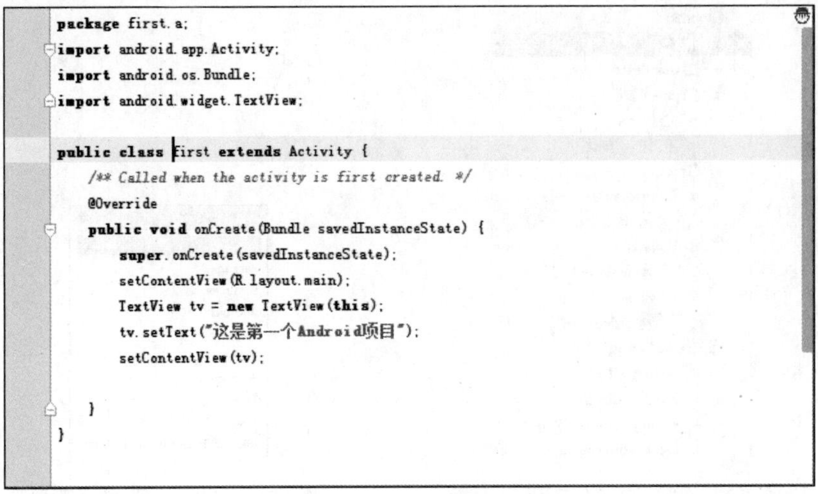

package first.a;
import android.app.Activity;
import android.os.Bundle;
import android.widget.TextView;
public class first extends Activity {
/** Called when the activity is first created. */
@Override
public void onCreate(Bundle savedInstanceState) {
super.onCreate(savedInstanceState);
setContentView(R.layout.main);
TextView tv = new TextView(this);
tv.setText("这是第一个Android项目");
setContentView(tv);
}
}

图3-32　中间编辑区域

3.4.5　底部调试区域

在Android Studio主界面中，底部的版面被和系统调试相关的功能所占据。

（1）“Terminal（终端）”面板

在Android Studio中，“Terminal”和命令行作用一样，可以执行类似于Windows系统中的CMD，可以执行一些命令行命令，如图3-33所示。

Terminal
Microsoft Windows [版本 6.1.7601]
版权所有 (c) 2009 Microsoft Corporation。保留所有权利。
G:\androidStudioTest\first>

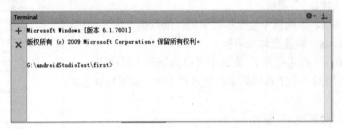

图3-33　“Terminal（终端）”面板

（2）“Android Monitor（检测）”面板

在Android Studio中，在“Android Monitor”面板中显示连接的终端的运行日志及应用的内存使用和CPU占用情况，如图3-34所示。

Android Monitor
Emulator unknown
No Debuggable Applications
logcat
Memory
CPU
GPU
Network
5.00 MB
4.00 MB
2.00 MB
0.00 MB

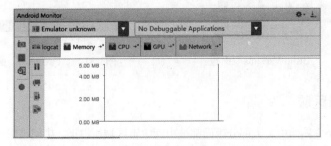

图3-34　“Android Monitor（检测）”面板

（3）“TODO（引用）”面板

在Android Studio中，在“TODO”面板中显示当前工程中的引用信息，如图3-35所示。

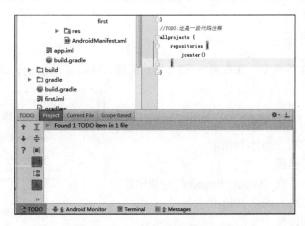

图3-35　"TODO（引用）"面板

（4）"Message（信息）"面板

在Android Studio中，在"Message"面板中显示和当前工程中有关的各种信息，包括错误条数、警告条数、运行时间等，如图3-36所示。

图3-36　"Message（信息）"面板

（5）"Event Log（事件日志）"面板

在Android Studio中，在"Event Log"面板中记录显示和操作有关的信息，例如Gradle开始、Gradle完成、编译时间等，如图3-37所示。

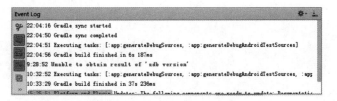

图3-37　"Event Log（事件日志）"面板

（6）"Gradle Console（Gradle控制台）"面板

在Android Studio中，在"Gradle Console"面板中会打印输出和Gradle相关的信息，如图3-38所示。

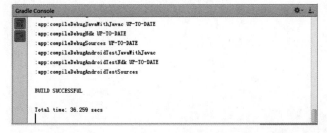

图3-38　"Gradle Console（Gradle控制台）"面板

3.4.6 右侧模式面板

在Android Studio主界面中，在右侧显示3个模式面板：Maven Projects、Gradle Projects和Android Model。

（1）Maven Projects面板

在Android Studio中，在"Maven Projects"面板中显示Maven工程的视图信息，如图3-39所示。

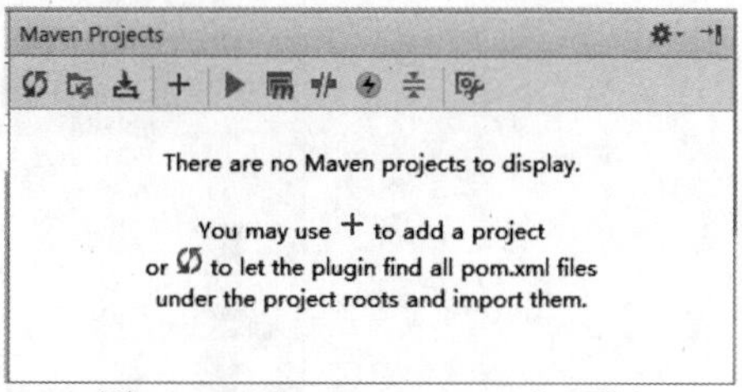

（2）Gradle Projects面板

在Android Studio中，在"Gradle Projects"面板中显示Gradle工程的视图信息，如图3-40所示。

（3）Android Model面板

在Android Studio中，在"Android Model"面板中显示Android模式的工程视图信息，如图3-41所示。

图3-39 "Maven Projects"面板

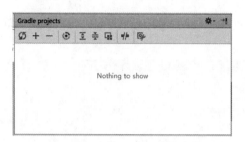

图3-40 "Gradle Projects"面板

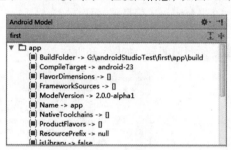

图3-41 "Android Model"面板

## 第 4 章

Android Studio常见操作

在本书前面的内容中，已经详细介绍了搭建Android开发环境的方法，并详细讲解了Android Studio常用面板的基本知识。为了帮助广大读者迅速掌握Android全新开发工具的用法，本章将详细讲解Android Studio中常见的基本操作知识，剖析核心功能的基本用法，为读者步入本书后续知识的学习打下基础。

4.1　新建一个工程

（1）在开始菜单中启动Android Studio来到"欢迎来到Android Studio"界面，如图4-1所示。

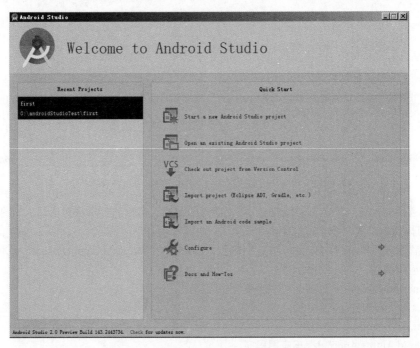

图4-1　"欢迎来到Android Studio"界面

（2）单击"Strat a new Android Studio project"后弹出"New Project"界面，开始创建一个新的Android Studio工程，如图4-2所示。

在此界面可以设置项目的名字和路径。

- Application name：项目名称。
- Company Domain：公司名，此选项会影响下面的"Package name"值。默认为计算机主机名称，当然也可以单独设置Package name。
- Package name：应用程序打包名称，默认情况下此选项处于不可改状态，单击后面的"Edit"后变为可修改状态，如图4-3所示。单击"Done"后保存修改后的信息。每一个APP（应用程序）都有一个独立的包名，如果两个APP的包名相同，Android会认为它们是同一个APP。建议尽量保证不同的APP拥有不同的包名。

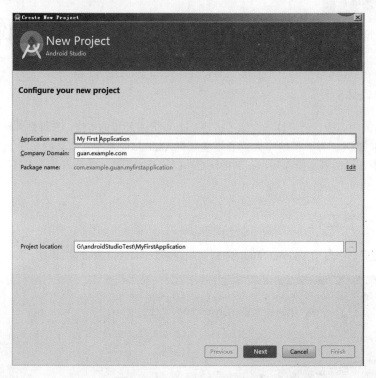

图4-2　"New Project"界面

图4-3　变为可改状态

- Project location：存放工程的路径，单击后面的▢后，弹出路径选择对话框，如图4-4所示，在此可以重新设置一个存储路径。

（3）设置完成后单击图4-2中的"Next"按钮，在弹出的"Target Android Devices"界面中可以选择想要开发的应用类别，如图4-5所示。

- Phone and Tablet：普通的手机和平板应用程序。
- TV：Android电视应用程序。
- Wear：Android手表应用程序。
- Android Auto：Android汽车应用程序。
- Glass：谷歌眼镜应用程序，但是当前版本此选项还不能使用。
- Mininum SDK：上述每个选项都有一个此选项，表示针对上述每个类别都可以指定它们能够兼容的API的最低级别。如果想要了解每个版本更多的信息，单击"Help me choose"，在弹出的新界面中会显示主流版本的市场占有率，如图4-6所示。在此可以单击相应的API来查看这个API级别对应的一些功能介绍（其实就是这个版本新增的一些特色功能），这些资料可以帮助开发者选择应用支持的最小API级别，这样就能让应用支持更多的设备。选择好后，单击"OK"按钮。

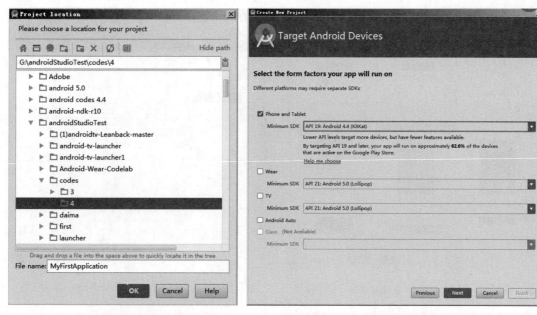

图4-4 路径选择对话框   图4-5 "Target Android Devices"界面

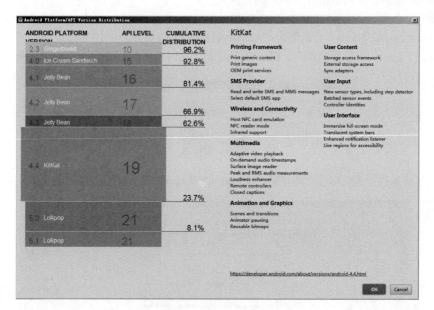

图4-6 各个版本的市场占有率

（4）单击图4-5中的"Next"按钮，在弹出的"Add an activity to Mobile"界面中设置应用程序中的Activity的类别，如图4-7所示。具体可以添加哪些类别的Activity，取决于刚在图4-5选择的设备。在此界面有很多现成的模板可以使用，对于初学者来说建议选择默认的Blank Activity即可。

如果选择自动创建Activity，那么Android Studio会自动帮开发者生成一些代码。根据Activity类型的不同，生成的代码也是不同的。有时开发者可以从这些自动生成的代码中学到很多东西，比如Fullscreen Activity。

（5）单击图4-7中的"Next"按钮，在弹出的"Customize the Activity"界面中设置刚创建的Activity属性，如图4-8所示。

图4-7　"Add an activity to mobile"界面

图4-8　"Customize the Activity"界面

- Activity Name：自动创建的Activity的名称。
- Layout Name：自动创建的Activity的布局文件名称。
- Activity Title：自动创建的Activity的标题。
- Menu Resource Name：自动创建的Activity的Menu文件名称。

（6）单击"Next"将会看到如图4-9所示的进度条，此时Android Studio正在创建和编译这个项目。

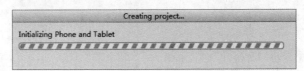
图4-9　进度条

（7）进度条加载完成后将成功创建第一个Android Studio工程，如图4-10所示。

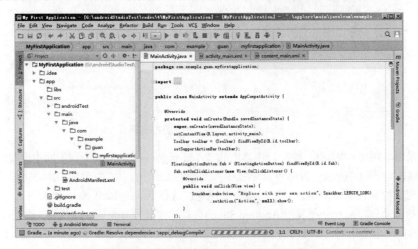
图4-10　成功创建的Android Studio工程

在默认情况下，Android Studio会为开发者创建一个默认的工程目录结构。如果在图4-5中同时勾选了"Phone and Tablet"和"Wear"，那么Android Studio会为每个"form factor（类型）"创建一个module

（模式），如图4-11所示。

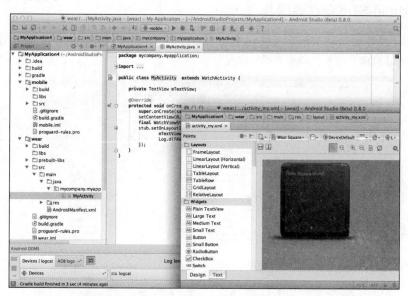

图4-11　同时创建了"Phone and Tablet"和"Wear"类型的工程

注意：除了在图4-1所示的界面中新建Android Studio工程外，也可以在图4-10中所示的界面中，通过依次单击"File"→"New"→"New Project"来实现，如图4-12所示。此时也将弹出图4-2所示的界面，以后的步骤将和上面的步骤完全一样，读者可以亲自尝试一下。

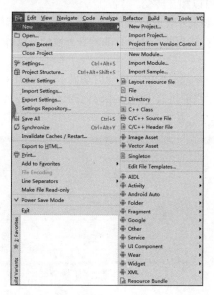

图4-12　新建Android Studio工程

4.2　Android SDK操作

在Android Studio开发过程中离不开Android SDK，Android SDK是实现Android应用程序核心功能的基础。在本节的内容中，将详细讲解和Android SDK操作相关的知识。

4.2.1　Android SDK管理器操作

谷歌公司已经将Android SDK集成在Android Studio开发环境中，单击Android Studio顶部的 按钮可以打开Android SDK管理器，界面如图4-13所示。

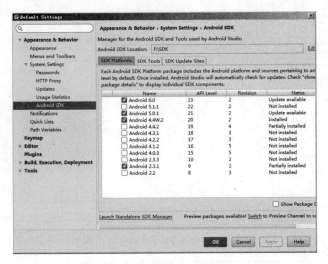

图4-13　Android SDK管理器界面

- Android SDK Location：在此设置当前机器安装Android SDK的路径，一定是SDK的根目录。
- SDK Platforms：列出了当前机器中已经安装的版本、未安装的版本和未完全安装的版本三种SDK信息，三者之间的状态可以相互转变。
- SDK Tools：列出了当前机器中已经安装的、未安装的版本和需要更新的三种SDK Tools信息。
- SDK Update Sites：列出了在线更新Android sdk的官方地址，也就是更新SDK时下载的资料是从这些网址中下载获取的。
- Launch Standalone SDK Manager：单击后会启动显示Android SDK管理器的典型界面，如图4-14所示。在此界面中列出了当前机器中的Android SDK信息，并且既可以在此安装新的SDK，也可以删除旧的SDK。

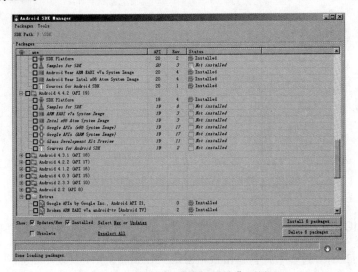

图4-14　Android SDK管理器的典型界面

注意：还有一种打开Android SDK管理器的方法，找到本地机器安装SDK的路径，双击下载目录中的"SDK Manager.exe"文件，即可启动如图4-14所示的界面。

4.2.2 设定Android SDK Location

如果打开一个Android工程后，发现Android Studio顶部的  按钮处于灰色不可用状态，则说明设置的"Android SDK location"不正确，此时需要在Android Studio中设置Android SDK的根目录路径。

（1）鼠标右键单击Android Studio工程名，在弹出的菜单中选择"Open Module Settings"，如图4-15所示。

图4-15 选择"Open Module Settings"

（2）在弹出的界面左侧可以看到"SDK Location"选项，单击"SDK Location"选项后可以在右侧设定"Android SDK location"的目录路径，设置完成单击"OK"按钮，如图4-16所示。

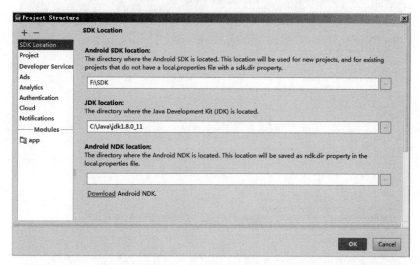

图4-16 设定"Android SDK location"路径

经过上述操作后就可以发现Android Studio顶部的 按钮处于可用状态了。

4.2.3 安装/删除/更新Android SDK

在图4-13所示的Android SDK管理器界面中列出了当前机器安装的SDK信息，在此可以增加、删除或更新各个SDK。

1. 安装新的SDK Plateforms

（1）单击的Android Studio顶部的  按钮来到如图4-13所示的界面，勾选一个空白的复选框代表开始安装这个版本的SDK Plateforms（SDK Plateforms是Android SDK的一部分）。例如在图4-13所示界面中勾选Android 4.4.2后会在前面显示 图标，如图4-17所示。

（2）单击"OK"按钮后弹出确认对话框，如图4-18所示。

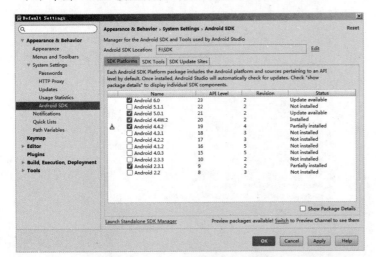

图4-17 安装新的SDK Plateforms

图4-18 确认对话框

（3）单击"OK"按钮后会弹出"Installing"界面，显示在线安装Android 4.4.2的进度条，如图4-19所示。

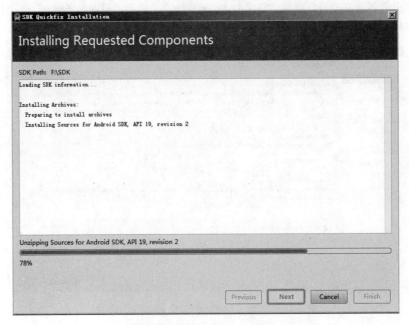

图4-19 "Installing"界面

（4）进度完成后单击"Finish"按钮后完成安装工作，此时Android 4.4.2在Android SDK管理器列表中已经处于Installed（已安装）状态了，如图4-20所示。

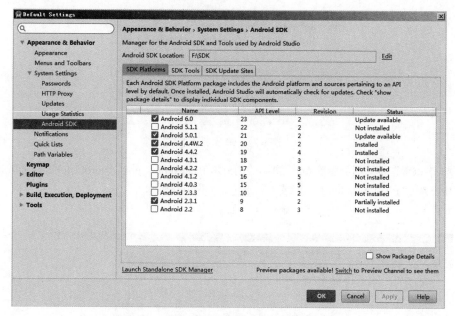

图4-20　成功安装Android 4.4.2 SDK Plateforms

2．删除已安装SDK Plateforms

删除已安装SDK Plateforms的方法和上面的安装过程相反，具体流程如下所示。

（1）单击的Android Studio顶部的 按钮来到图4-13所示的界面，将被勾选一个复选框取消选中状态。例如在图4-21界面中取消Android 4.4.2前面复选框的勾选状态，此时会在前面显示 图标，如图4-21所示。

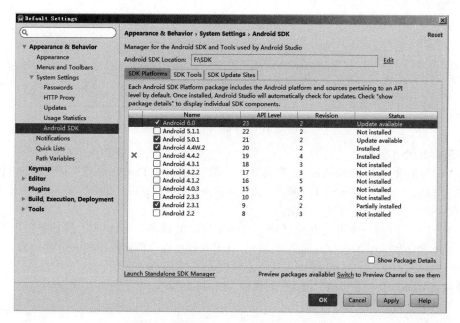

图4-21　删除Android 4.4.2 SDK Plateforms

（2）单击"OK"按钮后弹出确认对话框，如图4-22所示。

图4-22 确认对话框

（3）单击"OK"按钮后会删除Android 4.4.2的SDK Plateforms，此时Android 4.4.2在Android SDK管理器列表中已经处于Not installed（未安装）状态了，如图4-23所示。

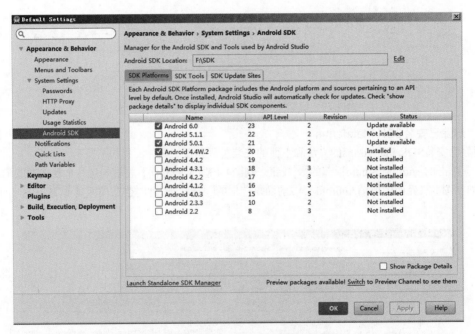

图4-23 成功删除Android 4.4.2 SDK Plateforms

3. 更新Android SDK

在图4-23所示的"SDK Plateforms"界面中，当前机器的SDK Plateforms没有可更新的内容。单击`SDK Tools`（SDK Tools也是Android SDK的一部分）按钮来到工具界面，如图4-24所示。在此界面中有可以更新的内容，具体更新过程如下所示。

（1）在列表中选择一个可更新的选项，可更新选项前面都有标志[–]，例如单击上图4-24中Version（版本号）为23.01的选项前面的标志[–]，此时在这个选项前面将出现一个标志，如图4-25所示。

（2）单击"OK"按钮后弹出"确认"对话框，如图4-26所示。

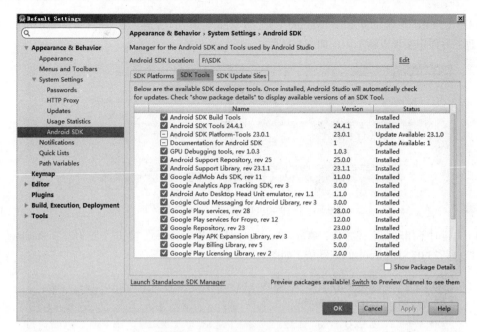

图4-24 "SDK Tools"列表界面

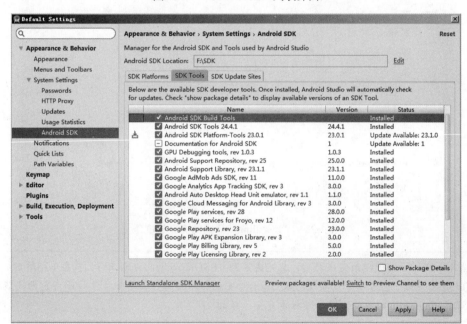

图4-25 更新23.01 SDK Tools

图4-26 "确认"对话框

（3）单击"OK"按钮后会弹出"Warning（警告）"对话框界面，提醒大家只能在图4-14所示的Android SDK管理器界面中实现更新工作，如图4-27所示。

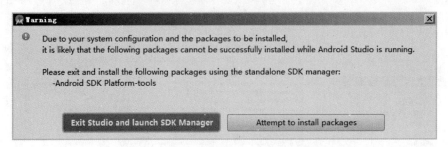

图4-27　"Warning（警告）"对话框界面

（4）先暂时不用理会上述警告，单击"Attempt to install packages"按钮后会弹出"Installing"界面，显示在线更新23.01 SDK Tools的进度条，如图4-28所示。

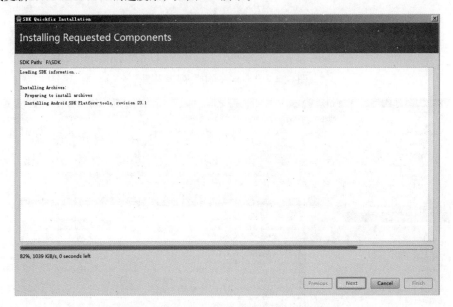

图4-28　"Installing"界面的更新进度条

注意：当图4-28所示的进度条完成之后，就完成了23.01 SDK Tools的更新工作。在图4-25所示的"SDK Tools"界面中也可以分别实现SDK Tools的安装和删除工作，具体方法请参考前面安装和删除SDK Plateforms的步骤，整个过程是完全一致的。

4.2.4　集中管理Android SDK

图4-27所示的"Warning（警告）"提醒大家不要在打开Android Studio的情况下更新SDK Tools，而是建议在图4-14所示的Android SDK管理器的典型界面中实现更新操作。其实Android SDK管理器的典型界面的作用不仅仅如此，建议广大读者在此界面实现Android SDK的安装、删除和更新工作，其效率要大大高于我们本章前面讲解的步骤。

（1）在图4-14所示的界面中列出了当前机器中的Android SDK信息，并且列出了每个选项的详细信息，在列表中同时包含了SDK Plateforms和SDK Tools类型的选项。并且选项下面还有子选项，例如在

Android 6.0下面包含了SDK Platform、Android TV Intel x86等子选项，如图4-29所示。

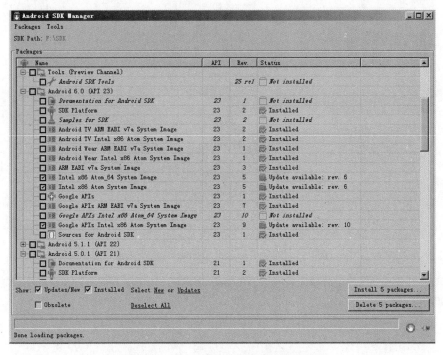

图4-29 Android SDK管理器的典型界面

（2）勾选要安装的选项前面的复选框，单击 Install 5 packages... 按钮后弹出"Choose Packges to Install"界面，如图4-30所示。

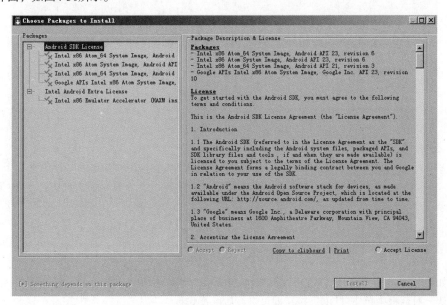

图4-30 "Choose Packges to Install"界面

（3）勾选"Accept License"单选按钮后效果如图4-31所示。

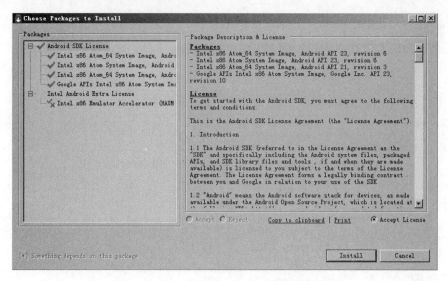

图4-31　勾选"Accept License"单选按钮

（4）单击"Install"按钮后开始安装操作，在Android SDK Manager界面下方弹出进度条显示安装进度信息，如图4-32所示。

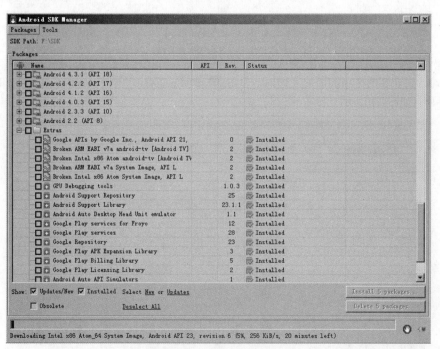

图4-32　安装进度条

（5）如果想删除某些选项信息，只需在图4-29所示的界面中单击 Delete 5 packages... 按钮，在弹出的"确认"对话框中单击"OK"按钮即可进行删除操作。

4.3　AVD模拟器操作

我们都知道程序开发需要调试，只有经过调试之后才能知道我们的程序是否可以正确运行。作为一款移动智能设备系统，开发者如何在计算机平台之上调试Android程序呢？不用担心，谷歌为我们提供了模拟器来解决我们担心的问题。所谓模拟器，就是指在计算机上模拟安卓系统环境，可以用这个模拟器来调试并运行开发的Android程序。开发人员不需要一个真实的Android手机，只通过计算机模拟运行一个手机，即可开发出应用在手机上面程序。谷歌提供的模拟器名为AVD，是Android Virtual Device（Android虚拟设备）的缩写，每个AVD模拟了一套虚拟设备来运行Android平台，这个平台至少要有自己的内核、系统图像和数据分区，还可以有自己的SD卡和用户数据以及外观显示等。在本节的内容中，将详细讲解和AVD模拟器相关的操作。

注意： 模拟器和真机究竟有何区别？

当然Android模拟器不能完全替代真机，具体来说有如下差异：

- 模拟器不支持呼叫和接听实际来电，但可以通过控制台模拟电话呼叫（呼入和呼出）；
- 模拟器不支持USB连接；
- 模拟器不支持相机/视频捕捉；
- 模拟器不支持音频输入（捕捉），但支持输出（重放）；
- 模拟器不支持扩展耳机；
- 模拟器不能确定连接状态；
- 模拟器不能确定电池电量水平和交流充电状态；
- 模拟器不能确定SD卡的插入/弹出；
- 模拟器不支持蓝牙。

有关Andorid模拟器的详细知识，将在本章后面的内容中进行详细介绍。

4.3.1　创建新的AVD模拟器

（1）单击Android Studio顶部菜单中的图标，如图4-33所示。

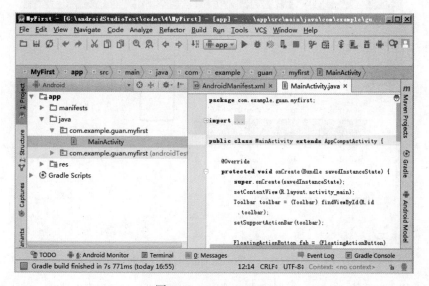

图4-33　Android Studio

（2）在弹出的"Android Virtual Device Manager"界面中列出了当前已经安装的AVD，如图4-34
所示。

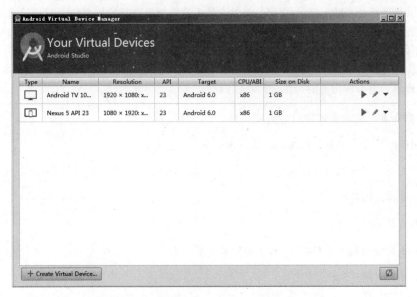

图4-34 "Android Virtual Device Manager"界面

（3）在"Your Virtual Devices"列表中列出了当前已经安装的AVD版本，我们可以通过操作按钮来
创建、删除或修改AVD。各个主要按钮的具体说明如下所示。

- ❑ ＋ Create Virtual Device... ：创建一个新的AVD，单击此按钮后会弹出"Select Hardware"界面，如图4-35
  所示。
- ❑ ✎：修改当前这个已经存在的AVD。
- ❑ ▶：启动运行一个AVD模拟器。

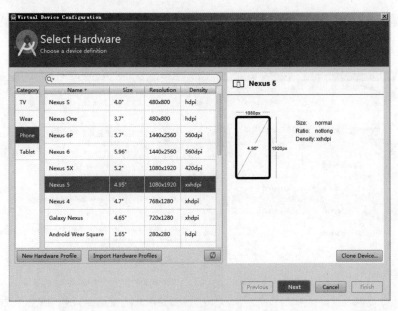

图4-35 "Select Hardware"界面

（4）在此界面左侧的"Category"中选择一个设备的类型，在右侧列表中选择一个具体的设备名，

在界面中会显示旋转设备的尺寸参数和分辨率信息。例如在图4-36中选择设备类型为"Phone"，"Name"为Nexus 5。

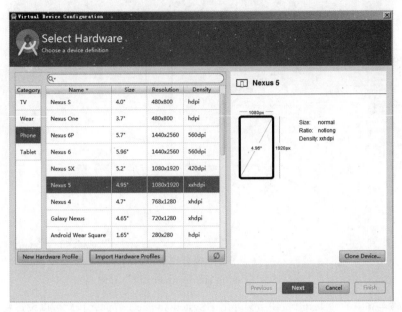

图4-36　"Select Hardware"界面

（5）单击图4-36中的 New Hardware Profile 后会弹出"Config Hardware Profile"界面，在此可以设置当前被选中设备的属性，包括尺寸信息、名字和是否支持摄像头和传感器等，如图4-37所示。

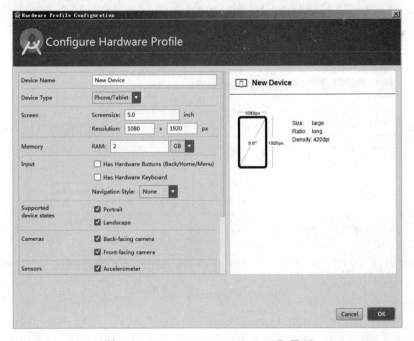

图4-37　"Config Hardware Profile"界面

（6）单击图4-36中的 Clone Device... 按钮后也会弹出"Config Hardware Profile"界面，在此可以修改当前被选中设备的属性，包括尺寸信息、名字和是否支持摄像头和传感器等，如图4-38所示。

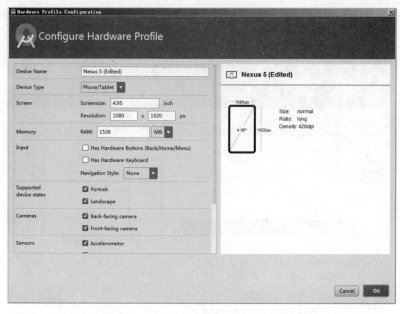

图4-38 "Config Hardware Profile"界面

（7）单击图4-36中的"Next"按钮后会弹出"System Image"界面，在此可以设置要创建AVD的版本，例如在图4-39中设置版本为Release Name（Android 6.0的发布名称）。

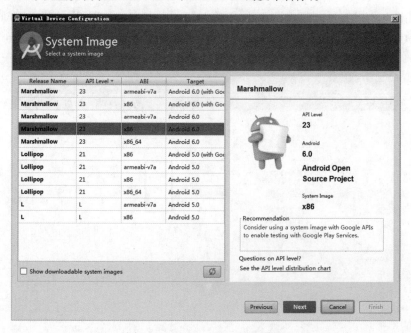

图4-39 "System Image"界面

（8）单击"Next"按钮后会弹出"Android Virtual Devices（AVD）"界面，在此可以设置要创建AVD的属性信息，包括名字（在此设置为First）、版本号（在此设置为6.0）、分辨率（在此设置为1080×1920像素）、横屏/竖屏（在此设置为竖屏），如图4-40所示。

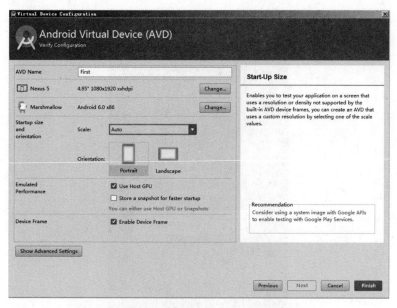

图4-40　"Android Virtual Devices（AVD）"界面

（9）单击"Finish"按钮后即可成功创建一个全新的AVD，此时在"Android Virtual Device Manager"列表中会显示刚刚创建的名为"First"的AVD，如图4-41所示。

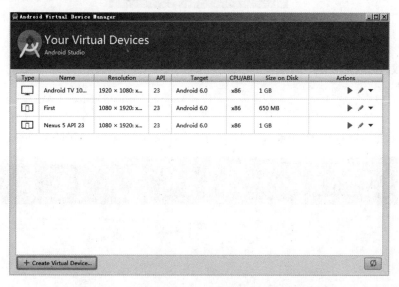

图4-41　"Android SDK and AVD Manager"界面

4.3.2　启动AVD模拟器

对于Android程序的开发者来说，模拟器的推出给开发者在开发上和测试上带来了很大的便利。无论在Windows下还是Linux下，Android模拟器都可以顺利运行。并且官方提供了Eclipse插件，可以将模拟器集成到Eclipse的IDE环境。Android SDK中包含的模拟器的功能非常齐全，电话本、通话等功能都可正常使用（当然你没办法真地从这里打电话），甚至其内置的浏览器和Maps都可以联网。用户可以使用键盘输入，鼠标单击模拟器按键输入，甚至还可以使用鼠标单击、拖动屏幕进行操纵。

单击图4-41中"First"后面的▶图标后会运行这个模拟器，运行速度会有一点慢，需要读者耐心等待。成功运行后的效果如图4-42所示。

图4-42   成功运行名为"First"的AVD

4.3.3   修改AVD模拟器

单击图4-41中某个AVD后面的✎按钮后会弹出"Android Virtual Devices（AVD）"界面，在此可以修改（重新设置）要创建AVD的属性信息，包括名字（在此设置为First）、版本号（在此设置为6.0）、分辨率（在此设置为1080×1920像素）、横屏/竖屏（在此设置为竖屏），如图4-43所示。

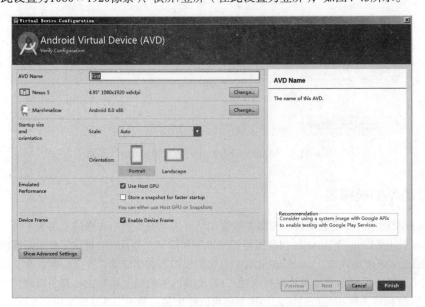

图4-43   "Android Virtual Devices（AVD）"界面

4.3.4 删除AVD模拟器

（1）单击图4-41中某个AVD（例如名为"Android TV"）后面的▼按钮，在弹出的快捷菜单中选择"Delete"命令，如图4-44所示。

（2）在弹出的"确认"对话框中单击"Yes"按钮，如图4-45所示。

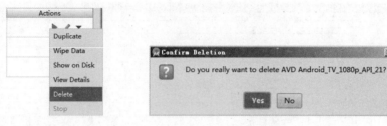

图4-44 单击"Delete"命令 图4-45 单击"Yes"按钮

（3）此时在"Android Virtual Device Manager"列表中不会看到上面刚刚删除的名为"Android TV"的AVD，如图4-46所示。

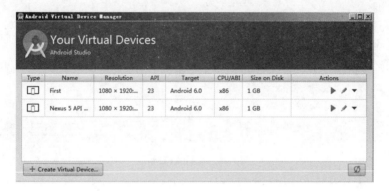

图4-46 "Android SDK and AVD Manager"界面

注意：找到本地机器安装SDK的路径，双击目录中的"AVD Manager.exe"后将显示一个普通版的"Android Virtual Devices（AVD）"界面，如图4-47所示。

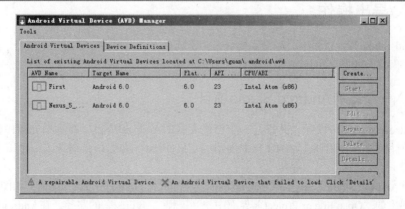

图4-47 普通版的"Android Virtual Devices（AVD）"界面

在上图列表中列出了当前已经安装的AVD版本，我们可以通过右侧的按钮来创建、删除或修改

AVD。主要按钮的具体说明如下所示。

- ❏ `Create...`：创建一个新的AVD，单击此按钮在弹出的界面中可以创建一个新AVD，如图4-48所示。
- ❏ `Start...`：修改已经存在的AVD。
- ❏ `Delete...`：删除已经存在的AVD。
- ❏ `Start...`：启动一个AVD模拟器。

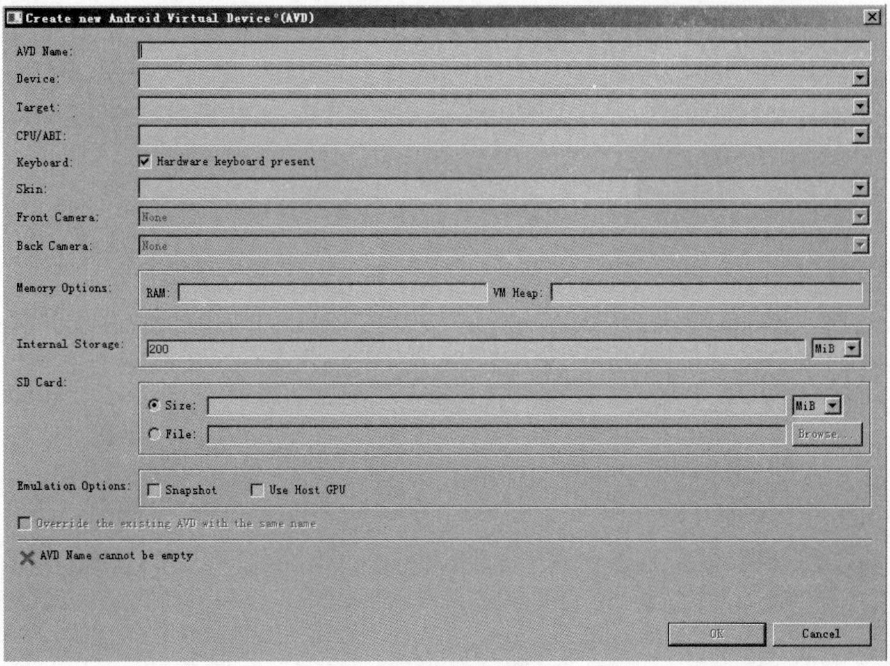

图4-48　新建AVD界面

> 注意：当读者创建一个新的AVD时，建议读者在"CPU/ABI"选项中选择"Intel Atom(X86)"或"Intel Atom(X86_64)"。"Intel Atom(X86)"是因特尔公司为计算机用户运行AVD模拟器而开发的，通过这个功能，在安装Intel处理器的计算机中可以让Android模拟器运行得健步如飞。

4.4　导入/导出操作

在Android Studio开发过程中，经常需要导入一个项目，也经常需要导出一个项目。在本阶段内容中，将详细讲解在Android Studio中导入/导出项目的基本知识。

4.4.1　导入一个既有Android Studio项目

通过Android Studio可以导入并打开一个已经存在的Android项目。在本书光盘中保存了本书中所有实例的项目文件，接下来以在4.1节中创建的"MyFirst"为例，介绍导入一个既有项目的具体流程。

（1）打开Android Studio，单击"Open an existing Android Studio project"菜单，如图4-49所示。

（2）在弹出的"Open File or Project"界面中找到工程"MyFirst"的路径，在Android Studio工程前面都会有图标，如图4-50所示。

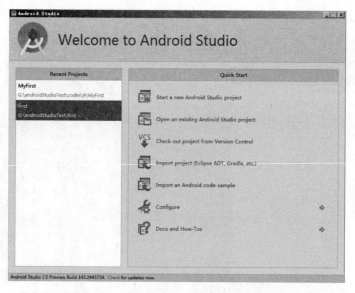

图4-49　单击"Open an existing Android Studio project"菜单

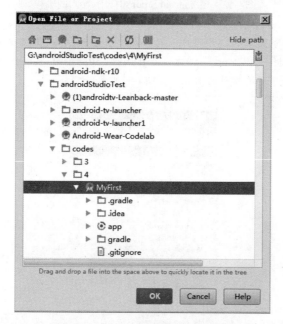

图4-50　"Open File or Project"界面

（3）单击"OK"按钮后弹出导入进度对话框，如图4-51所示。

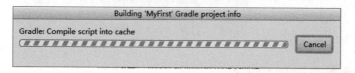

图4-51　进度条界面

（4）进度完成后即可在Android Studio中显示导入的工程，如图4-52所示。

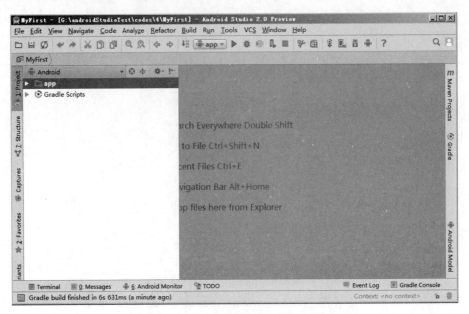

图4-52   在Android Studio中显示导入的工程

注意： 导入项目（工程）的目的和打开项目（工程）的功能一样，我们可以在图4-52所示的界面中，通过依次单击 "File" → "Open" 的方法打开如图4-50所示的 "Open File or Project" 界面，同样可以实现打开一个既有项目的功能，如图4-53所示。

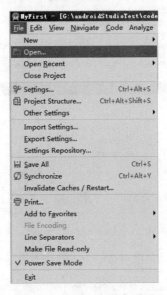

图4-53   打开一个既有项目

4.4.2   导入一个既有Eclipse项目

我们知道，以前Android应用项目是用Eclipse开发的，如果想用Android Studio来浏览用Eclipse创建的项目，就需要先将这些项目导入到Android Studio中。接下来以导入本章光盘中的 "first" 为例，介绍导入一个既有Eclipse项目的具体流程。

（1）打开Android Studio，单击"Import project（Eclipse ADT，Gradle，etc）"菜单，出现如图4-54所示界面。

（2）在弹出的"Open File or Project"界面中找到工程"first"的路径，在Eclipse工程前面没有图标，如图4-55所示。

 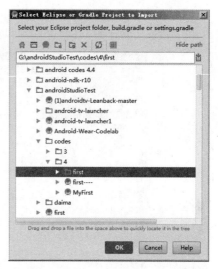

图4-54　单击"Import project（Eclipse ADT，Gradle，etc）"菜单　　图4-55　"Open File or Project"界面

（3）单击"OK"按钮后弹出"Import project form ADT"界面，在此设置导入项目后的存储路径，在此设置为和"first"同目录下，并命名为"first1"，如图4-56所示。

（4）单击"Next"按钮后弹出导入设置对话框，在此可以设置导入时的属性，建议全选，如图4-57所示。

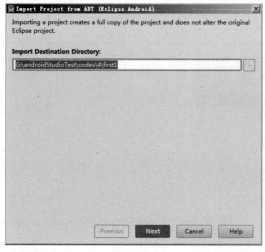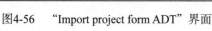 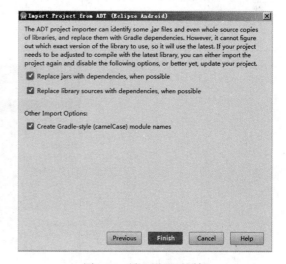

图4-56　"Import project form ADT"界面　　　　　图4-57　导入设置对话框

（5）单击"Finish"按钮后弹出导入进度对话框，如图4-58所示。这个过程可能会有一点慢，需要读者耐心等待。

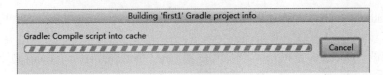

图4-58　进度条界面

（6）进度完成后即可在Android Studio中显示导入的工程，如图4-59所示。

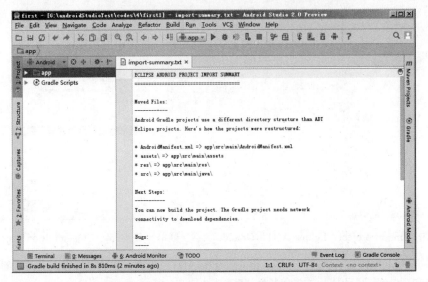

图4-59　在Android Studio中显示导入的工程

注意：导入项目（工程）的目的和打开项目（工程）的功能一样，我们可以在图4-59所示的界面中，通过依次单击File→Open的方法打开如图4-55所示的"Open File or Project"界面，同样可以实现打开一个既有项目的功能，如图4-60所示。

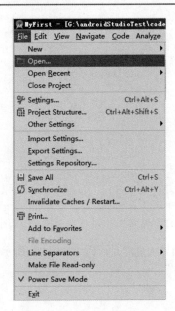

图4-60　打开一个既有项目

4.5　导入/导出设置

开发者在使用Android Studio时往往会进行一些设置，比如界面风格、字体、字体大小、快捷键、常用模板等。但是这些设置只能用在一个版本的Android Studio上，如果下载了新的Android Studio版本或者需要在家里或者办公室里使用Android Studio，那么不得不需要再次进行设置。再或者同事或朋友花了很多时间，配置了一个非常棒的设置组合，如果你也想设置成这个样子，如果一个一个手动设置自然是不现实的。Android Studio提供了Import Settings（导入设置）和Export Settings（导出设置）功能，接下来将讲解导入/导出设置的基本知识。

4.5.1　Import Settings（导入设置）

（1）打开Android Studio，依次单击"File""Import Settings"命令，如图4-61所示。

（2）在弹出的"Import File Location"界面中可以选择要导入的设置文件，如图4-62所示。导入成功后，可以将设置文件中的样式和模板信息应用到自己的Android Studio中。

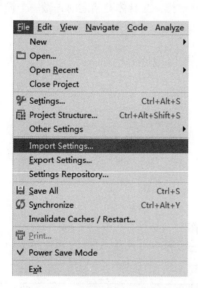

图4-61　"Import Settings"命令

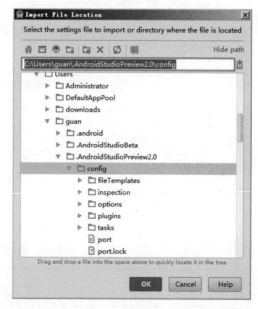

图4-62　"Import File Location"界面

4.5.2　Export Settings（导出设置）

开发者可以将自己在Android Studio中的样式和模板等设置信息保存到一个文件中，这样当在其他计算机中使用Android Studio时，可以通过4.5.1节中介绍的导入操作来加载设置信息。

（1）打开Android Studio，依次单击单击File→Export Settings命令，如图4-63所示。

（2）在弹出的"Import File Location"界面中可以选择要导入的设置文件，如图4-64所示。在此可以勾选需要导出的设置项，例如Code Style、File Template、Key maps和Live Templates等比较常用的样式选项，然后在下方选择导出后的存放地址，并命名为settings.jar。

（3）单击"OK"按钮后可以生成一个".jar"格式的文件，大家可以通过4.5.1节中介绍的步骤导入这个文件。

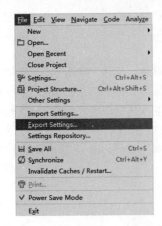

图4-63 "Export Settings"命令

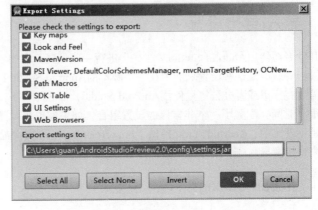

图4-64 "Export Settings"界面

4.6 第一个Android应用程序

本实例的功能是在手机屏幕中显示问候语"你好我的朋友!",在具体开始之前先做一个简单的流程规划,如图4-65所示。

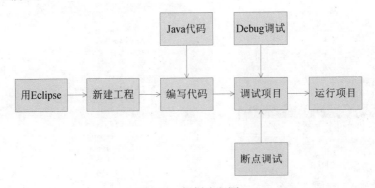

图4-65 规划流程图

题目	目的	源码路径
实例4-1	在手机屏幕中显示问候语	\codes\4\first1

在接下来的内容中,将详细讲解本实例的具体实现流程。

4.6.1 使用Android Studio新建Android工程

打开Android Studio,按照4.1节中介绍的步骤创建一个Android工程,最终的目录结构如图4-66所示。

图4-66 工程目录结构

4.6.2 编写代码和代码分析

现在已经创建了一个名为“first”的工程文件，现在打开文件first.java，会显示自动生成的如下代码。

```
package first.a;
import android.app.Activity;
import android.os.Bundle;
public class fistMM extends Activity {
    /** Called when the activity is first created. */
    @Override
    public void onCreate(Bundle savedInstanceState) {
        super.onCreate(savedInstanceState);
        setContentView(R.layout.main);
    }
}
```

如果此时运行程序，将不会显示任何东西。此时我们可以对上述代码进行稍微的修改，让程序输出“你好我的朋友！”。具体代码如下所示。

```
package first.a;
import android.app.Activity;
import android.os.Bundle;
import android.widget.TextView;

public class fistMM extends Activity {
    /** Called when the activity is first created. */
    @Override
    public void onCreate(Bundle savedInstanceState) {
        super.onCreate(savedInstanceState);
        setContentView(R.layout.main);
        TextView tv = new TextView(this);
        tv.setText("你好我的朋友！");
        setContentView(tv);
    }
}
```

经过上述代码改写后，我觉得应该可以在屏幕中输出“你好我的朋友！”，完全符合预期的要求。

4.6.3 调试程序

Android调试一般分为3个步骤，分别是设置断点、Debug调试和断点调试。

1. 设置断点

此处的设置断点和Java中的方法一样，可以通过鼠标单击代码左边的空白区域进行断点设置，在断点代码行前面会出现●标记，如图4-67所示。

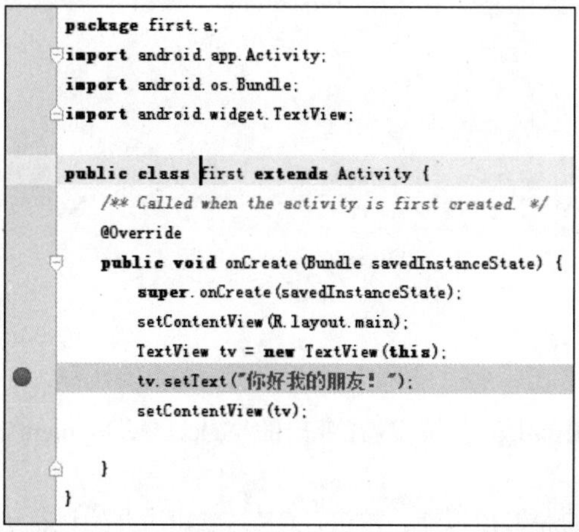

```
package first.a;
import android.app.Activity;
import android.os.Bundle;
import android.widget.TextView;

public class first extends Activity {
    /** Called when the activity is first created. */
    @Override
    public void onCreate(Bundle savedInstanceState) {
        super.onCreate(savedInstanceState);
        setContentView(R.layout.main);
        TextView tv = new TextView(this);
        tv.setText("你好我的朋友！");
        setContentView(tv);

    }
}
```

图4-67 设置断点

为了调试方便，可以设置显示代码的行号。只需在代码左侧的空白部分单击右键，在弹出的命令中选择"Show Line Numbers"，如图4-68所示。

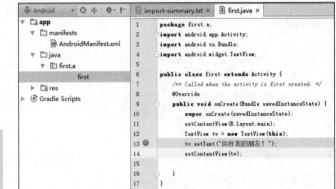

选择"Show Line Numbers"　　　　　　　　　开始显示行号

图4-68　设置显示行号

2．Debug调试

Debug Android调试项目的方法和普通Debug Java调试项目的方法类似，唯一不同的是在选择调试项目时选择"Debug'app'"命令。具体方法是单击Android Studio顶部的 🐞 按钮，如图4-69所示。

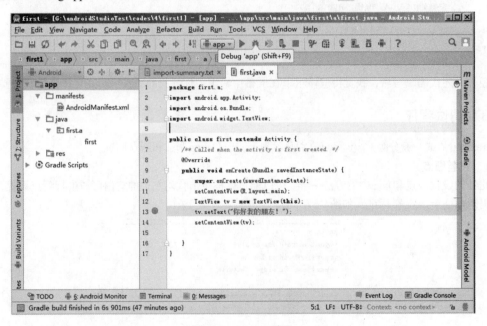

图4-69　Debug项目

4.6.4　模拟器运行项目

（1）单击Android Studio顶部中的 ▶ 按钮，在弹出的"Select Deployment Target"界面中选择一个AVD，如图4-70所示。

（2）选择名为"First"的AVD模拟器，单击"OK"按钮后开始运行这个程序，模拟器的运行速度会比较慢，需要耐心等待。运行后的结果如图4-71所示。

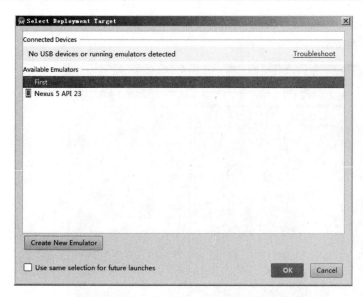

图4-70 "Select Deployment Target" 界面

图4-71 运行结果

4.6.5 真机运行项目

（1）首先确保自己的Android手机已经打开"开发人员选项"，然后单击Android Studio顶部菜单中的 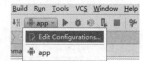 按钮，在弹出的选项中选择"Edit Configurations"命令，如图4-72所示。

（2）在弹出的"Run/Debug Configurtions"界面中找到"Target"选项，设置其值为"USB Device"，如图4-73所示。

图4-72 选择"Edit Configurations"命令

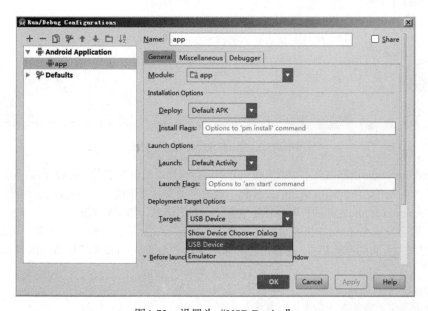

图4-73 设置为"USB Device"

（3）单击"OK"按钮后完成设置，将Androud手机用USB数据线和计算机相连。单击Android Studio

顶部菜单中的 ▦ 按钮，此时在弹出的"Android Device Monitor"界面中会显示我们的 Android 手机设备已经处于"Online"状态，如图4-74所示。

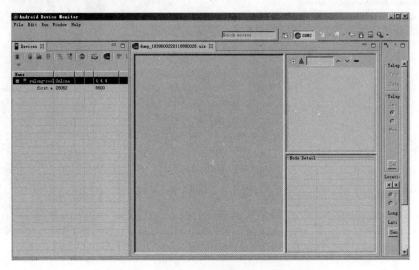

图4-74　"Android Device Monitor"界面

（4）返回 Android Studio 主界面，单击底部的 ▦ 6: Android Monitor 选项卡按钮，在弹出的"Android Monitor"界面中会显示连接的 Android 手机设备的基本信息。由此可见，Android Studio 会自动识别安卓手机，在右侧会显示当前的操作信息，如图4-75所示。

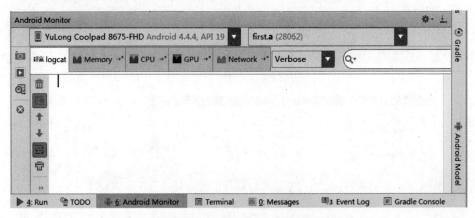

图4-75　"Android Monitor"界面

（5）Android Studio 顶部主菜单中的 ▶ 按钮开始运行程序，此时我们的应用程序将在连接的 Android 真机中运行，首先开始生成 APK 格式的安装包，然后自动安装到手机上。第一次执行会慢一些，以后就快了。在 Android Studio 底部的控制台程序中会显示提示信息，如图4-76所示。

（6）读者会发现 Android 真机的运行速率是无与伦比的，比模拟器强太多太多。单击"Android Monitor"界面左上角的 ▣ 按钮，在弹出的界面中显示了 Android 真机中的屏幕截图效果，如图4-77所示。

- Reload：重新加载图片。
- Rotate：将加载的界面截图进行翻滚。
- Frame Screenshot：给截图增加一个手机外框样式。
- Save：保存当前截图到本地。

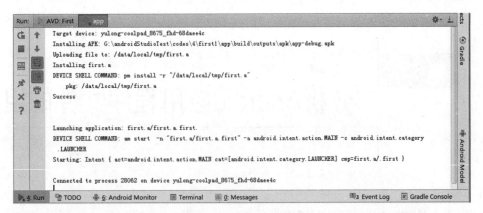

图4-76　控制台提示信息

图4-77　Android真机中的运行效果截图

## 第 5 章

分析Android应用程序文件的组成

在本书前面的内容中，已经讲解了创建Android应用程序的基本知识，也介绍创建了第一个Android应用程序。在本章的内容中，将以4.6节中的实例"first1"为素材，介绍Android应用程序文件的具体组成，详细剖析各个组成部分的具体功能，为读者步入本书后面知识的学习打下基础。

5.1　两种目录结构概览

在使用Android Studio开发应用程序时，大多数时间会使用如下两种模式的目录结构。

- Project：工程模式。
- Android：Android结构模式。

5.1.1　Project模式

在Android Studio中打开4.6节中的工程"first1"，在Project模式下，一个基本的Android应用项目的目录结构如图5-1所示。

- .gradle：表示Gradle编译系统，其版本由Wrapper指定。
- .idea：Android Studio IDE所需要的文件。
- app：当前工程的具体实现代码。
- build：编译当前程序代码后，保存生成的文件。
- gradle：Wrapper的jar和配置文件所在的位置。
- build.gradle：实现gradle编译功能的相关配置文件，其作用相当于Makefile。
- gradle.properties：和gradle相关的全局属性设置。
- gradlew：编译脚本，可以在命令行执行打包，是一个Gradle Wrapper可执行文件。
- graldew.bat：Windows系统下的Gradle Wrapper可执行文件。
- local.properties：本地属性设置（设置key设置和Android SDK的位置等），这个文件是不推荐上传到VCS中去的。
- settings.gradle：和设置相关的gradle脚本。
- External Libraries：当前项目依赖的Lib，在编译时会自动下载。

图5-1　Project模式

5.1.2　Android模式

在Android Studio中打开4.6节中的工程"first1"，在Android模式下，一个基本的Android应用项目的目录结构如图5-2所示。

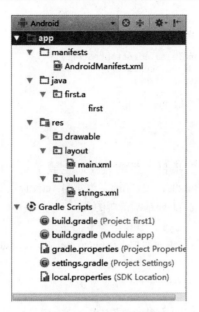

图5-2　Android模式

- app/manifests：AndroidManifest.xml配置文件目录。
- app/java：源码目录。
- app/res：资源文件目录。
- Gradle Scripts：和gradle编译相关的脚本文件。

由此可见，和原来的Eclipse相比，Android模式是最为相似的。在本章在接下来的内容中，将以Android模式为主，以Project模式为辅，详细分析上述各个Android应用程序组成文件的具体信息。

5.2　"app"目录

在工程"first1"中，"app"目录的具体结构如图5-3所示。

在Android Studio工程中，"app"目录下保存的是本工程中的所有包文件和源程序文件（.java），通常在里面包含如下所示的两个子目录。

- "java"子目录：保存了开发人员编写的程序文件，和Eclipse环境中的"src"目录相对应。
- "res"子目录：包含了项目中的所有资源文件，例如程序图标（drawable）、布局文件（layout）和常量（values）等。
- manfests：保存AndroidManifest.xml配置文件。

图5-3　"app"目录结构

Android Studio工程和普通的Java工程相比，在Java工程中没有每个Android工程都必须有的AndroidManfest.xml文件。

5.2.1　"java"子目录

在Android Studio工程中，"java"目录下的文件是用Java语言编写的程序文件。例如打开本项目中的文件first.java，其具体实现代码如下所示。

```
package first.a;
import android.app.Activity;
import android.os.Bundle;
import android.widget.TextView;
```

```
public class first extends Activity {
    /** Called when the activity is first created. */
    @Override
    public void onCreate(Bundle savedInstanceState) {
        super.onCreate(savedInstanceState);
        setContentView(R.layout.main);
        TextView tv = new TextView(this);
        tv.setText("你好我的朋友! ");
        setContentView(tv);

    }

}
```

当新建一个简单的"first1"项目，系统为我们生成了一个 first.java 文件。它导入了两个类 android.app.Activity 和 android.os.Bundle，类"first"继承自 Activity 且重写了 onCreate 方法。

以下说明针对没有学过 Java 或者 Java 基础薄弱的人。

1．@Override

在重写父类的 onCreate 时，在方法前面加上@Override 后，系统可以帮我们检查方法的正确性。例如下面的写法是正确的：

```
publicvoid onCreate(Bundle savedInstanceState){…….}
```

如果写成：

```
publicvoid oncreate(Bundle savedInstanceState) {…….}
```

则编译器回报如下错误：

```
The method oncreate(Bundle) of type HelloWorld must override or implement a supertype method
//以确保你正确重写onCreate方法，因为oncreate应该为onCreate
```

如果不加@Override，则编译器将不会检测出错误，而是会认为你新定义了一个方法 oncreate。

2．android.app.Activity类

因为几乎所有的活动（activities）都是与用户交互的，所以 Activity 类关注创建窗口，开发者可以用方法 setContentView(View) 将自己的 UI 放到里面。然而活动通常以全屏的方式展示给用户，也可以以浮动窗口或嵌入在另外一个活动中。在 Android 应用程序中，几乎所有的 Activity 子类都会实现如下所示的两个方法。

- onCreate(Bundle)：初始化我们的活动（Activity），比如完成一些图形的绘制。最重要的是，在这个方法里你通常将用布局资源（layout resource）调用 setContentView(int) 方法定义你的 UI，和用 findViewById(int) 在你的 UI 中检索你需要编程的交互的小部件（widgets）。setContentView 指定由哪个文件指定布局（main.xml），可以将这个界面显示出来，然后我们进行相关操作，我们的操作会被包装成为一个意图，然后这个意图对应由相关的 activity 进行处理。
- onPause()：处理当离开我们的活动时要做的事情，用户做的所有改变应该在这里提交。

3．android.os.Bundle类

从字符串值映射各种可打包的（Parcelable）类型。

5.2.2　"res"子目录

在 Android Studio 工程中，在"res"目录中存放了应用使用到的各种资源，如 XML 界面文件、图片和数据等。通常来说，在"res"目录中包含如下所示的三个子目录。

1．"drawable"子目录

在以 drawable 开头的四个目录，其中在"drawable-hdpi"目录中存放高分辨率的图片，例如 WVGA 400×800 像素、FWVGA 480×854 像素；在"drawable-mdpi"目录中存放的是中等分辨率的图片，例如 HVGA 320×480 像素；在"drawable-ldpi"目录中存放的是低分辨率的图片，例如 QVGA 240×320 像素。

2．"layout"子目录

"layout"子目录专门用于存放 XML 界面布局文件，XML 文件同 HTML 文件一样，主要用于显示用户操作界面。Android 应用项目的布局（layout）文件一般通过"res\layout\main.xml"文件实现，通过其

代码能够生成一个显示界面。例如"first"项目的布局文件"res\layout\main.xml"的实现源码如下所示。

```
<?xml version="1.0" encoding="utf-8"?>
<LinearLayout xmlns:android="http://schemas.android.com/apk/res/android"
    android:orientation="vertical"
    android:layout_width="fill_parent"
    android:layout_height="fill_parent"
    >
<TextView
    android:layout_width="fill_parent"
    android:layout_height="wrap_content"
    android:text="@string/hello"
    />
</LinearLayout>
```

在上述代码中，有以下几个布局和参数。

- <LinearLayout></LinearLayout>：在这个标签中，所有元件都是按由上到下的排队排成的。
- android:orientation：表示这个介质的版面配置方式是从上到下垂直地排列其内部的视图。
- android:layout_width：定义当前视图在屏幕上所占的宽度，fill_parent即填充整个屏幕。
- android:layout_height：定义当前视图在屏幕上所占的高度，fill_parent即填充整个屏幕。
- wrap_content：随着文字栏位的不同而改变这个视图的宽度或高度。

在上述布局代码中，使用了一个TextView来配置文本标签Widget（构件），其中设置的属性android:layout_width为整个屏幕的宽度，android:layout_height可以根据文字来改变高度，而android:text则设置了这个TextView要显示的文字内容，这里引用了@string中的hello字符串，即String.xml文件中的hello所代表的字符串资源。hello字符串的内容"Hello World, HelloAndroid!"这就是我们在HelloAndroid项目运行时看到的字符串。

注意：上面介绍的文件只是主要文件，在项目中需要我们自行编写。在项目中还有很多其他的文件，那些文件很少需要我们编写的，所以在此就不进行讲解了。

---

3. "values"子目录

"values"子目录专门用于存放Android应用程序中用到的各种类型的数据，不同类型的数据存放在不同的文件中，例如文件string.xml会定义字符串和数值，文件arrays.xml会定义数组。例如"first"项目的字符串文件String.xml的实现源码如下所示。

```
<?xml version="1.0" encoding="utf-8"?>
<resources>
  <string name="hello">Hello World, HelloAndroid!</string>
    <string name="app_name">HelloAndroid</string>
</resources>
```

在类string中使用的每个静态常量名与<string>元素中name属性值相同。上述常量定义文件的代码非常简单，只定义了两个字符串资源，请不要小看上面的几行代码。它们的内容很"露脸"，里面的字符直接显示在手机屏幕中，就像动态网站中的HTML一样。

5.2.3 设置文件AndroidManfest.xml

文件AndroidManfest.xml是一个控制文件，在里面包含了该项目中所使用的Activity、Service和Receiver。例如下面是项目"first1"中文件AndroidManfest.xml的代码。

```
<?xml version="1.0" encoding="utf-8"?>
<manifest xmlns:android="http://schemas.android.com/apk/res/android"
    package="com.yarin.Android.HelloAndroid"
    android:versionCode="1"
    android:versionName="1.0">
    <application android:icon="@drawable/icon"
android:label="@string/app_name">
        <activity android:name=".HelloAndroid"
                android:label="@string/app_name">
            <intent-filter>
```

```
            <action android:name="android.intent.action.MAIN" />
            <category android:name="android.intent.category.LAUNCHER" />
        </intent-filter>
    </activity>
  </application>
  <uses-sdk android:minSdkVersion="9" />
</manifest>
```

在上述代码中，intent-filters描述了Activity启动的位置和时间。每当一个Activity（或者操作系统）要执行一个操作时，它将创建出一个Intent的对象，这个Intent对象可以描述你想做什么，你想处理什么数据，数据的类型，以及一些其他信息。Android会和每个Application所暴露的intent-filter的数据进行比较，找到最合适Activity来处理调用者所指定的数据和操作。下面我们来仔细分析AndroidManfest.xml文件，如表5-1所示。

表5-1   AndroidManfest.xml元素分析

参数	说明
manifest	根节点，描述了package中所有的内容
xmlns:android	包含命名空间的声明，xmlns:android=http://schemas.android.com/apk/res/android，使得Android中各种标准属性能在文件中使用，提供了大部分元素中的数据
package	声明应用程序包
application	包含package中application级别组件声明的根节点，此元素也可包含application的一些全局和默认的属性，如标签、icon、主题、必要的权限，等等。一个manifest能包含零个或一个此元素（不能大余一个）
android:icon	应用程序图标
android:label	应用程序名字
activity	activity是与用户交互的主要工具，是用户打开一个应用程序的初始页面，大部分被使用到的其他页面也由不同的activity所实现，并声明在另外的activity标记中；注意，每一个activity必须有一个<activity>标记对应，无论它给外部使用或是只用于自己的package中；如果一个activity没有对应的标记，你将不能运行它；另外，为了支持运行时查找activity，可包含一个或多个<intent-filter>元素来描述activity所支持的操作
android:name	应用程序默认启动的activity
intent-filter	声明了指定的一组组件支持的Intent值，从而形成了Intent Filter，除了能在此元素下指定不同类型的值，属性也能放在这里来描述一个操作所需的唯一的标签、icon和其他信息
action	组件支持的Intent action
category	组件支持的Intent Category，这里指定了应用程序默认启动的activity
uses-sdk	与该应用程序所使用的sdk版本相关

5.3   "Gradle Scripts"目录

在工程"first1"中，"Gradle Scripts"目录的具体结构如图5-4所示。

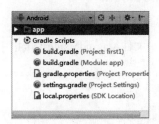

图5-4   "Gradle Scripts"目录结构

在Android Studio工程中，在Gradle Scripts"目录中保存了和gradle编译相关的脚本文件。在本节的内容中，将简要介绍各个编译脚本文件的基本知识。

5.3.1 文件build.gradle

在Android Studio工程的根目录中有一个文件build.gradle，在里面保存了和当前项目有关的Gradle配置信息，相当于这个项目的Makefile（编译文件），通常将一些项目的依赖就写在这个文件里面。例如在项目"first1"中，文件build.gradle的具体代码如下所示。

```
// Top-level build file where you can add configuration options common to all sub-projects/modules.
buildscript {
    repositories {
        jcenter()
    }
    dependencies {
        classpath 'com.android.tools.build:gradle:2.0.0-alpha1'
    }
}

allprojects {
    repositories {
        jcenter()
    }
}
```

在Android Studio工程"app"目录中也有一个文件build.gradle，用于保存当前工程的所有配置信息，并且Android Studio要求尽在一个build.gradle文件中保存。因为在打包的时候也是通过解析这个build.gralde文件来打包的，所以理解这个build.gradle文件是至关重要的。例如在项目"first1"中，文件build.gradle的具体实现代码如下所示。

```
apply plugin: 'com.android.application'

android {
    compileSdkVersion 23
    buildToolsVersion "23.0.2"

    defaultConfig {
        applicationId "first.a"
        minSdkVersion 9
        targetSdkVersion 9
    }

    buildTypes {
        release {
            minifyEnabled false
            proguardFiles getDefaultProguardFile('proguard-android.txt'), 'proguard-rules.txt'
        }
    }
}
```

5.3.2 文件gradle.properties

在Android Studio工程中，文件gradle.properties定义了和gradle相关的全局属性设置信息。例如在项目"first1"中，文件gradle.properties的具体实现代码如下所示。

```
# Project-wide Gradle settings.

# IDE (e.g. Android Studio) users:
# Gradle settings configured through the IDE *will override*
# any settings specified in this file.

# For more details on how to configure your build environment visit
# http://www.gradle.org/docs/current/userguide/build_environment.html

# Specifies the JVM arguments used for the daemon process.
# The setting is particularly useful for tweaking memory settings.
```

```
# Default value: -Xmx10248m -XX:MaxPermSize=256m
# org.gradle.jvmargs=-Xmx2048m -XX:MaxPermSize=512m -XX:+HeapDumpOnOutOfMemoryError
-Dfile.encoding=UTF-8

# When configured, Gradle will run in incubating parallel mode.
# This option should only be used with decoupled projects. More details, visit
# http://www.gradle.org/docs/current/userguide/multi_project_builds.html#sec:decoupled_projects
# org.gradle.parallel=true
```

5.3.3　文件settings.gradle

在Android Studio工程中，文件settings.gradle定义了和设置相关的gradle脚本。当使用Android Studio新建一个工程后，会默认生成两个build.gralde文件，一个位于工程根目录，一个位于"app"目录下。根目录下的脚本文件build.gralde是针对module的全局配置，它所包含的所有module是通过文件settings.gradle来配置的。"app"文件夹就是一个module，如果在当前工程中添加了一个新的module，例如"lib"，也需要在settings.gralde文件中包含这个新的module。

例如在项目"first1"中，文件settings.gradle的具体实现代码如下所示。

```
include ':app'
```

在上述代码中，"app"就是当前工程包含的一个module。如果有多个module，可以使用include方法添加多个参数。

第6章

Gradle技术基础

随着Android Studio工具越来越完善，将有更多的开发者舍弃掉Eclipse。但是全新的Android Studio与以往的Eclipse有很大区别，这导致部分开发者望而却步，其中一个大家觉得比较麻烦的是Android Studio采用的新的构建系统：Gradle。在本章的内容中，将详细讲解各个组成部分的具体功能，为读者步入本书后面知识的学习打下基础。

6.1 两种目录结构概览

Gradle跟ant/maven一样，是一种依赖管理/自动化构建工具。跟ant/maven不一样的是，Gradle并没有使用XML语言，而是采用了Groovy语言，这使得它更加简洁、灵活。更加强大的是，Gradle完全兼容maven和ivy。Gradle基于Groovy语言，以面向Java应用为主，它抛弃了基于XML的各种繁琐配置，取而代之的是一种基于Groovy的内部领域特定（DSL）语言。

6.1.1 安装Gradle

在搭建Android Studio开发环境之后，当使用Android Studio新建项目成功后会下载Gradle。下载的Gradle会默认保存到如下位置：

- Mac系统：/Users/<用户名>/.gradle/wrapper/dists/
- Windows系统：C:\Documents and Settings\<用户名>.gradle\wrapper\dists\

在上述目录中会看到名为"gradle-x.xx-all"的文件夹，如果下载过程太慢，建议读者登录Gradle官网下载对应的版本，然后将下载的.zip文件(也可以解压)复制到上述的gradle-x.xx-all文件夹下。图6-1是笔者的下载目录。

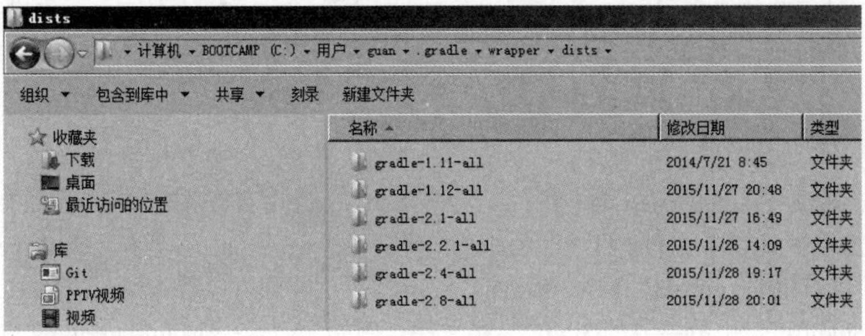

图6-1　Gradle的下载目录

6.1.2 Gradle的主要功能

- 很灵活的通用构建工具，就像ant一样。
- 使用可切换的、已经约定好的框架，就像maven一样，但是Gradle不会对开发者做任何限制。

- 支持多项目的构建。
- 强大的依赖管理（基于Apache Ivy）。
- 完美兼容maven或Ivy仓库。
- 无需提供远程仓库、pom.xml和ivy.xml即可实现依赖管理。
- 支持Ant类的task和builds。
- 使用Groovy构建脚本。
- 通过Rich Domain Model来描述构建信息。

6.2　Android工程中的Gradle

请看一个典型Android Studio项目的工程结构如图6-2所示。

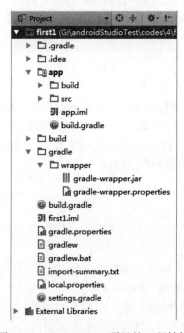

图6-2　Android Studio项目的工程结构

在5.3节中，已经简单罗列了Android工程中的Gradle文件。在本节的内容中，将进一步详细讲解各个Gradle文件的功能和语法知识。

6.2.1　文件app/build.gradle

文件build.gradle是Gradle的Module（模式，在Android Studio中有Project和Module的概念，在Android Studio中的一个窗口中只能有一个项目，即Project，代表一个workspace。但是一个Project可以包含多个Module，比如项目引用的Android Library和Java Library等，这些都可以看作是一个Module。）配置文件，是整个Android Studio项目中最主要的Gradle配置文件。例如下面是一个build.gradle文件的内容：

```
// 声明是Android程序
apply plugin: 'com.android.application'

android {
    // 当前编译SDK的版本
    compileSdkVersion 21
    // build tools的版本
    buildToolsVersion "21.1.1"
```

```
    defaultConfig {
        // 应用的包名
        applicationId "me.storm.ninegag"
        minSdkVersion 14
        targetSdkVersion 21
        versionCode 1
        versionName "1.0.0"
    }

    //Java版本
    compileOptions {
        sourceCompatibility JavaVersion.VERSION_1_7
        targetCompatibility JavaVersion.VERSION_1_7
    }

    buildTypes {
        release {
            // 设置是否进行混淆
            minifyEnabled false
            // 设置混淆文件的位置
            proguardFiles getDefaultProguardFile('proguard-android.txt'), 'proguard-rules.txt'
        }
    }
    // 删除lint检查的error（错误）
    lintOptions {
      abortOnError false
    }
}
```

对上述代码的具体说明如下所示：

（1）开头的apply plugin表示最新Gradle版本的写法，以前的写法是“apply plugin: 'android'”，建议读者使用最新的写法。

（2）buildToolsVersion表示需要设置为在本地安装这个版本才可运行，很多读者发现导入新的第三方库失败，其中最主要的失败原因之一是build version的版本不对。读者可以手动更改成本地已有的版本，或者打开SDK Manager去下载对应版本。

（3）applicationId表示用到的包名，这也是最新的写法。

（4）从Android 5.0版本开始，需要默认安装JDK 1.7及其以上的版本才能编译。而苹果的Mac系统自带JDK的版本是1.6，所以苹果用户需要手动下载JDK 1.7并进行配置。

（5）minifyEnabled也是最新的语法格式，以前是runProguard。

（6）“proguardFiles”部分分为如下所示的两个部分：

- 前一部分代表系统默认的android程序的混淆文件，该文件已经包含了基本的混淆声明，其目录是：<sdk目录>/tools/proguard/proguard-android.txt。
- 后一部分是在项目中自定义的混淆文件，目录是：app/proguard-rules.txt。

“compile project(':extras:ShimmerAndroid')”表示在当前中存在其他Module，不知道Module的概念可以看下这篇博客Android Studio系列教程二——基本设置与运行，总之你可以理解成Android Library，由于Gradle的普及以及远程仓库的完善，这种依赖渐渐地会变得非常不常见，但是你需要知道有这种依赖的。

注意：在以上文件里的内容只是基本的配置信息，其实还有很多自定义部分，例如自动打包debug/release/beta等环境、签名、多渠道打包等信息。

6.2.2　“gradle”目录

在“gradle”目录中有一个“wrapper”文件夹，里面可以看到如下两个文件：

- gradle-wrapper.jar。
- gradle-wrapper.properties。

在此主要讲解文件gradle-wrapper.properties，例如下面是一个典型gradle-wrapper.properties文件的内容：

```
#Thu Dec 18 16:02:24 CST 2015
distributionBase=GRADLE_USER_HOME
distributionPath=wrapper/dists
zipStoreBase=GRADLE_USER_HOME
zipStorePath=wrapper/dists
distributionUrl=https\://services.gradle.org/distributions/gradle-2.2.1-all.zip
```

在上述代码中声明了"Gradle"的目录与下载路径，以及设置了当前项目使用的Gradle的版本。上述默认路径一般是不会更改的，如果在上述文件中指明的Gradle版本错误，则会发生导入包不成功的错误。

6.2.3　根目录中的build.gradle

文件build.gradle是整个项目的Gradle基础配置文件，例如下面是一个典型build.gradle文件的内容：

```
// Top-level build file where you can add configuration options common to all sub-projects/modules.
buildscript {
    repositories {
        jcenter()
    }
    dependencies {
        classpath 'com.android.tools.build:gradle:1.0.0'
    }
}
allprojects {
    repositories {
        jcenter()
    }
}
```

上述代码主要包含了如下两个方面的设置信息：

- 声明仓库的源，在上述代码中可以看到使用了jcenter()，之前版本使用的是mavenCentral()。可以将jcenter理解成是一个新的中央远程仓库，不但兼容了maven中心仓库，而且性能更优。
- 声明了Android Gradle Plugin的版本，必须和工具对应，例如Android Studio 1.0正式版必须支持Gradle Plugin 1.0的版本。

6.2.4　其他文件

（1）extras/ShimmerAndroid/build.gradle

在Android Studio项目中，每一个Module都需要有一个Gradle配置文件，语法都是一样的，唯一不同的是开头声明的是：

```
apply plugin: 'com.android.library'
```

（2）settings.gradle

文件settings.gradle是项目的全局配置文件，主要声明一些需要加入Gradle的Module，例如下面是一个典型settings.gradle文件的内容：

```
include ':app', ':extras:ShimmerAndroid'
```

在Android Studio项目中，app和extras:ShimmerAndroid都是Module。如果还有其他Module，都需要按照上述代码的格式加进去。

6.3　和Android Studio相关的几个命令

在Android Studio环境中，最为常用的Gradle命令是"./gradlew"，其中"./"代表当前目录，"gradlew"代表"gradle wrapper"。"./gradlew"的意思是gradle的一层包装，可以理解为在这个项目本地就封装了Gradle，即"gradle wrapper"，通常在"项目根目录/gradle/wrapper/gralde-wrapper.properties"文件中声明了它指向的目录和版本。只要下载项目成功，即可用"grdlew wrapper"的命令代替全局的gradle命令。

- ./gradlew–v：当前目录中项目的版本号。

- ./gradlew clean：清除当前项目"app"目录下的build文件夹。
- ./gradlew build：检查依赖并编译打包，此命令会把debug和release环境的包都打出来。如果正式发布这个项目，只需要打Release包即可。
- ./gradlew assembleDebug：编译并打Debug包。
- ./gradlew assembleRelease：编译并打Release包。
- ./gradlew installRelease：通过Release模式打包并安装。
- ./gradlew uninstallRelease：卸载Release模式包。

6.4　Android Studio中的常见Gradle操作

在谷歌的大力推动和宣传下，"Android Studio + Gradle"这一组合已经日益深入民心，很多著名的第三方开源项目也早早地都迁移到了Android Studio环境中。在本节的内容中，将详细讲解在Android Studio环境中和Gradle相关的常见操作。

6.4.1　查看并编译源码

以开源站点Github为例，当开发者在GitHub上看到一个不错的开源项目时，通常会进行阅读源码并查看运行效果这两种操作。如果只是单纯地查看源码，建议读者尽量用一些轻量级编辑器。但是对于Android应用程序开发者来说，Android Studio将是最佳选择。要想查看GitHub上某个项目的运行效果，首先需要生成APK文件，可能一些开源项目已经提供了APK文件供用户下载，但是对于那些没有提供APK下载的项目来说，则需要用户自己手动编译并打包。

接下来将以开源项目https://github.com/stormzhang/9GAG为例，介绍Gradle编译操作的具体过程。

（1）通过CMD命令来到项目的根目录，执行如下命令来查看当前项目所用的Gradle版本。

```
./gradlew -v
```

如果是第一次执行，需要耗费一段时间来下载这个版本的Gradle，下载成功会看到如图6-3所示的提示信息。

图6-3　下载成功后的提示信息

（2）执行如下所示的命令清除当前项目"app"目录下的build文件夹。

```
./gradlew clean
```

执行上述命令后去除下载Gradle的一些依赖，成功时会看到如图6-4所示的提示信息。

（3）执行如下所示的命令编译并生成相应的APK文件。

```
./gradlew build
```

如果看到如图6-5所示的提示信息，则表示编译成功。

图6-4　清除成功时的提示信息

图6-5　编译成功时的提示信息

（4）此时可以在项目根目录下的"app/build/outputs/apk"文件夹中看到生成的APK文件，如图6-6所示。其中unaligned代表没有进行zip优化的APK文件，接下来就可以直接安装APK文件并查看运行结果了。

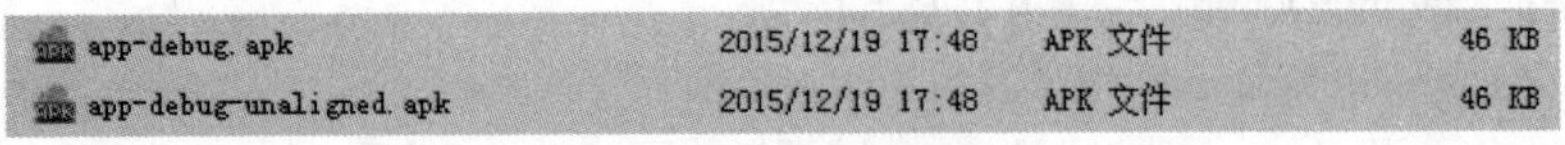

| app-debug.apk | 2015/12/19 17:48 | APK 文件 | 46 KB |
| app-debug-unaligned.apk | 2015/12/19 17:48 | APK 文件 | 46 KB |

图6-6　生成的APK文件

6.4.2　创建二进制发布版本

当开发者创建了一个Android Studio应用程序后，很可能想将其与大家分享，其中一种分享方式是创建一个可以从网站上下载的二进制文件。要想创建一个二进制发布版本，必须满足如下3点要求：

- 二进制发布一定不能使用"Fat jar"方式打包，即应用程序中的所有依赖一定不能被打包到该程序相同的jar包中。
- 二进制发布必须包含针对Unix和Windows操作系统的启动副本。
- 二进制发布的根目录必须包含合法的许可证。

1. 使用Application插件创建二进制文件

Application插件是一种常用的Gradle插件，可以运行并安装应用程序，并且可以用非"Fat jar"的方式创建二进制发布版本。登录Gradle官方网站https://docs.gradle.org/2.0/userguide/application_ plugin.html，上面介绍了这款插件的详细用法。此处我们需要完成如下3个工作：

- 移除jar任务配置。
- 在项目中使用Application插件。
- 配置应用程序的主类，设置属性mainClassName。

（1）根据上述3点需要，将项目"first1"中的文件build.gradle进行修改，具体代码如下：

```
apply plugin: 'application'
apply plugin: 'java'
repositories {
    mavenCentral()
}
dependencies {
    compile 'log4j:log4j:1.2.17'
    testCompile 'junit:junit:4.11'
}
mainClassName = 'net.petrikainulainen.gradle.HelloWorld'
```

在上述代码中，通过Application插件增加了如下所示的5个任务：

- 通过run任务启动应用程序。
- 通过startScripts任务在"build/scripts"目录中创建启动脚本，这个任务所创建的启动脚本适用于Windows和Unix操作系统。
- 任务installApp在"build/install/[project name]"目录中安装应用程序。
- 通过"distZip"任务创建二进制发布文件，并将其打包为一个"Zip"格式的文件，此文件可以在"build/distributions"目录下找到。
- 通过distTar任务创建二进制发布并将其打包为一个"tar"文件，可以在"build/distributions"目录下找到。

（2）在项目根目录下运行以下命令创建二进制文件。

```
gradle distZip
```

或：

```
gradle distTar
```

当成功创建了一个打包为"Zip"格式的二进制文件后，会输出如下所示的信息：

```
 gradle distZip
:compileJava
:processResources
:classes
:jar
:startScripts
:distZip
BUILD SUCCESSFUL
Total time: 4.679 secs
```

如果将Application插件创建的二进制文件进行解压缩操作，可以得到如下所示的目录结构：

- bin目录：包括启动脚本。
- lib目录：包括应用程序的jar文件以及它的依赖。

到此为止，已经成功创建了一个几乎能满足所有需求的二进制发布文件。

2．将许可证文件复制到"build"目录下

接下来需要在二进制发布的根目录下添加应用程序的许可证，具体目标如下所示：

- 创建一个新的任务，将许可证从项目的根目录复制到"build"目录下。
- 将许可证加入到所创建的二进制发布的根目录下。

在LICENSE（许可证文件）文件中包含了当前应用程序的许可信息，通常和版权保护有关，通常可以在项目的根目录下找到这个文件。通过如下所示的步骤可以将许可证文件复制到"build"目录下：

- 创建一个新的Copy任务，命名为copyLicense。
- 使用CopySpec接口中的from()方法配置源文件，将"LICENSE"作为参数进行调用。
- 使用CopySpec接口中into()方法配置target目录，将$buildDir属性作为参数进行调用。

在完成上述操作步骤以后，文件build.gradle的代码如下所示：

```
apply plugin: 'application'
apply plugin: 'java'
repositories {
    mavenCentral()
}
dependencies {
    compile 'log4j:log4j:1.2.17'
    testCompile 'junit:junit:4.11'
}
mainClassName = 'net.petrikainulainen.gradle.HelloWorld'
task copyLicense(type: Copy) {
    from "LICENSE"
    into "$buildDir"
}
```

通过上述代码，已经创建了一个将LICENSE文件从项目的根目录复制到build目录下的任务。如果此时在项目的根目录下运行如下命令：

```
gradle distZip
```

会看到如下所示的输出信息：

```
> gradle distZip
:compileJava
:processResources
:classes
:jar
:startScripts
:distZip

BUILD SUCCESSFUL
 Total time: 4.679 secs
```

上述信息向我们提示刚创建的新任务还没有被引入，也就是说在创建的二进制发布文件中并没有包含许可证文件。

3．将许可证文件加入到二进制发布文件中

要想将许可证文件加入到二进制发布文件中，需要完成如下所示的两个任务：

（1）将任务copyLicense从一个Copy任务改为正常的Gradle任务，具体方法是在它的声明中移除

"(type: Copy)"字符串。

（2）修改copyLicense任务，配置任务copyLicense的输出。创建一个新的指向"build"目录的许可证文件的文件对象，并将其设置为"outputs.file"属性值。将许可证文件从项目的根目录复制到build目录下。

（3）通过插件Application在项目中设置一个CopySpec属性，例如命名为"applicationDistribution"，可以使用这个属性在已创建的二进制文件中加入许可证文件，具体实现步骤如下所示：

- 使用接口CopySpec中的from()方法配置许可证文件的位置，将任务copyLicense的输出作为方法参数。
- 使用接口CopySpec中into()方法配置target目录，将一个空的字符串作为参数调用方法。

在完成上述操作步骤以后，文件build.gradle的代码如下所示：

```
apply plugin: 'application'
apply plugin: 'java'

repositories {
    mavenCentral()
}

dependencies {
    compile 'log4j:log4j:1.2.17'
    testCompile 'junit:junit:4.11'
}

mainClassName = 'net.petrikainulainen.gradle.HelloWorld'

task copyLicense {
    outputs.file new File("$buildDir/LICENSE")
    doLast {
        copy {
            from "LICENSE"
            into "$buildDir"
        }
    }
}

applicationDistribution.from(copyLicense) {
    into ""
}
```

如果此时在项目根目录下运行命令：

```
gradle distZip
```

会看到如下所示的输出信息：

```
> gradle distZip
:copyLicense
:compileJava
:processResources
:classes
:jar
:startScripts
:distZip

BUILD SUCCESSFUL
Total time: 5.594 secs
```

由此可见，现在已经成功引入了copyLicense任务。当对生成的二进制文件进行解压缩操作后，会在根目录下发现创建的LICENSE文件。

6.4.3 Gradle多渠道打包

当前国内的Android市场有很多种下载渠道，例如小米、酷派、联想、百度、豌豆荚等。为了统计每个渠道下的下载等数据，需要开发者针对每个渠道单独进行打包。要面向国内几十个市场的打包操作，需要使用Gradle实现多渠道打包操作。接下来以友盟统计（http://www.umeng.com/）为例，介绍使用Gradle打包应用程序的具体过程。在友盟统计的设置文件AndroidManifest.xml中，有如下所示的代码片段：

```
<meta-data
    android:name="UMENG_CHANNEL"
    android:value="Channel_ID" />
```

在上述代码中，"Channel_ID"表示渠道标示，打包的目标是在编译程序的时候"Channel_ID"值能够自动变化。

（1）在配置文件AndroidManifest.xml中配置PlaceHolder，具体代码如下所示：

```
<meta-data
    android:name="UMENG_CHANNEL"
    android:value="${UMENG_CHANNEL_VALUE}" />
```

（2）在文件build.gradle中设置productFlavors，具体代码如下所示：

```
android {
    productFlavors {
        xiaomi {
            manifestPlaceholders = [UMENG_CHANNEL_VALUE: "xiaomi"]
        }
        _360 {
            manifestPlaceholders = [UMENG_CHANNEL_VALUE: "_360"]
        }
        baidu {
            manifestPlaceholders = [UMENG_CHANNEL_VALUE: "baidu"]
        }
        wandoujia {
            manifestPlaceholders = [UMENG_CHANNEL_VALUE: "wandoujia"]
        }
    }
}
```

也可以通过如下代码实现批量修改：

```
android {
    productFlavors {
        xiaomi {}
        _360 {}
        baidu {}
        wandoujia {}
    }
    productFlavors.all {
        flavor -> flavor.manifestPlaceholders = [UMENG_CHANNEL_VALUE: name]
    }
}
```

此时直接执行如下命令就可以实现打包操作。

```
./gradlew assembleRelease
```

在上述代码中，"assemble"命令会结合Build Type创建自己的目标任务，例如：

```
./gradlew assembleDebug
./gradlew assembleRelease
```

另外，assemble还可以和Product Flavor（产品风格）结合创建新的任务，其实assemble是和Build Variants一起结合使用的，而Build Variants其实是Build Type和Product Flavor的结合体。如果想要打包wandoujia（豌豆荚）渠道的release版本，通过执行如下命令即可实现：

```
./gradlew assembleWandoujiaRelease
```

如果只打包普通的wandoujia渠道版本，通过执行如下命令即可实现，此时会同时生成wandoujia渠道的Release和Debug版本。

```
./gradlew assembleWandoujia
```

要想打包全部的Release版本，通过执行如下命令即可实现：

```
./gradlew assembleRelease
```

通过上述命令会把Product Flavor下的所有渠道的Release版本都打出来。

综上所述，通过assemble命令创建任务的主要用法如下所示。

- ****assemble****：允许直接构建一个Variant版本，例如assembleFlavor1Debug。
- ****assemble****：允许构建指定Build Type的所APK，例如assembleDebug将会构建Flavor1Debug和Flavor2Debug两个Variant版本。
- ****assemble****：　允许构建指定flavor的所有APK，例如assembleFlavor1将会构建Flavor1Debug和Flavor1Release两个Variant版本。

6.4.4　自定义BuildConfig

在日常Android Studio开发过程中，程序调试的Log功能对开发人员非常重要。通过使用Gradle自定义BuildConfig的方式，可以灵活地设置Log功能。

在Gradle脚本中用两种默认的模式：debug和release，这两种模式的BuildCondig.DEBUG字段分别是true和false，而且不可更改。BuildCondig.DEBUG字段在编译后会自动生成，在Android Studio中生成的目录是：

```
app/build/source/BuildConfig/Build Varients/package name/BuildConfig
```

例如在"guan"项目中的release模式下，文件BuildConfig的代码如下所示：

```
public final class BuildConfig {
  public static final boolean DEBUG = false;
  public static final String APPLICATION_ID = "com.storm.9gag";
  public static final String BUILD_TYPE = "release";
  public static final String FLAVOR = "wandoujia";
  public static final int VERSION_CODE = 1;
  public static final String VERSION_NAME = "1.0";
  // Fields from build type: release
  public static final boolean LOG_DEBUG = false;
}
```

在上述代码中，"LOG_DEBUG"字段是开发者自定义的一个全新字段，功能是控制Log的输出显示信息，原来此功能的默认字段是DEBUG。开发者在开发APP应用程序时，平常用到的API环境可能会有测试、正式两种，开发者不可能将所有的控制动作都交给DEBUG字段来实现。而且有时候环境会比较复杂，例如还会有两个以上的环境，这时可以利用Gradle提供的自定义BuildConfig字段来控制，在程序中可以通过这个字段就配置我们不同的开发环境。具体语法格式如下所示：

```
buildConfigField "boolean", "API_ENV", "true"
```

通过上述代码定义了一个boolean类型的API_ENV字段，值为true。以后就可以在程序中使用BuildConfig.API_ENV字段来判断所处的API环境。例如：

```
public class BooheeClient {
    public static final boolean DEBUG = BuildConfig.API_ENV;
    public static String getHost {
        if (DEBUG) {
            return "your qa host";
        }
        return "your production host";
    }
}
```

如果开发者在现实中遇到更加复杂的环境，也可能自定义一个String类型的字段。这种方式的好处是免去了发布之前手动更改环境的麻烦，减少出错的可能性，我们只需要在Gradle配置好debug、release等模式下的环境即可，丝毫没有打包之后的顾虑。

## 第 7 章

UI界面布局

UUI是User Interface（用户界面）的简称，UI设计则是指对软件的人机交互、操作逻辑、界面美观的整体设计。好的UI设计不仅是让软件变得有个性有品位，还要让软件的操作变得舒适、简单、自由，充分体现软件的定位和特点。Android系统作为一个手机开发平台，用户可以直接用肉眼看到的屏幕内容便是UI中的内容。由此可见，UI的内容是一个Android应用程序的外表，决定了给用户留下一个什么样的第一印象。在本章的内容中，将引领大家一起学习Android开发中界面布局的基本知识。

7.1 View视图组件

在Android系统中，类View是一个最基本的UI类，几乎所有的UI组件都是继承于View类而实现的。类View的主要功能如下所示：

（1）为指定的屏幕矩形区域存储布局和内容；

（2）处理尺寸和布局，绘制，焦点改变，翻屏，按键、手势；

（3）widget基类。

类View的语法格式如下所示：

```
Android.view.View
```

在Android系统中，类View的继承关系如下所示：

```
java.lang.Object
android.view.View
```

7.1.1 View的常用属性和方法

在Android系统中，类View中的常用属性和方法如表7-1所示。

表7-1 类View中的常用属性和方法

属性名称	对应方法	描述
android:background	setBackgroundResource(int)	设置背景
android:clickable	setClickable(boolean)	设置View是否响应单击事件
android:visibility	setVisibility(int)	控制View的可见性
android:focusable	setFocusable(boolean)	控制View是否可以获取焦点
android:id	setId(int)	为View设置标识符，可通过findViewById方法获取
android:longClickable	setLongClickable(boolean)	设置View是否响应长单击事件
android:soundEffectsEnabled	setSoundEffectsEnabled(boolean)	设置当View触发单击等事件时是否播放音效
android:saveEnabled	setSaveEnabled(boolean)	如果未做设置，当View被冻结时将不会保存其状态
android:nextFocusDown	setNextFocusDownId(int)	定义当向下搜索时应该获取焦点的View，如果该View不存在或不可见，则会抛出Runtime Exception异常

续表

属性名称	对应方法	描述
android:nextFocusLeft	setNextFocusLeftId(int)	定义当向左搜索时应该获取焦点的View
android:nextFocusRight	setNextFocusRightId(int)	定义当向右搜索时应该获取焦点的View
android:nextFocusUp	setNextFocusUpId(int)	定义当向上搜索时应该获取焦点的View，如果该View不存在或不可见，则会抛出Runtime Exception异常

7.1.2　Viewgroup容器

在Aandroid系统中，类Viewgroup是类View的子类。Viewgroup仿佛是一个容器，可以对它里面的视图界面进行布局处理。使用Viewgroup的语法格式如下所示。

```
android.view.Viewgroup
```

Viewgroup能够包含并管理下级系列的Views和其他Viewgroup，是一个布局的基类。Viewgroup好像一个View容器，负责对添加进来的View（视图界面）进行布局处理。在一个Viewgroup中可以看见另一个Viewgroup中的内容。各个Viewgroup类之间的关系如图7-1所示。

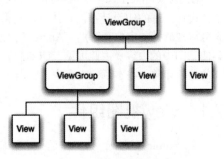

图7-1　各类的继承关系

7.1.3　ViewManager类

在Android系统中，类ViewManager的继承关系如下所示。

```
public interface ViewManager
    android.view.ViewManager
```

类ViewManager只是一个接口，没有任何具体的实现，抽象类ViewGroup对该接口的三个方法进行了具体实现。

类ViewManager可以向一个Activity中添加和移除子视图，调用Context.getSystemService()方法可以得到该类的一个实例。

公共方法addView用于增添一个视图对象，并指定其布局参数，具体原型如下所示。

```
public abstract void addView (View view, ViewGroup.LayoutParams params)
```

参数说明如下所示。

❑ view：制定添加的子视图；

❑ params：子视图的布局参数。

方法removeView用于移除指定的视图，具体原型如下所示。

```
public abstract void removeView (View view)
```

参数view用于指定移除的子视图。

方法UpdateViewLayout用于更新一个子视图，具体原型如下所示。

```
public abstract void UpdateViewLayout (View view, ViewGroup.LayoutParams params)
```

参数说明如下所示。

❑ view：指定更新的子视图；

❑ params：更新时所用的布局参数。

7.2　Android UI布局的方式

在Android应用程序中有两种布局UI界面的方式，分别是使用XML文件和在Java代码中进行控制。在本节的内容中，将详细讲解上述两种布局方式的实现方法。

7.2.1　使用XML布局

在Android应用程序中，官方建议使用XML文件来布局UI界面，好处是简单、明了，并且可以将应用的视图控制逻辑从Java代码中分离出来，放入到XML文件中进行控制。这样就实现了表现和处理的分离，从而更好地符合MVC原则。

当在Android应用程序中的"res/layout"目录中定义一个主文件名任意的XML布局文件之后，Java程序可以可通过如下方式在Activity中显示这个视图。

```
setContentView (R.layout.<资源文件名字>);
```

当在布局文件中添加事个UI组件时，都可以为这个UI组件指定"android:id"属性，该属性的属性值表示该组件的唯一标识。如果希望在Java程序代码中可以访问指定的UI组件，可以通过如下所示的代码来访问它。

```
findViewByld (R. id.<android . id属性值>);
```

如果在程序中获得指定UI组件，接下来就可以通过代码来控制各个UI组件的行为，例如为UI组件绑定事件监听器。

7.2.2　在Java代码中控制布局

虽然Android官方推荐使用XML文件方式来布局UI界面，但是开发人员也可以完全在Java程序代码中控制UI布局界面。如果希望在Java代码中控制UI界面，那么所有的UI组件都将通过new关键字进行创建，然后以合适的方式"组装"在一起即可。

在下面的实例中，演示了完全使用Java代码控制Android界面布局的过程。

题目	目的	源码路径
实例7-1	在Java代码中控制Android界面布局	\daima\7\View

实例文件CodeView.java的具体实现代码如下所示。

```java
public class CodeView extends Activity
{
    // 当第一次创建该Activity时回调该方法
    @Override
    public void onCreate(Bundle savedInstanceState)
    {
        super.onCreate(savedInstanceState);
        // 创建一个线性布局管理器
        LinearLayout layout = new LinearLayout(this);
        // 设置该Activity显示layout
        super.setContentView(layout);
        layout.setOrientation(LinearLayout.VERTICAL);
        // 创建一个TextView
        final TextView show = new TextView(this);
        // 创建一个按钮
        Button bn = new Button(this);
        bn.setText(R.string.ok);
        bn.setLayoutParams(new ViewGroup.LayoutParams(
                ViewGroup.LayoutParams.WRAP_CONTENT,
                ViewGroup.LayoutParams.WRAP_CONTENT));
        // 向Layout容器中添加TextView
        layout.addView(show);
        // 向Layout容器中添加按钮
        layout.addView(bn);
        // 为按钮绑定一个事件监听器
        bn.setOnClickListener(new OnClickListener()
        {
            @Override
            public void onClick(View v)
            {
                show.setText("Hello , Android , " + new java.util.Date());
```

```
        }
    });
    }
```

图7-2　执行效果

从上述实现代码可以看出，在Java主程序中用到的UI组件都是通过关键字new创建出来的，然后程序使用LinearLayout容器对象保存了这些UI组件，这样就组成了图形用户界面。执行效果如图7-2所示。

注意：在现实开发Android应用程序的过程中，建议使用XML文件的布局方式。

7.3　Android布局管理器详解

在Android应用程序的Viewgroup容器中可以装下很多控件，布局的作用就是对这些控件进行排列，排列成最实用的效果。另外，在布局里面还可以套用其他的布局，这样可以实现界面多样化以及设计的灵活性。布局组件Layout的语法格式如下所示。

```
<LinearLayout xmlns:Android="http://schemas.Android.com/apk/res/Android"
    Android:orientation="vertical"
    Android:layout_width="fill_parent"
    Android:layout_height="fill_parent"
>
```

在本节的内容中，将详细讲解Android UI界面布局管理器的基本知识。

7.3.1　Android布局管理器概述

当把一个View加入到一个Viewgroup中后，例如加入到RelativeLayout里面，我们知道此时这个View在RelativeLayout里面是怎样显示的呢？答案其实很简单：当向里面加入View时，我们传递一组值，并将这组值封装在LayoutParams类中。这样当再显示这个View时，其容器会根据封装在LayoutParams的值来确认此View的显示大小和位置。由此可以看出，LayoutParams的功能如下所示。

（1）每一个Viewgroup类使用一个继承于ViewGroup.LayoutParams的嵌套类；

（2）包含定义了子节点View的尺寸和位置的属性类型。

LayoutParams的具体结构如图7-3所示。

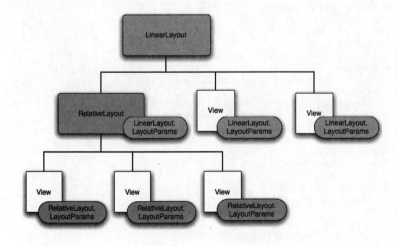

图7-3　LayoutParams结构图

在一个布局容器里可以包括零个或多个布局容器，其中有如下5个最为常用的Layout实现类。

（1）AbsoluteLayout：可以让子元素指定准确的x/y坐标值，并显示在屏幕上。(0,0)表示左上角，当向下或向右移动时，坐标值将变大。AbsoluteLayout没有页边框，允许元素之间互相重叠（尽管不推荐）。我们通常不推荐使用AbsoluteLayout，除非你有正当理由要使用它，因为它使界面代码太过刚性，以至于在不同的设备上可能不能很好地工作，如图7-4所示。

（2）TableLayout：用于把子元素放入到行与列中，不显示行、列或是单元格边界线，但是单元格不能横跨行，如HTML中一样，如图7-5所示。

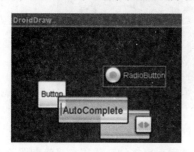

图7-4 AbsoluteLayout效果

图7-5 TableLayout效果

（3）FrameLayout：最简单的一个布局对象，被定制为屏幕上的一个空白备用区域，这样可以在其中填充一个单一对象，例如添加一张要发布的图片。在FrameLayout中，所有的子元素将会固定在屏幕的左上角，我们不能为FrameLayout中的一个子元素指定一个具体位置。在默认情况下，后一个子元素将会直接在前一个子元素之上进行覆盖填充，把它们部分或全部挡住（除非后一个子元素是透明的）。

（4）RelativeLayout：允许子元素指定它们相对于其他元素或父元素的位置（通过ID指定）。我们可以以右对齐、上下或置于屏幕中央的形式来排列两个元素。在RelativeLayout中的元素是按顺序排列的，如果第一个元素在屏幕的中央，那么相对于这个元素的其他元素将以屏幕中央的相对位置来排列。如果使用XML来指定这个Layout，那么在定义它之前必须定义被关联的元素。其结构说明如图7-6所示。

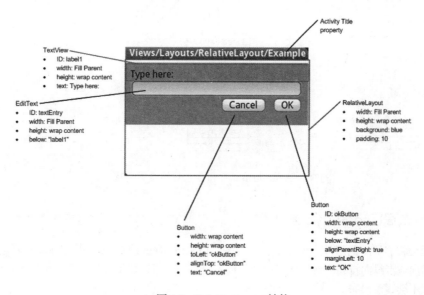

图7-6 RelativeLayout结构

（5）LinearLayout：可以在一个方向上（垂直或水平）对齐所有子元素。在里面既可以将所有子元素罗列堆放，也可以一个垂直列表每行将只有一个子元素（无论它们有多宽），如图7-7所示。另外也可以一个水平列表只是一列的高度，如图7-8所示。

图7-7　垂直布局

图7-8　水平布局

在Android系统中，布局管理器都是以ViewGroup为基类派生出来的，使用布局管理器可以适配不同手机屏幕的分辨率。Android布局管理器之间的继承关系如图7-9所示。

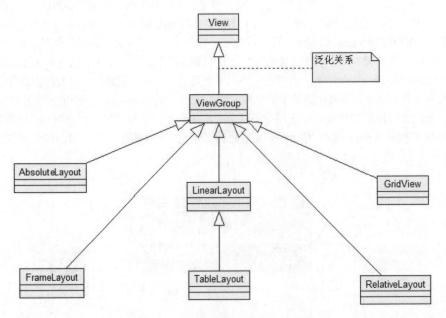

图7-9　Android布局管理器之间的继承关系

7.3.2　线性布局LinearLayout

线性布局会将容器中的组件一个一个排列起来，LinearLayout通过android:orientation属性控制可以控制组件的横向或者纵向排列。线性布局中的组件不会自动换行，如果组件一个一个排列到尽头之后，剩下的组件就不会显示出来。

1. LinearLayout常用属性

（1）基线对齐

XML属性：android:baselineAligned;

设置方法：setBaselineAligned(boolean b);

作用：如果该属性为false, 就会阻止该布局管理器与其子元素的基线对齐。

（2）设分隔条

XML属性：android:divider;

设置方法：setDividerDrawable(Drawable);

作用：设置垂直布局时两个按钮之间的分隔条。

（3）对齐方式（控制内部子元素）

XML属性：android:gravity;

设置方法：setGravity(int);

作用：设置布局管理器内组件（子元素）的对齐方式。

支持的属性值如下所示。

❑ Top，bottom，left，right

❑ center_vertical（垂直方向居中），center_horizontal（水平方向居中），

❑ fill_vertical（垂直方向拉伸），fill_horizontal（水平方向拉伸），

❑ center，fill

❑ clip_vertical，clip_horizontal

另外还可以同时指定多种对齐方式，例如"left|center_vertical"表示左侧垂直居中。

（4）权重最小尺寸

XML属性：android:measureWithLargestChild;

设置方法：setMeasureWithLargestChildEnable(boolean b);

作用：该属性为true的时候，所有带权重的子元素都会具有最大子元素的最小尺寸。

（5）排列方式

XML属性：android:orientation;

设置方法：setOrientation(int i);

作用：设置布局管理器内组件的排列方式，设置为horizontal（水平）或vertical（垂直），默认为垂直排列.

2．LinearLayout子元素控制

LinearLayout的子元素，即LinearLayout中的组件都受到LinearLayout.LayoutParams控制，因此LinearLayout包含的子元素可以执行下面的属性。

（1）对齐方式

XML属性：android:layout_gravity;

作用：指定该元素在LinearLayout（父容器）的对齐方式，也就是该组件本身的对齐方式，注意要与android:gravity区分。

（2）所占权重

XML属性：android:layout_weight;

作用：指定该元素在LinearLayout（父容器）中所占的权重，例如都是1的情况下，哪个方向（LinearLayout的orientation方向）长度都是一样的。

7.3.3　相对布局RelativeLayout

在相对布局RelativeLayout容器中，子组件的位置总是相对兄弟组件和父容器来决定的。RelativeLayout常用的重要属性如下所示。

（1）第一类：属性值为true或false

❑ android:layout_centerHrizontal：表示水平居中。

❑ android:layout_centerVertical：表示垂直居中。

❑ android:layout_centerInparent：表示相对于父元素完全居中。

❑ android:layout_alignParentBottom：表示贴紧父元素的下边缘。

❑ android:layout_alignParentLeft：表示贴紧父元素的左边缘。

❑ android:layout_alignParentRight：表示贴紧父元素的右边缘。

❑ android:layout_alignParentTop：表示贴紧父元素的上边缘。

❑ android:layout_alignWithParentIfMissing：表示如果对应的兄弟元素找不到的话就以父元素做参照物。

（2）第二类：属性值必须为id的引用名 "@id/id-name"

❑ android:layout_below：表示在某元素的下方。

❑ android:layout_above：表示在某元素的上方。

❑ android:layout_toLeftOf：表示在某元素的左边。

❑ android:layout_toRightOf：表示在某元素的右边。

❑ android:layout_alignTop：表示本元素的上边缘和某元素的上边缘对齐。

❑ android:layout_alignLeft：表示本元素的左边缘和某元素的左边缘对齐。

❑ android:layout_alignBottom：表示本元素的下边缘和某元素的下边缘对齐。

❑ android:layout_alignRight：表示本元素的右边缘和某元素的右边缘对齐。

（3）第三类：属性值为具体的像素值，如30dip，40px。

❑ android:layout_marginBottom：表示离某元素底边缘的距离。

❑ android:layout_marginLeft：表示离某元素左边缘的距离。

❑ android:layout_marginRight：表示离某元素右边缘的距离。

❑ android:layout_marginTop：表示离某元素上边缘的距离。

（4）EditText的android:hint：用于设置EditText为空时输入框内的提示信息。

（5）android:gravity：此属性是对该View内容的限定，例如一个button上面的text，可以设置该text在View的靠左、靠右等位置。以button为例，android:gravity="right"表示button上面的文字靠右。

（6）android:layout_gravity：用来设置该view相对于起父view的位置。比如一个button在linearlayout里，可以通过该属性设置把该button放在靠左、靠右等位置。以button为例，android:layout_gravity="right"表示button靠右。

（7）android:layout_alignParentRight：使当前控件的右端和父控件的右端对齐，这里属性值只能为true或false，默认false。

（8）android:scaleType：控制图片如何resized/moved来匹配ImageView的size。ImageView.ScaleType / android:scaleType值的区别如下所示。

❑ CENTER /center：按图片的原来size居中显示，当图片长/宽超过View的长/宽，则截取图片的居中部分显示。

❑ CENTER_CROP/centerCrop：按比例扩大图片的size居中显示，使得图片长（宽）等于或大于View的长（宽）。

❑ CENTER_INSIDE/centerInside：将图片的内容完整居中显示，通过按比例缩小或原来的size使得图片长/宽等于或小于View的长/宽。

❑ FIT_CENTER/fitCenter：把图片按比例扩大/缩小到View的宽度，居中显示。

❑ FIT_END/fitEnd：把图片按比例扩大/缩小到View的宽度，显示在View的下部分位置。

❑ FIT_START/fitStart：把图片按比例扩大/缩小到View的宽度，显示在View的上部分位置。

❑ FIT_XY/fitXY：可以通过该属性设置把图片 "不按比例扩大/缩小" 到View的大小显示。

❑ MATRIX/matrix：用矩阵来绘制，动态缩小/扩大图片来显示。

7.3.4　帧布局FrameLayout

帧布局容器为每个组件创建一个空白区域，一个区域成为一帧，这些帧会根据FrameLayout中定义的gravity属性自动对齐。帧布局FrameLayout直接在屏幕上开辟出了一块空白区域，当我们往里面添加组件的时候，所有的组件都会放置于这块区域的左上角。帧布局容器的大小由子控件中最大的子控件决定，如果组件都一样大的话，那么同一时刻就只能能看到最上面的那个组件。

当然也可以为组件添加layout_gravity属性，从而制定组件的对齐方式。帧布局FrameLayout中的前景图像永远处于帧布局最顶层，直接面对用户的图像，是不会被覆盖的图片。

在Android系统中，设计FrameLayout的目的是为了显示单一项Widget。通常不建议使用FrameLayout显示多项内容，因为它们的布局很难调节。如果不使用layout_gravity属性，那么多项内容会重叠。如果使用layout_gravity，则可以设置不同的位置。layout_gravity可以使用如下所示的取值。

（1）top：将对象放在其容器的顶部，不改变其大小。

（2）bottom：将对象放在其容器的底部，不改变其大小。

（3）left：将对象放在其容器的左侧，不改变其大小。

（4）right：将对象放在其容器的右侧，不改变其大小。

（5）center_vertical：将对象纵向居中，不改变其大小，垂直方向上居中对齐。

（6）fill_vertical：必要的时候增加对象的纵向大小，以完全充满其容器，垂直方向填充。

（7）center_horizontal：将对象横向居中，不改变其大小，水平方向上居中对齐。

（8）fill_horizontal：必要的时候增加对象的横向大小，以完全充满其容器，水平方向填充。

（9）center：将对象横纵居中，不改变其大小。

（10）fill：在必要的时候增加对象的横纵向大小，以完全充满其容器。

（11）clip_vertical：附加选项，用于按照容器的边来剪切对象的顶部和/或底部的内容. 剪切基于其纵向对齐设置：顶部对齐时剪切底部；底部对齐时剪切顶部；除此之外剪切顶部和底部，垂直方向裁剪。

（12）clip_horizontal附加选项，用于按照容器的边来剪切对象的左侧和/或右侧的内容. 剪切基于其横向对齐设置：左侧对齐时剪切右侧；右侧对齐时剪切左侧；除此之外剪切左侧和右侧。水平方向裁剪。

帧布局FrameLayout的常用属性如下所示。

❑ android:foreground：设置该帧布局容器的前景图像。

❑ android:foregroundGravity：设置前景图像显示的位置。

7.3.5　表格布局TableLayout

表格布局继承了LinearLayout，其本质是线性布局管理器。表格布局采用行和列的形式管理子组件，但是并不需要声明有多少行和列，只需要添加TableRow和组件就可以控制表格的行数和列数，这一点与网格布局有所不同，网格布局需要指定行列数。

TableLayout以行和列的形式管理控件，每行为一个TableRow对象，也可以为一个View对象，当为View对象时，该View对象将跨越该行的所有列。在TableRow中可以添加子控件，每添加一个子控件为一列。

在TableLayout布局中，不会为每一行、每一列或每个单元格绘制边框，每一行可以有0或多个单元格，每个单元格为一个View对象。TableLayout中可以有空的单元格，单元格也可以像HTML中那样跨越多个列。在表格布局中，一个列的宽度由该列中最宽的那个单元格指定，而表格的宽度是由父容器指定的。在TableLayout中，可以为列设置如下3种属性。

❑ Shrinkable：如果一个列被标识为Shrinkable，则该列的宽度可以进行收缩，以使表格能够适应其父容器的大小。

❏ Stretchable：如果一个列被标识为Stretchable，则该列的宽度可以进行拉伸，以使填满表格中空闲的空间。

❏ Collapsed：如果一个列被标识为Collapsed，则该列将会被隐藏。

注意： 一个列可以同时具有Shrinkable和Stretchable属性，在这种情况下，该列的宽度将任意拉伸或收缩以适应父容器。

TableLayout继承自LinearLayout类，除了继承来自父类的属性和方法，TableLayout类中还包含表格布局所特有的属性和方法。这些属性和方法说明如表7-2所示。

表7-2　TableLayout类常用属性及对应方法说明

属性名称	对应方法	描述
android:collapseColumns	setColumnCollapsed(int,boolean)	设置指定列号的列为Collapsed，列号从0开始计算
android:shrinkColumns	setShrinkAllColumns(boolean)	设置指定列号的列为Shrinkable，列号从0开始计算
android:stretchColumns	setStretchAllColumns(boolean)	设置指定列号的列为Stretchable，列号从0开始计算

其中setShrinkAllColumns和setStretchAllColumns的功能是将表格中的所有列设置为Shrinkable或Stretchable。

7.3.6　绝对布局AbsoluteLayout

所谓绝对布局，是指屏幕中所有控件的摆放由开发人员通过设置控件的坐标来指定，控件容器不再负责管理其子控件的位置。绝对布局的特点是组件位置通过x、y坐标来控制，布局容器不再管理组件位置和大小，这些都可以自定义。绝对布局不能适配不同的分辨率和屏幕大小，这种布局已经过时。如果只为一种设备开发这种布局的话，可以考虑使用这种布局方式。绝对布局的属性如下所示。

❏ android:layout_x：指定组件的x坐标。

❏ android:layout_y：指定组件的y坐标。

1．结构

```
public class AbsoluteLayout extends ViewGroup
        java.lang.Object
            android.view.View
                android.view.ViewGroup
                        android.widget.AbsoluteLayout
```

Android官方建议不使用此类，而是推荐使用FrameLayout、RelativeLayout或者定制的Layout代替。

2．公共方法

公共方法generateLayoutParams的具体格式如下所示。

```
public ViewGroup.LayoutParams generateLayoutParams (AttributeSet attrs)
```

功能是返回一组新的基于所支持的属性集的布局参数。

参数attrs：构建layout布局参数的属性集合。

返回值：一个ViewGroup.LayoutParams的实例或者它的一个子类。

3．受保护方法

（1）protected ViewGroup.LayoutParams generateLayoutParams (ViewGroup.LayoutParams p)

返回一组合法的受支持的布局参数。当一个ViewGroup传递一个布局参数没有通过checkLayoutParams(android.view.ViewGroup.LayoutParams)检测的视图时，此方法被调用。此方法会返回一组新的适合当前ViewGroup的布局参数，可能从指定的一组布局参数中复制适当的属性。

参数p：被转换成一组适合当前ViewGroup的布局参数。

返回值：一个ViewGroup.LayoutParams的实例或者其中的一个子节点。

（2）protected boolean checkLayoutParams (ViewGroup.LayoutParams p)

用于检测是不是AbsoluteLayout.LayoutParams的实例。

（3）protected ViewGroup.LayoutParams generateDefaultLayoutParams ()

返回一组宽度为WRAP_CONTENT，高度为WRAP_CONTENT，坐标是（0，0）的布局参数。

返回值：一组默认的布局参数或null值。

（4）protected void onLayout (boolean changed, int l, int t, int r, int b)

在此视图view给它的每一个子元素分配大小和位置时调用。派生类可以重写此方法并且重新安排它们子类的布局。

参数changed：这是当前视图view的一个新的大小或位置，具体说明如下所示。

❏ l：相对于父节点的左边位置。

❏ t：相对于父节点的顶点位置。

❏ r：相对于父节点的右边位置。

❏ b：相对于父节点的底部位置。

（5）protected void onMeasure (int widthMeasureSpec, int heightMeasureSpec)

测量视图以确定其内容宽度和高度。此方法被measure(int, int)调用。需要被子类重写以提供对其内容准确高效的测量。当重写此方法时，必须调用setMeasuredDimension(int, int)来保存当前视图view的宽度和高度。不成功调用此方法将会导致一个IllegalStateException异常，是由measure(int, int)抛出。所以调用父类的onMeasure(int, int)方法是必须的。父类的实现是以背景大小为默认大小，除非MeasureSpec（测量细则）允许更大的背景。子类可以重写onMeasure(int,int)以对其内容提供更佳的尺寸。如果此方法被重写，那么子类的责任是确认测量高度和测量宽度要大于视图view的最小宽度和最小高度（getSuggestedMinimumHeight() and getSuggestedMinimumWidth()），使用这两个方法可以取得最小宽度和最小高度。

❏ 参数widthMeasureSpec：强加于父节点的横向空间要求。要求是使用View.MeasureSpec进行编码。

❏ 参数heightMeasureSpec：强加于父节点的纵向空间要求。要求是使用View.MeasureSpec进行编码。

7.3.7　网格布局GridLayout

在Android 4.0版本之前，如果想要达到网格布局的效果，首先可以考虑使用最常见的LinearLayout布局，但是这样的排布会产生如下3点问题：

❏ 不能同时在x，y轴方向上进行控件的对齐。

❏ 当多层布局嵌套时会有性能问题。

❏ 不能稳定地支持一些支持自由编辑布局的工具。

其次考虑使用表格布局TabelLayout，这种方式会把包含的元素以行和列的形式进行排列，每行为一个TableRow对象，也可以是一个View对象，而在TableRow中还可以继续添加其他的控件，每添加一个子控件就成为一列。但是使用这种布局可能会出现不能将控件占据多个行或列的问题，而且渲染速度也不能得到很好的保证。

自从Android 4.0以上版本推出GridLayout布局方式后，便很好地解决了上述问题。GridLayout布局使用虚细线将布局划分为行、列和单元格，也支持一个控件在行、列上都有交错排列。而GridLayout使用的其实是跟LinearLayout类似的API，只不过是修改了一下相关的标签而已，所以对于开发者来说，掌握GridLayout还是很容易的事情。通常来说，可以将GridLayout的布局策略简单分为以下3个部分。

（1）首先它与LinearLayout布局一样，也分为水平和垂直两种方式，默认是水平布局，一个控件挨着一个控件从左到右依次排列，但是通过指定android:columnCount设置列数的属性后，控件会自动换行进行排列。另一方面，对于GridLayout布局中的子控件，默认按照wrap_content的方式设置其显示，这只需要在GridLayout布局中显式声明即可。

（2）其次，若要指定某控件显示在固定的行或列，只需设置该子控件的android:layout_row和android:layout_column属性即可，但是需要注意：android:layout_row=" 0" 表示从第一行开始，android:layout_column=" 0"表示从第一列开始，这与编程语言中一维数组的赋值情况类似。

（3）最后，如果需要设置某控件跨越多行或多列，只需将该子控件的android:layout_rowSpan或者layout_columnSpan属性设置为数值，再设置其layout_gravity属性为fill即可，前一个设置表明该控件跨越的行数或列数，后一个设置表明该控件填满所跨越的整行或整列。

7.3.8 实战演练——演示各种基本布局控件的用法

在接下来的实例中，将演示联合使用View、Viewgroup、Layout和LayoutParams参数等UI布局控件的基本用法。

题目	目的	源码路径
实例7-2	在Java代码中控制Android界面布局	\daima\7\UI

1．布局界面

布局功能由文件main.xml实现，使用了LinearLayout布局方式，具体实现代码如下所示。

```xml
<?xml version="1.0" encoding="utf-8"?>
<LinearLayout xmlns:android="http://schemas.android.com/apk/res/android"
    android:orientation="vertical" android:layout_width="fill_parent"
    android:layout_height="fill_parent">
    <Button android:id="@+id/button0"
        android:layout_width="fill_parent"
        android:layout_height="wrap_content" android:text="演示FrameLayou " />
    <Button android:id="@+id/button1"
        android:layout_width="fill_parent"
        android:layout_height="wrap_content" android:text="演示RelativeLayout " />
    <Button android:id="@+id/button2"
        android:layout_width="fill_parent"
        android:layout_height="wrap_content"
        android:text="演示LinearLayout和RelativeLayout " />
    <Button android:id="@+id/button3"
        android:layout_width="fill_parent"
        android:layout_height="wrap_content"
        android:text="TableLayout演示" />
</LinearLayout>
```

在上述代码中，插入了4个Button按钮。

2．编写代码

"src\com\eoeAndroid\layout\" 目录下的文件ActivityMain.java.java是此项目的主要文件，功能是调用各个公用文件来实现具体的功能。具体实现代码如下所示。

```java
public class ActivityMain extends Activity {
    OnClickListener listener0 = null;
    OnClickListener listener1 = null;
    OnClickListener listener2 = null;
    OnClickListener listener3 = null;
    Button button0;//4个按钮对象
    Button button1;
    Button button2;
    Button button3;
    @Override
    public void onCreate(Bundle savedInstanceState) {
        super.onCreate(savedInstanceState);
        listener0 = new OnClickListener() {
            public void onClick(View v) {
                Intent intent0 = new Intent(ActivityMain.this, ActivityFrameLayout.class);
                setTitle("FrameLayout");
                startActivity(intent0);
            }
        };
        listener1 = new OnClickListener() {
```

```
            public void onClick(View v) {
                Intent intent1 = new Intent(ActivityMain.this, ActivityRelativeLayout.class);
                startActivity(intent1);
            }
        };
        listener2 = new OnClickListener() {
            public void onClick(View v) {
                setTitle("在ActivityLayout");
                Intent intent2 = new Intent(ActivityMain.this, ActivityLayout.class);
                startActivity(intent2);

            }
        };
        listener3 = new OnClickListener() {
            public void onClick(View v) {
                setTitle("TableLayout");
                Intent intent3 = new Intent(ActivityMain.this, ActivityTableLayout.class);
                startActivity(intent3);
            }
        };
        setContentView(R.layout.main);
        button0 = (Button) findViewById(R.id.button0);
        button0.setOnClickListener(listener0);
        button1 = (Button) findViewById(R.id.button1);
        button1.setOnClickListener(listener1);
        button2 = (Button) findViewById(R.id.button2);
        button2.setOnClickListener(listener2);
        button3 = (Button) findViewById(R.id.button3);
        button3.setOnClickListener(listener3);
    }
}
```

在上述代码中，定义函数setContentView(R.layout.main)实现了Activity和布局文件main.xml的关联；button0、button1、button2、button3分别表示4个按钮，在上述代码中对这4个按钮实现了引用，并给Button设置了单击监听器，每一个监听器都跳转到一个新的Activity。

3. 第一个按钮的处理动作

当单击第一个按钮button0后会显示一个图片，此界面是用FrameLayout布局的。在文件activity_frame_layout.xml中定义了这幅地图的显示样式，即在FrameLayout布局中添加一个图片显示组件ImageView元素。文件activity_frame_layout.xml的具体代码如下所示。

```
<?xml version="1.0" encoding="utf-8"?>
<FrameLayout Android:id="@+id/left"
    xmlns:Android="http://schemas.Android.com/apk/res/Android"
    Android:layout_width="fill_parent"              /**x轴方向填充空间*/
    Android:layout_height="fill_parent"             /**y轴方向填充空间*/
>
    <ImageView Android:id="@+id/photo"              /**定义组件的id*/
        Android:src="@drawable/bg"
        Android:layout_width="wrap_content"          /**宽度能包容图片*/
        Android:layout_height="wrap_content"         /**高度能包容图片*/
    />
</FrameLayout>
```

在上述代码中，可以通过"Android:id"来访问定义的元素；"Android:layout_width="fill_parent""表示FrameLayout布局可以在x轴方向填充的空间，"Android:layout_height="fill_parent""表示FrameLayout布局可以在x轴方向填充的空间；"Android:layout_width="wrap_content""和"Android:layout_height="wrap_content""表示ImageView只需将图片完全包含即可。

4. 第二个按钮的处理动作

当单击第二个按钮button1后会显示要求输入用户名的表单界面，此表单界面是通过文件relative_layout.xml实现的，此文件使用了RelativeLayout布局，对应代码如下所示。

```
<?xml version="1.0" encoding="utf-8"?>
<!-- Demonstrates using a relative layout to create a form -->
<RelativeLayout
```

```
    xmlns:Android="http://schemas.Android.com/apk/res/Android"
    Android:layout_width="fill_parent" Android:layout_height="wrap_content"
    Android:background="@drawable/blue" Android:padding="10dip">
    <TextView Android:id="@+id/label" Android:layout_width="fill_parent"
        Android:layout_height="wrap_content" Android:text="请输入用户名: " />
    <!--
        这个EditText放置在上边id为label的TextView的下边
    -->
    <EditText Android:id="@+id/entry" Android:layout_width="fill_parent"
        Android:layout_height="wrap_content"
        Android:background="@Android:drawable/editbox_background"
        Android:layout_below="@id/label" />
    <!--
        取消按钮和容器的右边齐平, 并且设置左边的边距为10dip
    -->
    <Button Android:id="@+id/cancel" Android:layout_width="wrap_content"
        Android:layout_height="wrap_content" Android:layout_below="@id/entry"
        Android:layout_alignParentRight="true"
        Android:layout_marginLeft="10dip" Android:text="取消" />
    <!--
        确定按钮在取消按钮的左侧, 并且和取消按钮的高度齐平
    -->
    <Button Android:id="@+id/ok" Android:layout_width="wrap_content"
        Android:layout_height="wrap_content"
        Android:layout_toLeftOf="@id/cancel"
        Android:layout_alignTop="@id/cancel" Android:text="确定" />
</RelativeLayout>
```

有关上述代码的具体说明如下所示。

（1）Android:id：定义组件的ID。

（2）Android:layout_width：设置组件的宽度，主要有如下两种方式可以设置宽度。

❑ fill_parent：填充父容器。

❑ wrap_content：仅仅包含住内容即可。

（3）Android:layout_height：定义组件的高度。

（4）Android:background="@drawable/blue"：定义组件的背景，在此设置了背景颜色。

（5）Android:padding="10dip"："dip"表示依赖于设备的像素，有如下两种表现方式。

❑ padding：填充。

❑ margin：边框。

（6）Android:layout_below="@id/label"：将此组件放置于ID为label的组件的下方。此种方式是经典的布局方式，这种方式的好处是不用关心具体的细节，并且适配性很强，在不同屏幕、不通手机设备上都是通用的。

（7）Android:layout_alignParentRight="true"：也属于相对布局，表示和父容器的右边对齐。

（8）Android:layout_marginLeft="10dip"：设置ID为cancel的Button的左边距为10dip。

（9）Android:layout_toLeftOf="@id/cancel"：设置此组件在ID为cancel的组件的左边。

（10）Android:layout_alignTop="@id/cancel"：设置此组件和ID为cancel的组件的高度对齐。

5. 第三个按钮的处理动作

当单击第三个按钮button2后会显一系列的文本，此功能是通过LinearLayout和RelativeLayout布局方式联合实现的。具体实现流程如下所示。

（1）第a组第a项和第a组第b项：通过RelativeLayout实现的，此布局功能是通过文件left.xml定义的，具体实现代码如下所示。

```
<?xml version="1.0" encoding="utf-8"?>
<RelativeLayout
Android:id="@+id/left"
    xmlns:Android="http://schemas.Android.com/apk/res/Android"
    Android:layout_width="fill_parent"
    Android:layout_height="fill_parent">
    <TextView Android:id="@+id/view1" Android:background="@drawable/blue"
```

```
        Android:layout_width="fill_parent"
        Android:layout_height="50px" Android:text="第1组第1项" />
    <TextView Android:id="@+id/view2"
        Android:background="@drawable/yellow"
        Android:layout_width="fill_parent"
        Android:layout_height="50px" Android:layout_below="@id/view1"
        Android:text="第1组第2项" />
</RelativeLayout>
```

在上述代码中使用了两个TextView控件，高度都是50像素。此处TextView的具体说明如下所示。

❑ 第一个TextView：通过"@drawable/blue"设置其背景颜色是"blue"。

❑ 第二个TextView：通过Android:layout_below="@id/view1"设置其位置位于第一个TextView的下方。

（2）第b组第a项和第b组第b项：是通过另外一个RelativeLayout实现的，此布局功能是通过文件right.xml定义的，具体实现代码如下所示。

```
<?xml version="1.0" encoding="utf-8"?>
<RelativeLayout Android:id="@+id/right"
    xmlns:Android="http://schemas.Android.com/apk/res/Android"
    Android:layout_width="fill_parent"
    Android:layout_height="fill_parent">
    <TextView Android:id="@+id/right_view1"
        Android:background="@drawable/yellow" Android:layout_width="fill_parent"
        Android:layout_height="wrap_content" Android:text="第2组第1项" />
    <TextView Android:id="@+id/right_view2"
        Android:background="@drawable/blue"
        Android:layout_width="fill_parent"
        Android:layout_height="wrap_content"
        Android:layout_below="@id/right_view1" Android:text="第2组第2项" />
</RelativeLayout>
```

上述文件的代码和文件left.xml类似。

（3）实现一个Layout和一个Activity的关联，此Layout是在XML文件中被定义的。在Activity中，为了使用方便可以自行构建一个Layout。根据上述描述编写文件ActivityLayout.java，主要实现代码如下所示。

```
public class ActivityLayout extends Activity {
    @Override
    public void onCreate(Bundle savedInstanceState) {
        super.onCreate(savedInstanceState);
         /**创建一个Layout **/
        LinearLayout layoutMain = new LinearLayout(this);
        layoutMain.setOrientation(LinearLayout.HORIZONTAL);
/**实现Layout和Activity的关联**/
        setContentView(layoutMain);
        /**得到一个LayoutInflater对象，此对象可以对XML布局文件进行解析，并生成一个view**/
        LayoutInflater inflate = (LayoutInflater) getSystemService(Context.LAYOUT_INFLATER_SERVICE);
        RelativeLayout layoutLeft = (RelativeLayout) inflate.inflate(
                R.layout.left, null);
        RelativeLayout layoutRight = (RelativeLayout) inflate.inflate(
                R.layout.right, null);
        /**生成一个可以供Layout使用的LayoutParams**/
        RelativeLayout.LayoutParams relParam = new RelativeLayout.LayoutParams(
                RelativeLayout.LayoutParams.WRAP_CONTENT,
                RelativeLayout.LayoutParams.WRAP_CONTENT);
/**将layoutLeft添加到layoutMain，第一个参数是添加进去的view，第二、三个分别是view的高度和宽度**/
        layoutMain.addView(layoutLeft, 100, 100);
        /**将layoutRight添加到layoutMain，第二个参数是一个RelativeLayout.LayoutParams**/
        layoutMain.addView(layoutRight, relParam);
    }
```

6. 第四个按钮的处理动作

当单击第四个按钮button3后会显一个整齐排列的表单，此功能是通过文件activity_table_layout.xml实现的，此文件使用了TableLayout布局方式。对应代码如下所示。

```
<TableLayout xmlns:Android="http://schemas.Android.com/apk/res/Android"
    Android:layout_width="fill_parent" Android:layout_height="fill_parent"
    Android:stretchColumns="1">
```

```
<TableRow>
    <TextView Android:text="用户名:" Android:textStyle="bold"
        Android:gravity="right" Android:padding="3dip" />
    <EditText Android:id="@+id/username" Android:padding="3dip"
        Android:scrollHorizontally="true" />
</TableRow>
<TableRow>
    <TextView Android:text="密码:" Android:textStyle="bold"
        Android:gravity="right" Android:padding="3dip" />
    <EditText Android:id="@+id/password" Android:password="true"
        Android:padding="3dip" Android:scrollHorizontally="true" />
</TableRow>
<TableRow Android:gravity="right">
    <Button Android:id="@+id/cancel"
        Android:text="取消" />
    <Button Android:id="@+id/login"
        Android:text="登录" />
</TableRow>
</TableLayout>
```

在上述代码中,首先通过标签"TableLayout"定义了一个表格布局,然后通过"TableRow"标签定义了表格布局里的一行,我们可以根据需要继续在每一行中加入自己需要的一些组件。

7. 测试

(1)在Eclipse中打开刚编写的项目文件,右键单击项目名"UI",在弹出的命令中依次选择"Run As"|"Android Application"后开始编译运行当前项目,如图7-10所示。

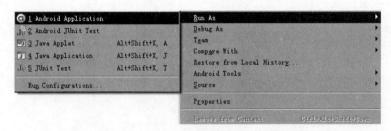

图7-10　开始编译

(2)运行后的初始效果如图7-11所示。

图7-11　初始效果

(3)单击"演示FrameLayout"按钮后会显示指定的图片,效果如图7-12所示。

(4)单击"演示RelativeLayout"按钮后会显示输入用户名界面,效果如图7-13所示。

(5)单击"演示LinearLayout和RelativeLayout"按钮后会显示4块不同样式的区域块,效果如图7-14所示。

(6)单击"演示TableLayout"按钮后会显示用户登录表单,效果如图7-15所示。

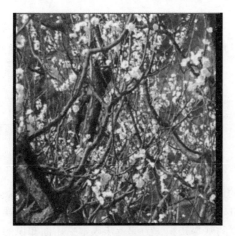

图7-12 显示图片

图7-13 显示输入用户名

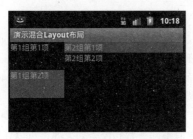

图7-14 4块不同样式的区域块

图7-15 用户登录表单

## 第 8 章

Material Design设计语言

在Google I/O 2014大会上，谷歌发布了全新的设计语言Material Design。谷歌公司表示，Material Design设计语言旨在为手机、平板电脑、台式机和"其他平台"提供更一致、更广泛的"外观和感觉"。在本章的内容中，将详细讲解Material Design语言的基本知识，为读者步入本书后面知识的学习打下基础。

8.1 Material Design概述

在过去的很长一段时间内，Google的每一个产品线都相当地独立，大家只要看一下Google每款产品的LOGO都能发现许多不同风格的设计，这种混乱的局面很难体现出Google的风格。在2014年的Google I/O大会上，谷歌着重介绍了Material Design，以非常高调的方式宣布Google Design的存在。在发布会当天，Google专门为Google Design上线了一个独立的网站。从Android到衍生的Android Wear、Android Auto和Android TV，Material Design语言都贯穿其中，成为沟通不同平台和设备的灵魂，可以让用户在不同平台上拥有一致的体验。为了维护这种一致性，Google甚至不允许第三方修改Android Wear、Android Auto和Android TV的界面以及交互操作。

Material Design语言的核心思想是把物理世界的体验带进屏幕，去掉现实中的杂质和随机性，保留其最原始纯净的形态、空间关系、变化与过渡，配合虚拟世界的灵活特性，还原最贴近真实的体验，达到最简洁与直观的效果。

Google Design为了统一跨设备间的界面显示和交互操作，让用户得到一致的体验。通过Material Design可以不再让像素处于同一个平面，而是让它们按照规则处于空间当中，具备不同的维度。Material Design能够让像素具备高度，系统中的不同层面的元素都是有原则的、可预测的，不会让用户感到无所适从，也避免了开发者担心因为不同的视觉风格而产生冲突的问题。

Material Design还提出了Android中的运动元素规范，可以让如下操作变得更加有秩序：

- 按钮的弹入/弹出；
- 卡片的滑入/滑出；
- 从一个界面变化成另一个界面的方法，比如从介绍一首歌的界面到控制播放的界面；
- 只有在动作高亮和改变交互状态时才会使用运动元素来表示。

对于现实世界中的隐喻来说，Material Design设计语言更加倾向于用色彩来提示。当用户按下屏幕中的按钮时会看到按钮颜色迅速发生变化，就像将石头投入湖面就立即产生涟漪那样。这是因为Material Design中的按钮都处于一个平面，不再凸起，因此必须采用和以往不同的表示方法，以表明按钮已经被按下。

在Material Design语言所展示的模板中，最引人注目的是小圆点，其作用好像iPhone手机上的Home键，不但是一个快捷功能入口，而且也是视觉上有趣的点缀。为了适应多种多样尺寸的屏幕，Material Design创作团队（杜瓦迪团队）努力在寻求一种更加抽象的表达，即一种存在屏幕里的显示"材料"。根据The Verge（是一家美国科技媒体网站）报道，当杜瓦迪团队面对Google产品里中大量采用的卡片式设计时，在想为何不将这些"卡片"想象成现实当中存在的、四处滑动的物体。如果这些卡片遵循物理世界里的显示规则，那么它就有自己的原则。其实不见得每个人都能够任意使用，对于设计师来说"限制"是很有必要的。在Material Design设计师的想象中，这种抽象的"材料"特性就像一纸张，但又可以做到现实当中纸张做不到的事情，比如变大或变小。对于Google团队来说，Material Design还将扩展到Google其他产品当中去，让所有产品都拥有Google风格的烙印。

最后以谷歌在2014大会上的发言结束本节：设计是创造的艺术，我们的目标就是要满足不同的人类需要。人们的需要会随着时间发展，我们的设计、实践以及理念也要随之提升。我们在自我挑战，为用户创造一个可视化语言，它整合了优秀设计的经典原则和科学与技术的创新。这就是Material Design。

8.2　Material Design设计原则

1．设计材料是一个隐喻

材料隐喻是合理空间和动作系统的统一理论，谷歌心目中的"材料"是基于触觉现实的，灵感来自于对纸张和墨水的研究，也加入了想象和魔法的因素。

2．表面表现是直观和自然的

表面和边缘为现实经验提供了视觉线索，使用熟悉的触觉属性，可以更加直观地感受到使用情景。

3．用维度提供交互

光、表面和运动是展现交换的关键因素，通过逼真的光影效果体现出了各部分的分离，划分了空间，指示了哪些部分可以进行操作。

4．适应性设计

底层设计系统包括交互和空间两部分，每一个设备都能反映出同一底层系统的不同侧面。每一设备的界面都会按照大小和交互进行调整，只有颜色、图标、层次结构和空间关系保持不变。

5．用黑体和图形设计目录，并带有意图

黑体能突出层次和意义，深思熟虑的色彩选择，层次分明的图像，大范围的铺陈和有意的留白可以创造出浸入感，也能让表达更清晰。

6．颜色、表面和图标都强调动作效果

用户行为就是体验设计的本质，通过基本动作可以改变整个设计，可以让核心功能变得更加明显，并且为用户指明了"行动路标"。

7．用户发起变化

操作界面中的变化来自于用户行为，用户触摸操作产生的效果要反应和强化用户的作用。

8．动画效果要在统一的环境下显示

所有动画效果都在统一的环境下显示，即使发生了变形或是重组，对对象的呈现也不能破坏用户体验的连续性。

9．通过动作提供意义

动作是有意义的，通过动作有助于集中注意力和保持连续性。反馈是非常微妙和清晰的，而转换不仅要有效率，而且也要保持一致性。

8.3　环境因素：属性和阴影

环境中的属性和阴影是学习Material Design语言所必须掌握的两个基本元素，在下面的内容中，将简要讲解属性和阴影的基本概念。

1．三维空间环境

Material语言的环境因素是一个三维空间，里面的每个对象都有x、y、z三个三维坐标属性，如

图8-1所示。

图8-1　Material语言的三维环境世界

其中z轴比较重要，传统二维平面空间中没有z轴，只有x和y轴。z轴垂直于显示平面，每个Material元素在z轴上占据一定的位置并且有一个1dp厚度的标准。在现实应用中，3D空间通过操纵y轴进行模拟和仿真。

2．光影关系环境

在Material语言环境中，虚拟的光线照射使场景中的对象投射出阴影，主光源投射出一个定向的阴影，而环境光从各个角度投射出连贯又柔和的阴影。Material环境中的所有阴影都是由这两种光投射产生的，阴影是光线照射不到的地方，因为各个元素在z轴上占据了不同大小的位置遮挡住了这些光线。

8.4　动画设计

动画是Android应用程序中的重要组成元素，在Material语言环境中规定了实现各种动画效果的原则，在本节的内容中将进行一一讲解。

8.4.1　感知动作

在Material语言环境中，通过感知一个物体有形的部分可以帮助大家理解如何去控制这个物体。通过观察一个物体的物理的运动轨迹，可以告诉我们它是轻的还是重的，是柔性的还是刚性的，是小的还是大的。在Material Design设计规范中，动作表示了物体对象在空间中的关系、功能以及在整个系统中的发展趋势。

物理世界中物体都拥有质量这一属性，只有给物体施加力量的时候才会移动，物体无法在一瞬间开始或者结束一个动作。当动画突然开始或者停止时，或者在运动过程中突兀地变化方向时，都会使用户感到意外和不和谐的干扰。

在物理世界中，不是所有物体的移动方式都是相同的，因为轻的或小的物体的质量比较小，所以可能会更敏捷地实现加速和减速动作，此时我们只需要施加给它们较少的力就可以实现动画轨迹。大的/重的物体可能花需要更多的时间来到达它的最高速度或者回到停止状态。仔细琢磨如何将它们的动作应用到你的应用的UI元素中。

8.4.2　响应式交互

在Android应用程序中，通过响应式交互功能可以实现更好的用户体验。在Material Design语言中，通常在如下情况下使用响应式交互：

- 触摸操作。
- 语音操作。
- 和键盘及鼠标相关的输入操作。
- 接收并相应输入事件操作，例如单击屏幕时系统会立即在交互的触点上绘制出一个可视化的图形，让用户体验到在单击屏幕时、使用麦克风时或者键盘输入时，会出现类似于墨水扩散样式的效果。
- 触控涟漪视觉机制操作，在进行触摸事件时，设备能清晰而及时地让用户感知触摸按钮和语音输入时的变化。
- 元素响应机制操作，这和表层响应的触控涟漪机制一样，每个UI元素本身也能做出交互响应，物体可以在触控或单击的时候浮起来，以表示该元素正处于激活状态。用户可以通过单击、拖动来生成、改变元素或者直接对元素进行处理。
- 浮动元素操作，当卡片元素或可分离元素被激活时，应该浮起以表明正处于激活状态。

通过响应式交互可以把一个应用从简单展现用户所请求的信息，提升至能与用户产生更强烈、更具体化交互的工具。上述所有的用户交互行为中都会有一个中心点，作为用户关注的中心点，应该绘制一个明显的视觉效果来让用户清晰地感知自己的输入（触摸屏幕、语音输入等）操作。当在用户的操作中心点应该形成一个像涟漪一样逐渐发散开的径向动效响应。产生输入动作时都应该在中心点形成一个视觉上的关联，从中心点展开一连串动作产生的涟漪效果。

8.5　实战演练——使用Material Design

在接下来的内容中，将通过一个具体实例的实现过程，来讲解使用Material Design技术实现UI界面布局的方法。

题目	目的	源码路径
实例8-1	使用Material Design	\daima\8\MaterialList

本实例是一个经典的开源项目，项目名为"MaterialList"，存放地址是：

https://github.com/dexafree/MaterialList

MaterialList是一个能够帮助所有Android开发者获取谷歌UI设计规范中新增的CardView（卡片视图）的开源库，支持Android 2.3以上的系统。作为ListView的扩展，MaterialList可以接收、存储卡片列表，并根据它们的Android风格和设计模式进行展示。此外，开发者还可以创建专属于自己的卡片布局，并轻松将其添加到CardList中。在线的内容中，将详细讲解项目"MaterialList"的具体实现过程。

8.5.1　项目概览

（1）使用Android Studio导入本章光盘中的"MaterialList-master"目录，导入后的工程界面效果如图8-2所示。

图8-2　导入项目

（2）在图8-2所示的工程界面中，在 ▶ 　materialList 中保存的是开源项目"MaterialList"的实现源码，具体内容如图8-3所示。在 中保存的是测试程序的源码，具体内容如图8-4所示。

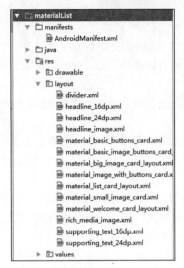

图8-3　开源项目"MaterialList"的工程结构　　　　图8-4　测试程序的源码

8.5.2　程序文件

在"com/dexafree/materialList"目录下，保存了开源项目"MaterialList"的程序文件，各个程序文件的具体说明如下所示。

（1）文件TextViewAction.java的功能是定义弹出式卡片中的文本视图Action动作，具体实现代码如下所示。

```
public class TextViewAction extends Action {
    @ColorInt
    private int mActionTextColor;
    private String mActionText;
    @Nullable
    private OnActionClickListener mListener;
    public TextViewAction(@NonNull Context context) {
        super(context);
    }
    public int getTextColor() {
        return mActionTextColor;
    }
    public TextViewAction setTextColor(@ColorInt final int color) {
        this.mActionTextColor = color;
        notifyActionChanged();
        return this;
    }
    public TextViewAction setTextResourceColor(@ColorRes final int color) {
        return setTextColor(getContext().getResources().getColor(color));
    }
    public String getText() {
        return mActionText;
    }
    public TextViewAction setText(@Nullable final String text) {
        this.mActionText = text;
        notifyActionChanged();
        return this;
    }
    public TextViewAction setText(@StringRes final int textId) {
        return setText(getContext().getString(textId));
    }
    @Nullable
```

```
    public OnActionClickListener getListener() {
        return mListener;
    }
    public TextViewAction setListener(@Nullable final OnActionClickListener listener) {
        this.mListener = listener;
        notifyActionChanged();
        return this;
    }

    @Override
    protected void onRender(@NonNull final View view, @NonNull final Card card) {
        TextView textView = (TextView) view;
        textView.setText(mActionText != null ? mActionText.toUpperCase(Locale.getDefault()) :
null);
        textView.setTextColor(mActionTextColor);
        textView.setOnClickListener(new View.OnClickListener() {
            @Override
            public void onClick(View v) {
                if(mListener != null) {
                    mListener.onActionClicked(view, card);
                }
            }
        });
    }
}
```

（2）文件WelcomeButtonAction.java的功能是实现欢迎按钮的Action动作，具体实现代码如下所示。

```
public class WelcomeButtonAction extends TextViewAction {
    public WelcomeButtonAction(@NonNull Context context) {
        super(context);
    }
    @Override
    protected void onRender(@NonNull View view, @NonNull Card card) {
        super.onRender(view, card);
        final TextView button = (TextView) view;
        Drawable drawable = button.getCompoundDrawables()[0];
        drawable.setColorFilter(getTextColor(), PorterDuff.Mode.SRC_IN);
        button.setCompoundDrawablesWithIntrinsicBounds(resize(drawable, 50, 50), null, null,
null);
    }
    private Drawable resize(Drawable image, int width, int height) {
        Bitmap b = ((BitmapDrawable) image).getBitmap();
        Bitmap bitmapResize = Bitmap.createScaledBitmap(b, width, height, false);
        return new BitmapDrawable(getContext().getResources(), bitmapResize);
    }
}
```

（3）文件MaterialListAdapter.java的功能是实现列表适配器功能，各个函数的具体说明如下所示：

- 通过函数add(final int position, @NonNull final Card card, final boolean scroll)在特定位置添加一张不带滚动动画效果的卡片。
- 通过函数add(final int position, @NonNull final Card card)在特定位置增加一张卡片。
- 通过函数addAtStart(@NonNull final Card card)在开始时增加一张卡片。
- 通过函数add(@NonNull final Card card)在列表中增加一张指定大小的卡片。
- 通过函数addAll增加数组个数的卡片。
- 通过函数remove(@NonNull final Card card, boolean animate)删除不带动画的卡片。
- 通过函数clearAll()删除列表中的所有卡片。
- 通过函数isEmpty()判断列表是否为空。
- 通过函数getCard()在指定位置获取一张卡片。

文件MaterialListAdapter.java的具体实现代码如下所示。

```
public class MaterialListAdapter extends RecyclerView.Adapter<MaterialListAdapter.ViewHolder>
        implements Observer {
    private final MaterialListView.OnSwipeAnimation mSwipeAnimation;
    private final MaterialListView.OnAdapterItemsChanged mItemAnimation;
```

```java
    private final List<Card> mCardList = new ArrayList<>();

    public MaterialListAdapter(@NonNull final MaterialListView.OnSwipeAnimation
swipeAnimation, @NonNull final MaterialListView.OnAdapterItemsChanged itemAnimation) {
        mSwipeAnimation = swipeAnimation;
        mItemAnimation = itemAnimation;
    }

    public static class ViewHolder extends RecyclerView.ViewHolder {
        private final CardLayout view;

        public ViewHolder(@NonNull final View v) {
            super(v);
            view = (CardLayout) v;
        }
        public void build(Card card) {
            view.build(card);
        }
    }

    public ViewHolder onCreateViewHolder(final ViewGroup parent, final int viewType) {
        return new ViewHolder(LayoutInflater
                .from(parent.getContext())
                .inflate(viewType, parent, false));
    }

    public void onBindViewHolder(final ViewHolder holder, final int position) {
        holder.build(getCard(position));
    }

    public int getItemCount() {
        return mCardList.size();
    }

    public int getItemViewType(final int position) {
        return mCardList.get(position).getProvider().getLayout();
    }
    public void add(final int position, @NonNull final Card card, final boolean scroll) {
        mCardList.add(position, card);
        card.getProvider().addObserver(this);
        mItemAnimation.onAddItem(position, scroll);
        notifyItemInserted(position); // Triggers the animation!
    }

    public void add(final int position, @NonNull final Card card) {
        add(position, card, true);
    }

    public void addAtStart(@NonNull final Card card) {
        add(0, card);
    }

    public void add(@NonNull final Card card) {
        add(mCardList.size(), card);
    }

    public void addAll(@NonNull final Card... cards) {
        addAll(Arrays.asList(cards));
    }
    public void addAll(@NonNull final Collection<Card> cards) {
        int index = 0;
        for (Card card : cards) {
            add(index++, card, false);
        }
    }

    public void remove(@NonNull final Card card, boolean animate) {
        if (card.isDismissible()) {
```

```
                    card.getProvider().deleteObserver(this);
                    if (animate) {
                        mSwipeAnimation.animate(getPosition(card));
                    } else {
                        mCardList.remove(card);
                        mItemAnimation.onRemoveItem();
                        notifyDataSetChanged();
                    }
                }
            }

            public void clearAll() {
                while (!mCardList.isEmpty()) {
                    final Card card = mCardList.get(0);
                    card.setDismissible(true);
                    remove(card, false);
                    notifyItemRemoved(0);
                }
            }

            public void clear() {
                for (int index = 0; index < mCardList.size(); ) {
                    final Card card = mCardList.get(index);
                    if (!card.isDismissible()) {
                        index++;
                    }
                    remove(card, false);
                    notifyItemRemoved(index);
                }
            }

            public boolean isEmpty() {
                return mCardList.isEmpty();
            }


            public Card getCard(int position) {
                if (position >= 0 && position < mCardList.size()) {
                    return mCardList.get(position);
                }
                return null;
            }

            public int getPosition(@NonNull Card card) {
                return mCardList.indexOf(card);
            }

            @Override
            public void update(final Observable observable, final Object data) {
                if (data instanceof DismissEvent) {
                    remove(((DismissEvent) data).getCard(), true);
                }
                if (data instanceof Card) {
                    notifyDataSetChanged();
                }
            }
        }
```

（4）文件MaterialListView.java的功能是实现列表视图，监听用户对列表中元素的操作，根据操作动作显示不同的界面视图。文件MaterialListView.java的具体实现代码如下所示。

```
public class MaterialListView extends RecyclerView {
    private static final int DEFAULT_COLUMNS_PORTRAIT = 1;
    private static final int DEFAULT_COLUMNS_LANDSCAPE = 2;
    private OnDismissCallback mDismissCallback;
    private SwipeDismissRecyclerViewTouchListener mDismissListener;
    private View mEmptyView;
    private int mColumnCount;
    private int mColumnCountLandscape = DEFAULT_COLUMNS_LANDSCAPE;
```

```
private int mColumnCountPortrait = DEFAULT_COLUMNS_PORTRAIT;
private final AdapterDataObserver mEmptyViewObserver = new AdapterDataObserver() {
    @Override public void onChanged() {
        super.onChanged();
        checkIfEmpty();
    }
};

public MaterialListView(Context context) {
    this(context, null);
}

public MaterialListView(Context context, AttributeSet attrs) {
    this(context, attrs, 0);
}

public MaterialListView(Context context, AttributeSet attrs, int defStyle) {
    super(context, attrs, defStyle);

    mDismissListener = new SwipeDismissRecyclerViewTouchListener(this,
            new SwipeDismissRecyclerViewTouchListener.DismissCallbacks() {
                @Override
                public boolean canDismiss(final int position) {
                    final Card card = getAdapter().getCard(position);
                    return card != null && card.isDismissible();
                }

                @Override
                public void onDismiss(final RecyclerView recyclerView,
                                        final int[] reverseSortedPositions) {
                    for (int reverseSortedPosition : reverseSortedPositions) {
                        final Card card = getAdapter().getCard(reverseSortedPosition);
                        if (card != null) {
                            getAdapter().remove(card, false);
                            if (mDismissCallback != null) {
                                mDismissCallback.onDismiss(card, reverseSortedPosition);
                            }
                        }
                    }
                }
            });
    setOnTouchListener(mDismissListener);
    setOnScrollListener(mDismissListener.makeScrollListener());

    setAdapter(new MaterialListAdapter(new OnSwipeAnimation() {
        @Override
        public void animate(final int position) {
            RecyclerView.ViewHolder holder = findViewHolderForPosition(position);
            if (holder != null) {
                mDismissListener.dismissCard(holder.itemView, position);
            }
        }
    }, new OnAdapterItemsChanged() {
        @Override
        public void onAddItem(int position, boolean scroll) {
            if (scroll) {
                scrollToPosition(position);
            }
            checkIfEmpty();
        }

        @Override
        public void onRemoveItem() {
            checkIfEmpty();
        }
    }));

    if (attrs != null) {
```

```java
        // get the number of columns
        TypedArray typedArray = context.obtainStyledAttributes(attrs,
                R.styleable.MaterialListView, defStyle, 0);

        mColumnCount = typedArray.getInteger(R.styleable.MaterialListView_column_count, 0);
        if (mColumnCount > 0) {
            mColumnCountPortrait = mColumnCount;
            mColumnCountLandscape = mColumnCount;
        } else {
            mColumnCountPortrait = typedArray.getInteger(
                    R.styleable.MaterialListView_column_count_portrait,
                    DEFAULT_COLUMNS_PORTRAIT);
            mColumnCountLandscape = typedArray.getInteger(
                    R.styleable.MaterialListView_column_count_landscape,
                    DEFAULT_COLUMNS_LANDSCAPE);
        }

        boolean isLandscape = isLandscape();
        mColumnCount = isLandscape ? mColumnCountLandscape : mColumnCountPortrait;
        setColumnLayout(mColumnCount);

        typedArray.recycle();
    }
}

public <T extends MaterialListAdapter> void setAdapter(@NonNull final T adapter) {
    final RecyclerView.Adapter oldAdapter = getAdapter();
    if (oldAdapter != null) {
        oldAdapter.unregisterAdapterDataObserver(mEmptyViewObserver);
    }
    super.setAdapter(adapter);
    adapter.registerAdapterDataObserver(mEmptyViewObserver);
}

@Override
public MaterialListAdapter getAdapter() {
    return (MaterialListAdapter) super.getAdapter();
}

public int getColumnCount() {
    return mColumnCount;
}

public void setColumnCount(int columnCount) {
    mColumnCount = columnCount;
}

public int getColumnCountLandscape() {
    return mColumnCountLandscape;
}

public void setColumnCountLandscape(int columnCountLandscape) {
    mColumnCountLandscape = columnCountLandscape;
}

public int getColumnCountPortrait() {
    return mColumnCountPortrait;
}

public void setColumnCountPortrait(int columnCountPortrait) {
    mColumnCountPortrait = columnCountPortrait;
}

public void setOnDismissCallback(OnDismissCallback callback) {
    mDismissCallback = callback;
}
```

```
    public void setEmptyView(View emptyView) {
        mEmptyView = emptyView;
        checkIfEmpty();
    }

    public void addOnItemTouchListener(RecyclerItemClickListener.OnItemClickListener listener)
{
        RecyclerItemClickListener itemClickListener =
                new RecyclerItemClickListener(getContext(), listener);
        itemClickListener.setRecyclerView(this);
        addOnItemTouchListener(itemClickListener);
    }

    @Override
    protected void onSizeChanged(final int w, final int h, final int oldw, final int oldh) {
        super.onSizeChanged(w, h, oldw, oldh);

        boolean isLandscape = isLandscape();
        int newColumnCount = isLandscape ? mColumnCountLandscape : mColumnCountPortrait;
        if (mColumnCount != newColumnCount) {
            mColumnCount = newColumnCount;
            setColumnLayout(mColumnCount);
        }
    }

    private void setColumnLayout(int columnCount) {
        if (columnCount > 1) {
            setLayoutManager(new StaggeredGridLayoutManager(columnCount,
            StaggeredGridLayoutManager.VERTICAL));
        } else {
            setLayoutManager(new LinearLayoutManager(getContext(),
                    LinearLayoutManager.VERTICAL, false));
        }
    }

    private boolean isLandscape() {
        return getResources().getConfiguration().orientation ==
        Configuration.ORIENTATION_LANDSCAPE;
    }

    private void checkIfEmpty() {
        if (mEmptyView != null) {
            mEmptyView.setVisibility(getAdapter().isEmpty() ? VISIBLE : GONE);
            setVisibility(getAdapter().isEmpty() ? GONE : VISIBLE);
        }
    }

    interface OnSwipeAnimation {
        void animate(final int position);
    }

    interface OnAdapterItemsChanged {
        void onAddItem(final int position, boolean scroll);
        void onRemoveItem();
    }
}
```

8.5.3 布局文件

在 "layout" 目录下，保存了开源项目 "MaterialList" 的布局文件，各个程序文件的具体说明如下所示。

（1）文件divider.xml的功能是定义分割线的样式，分别设置了分割线的宽度、高度和背景颜色等样式。文件divider.xml的具体实现代码如下所示。

```xml
<?xml version="1.0" encoding="utf-8"?>
<View xmlns:android="http://schemas.android.com/apk/res/android"
      android:id="@+id/divider"
      android:layout_width="fill_parent"
      android:layout_height="1px"
      android:background="@color/divider_grey"
      android:visibility="invisible"/>
```

（2）文件headline_16dp.xml的功能是定义16dp大小文本的大字标题样式，具体实现代码如下所示。

```xml
<?xml version="1.0" encoding="utf-8"?>
<LinearLayout xmlns:android="http://schemas.android.com/apk/res/android"
              xmlns:tools="http://schemas.android.com/tools"
              android:orientation="vertical"
              android:layout_width="match_parent"
              android:layout_height="wrap_content">

    <TextView android:id="@+id/title"
              style="@style/Material_Card_Title"
              tools:text="Title"/>

    <TextView android:id="@+id/subtitle"
              style="@style/Material_Card_Subtitle_16dp"
              tools:text="Subtitle"/>
</LinearLayout>
```

（3）文件headline_24dp.xml的功能是定义24dp大小文本的大字标题样式，具体实现代码如下所示。

```xml
<?xml version="1.0" encoding="utf-8"?>
<LinearLayout xmlns:android="http://schemas.android.com/apk/res/android"
              xmlns:tools="http://schemas.android.com/tools"
              android:orientation="vertical"
              android:layout_width="match_parent"
              android:layout_height="wrap_content">

    <TextView android:id="@+id/title"
              style="@style/Material_Card_Title"
              tools:text="Title"/>

    <TextView android:id="@+id/subtitle"
              style="@style/Material_Card_Subtitle_24dp"
              tools:text="Subtitle"/>
</LinearLayout>
```

（4）文件headline_image.xml的功能是定义大字标题的图片样式，具体实现代码如下所示。

```xml
<?xml version="1.0" encoding="utf-8"?>
<LinearLayout xmlns:android="http://schemas.android.com/apk/res/android"
              xmlns:tools="http://schemas.android.com/tools"
              android:orientation="horizontal"
              android:layout_width="match_parent"
              android:layout_height="72dp">

    <ImageView android:id="@+id/head_image"
              style="@style/Material_Card_Head_Image"
              android:contentDescription="@null"/>

    <LinearLayout android:layout_width="match_parent"
                  android:layout_height="match_parent"
                  android:orientation="vertical">

        <TextView android:id="@+id/title"
                  style="@style/Material_Card_Title_Image"
                  tools:text="Title"/>

        <TextView android:id="@+id/subtitle"
                  style="@style/Material_Card_Subtitle_Image"
                  tools:text="Subtitle"/>
    </LinearLayout>
</LinearLayout>
```

（5）文件material_basic_buttons_card.xml的功能是定义选项卡中操作按钮的样式，具体实现代码如下所示。

```xml
<?xml version="1.0" encoding="utf-8"?>
<com.dexafree.materialList.card.CardLayout
        xmlns:android="http://schemas.android.com/apk/res/android"
        xmlns:tools="http://schemas.android.com/tools"
        style="@style/MainLayout">
    <android.support.v7.widget.CardView
            xmlns:card_view="http://schemas.android.com/apk/res-auto"
            android:id="@+id/cardView"
            style="@style/Material_Card_View"
            card_view:cardCornerRadius="@dimen/card_corner_radius"
            card_view:cardElevation="@dimen/card_elevation">
        <LinearLayout
                android:layout_width="match_parent"
                android:layout_height="wrap_content"
                android:orientation="vertical">
            <include layout="@layout/headline_16dp"/>
            <include layout="@layout/supporting_text_24dp"/>
            <include layout="@layout/divider"/>
            <LinearLayout android:layout_width="match_parent"
                    android:layout_height="wrap_content"
                    android:paddingLeft="8dp"
                    android:orientation="horizontal">
                <TextView android:id="@+id/left_text_button"
                        style="@style/Material_Action"
                        tools:text="Action 1"/>
                <TextView android:id="@+id/right_text_button"
                        style="@style/Material_Action"
                        tools:text="Action 2"/>
            </LinearLayout>
        </LinearLayout>
    </android.support.v7.widget.CardView>
</com.dexafree.materialList.card.CardLayout>
```

（6）文件material_basic_image_buttons_card_layout.xml的功能是定义图片按钮的显示样式，具体实现代码如下所示。

```xml
<?xml version="1.0" encoding="utf-8"?>
<com.dexafree.materialList.card.CardLayout
        xmlns:android="http://schemas.android.com/apk/res/android"
        xmlns:tools="http://schemas.android.com/tools"
        style="@style/MainLayout">

    <android.support.v7.widget.CardView
            xmlns:card_view="http://schemas.android.com/apk/res-auto"
            android:id="@+id/cardView"
            style="@style/Material_Card_View"
            card_view:cardCornerRadius="@dimen/card_corner_radius"
            card_view:cardElevation="@dimen/card_elevation">

        <LinearLayout
                android:layout_width="match_parent"
                android:layout_height="wrap_content"
                android:orientation="vertical">

            <include layout="@layout/headline_16dp"/>

            <include layout="@layout/supporting_text_24dp"/>

            <include layout="@layout/divider"/>

            <LinearLayout android:layout_width="match_parent"
                    android:layout_height="wrap_content"
                    android:paddingLeft="8dp"
                    android:orientation="horizontal">

                <TextView android:id="@+id/left_text_button"
                        style="@style/Material_Action"
                        tools:text="Action 1"/>
```

```
            <TextView android:id="@+id/right_text_button"
                    style="@style/Material_Action"
                    tools:text="Action 2"/>
        </LinearLayout>

    </LinearLayout>

</android.support.v7.widget.CardView>

</com.dexafree.materialList.card.CardLayout>
```

（7）文件material_big_image_card_layout.xml的功能是定义选项卡中大图片的显示样式，具体实现代码如下所示。

```
<?xml version="1.0" encoding="utf-8"?>
<com.dexafree.materialList.card.CardLayout
        xmlns:android="http://schemas.android.com/apk/res/android"
        xmlns:tools="http://schemas.android.com/tools"
        style="@style/MainLayout">
    <android.support.v7.widget.CardView
            xmlns:card_view="http://schemas.android.com/apk/res-auto"
            android:id="@+id/cardView"
            style="@style/Material_Card_View"
            card_view:cardCornerRadius="@dimen/card_corner_radius"
            card_view:cardElevation="@dimen/card_elevation">
        <FrameLayout
                android:layout_width="match_parent"
                android:layout_height="match_parent">
            <ImageView android:layout_width="match_parent"
                    android:layout_height="match_parent"
                    android:id="@+id/image"
                    android:contentDescription="@null"
                    android:adjustViewBounds="true"
                    android:scaleType="centerCrop"/>
            <TextView android:id="@+id/title"
                    style="@style/Material_Card_Title"
                    android:layout_gravity="bottom"
                    tools:text="Title"/>
        </FrameLayout>
    </android.support.v7.widget.CardView>
</com.dexafree.materialList.card.CardLayout>
```

（8）文件material_small_image_card.xml的功能是定义选项卡中小图片的显示样式，具体实现代码如下所示。

```
<?xml version="1.0" encoding="utf-8"?>
<com.dexafree.materialList.card.CardLayout
    xmlns:android="http://schemas.android.com/apk/res/android"
    xmlns:tools="http://schemas.android.com/tools"
    style="@style/MainLayout">

    <android.support.v7.widget.CardView
            xmlns:card_view="http://schemas.android.com/apk/res-auto"
            android:id="@+id/cardView"
            style="@style/Material_Card_View"
            card_view:cardCornerRadius="@dimen/card_corner_radius"
            card_view:cardElevation="@dimen/card_elevation">
        <LinearLayout
            android:orientation="vertical"
            android:layout_width="match_parent"
            android:layout_height="wrap_content">
            <include layout="@layout/headline_16dp"/>
            <LinearLayout
                android:orientation="horizontal"
                android:layout_width="fill_parent"
                android:layout_height="fill_parent">
                <ImageView
                    android:layout_width="wrap_content"
                    android:layout_height="match_parent"
                    android:id="@+id/image"
```

```
                        android:padding="@dimen/big_padding"
                        android:contentDescription="@null"
                        android:scaleType="fitCenter"
                        android:adjustViewBounds="true"/>
                    <include layout="@layout/supporting_text_16dp"/>
                </LinearLayout>
            </LinearLayout>
        </android.support.v7.widget.CardView>
    </com.dexafree.materialList.card.CardLayout>
```

（9）文件material_welcome_card_layout.xml的功能是实现欢迎卡片的显示样式，具体实现代码如下
所示。

```
<?xml version="1.0" encoding="utf-8"?>
<com.dexafree.materialList.card.CardLayout
    style="@style/MainLayout"
    xmlns:android="http://schemas.android.com/apk/res/android"
    xmlns:tools="http://schemas.android.com/tools">
    <android.support.v7.widget.CardView
        android:id="@+id/cardView"
        style="@style/Material_Card_View"
        xmlns:card_view="http://schemas.android.com/apk/res-auto"
        card_view:cardCornerRadius="@dimen/card_corner_radius"
        card_view:cardElevation="@dimen/card_elevation">
        <LinearLayout
            android:layout_width="match_parent"
            android:layout_height="wrap_content"
            android:orientation="vertical">
            <include layout="@layout/headline_16dp"/>
            <include layout="@layout/supporting_text_24dp"/>
            <include layout="@layout/divider"/>
            <TextView
                android:id="@+id/ok_button"
                style="@style/Material_Action"
                android:layout_marginLeft="8dp"
                android:layout_marginRight="8dp"
                android:drawableLeft="@drawable/ic_check"
                android:drawablePadding="@dimen/big_padding"
                tools:text="Action 1"/>
        </LinearLayout>
    </android.support.v7.widget.CardView>
</com.dexafree.materialList.card.CardLayout>
```

（10）文件material_image_with_buttons_card.xml的功能是定义图片按钮的外观，分别设置按钮显示
文本和图片的样式。文件material_image_with_buttons_card.xml的具体实现代码如下所示。

```
<?xml version="1.0" encoding="utf-8"?>
<com.dexafree.materialList.card.CardLayout
        xmlns:android="http://schemas.android.com/apk/res/android"
        xmlns:tools="http://schemas.android.com/tools"
        style="@style/MainLayout">
    <android.support.v7.widget.CardView
            xmlns:card_view="http://schemas.android.com/apk/res-auto"
            android:id="@+id/cardView"
            style="@style/Material_Card_View"
            card_view:cardCornerRadius="@dimen/card_corner_radius"
            card_view:cardElevation="@dimen/card_elevation">
        <LinearLayout
                android:layout_width="match_parent"
                android:layout_height="wrap_content"
                android:orientation="vertical">
            <FrameLayout android:layout_width="match_parent"
                    android:layout_height="wrap_content">
                <ImageView
                        android:id="@+id/image"
                        android:layout_width="match_parent"
                        android:layout_height="match_parent"
                        android:adjustViewBounds="true"
                        android:scaleType="centerCrop"
                        android:contentDescription="@null"/>
```

```
        <TextView
                android:id="@+id/title"
                style="@style/Material_Card_Title"
                android:layout_gravity="bottom"
                tools:text="Title"/>
    </FrameLayout>
    <TextView
                style="@style/Material_Card_Subtitle_24dp"
                android:id="@+id/supportingText"
                android:layout_width="fill_parent"
                android:layout_height="wrap_content"
                android:padding="@dimen/big_padding"
                android:textColor="@color/description_color"
                android:textSize="@dimen/description_size"
                tools:text="Test description"/>

    <include layout="@layout/divider"/>
    <LinearLayout android:layout_width="match_parent"
                android:layout_height="wrap_content"
                android:paddingLeft="8dp"
                android:orientation="horizontal">
        <TextView
                android:id="@+id/left_text_button"
                style="@style/Material_Action"
                tools:text="Action 1"/>
        <TextView
                android:id="@+id/right_text_button"
                style="@style/Material_Action"
                tools:text="Action 2"/>
    </LinearLayout>
    </LinearLayout>
    </android.support.v7.widget.CardView>
</com.dexafree.materialList.card.CardLayout>
```

8.5.4　实现测试程序

在工程目录"app"下面保存了测试程序，通过调用前面介绍的开源项目"MaterialList"中的源码展示MaterialList特效样式。其中文件MainActivity.java的功能是载入布局文件，监听用户对屏幕的操作，根据操作执行对应的动作。文件MainActivity.java的具体实现代码如下所示。

```
public class MainActivity extends AppCompatActivity {
    private Context mContext;
    private MaterialListView mListView;
    protected void onCreate(Bundle savedInstanceState) {
        super.onCreate(savedInstanceState);
        setContentView(R.layout.activity_main);

        // 保存参考上下文
        mContext = this;

        // Bind the MaterialListView to a variable
        mListView = (MaterialListView) findViewById(R.id.material_listview);
        mListView.setItemAnimator(new SlideInLeftAnimator());
        mListView.getItemAnimator().setAddDuration(300);
        mListView.getItemAnimator().setRemoveDuration(300);

        final ImageView emptyView = (ImageView) findViewById(R.id.imageView);
        emptyView.setScaleType(ImageView.ScaleType.CENTER_INSIDE);
        mListView.setEmptyView(emptyView);
        Picasso.with(this)
                .load("https://www.skyverge.com/wp-content/uploads/2012/05/github-logo.png")
                .resize(100, 100)
                .centerInside()
                .into(emptyView);

        // 设置拒绝监听
        mListView.setOnDismissCallback(new OnDismissCallback() {
```

```
            @Override
            public void onDismiss(@NonNull Card card, int position) {
                // Show a toast
                Toast.makeText(mContext, "You have dismissed a " + card.getTag(),
Toast.LENGTH_SHORT).show();
            }
        });

        //添加条目触摸侦听器
        mListView.addOnItemTouchListener(new RecyclerItemClickListener.OnItemClickListener()
{
            @Override
            public void onItemClick(@NonNull Card card, int position) {
                Log.d("CARD_TYPE", "" + card.getTag());
            }

            @Override
            public void onItemLongClick(@NonNull Card card, int position) {
                Log.d("LONG_CLICK", "" + card.getTag());
            }
        });

    }

    private void fillArray() {
        List<Card> cards = new ArrayList<>();
        for (int i = 0; i < 35; i++) {
            cards.add(getRandomCard(i));
        }
        mListView.getAdapter().addAll(cards);
    }

    private Card getRandomCard(final int position) {
        String title = "Card number " + (position + 1);
        String description = "Lorem ipsum dolor sit amet";

        switch (position % 7) {
            case 0: {
                return new Card.Builder(this)
                        .setTag("SMALL_IMAGE_CARD")
                        .setDismissible()
                        .withProvider(new CardProvider())
                        .setLayout(R.layout.material_small_image_card)
                        .setTitle(title)
                        .setDescription(description)
                        .setDrawable(R.drawable.sample_android)
                        .setDrawableConfiguration(new CardProvider.OnImageConfigListener() {
                            @Override
                            public void onImageConfigure(@NonNull final RequestCreator
                            requestCreator) {
                                requestCreator.rotate(position * 90.0f)
                                        .resize(150, 150)
                                        .centerCrop();
                            }
                        })
                        .endConfig()
                        .build();
            }
            case 1: {
                return new Card.Builder(this)
                        .setTag("BIG_IMAGE_CARD")
                        .withProvider(new CardProvider())
                        .setLayout(R.layout.material_big_image_card_layout)
                        .setTitle(title)
                        .setSubtitle(description)
                        .setDrawable("https://assets-cdn.github.com/images/modules/logos_page/
                        GitHub-Mark.png")
                        .setDrawableConfiguration(new CardProvider.OnImageConfigListener() {
```

```
                @Override
                public void onImageConfigure(@NonNull final RequestCreator
                requestCreator) {
                    requestCreator.rotate(position * 45.0f)
                            .resize(200, 200)
                            .centerCrop();
                }
            })
            .endConfig()
            .build();
}
case 2: {
    final CardProvider provider = new Card.Builder(this)
            .setTag("BASIC_IMAGE_BUTTON_CARD")
            .setDismissible()
            .withProvider(new CardProvider<>())
            .setLayout(R.layout.material_basic_image_buttons_card_layout)
            .setTitle(title)
            .setDescription(description)
            .setDrawable(R.drawable.dog)
            .setDrawableConfiguration(new CardProvider.OnImageConfigListener() {
                @Override
                public void onImageConfigure(@NonNull RequestCreator requestCreator) {
                    requestCreator.fit();
                }
            })
            .addAction(R.id.left_text_button, new TextViewAction(this)
                    .setText("left")
                    .setTextResourceColor(R.color.black_button)
                    .setListener(new OnActionClickListener() {
                        @Override
                        public void onActionClicked(View view, Card card) {
                            Toast.makeText(mContext, "You have pressed the left
                            button", Toast.LENGTH_SHORT).show();
                            card.getProvider().setTitle("CHANGED ON RUNTIME");
                        }
                    }))
            .addAction(R.id.right_text_button, new TextViewAction(this)
                    .setText("right")
                    .setTextResourceColor(R.color.orange_button)
                    .setListener(new OnActionClickListener() {
                        @Override
                        public void onActionClicked(View view, Card card) {
                            Toast.makeText(mContext, "You have pressed the right
                            button on card " + card.getProvider().getTitle(), Toast.
                            LENGTH_SHORT).show();
                            card.dismiss();
                        }
                    }));

    if (position % 2 == 0) {
        provider.setDividerVisible(true);
    }

    return provider.endConfig().build();
}
case 3: {
    final CardProvider provider = new Card.Builder(this)
            .setTag("BASIC_BUTTONS_CARD")
            .setDismissible()
            .withProvider(new CardProvider())
            .setLayout(R.layout.material_basic_buttons_card)
            .setTitle(title)
            .setDescription(description)
            .addAction(R.id.left_text_button, new TextViewAction(this)
                    .setText("left")
                    .setTextResourceColor(R.color.black_button)
                    .setListener(new OnActionClickListener() {
```

```
                                  @Override
                                  public void onActionClicked(View view, Card card) {
                                      Toast.makeText(mContext, "You have pressed the left
                                      button", Toast.LENGTH_SHORT).show();
                                  }
                              }))
                      .addAction(R.id.right_text_button, new TextViewAction(this)
                          .setText("right")
                          .setTextResourceColor(R.color.accent_material_dark)
                          .setListener(new OnActionClickListener() {
                              @Override
                              public void onActionClicked(View view, Card card) {
                                  Toast.makeText(mContext, "You have pressed the right
                                  button", Toast.LENGTH_SHORT).show();
                              }
                          }));

            if (position % 2 == 0) {
                provider.setDividerVisible(true);
            }

            return provider.endConfig().build();
        }
        case 4: {
            final CardProvider provider = new Card.Builder(this)
                    .setTag("WELCOME_CARD")
                    .setDismissible()
                    .withProvider(new CardProvider())
                    .setLayout(R.layout.material_welcome_card_layout)
                    .setTitle("Welcome Card")
                    .setTitleColor(Color.WHITE)
                    .setDescription("I am the description")
                    .setDescriptionColor(Color.WHITE)
                    .setSubtitle("My subtitle!")
                    .setSubtitleColor(Color.WHITE)
                    .setBackgroundColor(Color.BLUE)
                    .addAction(R.id.ok_button, new WelcomeButtonAction(this)
                            .setText("Okay!")
                            .setTextColor(Color.WHITE)
                            .setListener(new OnActionClickListener() {
                                @Override
                                public void onActionClicked(View view, Card card) {
                                    Toast.makeText(mContext, "Welcome!", Toast.LENGTH_
                                    SHORT).show();
                                }
                            }));

            if (position % 2 == 0) {
                provider.setBackgroundResourceColor(android.R.color.background_dark);
            }

            return provider.endConfig().build();
        }
        case 5: {
            ArrayAdapter<String> adapter = new ArrayAdapter<>(this,
            android.R.layout.simple_list_item_1);
            adapter.add("Hello");
            adapter.add("World");
            adapter.add("!");

            return new Card.Builder(this)
                    .setTag("LIST_CARD")
                    .setDismissible()
                    .withProvider(new ListCardProvider())
                    .setLayout(R.layout.material_list_card_layout)
                    .setTitle("List Card")
                    .setDescription("Take a list")
                    .setAdapter(adapter)
```

```
                        .endConfig()
                        .build();
            }
        default: {
            final CardProvider provider = new Card.Builder(this)
                    .setTag("BIG_IMAGE_BUTTONS_CARD")
                    .setDismissible()
                    .withProvider(new CardProvider())
                    .setLayout(R.layout.material_image_with_buttons_card)
                    .setTitle(title)
                    .setDescription(description)
                    .setDrawable(R.drawable.photo)
                    .addAction(R.id.left_text_button, new TextViewAction(this)
                            .setText("add card")
                            .setTextResourceColor(R.color.black_button)
                            .setListener(new OnActionClickListener() {
                                @Override
                                public void onActionClicked(View view, Card card) {
                                    Log.d("ADDING", "CARD");

                                    mListView.getAdapter().add(generateNewCard());
                                    Toast.makeText(mContext, "Added new card", Toast.
                                    LENGTH_SHORT).show();
                                }
                            }))
                    .addAction(R.id.right_text_button, new TextViewAction(this)
                            .setText("right button")
                            .setTextResourceColor(R.color.accent_material_dark)
                            .setListener(new OnActionClickListener() {
                                @Override
                                public void onActionClicked(View view, Card card) {
                                    Toast.makeText(mContext, "You have pressed the right
                                    button", Toast.LENGTH_SHORT).show();
                                }
                            }));

            if (position % 2 == 0) {
                provider.setDividerVisible(true);
            }

            return provider.endConfig().build();
        }
    }
}

private Card generateNewCard() {
    return new Card.Builder(this)
            .setTag("BASIC_IMAGE_BUTTONS_CARD")
            .withProvider(new CardProvider())
            .setLayout(R.layout.material_basic_image_buttons_card_layout)
            .setTitle("I'm new")
            .setDescription("I've been generated on runtime!")
            .setDrawable(R.drawable.dog)
            .endConfig()
            .build();
}

private void addMockCardAtStart() {
    mListView.getAdapter().addAtStart(new Card.Builder(this)
            .setTag("BASIC_IMAGE_BUTTONS_CARD")
            .setDismissible()
            .withProvider(new CardProvider())
            .setLayout(R.layout.material_basic_image_buttons_card_layout)
            .setTitle("Hi there")
            .setDescription("I've been added on top!")
            .addAction(R.id.left_text_button, new TextViewAction(this)
                    .setText("left")
                    .setTextResourceColor(R.color.black_button))
```

```
                    .addAction(R.id.right_text_button, new TextViewAction(this)
                        .setText("right")
                        .setTextResourceColor(R.color.orange_button))
                    .setDrawable(R.drawable.dog)
                    .endConfig()
                    .build());
    }

    @Override
    public boolean onCreateOptionsMenu(Menu menu) {
        getMenuInflater().inflate(R.menu.main, menu);
        return true;
    }

    @Override
    public boolean onOptionsItemSelected(MenuItem item) {
        switch (item.getItemId()) {
            case R.id.action_clear:
                mListView.getAdapter().clearAll();
                break;
            case R.id.action_add_at_start:
                addMockCardAtStart();
                break;
        }
        return super.onOptionsItemSelected(item);
    }
}
```

文件activity_main.xml的功能是调用开源项目"MaterialList"中的样式，显示动态选项卡片效果。
文件activity_main.xml的具体实现代码如下所示。

```
<RelativeLayout xmlns:android="http://schemas.android.com/apk/res/android"
    xmlns:tools="http://schemas.android.com/tools"
    android:layout_width="match_parent"
    android:layout_height="match_parent"
    tools:context=".MainActivity">
    <com.dexafree.materialList.view.MaterialListView
        android:layout_width="fill_parent"
        android:layout_height="fill_parent"
        android:id="@+id/material_listview"/>
    <ImageView
        android:id="@+id/imageView"
        android:layout_width="fill_parent"
        android:layout_height="fill_parent"/>
</RelativeLayout>
```

到此为止，整个实例介绍完毕，执行后的效果如图8-5所示。

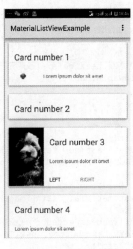

图8-5　执行效果

## 第 9 章

核心组件介绍

组件是编程中的重要组成部分，一个项目通常由多个组件共同构成实现某项具体功能。在Android SDK中，可以通过内置的组件来实现具体项目的需求。在本章的内容中，将详细介绍Android系统中核心组件的知识，并通过具体实例的实现过程讲解了各个组件的使用方法，为读者步入本书后面知识的学习打下坚实的基础。

9.1 Widget组件

在Android系统的众多组件中，组件Widget是为UI设计所服务的，在Widget包内包含了按钮、列表框、进度条和图片等常用的控件。在本节的内容中，将详细讲解使用Widget组件的知识，并通过具体实例来讲解其使用方法。

9.1.1 创建一个Widget组件

AppWidget是HomeScreen上显示的小部件，提供直观的交互操作。通过在HomeScreen中长按，在弹出的对话框中选择Widget部件来进行创建，长按部件后并拖动到垃圾箱里进行删除。可以同时创建多个相同的Widget部件。

在Android系统中，AppWidget框架类的主要组成如下所示。

（1）AppWidgetProvider：继承自BroadcastRecevier，在AppWidget应用update、enable、disable和delete时接收通知。其中，onUpdate、onReceive是最常用到的方法，它们接收更新通知。

（2）AppWidgetProvderInfo：描述AppWidget的大小、更新频率和初始界面等信息，以XML文件形式存在于应用的res/xml/目录下。

（3）AppWidgetManger：负责管理AppWidget，向AppwidgetProvider发送通知。

（4）RemoteViews：可以在其他应用进程中运行的类，向AppWidgetProvider发送通知。

在接下来的实例中，将详细讲解在Android应用程序中创建一个Widget组件的方法。

题目	目的	源码路径
实例9-1	演示使用Widget组件的方法	\daima\9\widgetshiyong

本实例的具体实现流程如下所示。

（1）新建一个名为"widgetshiyong"的Android工程文件。

（2）创建项目后将会自动创建一个MainActivity，这是整个应用程序的入口，我们可以打开对应的文件widgetshiyong.java，其主要代码如下所示。

```
package com.eoeAndroid.widgetshiyong;
import android.app.Activity;
import android.os.Bundle;
public class widgetshiyong extends Activity {
    @Override
    public void onCreate(Bundle savedInstanceState) {
        super.onCreate(savedInstanceState);
```

```
                setContentView(R.layout.main);
        }
    }
```

在上述代码中，通过onCreate()方法关联了一个模板文件main.xml。这样，就可以在里面继续添加需要的控件了，例如按钮、列表框、进度条和图片等。

注意：在本节接下来的内容中，所有实例代码都保存在本实例项目中，即本章剩余实例的源码都保存在"光盘:\daima\9\widgetshiyong"目录下，这样做的目的是展示在Widget组件中"盛装"主要屏幕元素的效果。

9.1.2 使用按钮Button

在Android系统中，Button是一个十分重要的按钮控件，其定义的继承关系如下所示。

```
public class Button extends TextView
java.lang.Object
android.view.View
        android.widget.TextView
            android.widget.Button
```

Button的直接子类是CompoundButton，其间接子类有CheckBox、RadioButton和ToggleButton。Button是一个按钮控件，当单击Button后会触发一个事件，这个事件会实现用户需要的功能。例如在会员登录系统中，输入信息并单击"确定"按钮后会登录一个系统。下面将以前面的实例9-1为基础，演示使用Button按钮控件的基本方法。

（1）使用Eclipse打开前面的实例9-1，修改布局文件main.xml，在里面添加一个TextView和一个Button，主要代码如下所示。

```
<?xml version="1.0" encoding="utf-8"?>
<LinearLayout xmlns:android="http://schemas.android.com/apk/res/android"
        android:orientation="vertical"
        android:layout_width="fill_parent"
        android:layout_height="fill_parent"
        >
<TextView
        android:id="@+id/show_TextView"
        android:layout_width="fill_parent"
        android:layout_height="wrap_content"
        android:text="@string/hello"
        />
<Button
        android:id="@+id/Click_Button"
        android:layout_width="wrap_content"
        android:layout_height="wrap_content"
        android:text="单击"
        />
</LinearLayout>
```

（2）在文件mainActivity.java中通过findViewByID()获取TextView和Button资源，主要代码如下所示。

```
show= (TextView)findViewById(R.id.show_TextView);
press=(Button)findViewById(R.id.Click_Button);
```

（3）给Button控件添加事件监听器Button.OnClickListener()，主要代码如下所示。

```
press.setOnClickListener(new Button.OnClickListener(){
            @Override
            public void onClick(View v) {
                // TODO Auto-generated method stub
            }
        });
```

（4）定义处理事件处理程序，主要代码如下所示。

```
press.setOnClickListener(new Button.OnClickListener(){
            @Override
            public void onClick(View v) {
                // TODO Auto-generated method stub
```

```
                    show.setText("哎呦,button被点了一
下");
                }
        });
```

图9-1　执行效果

执行后将首先显示一个"按钮+文本"界面，当单击按钮后会执行单击事件，显示对应的文本提示，如图9-1所示。

9.1.3　使用文本框TextView

文本框控件TextView是Android中使用最频繁的控件之一，在本书前面的章节中已经多次使用过TextView。可以使用TextView控件设置屏幕中文字的颜色，Android中的颜色说明如下所示。

- ❑ Color.BLACK：黑色；
- ❑ Color.BLUE：蓝色；
- ❑ Color.CYAN：青绿色；
- ❑ Color.DKGRAY：灰黑色；
- ❑ Color.GRAY：灰色；
- ❑ Color.GREEN：绿色；
- ❑ Color.LTGRAY：浅灰色；
- ❑ Color.MAGENTA：红紫色；
- ❑ Color.RED：红色；
- ❑ Color.TRANSPARENT：透明；
- ❑ Color.WHITE：白色；
- ❑ Color.YELLOW：黄色。

在计算机系统中使用类Typeface来表示字体的风格，具体来说有如下两种类型。

（1）int Style类型，具体说明如表9-1所示。

表9-1　int Style类型说明

字体	说明
BOLD	粗体
BOLD_ITALIC	粗斜体
ITALIC	斜体
NORMAL	普通字体

（2）Typeface类型，具体说明如表9-2所示。

表9-2　Typeface类型说明

字体	说明
DEFAULT	默认字体
DEFAULT_BOLD	默认粗体
MONOSPACE	单间隔字体
SANS_SERIF	无衬线字体
SERIF	衬线字体

以前面的实例9-1为基础，修改文件mainActivity.java来显示多种字体样式，主要代码如下所示。

```
public class TypefaceStudy extends Activity {
    * android.graphics.Typeface java.lang.Object
        Typeface类指定一个字体的字体和固有风格.
```

```
 *  该类用于绘制, 与可选绘制设置一起使用,
    如textSize, textSkewX, textScaleX当绘制(测量)时来指定如何显示文本
 */
/* 定义实例化一个 布局大小, 用来添加TextView */
final int WRAP_CONTENT = ViewGroup.LayoutParams.WRAP_CONTENT;
/* 定义TextView对象 */
private TextView bold_TV, bold_italic_TV, default_TV,
                  default_bold_TV,italic_TV,monospace_TV,
                  normal_TV,sans_serif_TV,serif_TV;
/* 定义LinearLayout布局对象 */
private LinearLayout linearLayout;
/* 定义LinearLayout布局参数对象 */
private LinearLayout.LayoutParams linearLayouttParams;
@Override
public void onCreate(Bundle icicle) {
    super.onCreate(icicle);
    /* 定义实例化一个LinearLayout对象 */
    linearLayout = new LinearLayout(this);
    /* 设置LinearLayout布局为垂直布局 */
    linearLayout.setOrientation(LinearLayout.VERTICAL);
    /*设置布局背景图*/
    linearLayout.setBackgroundResource(R.drawable.back);
    /* 加载LinearLayout为主屏布局, 显示 */
    setContentView(linearLayout);
    /* 定义实例化一个LinearLayout布局参数 */
    linearLayouttParams =
        new LinearLayout.LayoutParams(WRAP_CONTENT,WRAP_CONTENT);
    constructTextView();
    setTextSizeOf();
    setTextViewText() ;
    setStyleOfFont();
    setFontColor();
    toAddTextViewToLayout();
}
public void constructTextView() {
    /* 实例化TextView对象 */
    bold_TV = new TextView(this);
    bold_italic_TV = new TextView(this);
    default_TV = new TextView(this);
    default_bold_TV = new TextView(this);
    italic_TV = new TextView(this);
    monospace_TV=new TextView(this);
    normal_TV=new TextView(this);
    sans_serif_TV=new TextView(this);
    serif_TV=new TextView(this);
}
public void setTextSizeOf() {
    // 设置绘制的文本大小, 该值必须大于0
    bold_TV.setTextSize(29.0f);
    bold_italic_TV.setTextSize(29.0f);
    default_TV.setTextSize(29.0f);
    default_bold_TV.setTextSize(29.0f);
    italic_TV.setTextSize(29.0f);
    monospace_TV.setTextSize(29.0f);
    normal_TV.setTextSize(29.0f);
    sans_serif_TV.setTextSize(29.0f);
    serif_TV.setTextSize(29.0f);
}
public void setTextViewText() {
    /* 设置文本 */
    bold_TV.setText("BOLD");
    bold_italic_TV.setText("BOLD_ITALIC");
    default_TV.setText("DEFAULT");
    default_bold_TV.setText("DEFAULT_BOLD");
    italic_TV.setText("ITALIC");
    monospace_TV.setText("MONOSPACE");
    normal_TV.setText("NORMAL");
    sans_serif_TV.setText("SANS_SERIF");
```

```
        serif_TV.setText("SERIF");
    }
    public void setStyleOfFont() {
        /* 设置字体风格 */
        bold_TV.setTypeface(null, Typeface.BOLD);
        bold_italic_TV.setTypeface(null, Typeface.BOLD_ITALIC);
        default_TV.setTypeface(Typeface.DEFAULT);
        default_bold_TV.setTypeface(Typeface.DEFAULT_BOLD);
        italic_TV.setTypeface(null, Typeface.ITALIC);
        monospace_TV.setTypeface(Typeface.MONOSPACE);
        normal_TV.setTypeface(null, Typeface.NORMAL);
        sans_serif_TV.setTypeface(Typeface.SANS_SERIF);
        serif_TV.setTypeface(Typeface.SERIF);
    }
    public void setFontColor() {
        /* 设置文本颜色 */
        bold_TV.setTextColor(Color.BLACK);
        bold_italic_TV.setTextColor(Color.CYAN);
        default_TV.setTextColor(Color.GREEN);
        default_bold_TV.setTextColor(Color.MAGENTA);
        italic_TV.setTextColor(Color.RED);
        monospace_TV.setTextColor(Color.WHITE);
        normal_TV.setTextColor(Color.YELLOW);
        sans_serif_TV.setTextColor(Color.GRAY);
        serif_TV.setTextColor(Color.LTGRAY);
    }
    public void toAddTextViewToLayout() {
        /* 把TextView加入LinearLayout布局中 */
        linearLayout.addView(bold_TV, linearLayouttParams);
        linearLayout.addView(bold_italic_TV, linearLayouttParams);
        linearLayout.addView(default_TV, linearLayouttParams);
        linearLayout.addView(default_bold_TV, linearLayouttParams);
        linearLayout.addView(italic_TV, linearLayouttParams);
        linearLayout.addView(monospace_TV, linearLayouttParams);
        linearLayout.addView(normal_TV, linearLayouttParams);
        linearLayout.addView(sans_serif_TV, linearLayouttParams);
        linearLayout.addView(serif_TV, linearLayouttParams);
    }
}
```

执行后的效果如图9-2所示。

图9-2　运行效果

9.1.4　使用编辑框EditText

使用编辑框控件EditText的方法和使用TextView的方法类似，它能生成一个可编辑的文本框。使用EditText的基本流程如下所示。

（1）在程序的主窗口界面中添加一个EditText按钮，然后设定其监听器在接收到单击事件时，程序打开EditText的界面。文件editview.xml的具体代码如下所示。

```xml
<?xml version="1.0" encoding="utf-8"?>
<LinearLayout xmlns:android="http:/schemas.android.com/apk/res/android"
    android:orientation="vertical"
    android:layout_width="fill_parent"
    android:layout_height="fill_parent"
    >
//供用户输入值
<EditText android:id="@+id/edit_text"
android:layout_width="fill_parent"
android:layout_height="wrap_content"
android:text="这里可以输入文字" />
    //用于获取输入的值
    <Button android:id="@+id/get_edit_view_button"
        android:layout_width="wrap_content"
        android:layout_height="wrap_content"
        android:text="获取EditView的值" />
</LinearLayout>
```

（2）编写事件处理文件EditTextActivity.java，主要代码如下所示。

```java
public class EditTextActivity extends Activity {
    public void onCreate(Bundle savedInstanceState) {
        super.onCreate(savedInstanceState);
        setTitle("EditTextActivity");
        setContentView(R.layout.editview);
        find_and_modify_text_view();
    }
    private void find_and_modify_text_view() {
        Button get_edit_view_button = (Button) findViewById(R.id.get_edit_view_button);
        get_edit_view_button.setOnClickListener(get_edit_view_button_listener);
    }

    private Button.OnClickListener get_edit_view_button_listener = new Button.OnClickListener()
{
        /**响应代码，显示EditText中的值**/
        public void onClick(View v) {
            EditText edit_text = (EditText) findViewById(R.id.edit_text);
            CharSequence edit_text_value = edit_text.getText();
            setTitle("EditText的值:"+edit_text_value);
        }
    };
}
```

执行后将首先显示默认的文本和输入框，如图9-3所示；输入一段文本，单击"获取EditView的值"按钮后会获取输入的文字，并在屏幕中显示输入的文字，如图9-4所示。

图9-3　初始效果　　　　　　　　　　　图9-4　运行效果

9.1.5　使用多项选择控件CheckBox

控件CheckBox是一个复选框控件，能够为用户提供输入信息，用户可以一次性选择多个选项。在Android中使用CheckBox控件的基本流程如下所示。

（1）编写布局文件check_box.xml，在里面插入4个选项供用户选择，具体代码如下所示。

```xml
<?xml version="1.0" encoding="utf-8"?>
<LinearLayout xmlns:android="http://schemas.android.com/apk/res/android"
```

```
        android:orientation="vertical"
        android:layout_width="fill_parent"
        android:layout_height="fill_parent"
    >
    <CheckBox android:id="@+id/plain_cb"
        android:text="Plain"
        android:layout_width="wrap_content"
        android:layout_height="wrap_content"
    />

    <CheckBox android:id="@+id/serif_cb"
        android:text="Serif"
        android:layout_width="wrap_content"
        android:layout_height="wrap_content"
        android:typeface="serif"
    />

    <CheckBox android:id="@+id/bold_cb"
        android:text="Bold"
        android:layout_width="wrap_content"
        android:layout_height="wrap_content"
        android:textStyle="bold"
    />

    <CheckBox android:id ="@+id/italic_cb"
        android:text="Italic"
        android:layout_width="wrap_content"
        android:layout_height="wrap_content"
        android:textStyle="italic"
    />

        <Button android:id="@+id/get_view_button"
            android:layout_width="wrap_content"
            android:layout_height="wrap_content"
            android:text="获取CheckBox的值" />

</LinearLayout>
```

在上述代码中分别创建了4个CheckBox选项供用户选择，然后插入了一个Button控件供用户选择单击后处理特定事件。

（2）编写事件处理文件CheckBoxActivity.java，把用户选中的选项值显示在Title上面，主要代码如下所示。

```
public void onCreate(Bundle savedInstanceState) {
    super.onCreate(savedInstanceState);
    setTitle("CheckBoxActivity");
    setContentView(R.layout.check_box);
    find_and_modify_text_view();
}

private void find_and_modify_text_view() {
    plain_cb = (CheckBox) findViewById(R.id.plain_cb);
    serif_cb = (CheckBox) findViewById(R.id.serif_cb);
    italic_cb = (CheckBox) findViewById(R.id.italic_cb);
    bold_cb = (CheckBox) findViewById(R.id.bold_cb);
    Button get_view_button = (Button) findViewById(R.id.get_view_button);
    get_view_button.setOnClickListener(get_view_button_listener);
}

private Button.OnClickListener get_view_button_listener = new Button.OnClickListener() {
    public void onClick(View v) {
        String r = "";
        if (plain_cb.isChecked()) {
            r = r + "," + plain_cb.getText();
        }
        if (serif_cb.isChecked()) {
            r = r + "," + serif_cb.getText();
        }
```

```
            if (italic_cb.isChecked()) {
                r = r + "," + italic_cb.getText();
            }
            if (bold_cb.isChecked()) {
                r = r + "," + bold_cb.getText();
            }
            setTitle("Checked: " + r);
        }
    };
}
```

执行后将首先显示4个选项值供用户选择，如图9-5所示；用户选择某些选项并单击"获取CheckBox的值"按钮后，文本提示用户选择的选项，如图9-6所示。

图9-5　初始效果　　　　　　　　　　图9-6　运行效果

9.1.6　使用单项选择控件RadioGroup

控件RadioGroup是一个单选按钮控件，和多项选择控件CheckBox相对应，我们只能选择RadioGroup中的一个选项。在Android中使用CheckBox控件的基本流程如下所示。

（1）编写布局文件radio_group.xml，在里面插入4个选项供用户选择，具体代码如下所示。

```
<?xml version="1.0" encoding="utf-8"?>
<LinearLayout xmlns:android="http://schemas.android.com/apk/res/android"
    android:layout_width="fill_parent"
    android:layout_height="fill_parent"
    android:orientation="vertical">
    <RadioGroup
        android:layout_width="fill_parent"
        android:layout_height="wrap_content"
        android:orientation="vertical"
        android:checkedButton="@+id/lunch"
        android:id="@+id/menu">
        <RadioButton
            android:text="AA"
            android:id="@+id/breakfast"
            />
        <RadioButton
            android:text="BB"
            android:id="@id/lunch" />
        <RadioButton
            android:text="CC"
            android:id="@+id/dinner" />
        <RadioButton
            android:text="DD"
            android:id="@+id/all" />
    </RadioGroup>
    <Button
        android:layout_width="wrap_content"
```

```
android:layout_height="wrap_content"
android:text="清除"
android:id="@+id/clear" />
</LinearLayout>
```

在上述代码中插入了一个RadioGroup控件，它提供了4个选项供用户选择，然后插入了一个Button控件来清除掉用户选择的选项。

（2）编写处理文件RadioGroupActivity.java，当用户单击"清除"按钮后使用setTitle修改Title值为"RadioGroupActivity"，然后会获取RadioGroup对象和按钮对象。文件RadioGroupActivity.java的主要代码如下所示。

```
@Override
    protected void onCreate(Bundle savedInstanceState) {
        super.onCreate(savedInstanceState);
        setContentView(R.layout.radio_group);
        setTitle("RadioGroupActivity");
        mRadioGroup = (RadioGroup) findViewById(R.id.menu);
        Button clearButton = (Button) findViewById(R.id.clear);
        clearButton.setOnClickListener(this);
    }
```

执行后将首先显示4个选项供用户选择，如图9-7所示；选择一个选项并单击"清除"按钮后将会清除选择的选项，如图9-8所示。

图9-7　初始效果

图9-8　运行效果

9.1.7　使用下拉列表控件Spinner

下拉列表控件Spinner能够为我们提供一个下拉选择样式的输入框，我们不需要输入数据，只需在里面选择一个选项后就可在框中完成数据输入工作。使用Spinner控件的基本流程如下所示。

（1）在文件main.xml中添加一个按钮，单击这个按钮后会启动这个SpinnerActivity文件。对应代码如下所示。

```
<Button android:id="@+id/spinner_button"
android:layout_width="wrap_content"
android:layout_height="wrap_content"
android:text="Spinner"
/>
```

（2）在文件MainActivity.java中编写处理上述按钮的事件代码，具体如下所示。

```
private Button.OnClickListener spinner_button_listener = new Button.OnClickListener() {
        public void onClick(View v) {
            Intent intent = new Intent();
            intent.setClass(MainActivity.this, SpinnerActivity.class);
            startActivity(intent);
        }
    };
```

通过上述代码中启动SpinnerActivity，此SpinnerActivity可以展示Spinner组件的界面。在具体实现上，首先创建了SpinnerActivity的Activity，然后修改了其onCreate()方法，设置其对应模板为spinner.xml。文件SpinnerActivity.java的主要代码如下所示。

```java
public void onCreate(Bundle savedInstanceState) {
        super.onCreate(savedInstanceState);
        setTitle("SpinnerActivity");
        setContentView(R.layout.spinner);
        find_and_modify_view();
    }
```

（3）编写布局文件spinner.xml，在里面添加2个TextView控件和2个Spinner控件。定义Spinner组件的ID为spinner_1，设置其宽度占满了其父元素"LinearLayout"的宽，并设置高度自适应，主要代码如下所示。

```xml
<?xml version="1.0" encoding="utf-8"?>
<LinearLayout xmlns:android="http://schemas.android.com/apk/res/android"
        android:orientation="vertical"
        android:layout_width="fill_parent"
        android:layout_height="fill_parent"
        >
        <TextView
        android:layout_width="fill_parent"
        android:layout_height="wrap_content"
        android:text="Spinner_1"
        />
<Spinner  android:id="@+id/spinner_1"
        android:layout_width="fill_parent"
        android:layout_height="wrap_content"
        android:drawSelectorOnTop="false"
/>
</LinearLayout>
```

（4）在文件AndroidManifest.xml中添加如下代码。

```xml
<activity android:name="SpinnerActivity"></activity>
```

经过上述处理后，就可以在界面中生成一个简单的单选项界面，但是在列表中并没有选项值。如果要在下拉列表中实现可供用户选择的选项值，需要在里面填充一些数据。

（5）开始载入列表数据，首先定义需要载入的数据，然后在onCreate()方法中通过调用find_and_modify_view()来完成数据载入。在文件SpinnerActivity.java中实现上述功能的代码如下所示。

```java
private static final String[] mCountries = { "China" ,"Russia", "Germany",
        "Ukraine", "Belarus", "USA" };
private void find_and_modify_view() {
        spinner_c = (Spinner) findViewById(R.id.spinner_1);
        allcountries = new ArrayList<String>();
        for (int i = 0; i < mCountries.length; i++) {
            allcountries.add(mCountries[i]);
        }
        aspnCountries = new ArrayAdapter<String>(this,
                android.R.layout.simple_spinner_item, allcountries);
        aspnCountries
        .setDropDownViewResource(android.R.layout.simple_spinner_dropdown_item);
        spinner_c.setAdapter(aspnCountries);
```

在上述代码中，将定义的mCountries数据载入到了Spinner组件中。

（6）在文件spinner.xml中预定义数据，此步骤需要在布局文件spinner.xml中再添加一个Spinner组件，具体代码如下所示。

```xml
<TextView
    android:layout_width="fill_parent"
    android:layout_height="wrap_content"
    android:text="Spinner_2 From arrays xml file"
    />
  <Spinner  android:id="@+id/spinner_2"
        android:layout_width="fill_parent"
        android:layout_height="wrap_content"
        android:drawSelectorOnTop="false"
/>
```

（7）在文件SpinnerActivity.java中初始化Spinner中的值，具体代码如下所示。

```
spinner_2 = (Spinner) findViewById(R.id.spinner_2);
    ArrayAdapter<CharSequence> adapter = ArrayAdapter.createFromResource(
    this, R.array.countries, android.R.layout.simple_spinner_item);
    adapter.setDropDownViewResource(android.R.layout.simple_spinner_dropdown_item);
    spinner_2.setAdapter(adapter);
```

在上述代码中，将R.array.countries对应值载入到了spinner_2中，而R.array.countries的对应值是在文件array.xml中预先定义的。文件array.xml的主要代码如下所示。

```xml
<?xml version="1.0" encoding="utf-8"?>
<resources>
    <!-- Used in Spinner/spinner_2.java -->
    <string-array name="countries">
        <item>China2</item>
        <item>Russia2</item>
        <item>Germany2</item>
        <item>Ukraine2</item>
        <item>Belarus2</item>
        <item>USA2</item>
    </string-array>
</resources>
```

通过上述代码中预定义了一个名为"countries"的数组。

到此为止，整个实例全部介绍完毕。执行后将首先显示两个下拉列表表单，如图9-9所示；单击一个下拉列表单后面的 时会弹出一个由Spinner下拉选项框，如图9-10所示；当选择下拉框中的一个选项后，选项值会自动出现在输入表单中，如图9-11所示。

图9-9　初始效果

图9-10　运行效果

图9-11　选择值自动出现在表单中

9.1.8　使用自动完成文本控件AutoCompleteTextView

控件AutoCompleteTextView能够帮助用户自动输入数据，例如当用户输入一个字符后，能够根据这个字符提示显示出与之相关的数据。此应用在搜索引擎中比较常见，例如在百度中输入关键字"android"后，会在下拉列表中自动显示出相关的关键词，如图9-12所示。

图9-12　百度的输入提示框

在Android开发应用中，通过AutoCompleteTextView控件可以实现图9-12所示的自动提示功能。以前面的实例9-1为基础，使用AutoCompleteTextView控件的基本流程如下所示。

（1）修改布局文件main.xml，在里面分别添加一个TextView控件、一个AutoCompleteTextView控件和一个Button控件。具体代码如下所示。

```
<?xml version="1.0" encoding="utf-8"?>
<AbsoluteLayout
    android:id="@+id/widget0"
    android:layout_width="fill_parent"
    android:layout_height="fill_parent"
    xmlns:android="http://schemas.android.com/apk/res/android"
>
<TextView
    android:id="@+id/TextView_InputShow"
    android:layout_width="228px"
    android:layout_height="47px"
    android:text="请输入"
    android:textSize="25px"
    android:layout_x="42px"
    android:layout_y="37px"
>
</TextView>
<AutoCompleteTextView
    android:id="@+id/AutoCompleteTextView_input"
    android:layout_width="275px"
    android:layout_height="wrap_content"
    android:text=""
    android:textSize="18sp"
    android:layout_x="23px"
    android:layout_y="98px"
>
</AutoCompleteTextView>
<Button
    android:layout_width="wrap_content"
    android:layout_height="wrap_content"
    android:layout_x="127dip"
```

```
                android:text="清空"
                android:id="@+id/Button_clean"
                android:layout_y="150dip">
</Button>
</AbsoluteLayout>
```

（2）修改文件mainActivity.java，在里面添加自动完成功能处理事件，具体代码如下所示。

```
    private String[] normalString =
            new String[] {
            "Android", "Android Blog","Android Market", "Android SDK",
            "Android AVD","BlackBerry","BlackBerry JDE", "Symbian",
            "Symbian Carbide", "Java 2ME","Java FX", "Java 2EE",
            "Java 2SE", "Mobile", "Motorola", "Nokia", "Sun",
            "Nokia Symbian", "Nokia forum", "WindowsMobile", "Broncho",
            "Windows XP", "Google", "Google Android ", "Google浏览器",
            "IBM", "MicroSoft", "Java", "C++", "C", "C#", "J#", "VB" };
    @SuppressWarnings("unused")
    private TextView show;
    private AutoCompleteTextView autoTextView;
    private Button clean;
    private ArrayAdapter<String> arrayAdapter;
    @Override
    public void onCreate(Bundle savedInstanceState) {
        super.onCreate(savedInstanceState);
        /*装入主屏布局main.xml*/
        setContentView(R.layout.main);
        /*从XML中获取UI元素对象*/
        show = (TextView) findViewById(R.id.TextView_InputShow);
        autoTextView =
           (AutoCompleteTextView) findViewById(R.id.AutoCompleteTextView_input);
        clean = (Button) findViewById(R.id.Button_clean);
        /*实现一个适配器对象，用来给自动完成输入框添加自动装入的内容*/
        arrayAdapter = new ArrayAdapter<String>(this,
                android.R.layout.simple_dropdown_item_1line, normalString);
        /*给自动完成输入框添加内容适配器*/
        autoTextView.setAdapter(arrayAdapter);
        /*给清空按钮添加单击事件处理监听器*/
        clean.setOnClickListener(new Button.OnClickListener() {
            @Override
            public void onClick(View v) {
                // TODO Auto-generated method stub
                /*清空*/
                autoTextView.setText("");
            }
        });
    }
}
```

经过上述简单操作，编译运行后，如果在表单中输入数据，会根据预先准备的数据输出提示，如图9-13所示。

图9-13　百度的输入提示框

9.1.9　使用日期选择器控件DatePicker

日期选择器控件DatePicker能够为用户提供快速选择日期的方法。我们知道日期的格式是"年—月—日"，在很多系统中都为用户提供了日期选择表单，这样不用我们输入具体的日期，只需利用鼠标单击即可完成日期的设置功能。

以前面的实例9-1为基础，使用日期选择器控件DatePicker的具体流程如下所示。

（1）在文件main.xml中添加一个按钮来打开DatePicker界面，具体代码如下所示。

```
<Button android:id="@+id/date_picker_button"
android:layout_width="wrap_content"
android:layout_height="wrap_content"
android:text="DatePicker"
/>
```

在上述代码中，定义了一个ID为"date_Picker_button"的按钮。

（2）定义上述按钮响应处理事件，当单击"DatePicker"按钮后会跳转到DatePickerActivity上。当创建一个Activity组件后，需要在其onCreate()方法中指定需要绑定的模板文件为date_picker.xml，具体代码如下所示。

```
private Button.OnClickListener date_picker_button_listener = new Button.OnClickListener() {
    public void onClick(View v) {
        Intent intent = new Intent();
        intent.setClass(MainActivity.this, DatePickerActivity.class);
        startActivity(intent);
    }
};
```

（3）在文件DatePickerActivity.java中设置默认显示的初始时间为2010年5月17日，具体代码如下所示。

```
public class DatePickerActivity extends Activity {
    /** Called when the activity is first created. */
    @Override
    public void onCreate(Bundle savedInstanceState) {
        super.onCreate(savedInstanceState);
        setTitle("CheckBoxActivity");
        setContentView(R.layout.date_picker);
        DatePicker dp = (DatePicker)this.findViewById(R.id.date_picker);
        dp.init(2010, 5, 17, null);
    }
```

（4）在文件date_picker.xml中添加DatePicker组件，设置DatePicker控件的ID为"date_picker"，设置其宽度和高度都为自适应，主要代码如下所示。

```
<?xml version="1.0" encoding="utf-8"?>
<LinearLayout xmlns:android="http://schemas.android.com/apk/res/android"
    android:orientation="vertical" android:layout_width="fill_parent"
    android:layout_height="wrap_content">

    <DatePicker
        android:id="@+id/date_picker"
        android:layout_width="wrap_content"
        android:layout_height="wrap_content" />
</LinearLayout>
```

（5）在文件AndroidManifest.xml中添加对Activity的声明，具体代码如下所示。

```
<activity android:name="DatePickerActivity" />
```

到此为止，整个流程全部介绍完毕。执行后将首先显示设置的起始日期，如图9-14所示；分别单击月、日、年上面的"+"或下面的"—"后，将会自动显示更改后的月、日、年，如图9-15所示。

图9-14　初始效果

图9-15　改变后效果

9.1.10　使用时间选择器TimePicker控件

时间选择器控件TimePicker和DatePicker控件的功能类似，都是为用户提供快速选择时间的方法。以前面的实例9-1为基础，使用控件TimePicker的基本流程如下所示。

（1）在文件main.xml中添加一个button按钮，具体代码如下所示。

```
<Button android:id="@+id/time_picker_button"
```

```
android:layout_width="wrap_content"
android:layout_height="wrap_content"
android:text="TimePicker"
/>
```

（2）为上述按钮"time_picker"编写响应事件代码，设置当单击按钮"time_picker"后会跳转到TimePickerActivity上，具体代码如下所示。

```
private Button.OnClickListener time_picker_button_listener = new Button.OnClickListener() {
    public void onClick(View v) {
        Intent intent = new Intent();
        intent.setClass(MainActivity.this, TimePickerTimePicker.class);
        startActivity(intent);
    }
};
```

（3）创建一个Activity，然后在onCreate()方法中指定需要绑定的模板为time_picker.xml，对应的实现代码如下所示。

```
public void onCreate(Bundle savedInstanceState) {
    super.onCreate(savedInstanceState);
    setTitle("TimePickerActivity");
    setContentView(R.layout.time_picker);
    TimePicker tp = (TimePicker)this.findViewById(R.id.time_picker);
    tp.setIs24HourView(true);
}
```

在上述代码中，首先指定了对应的布局模板是time_picker.xml，然后获取了其中的TimePicker控件。

（4）在文件time_picker.xml中添加TimePicker控件，具体代码如下所示。

```
<?xml version="1.0" encoding="utf-8"?>
<LinearLayout xmlns:android="http://schemas.android.com/apk/res/android"
    android:orientation="vertical" android:layout_width="fill_parent"
    android:layout_height="wrap_content">
<TimePicker
 android:id="@+id/time_picker"
 android:layout_width="wrap_content"
 android:layout_height="wrap_content"/>
</LinearLayout>
```

到此为止，整个流程全部介绍完毕。执行后将首先显示设置的起始时间，分别单击时间上面的"+"或下面的"—"后，将会自动显示更改后时间，如图9-16所示。

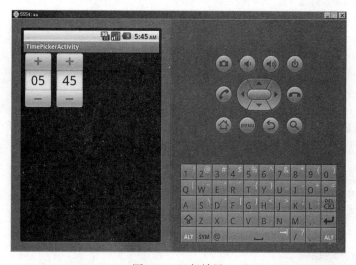

图9-16　运行效果

9.1.11　联合应用DatePicker和TimePicker

在日常项目应用中，通常会将DatePicker和TimePicker两个控件一块使用。以前面的实例9-1为基础，联合使用DatePicker和TimePicker的基本流程如下所示。

（1）修改布局文件main.xml，在里面分别添加一个DatePicker、一个TimePicker、一个TextView，对应代码如下所示。

```xml
<?xml version="1.0" encoding="utf-8"?>
<AbsoluteLayout
    android:id="@+id/widget0"
    android:layout_width="fill_parent"
    android:layout_height="fill_parent"
    xmlns:android="http://schemas.android.com/apk/res/android">
<DatePicker
    android:id="@+id/my_DatePicker"
    android:layout_width="wrap_content"
    android:layout_height="wrap_content"
    android:layout_x="10px"
    android:layout_y="10px">
</DatePicker><!-- 日期设置器 -->
<TimePicker
    android:id="@+id/my_TimePicker"
    android:layout width="wrap_content"
    android:layout_height="wrap_content"
    android:layout_x="10px"
    android:layout_y="150px">
</TimePicker><!-- 事件设置器 -->
<TextView
    android:id="@+id/my_TextView"
    android:layout_width="228px"
    android:layout_height="29px"
    android:text="TextView"
    android:layout_x="10px"
    android:layout_y="300px">
</TextView>
</AbsoluteLayout>
```

（2）实现DatePicker控件的初始化工作与日期改变事件的处理功能，具体代码如下所示。

```java
/* 定义 程序用到的UI元素对象:日历设置器*/
    DatePicker my_datePicker;
    /* findViewById()从XML中获取UI元素对象 */
    my_datePicker = (DatePicker) findViewById(R.id.my_DatePicker);
/*为日历设置器添加单击事件监听器, 处理设置日期事件*/
    my_datePicker.init(my_Year, my_Month, my_Day,
                            new DatePicker.OnDateChangedListener(){
        @Override
        public void onDateChanged(DatePicker view, int year,
                int monthOfYear, int dayOfMonth) {
            // TODO Auto-generated method stub
            /*日期改变事件处理*/
        }
    });
```

（3）实现TimePicker控件的初始化工作与时间改变事件的处理，对应代码如下所示。

```java
/* 定义 程序用到的UI元素对象:时间设置器*/
    TimePicker my_timePicker;
    /* findViewById()从XML中获取UI元素对象 */
    my_timePicker = (TimePicker) findViewById(R.id.my_TimePicker);
    /* 把时间设置成24小时制 */
    my_timePicker.setIs24HourView(true);
    /*为时间设置器添加单击事件监听器, 处理设置时间事件*/
    my_timePicker.setOnTimeChangedListener(new
                                        TimePicker.OnTimeChangedListener(){
        @Override
        public void onTimeChanged(TimePicker view, int hourOfDay, int minute) {
            // TODO Auto-generated method stub
            /*时间改变事件处理*/
        }
    });
```

（4）在文件mainActivity.java中添加动态修改时间功能，对应代码如下所示。

```
/* 定义时间变量：年、月、日、小时、分钟 */
int my_Year;
int my_Month;
int my_Day;
int my_Hour;
int my_Minute;
/* 定义程序用到的UI元素对象：日历设置器、时间设置器、显示时间的TextView */
DatePicker my_datePicker;
TimePicker my_timePicker;
TextView showDate_Time;
/* 定义日历对象，初始化时，用来获取当前时间 */
Calendar my_Calendar;
public void onCreate(Bundle savedInstanceState) {
    /* 从Calendar抽象基类获得实例对象，并设置成中国时区 */
    my_Calendar = Calendar.getInstance(Locale.CHINA);
    /* 从日历对象中获取当前的：年、月、日、时、分 */
    my_Year = my_Calendar.get(Calendar.YEAR);
    my_Month = my_Calendar.get(Calendar.MONTH);
    my_Day = my_Calendar.get(Calendar.DAY_OF_MONTH);
    my_Hour = my_Calendar.get(Calendar.HOUR_OF_DAY);
    my_Minute = my_Calendar.get(Calendar.MINUTE);
    super.onCreate(savedInstanceState);
    setContentView(R.layout.main);
    /* findViewById()从XML中获取UI元素对象 */
    my_datePicker = (DatePicker) findViewById(R.id.my_DatePicker);
    my_timePicker = (TimePicker) findViewById(R.id.my_TimePicker);
    showDate_Time = (TextView) findViewById(R.id.my_TextView);
    /* 把时间设置成24小时制 */
    my_timePicker.setIs24HourView(true);
    /* 显示时间 */
    loadDate_Time();
    /*为日历设置器添加单击事件监听器，处理设置日期事件*/
    my_datePicker.init(my_Year, my_Month, my_Day,
                                        new DatePicker.OnDateChangedListener(){
        @Override
        public void onDateChanged(DatePicker view, int year,
                                              int monthOfYear, int dayOfMonth) {
            // TODO Auto-generated method stub
            /*把设置改动后的日期赋值给我的日期对象*/
            my_Year=year;
            my_Month=monthOfYear;
            my_Day=dayOfMonth;
            /* 动态显示修改后的日期 */
            loadDate_Time();
        }
    });
    /*为时间设置器添加单击事件监听器，处理设置时间事件*/
    my_timePicker.setOnTimeChangedListener(new
                                        TimePicker.OnTimeChangedListener(){
        @Override
        public void onTimeChanged(TimePicker view, int hourOfDay,
                                                            int minute) {
            /*把设置改动后的时间赋值给我的时间对象*/
            my_Hour=hourOfDay;
            my_Minute=minute;
            /* 动态显示修改后的时间 */
            loadDate_Time();
        }
    });
}
/* 设置显示日期时间的方法 */
private void loadDate_Time() {
    showDate_Time.setText(new StringBuffer()
            .append(my_Year).append("/")
            .append(FormatString(my_Month + 1))
            .append("/").append(FormatString(my_Day))
            .append("  ").append(FormatString(my_Hour))
            .append(" : ").append(FormatString(my_Minute)));
```

```
    }
/* 日期时间显示两位数的方法 */
private String FormatString(int x) {
    String s = Integer.toString(x);
    if (s.length() == 1) {
        s = "0" + s;
    }
    return s;
}
```

到此为止，联合应用DatePicker和TimePicker的基本流程讲解完毕，执行后
的效果如图9-17所示。

图9-17　运行效果

9.1.12　使用滚动视图控件ScrollView

滚动视图控件ScrollView能够在手机屏幕中生成一个滚动样式的显示效果，好处是即使内容超出了
屏幕大小，也可以通过滚动的方式供用户浏览。使用滚动视图控件ScrollView的方法比较简单，只需在
LinearLayout外面增加一个ScrollView标记即可，例如下面的一段代码。

```
<ScrollView xmlns:android="http://schemas.android.com/apk/res/android"
        android:layout_width="fill_parent"
        android:layout_height="wrap_content"
>
```

在上述代码中，将滚动视图控件ScrollView放在了LinearLayout的外面，这样当LinearLayout中的内
容超过屏幕大小时，可以实现滚动浏览功能，程序运行后的效果如图9-18所示。

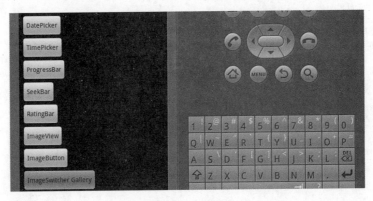

图9-18　运行效果

9.1.13　使用进度条控件ProgressBar

进度条控件ProgressBar能够以图像化的方式显示某个过程的进度，这样做的好处是能够更加直观地
显示进度。进度条在计算机应用中非常常见，例如在安装软件过程中一般使用进度条来显示安装进度。
以前面的实例9-1为基础，使用控件ProgressBar的基本流程如下所示。

（1）在文件main.xml中增加一个按钮，对应代码如下所示。

```
<Button android:id="@+id/progress_bar_button"
        android:layout_width="wrap_content"
        android:layout_height="wrap_content"
        android:text="ProgressBar"
/>
```

（2）在文件MainActivity.java编写单击按钮事件处理程序，当单击按钮后会启动ProgressBarActivity，
这样可以打开进度条界面，对应代码如下所示。

```
private Button.OnClickListener progress_bar_button_listener = new Button.OnClickListener() {
    public void onClick(View v) {
        Intent intent = new Intent();
```

```
                        intent.setClass(MainActivity.this, ProgressBarActivity.class);
                        startActivity(intent);
                    }
                };
```

（3）编写文件ProgressBarActivity.java，通过此文件设置其对应的布局文件为Progress_Bar.xml，具体代码如下所示。

```
public class ProgressBarActivity extends Activity {
    CheckBox plain_cb;
    CheckBox serif_cb;
    CheckBox italic_cb;
    CheckBox bold_cb;
    @Override
    public void onCreate(Bundle savedInstanceState) {
        super.onCreate(savedInstanceState);
        setTitle("ProgressBarActivity");
        setContentView(R.layout.progress_bar);
    }
```

（4）编写布局文件Progress_Bar.xml，在里面插入2个ProgressBar控件，设置第一个是环形进度条样式，设置第二个是水平进度样式。然后设置第一个进度到50，第二个进度到75。文件Progress_Bar.xml的实现代码如下所示。

```
<?xml version="1.0" encoding="utf-8"?>
<LinearLayout xmlns:android="http://schemas.android.com/apk/res/android"
    android:orientation="vertical" android:layout_width="fill_parent"
    android:layout_height="wrap_content">
<TextView
        android:layout_width="wrap_content"
        android:layout_height="wrap_content"
        android:text="圆形进度条" />
<ProgressBar
    android:id="@+id/progress_bar"
    android:layout_width="wrap_content"
    android:layout_height="wrap_content"/>
<TextView
        android:layout_width="wrap_content"
        android:layout_height="wrap_content"
        android:text="水平进度条" />
<ProgressBar android:id="@+id/progress_horizontal"
        style="?android:attr/progressBarStyleHorizontal"
        android:layout_width="200dip"
        android:layout_height="wrap_content"
        android:max="100"
        android:progress="50"
        android:secondaryProgress="75" />
</LinearLayout>
```

到此为止，整个流程全部讲解完毕。执行后将显示指定样式的进度条效果，如图9-19所示。

图9-19 运行效果

9.1.14 使用拖动条控件SeekBar

拖动条控件SeekBar的功能是，通过拖动某个进程来直观地显示进度。现实中最常见的拖动条应用是播放器的播放进度条，我们可以通过拖动进度条的方式来控制播放视频的进度。以前面的实例9-1为基础，使用SeekBar的基本流程如下所示。

（1）在布局文件main.xml中插入一个按钮，具体代码如下所示。

```
<Button android:id="@+id/seek_bar_button"
        android:layout_width="wrap_content"
        android:layout_height="wrap_content"
        android:text="SeekBar"
/>
```

（2）为上面插入的按钮编写处理事件代码，当用户单击按钮后会跳转到SeekBarActivty，对应代码如下所示。

```
private Button.OnClickListener seek_bar_button_listener = new Button.OnClickListener() {
        public void onClick(View v) {
            Intent intent = new Intent();
            intent.setClass(MainActivity.this, SeekBarActivity.class);
            startActivity(intent);
        }
    };
```

（3）创建一个Activty，为其指定模板为seek_bar.xml，在里面定义了一个SeekBar控件，设置了其ID为seek，设定了宽度为布满屏幕显示，并设置其最大值是100。文件seek_bar.xml的具体代码如下所示。

```
<?xml version="1.0" encoding="utf-8"?>
<LinearLayout xmlns:android="http://schemas.android.com/apk/res/android"
    android:orientation="vertical" android:layout_width="fill_parent"
    android:layout_height="wrap_content">
<TextView
        android:layout_width="wrap_content"
        android:layout_height="wrap_content"
        android:text="SeekBar" />
        <SeekBar
        android:id="@+id/seek"
        android:layout_width="fill_parent"
        android:layout_height="wrap_content"
        android:max="100"
        android:thumb="@drawable/seeker"
        android:progress="50"/>
</LinearLayout>
```

（4）在文件AndroidManifest.xml中申明SeekBarActivity，对应代码如下所示。

```
<activity android:name="SeekBarActivity" />
```

到此为止，整个流程全部讲解完毕。执行后将显示对应样式的进度条，我们可以通过鼠标来拖动进度条的位置，如图9-20所示。

图9-20   运行效果

9.1.15   使用评分组件RatingBar

评分组件RatingBar能够为我们提供一个标准的评分操作模式。在日常生活中可以经常见到评分系统，例如在商城中可以对某个产品进行评分处理。以前面的实例9-1为基础，使用评分组件RatingBar的基本流程如下所示。

（1）在布局文件main.xml中插入一个按钮，具体代码如下所示。

```
<Button android:id="@+id/seek_bar_button"
        android:layout_width="wrap_content"
        android:layout_height="wrap_content"
        android:text="SeekBar"
/>
```

（2）为上述按钮编写处理事件代码，当用户单击按钮后会跳转到RatingBarActivty，对应代码如下所示。

```
private Button.OnClickListener rating_bar_button_listener = new Button.OnClickListener() {
        public void onClick(View v) {
            Intent intent = new Intent();
            intent.setClass(MainActivity.this, RatingBarActivity.class);
            startActivity(intent);
        }
    };
```

（3）创建一个Activty，为其指定模板rating_bar.xml，在里面定义了一个RatingBar控件，设置了其ID为rating_bar，并设定宽度和高度都是自适应。文件rating_bar.xml的具体代码如下所示。

```
<?xml version="1.0" encoding="utf-8"?>
<LinearLayout xmlns:android="http://schemas.android.com/apk/res/android"
    android:orientation="vertical" android:layout_width="fill_parent"
    android:layout_height="wrap_content">
<TextView
        android:layout_width="wrap_content"
        android:layout_height="wrap_content"
        android:text="RatingBar"
/>
    <RatingBar android:id="@+id/rating_bar"
    android:layout_width="wrap_content"
    android:layout_height="wrap_content"
    ratingBarStyleSmall="true" />
</LinearLayout>
```

（4）在文件AndroidManifest.xml中增加对RatingBarActivity的申明，对应代码如下所示。

```
<activity android:name="RatingBarActivity" />
```

到此为止，整个使用流程全部讲解完毕。执行后将显示对应样式的评级图，我们可以通过鼠标来选择评级，如图9-21所示。

图9-21　运行效果

9.1.16　使用图片视图控件ImageView

在Android应用程序中，使用图片视图控件ImageView可以在屏幕中显示一幅图片。以前面的实例9-1为基础，使用图片视图控件ImageView的基本流程如下所示。

（1）在布局文件main.xml中插入一个按钮，具体代码如下所示。

```
<Button android:id="@+id/image_view_button"
        android:layout_width="wrap_content"
```

```
            android:layout_height="wrap_content"
            android:text="ImageView"
    />
```

（2）为上述按钮编写处理事件代码，当用户单击按钮后会跳转到ImageViewActivty界面，对应代码如下所示。

```
private Button.OnClickListener image_view_button_listener = new Button.OnClickListener() {
        public void onClick(View v) {
                Intent intent = new Intent();
                intent.setClass(MainActivity.this, ImageViewActivity.class);
                startActivity(intent);
        }
};
```

（3）创建一个Activty，为其指定模板image_view.xml，在里面设置Android:src为一张图片，该图片位于本项目根目录下的"res\drawable"文件夹中，它支持PNG、JPG、GIF等常见的图片格式。文件mage_view.xml的具体代码如下所示。

```
<?xml version="1.0" encoding="utf-8"?>
<LinearLayout xmlns:android="http://schemas.android.com/apk/res/android"
    android:orientation="vertical" android:layout_width="fill_parent"
    android:layout_height="wrap_content">
<TextView
        android:layout_width="wrap_content"
        android:layout_height="wrap_content"
        android:text="图片展示:"
/>
<ImageView
  android:id="@+id/imagebutton"
  android:src="@drawable/eoe"
  android:layout_width="wrap_content"
  android:layout_height="wrap_content"/>
</LinearLayout>
```

（4）编写对应的Java程序，对应代码如下所示。

```
public class ImageViewActivity extends Activity {
    CheckBox plain_cb;
    CheckBox serif_cb;
    CheckBox italic_cb;
    CheckBox bold_cb;
    public void onCreate(Bundle savedInstanceState) {
        super.onCreate(savedInstanceState);
        setTitle("ImageViewActivity");
        setContentView(R.layout.image_view);
    }
```

（5）在文件AndroidManifest.xml中增加对ImageViewActivity的申明，对应代码如下所示。

```
<activity android:name="ImageViewActivity" />
```

到此为止，整个使用流程全部介绍完毕，执行后将显示对应的图片信息。

9.1.17 使用切换图片控件ImageSwitcher和Gallery

在Android中有两个切换图片控件，分别是ImageSwitcher和Gallery，它们的功能是以滑动的方式展现图片。执行后会首先显示一幅大图，然后在大图下面显示一组可以滚动的小图。这种显示方式在现实中十分常见，例如图9-22所示的QQ空间照片。

以前面的实例9-1为基础，使用ImageSwitcher和Gallery控件的基本流程如下所示。

（1）在布局文件main.xml中插入一个按钮，具体代码如下所示。

```
<Button android:id="@+id/image_show_button"
        android:layout_width="wrap_content"
        android:layout_height="wrap_content"
        android:text="ImageSwitcher Gallery"
/>
```

（2）为上述按钮编写处理事件代码，当用户单击按钮后会跳转到ImageShowActivty，对应代码如下所示。

```
private Button.OnClickListener image_show_button_listener = new Button.OnClickListener() {
        public void onClick(View v) {
            Intent intent = new Intent();
            intent.setClass(MainActivity.this, ImageShowActivity.class);
            startActivity(intent);
        }
    };
```

图9-22　QQ空间照片

（3）为创建的Activty指定模板为image_show.xml，文件image_button.xml的具体代码如下所示。

```xml
<?xml version="1.0" encoding="utf-8"?>
<RelativeLayout
        xmlns:android="http://schemas.android.com/apk/res/android"
        android:layout_width="fill_parent"
        android:layout_height="fill_parent"
>
<ImageSwitcher
        android:id="@+id/switcher"
            android:layout_width="fill_parent"
            android:layout_height="fill_parent"
            android:layout_alignParentTop="true"
            android:layout_alignParentLeft="true"
/>
<Gallery android:id="@+id/gallery"
        android:background="#55000000"
            android:layout_width="fill_parent"
            android:layout_height="60dp"
            android:layout_alignParentBottom="true"
            android:layout_alignParentLeft="true"
            android:gravity="center_vertical"
            android:spacing="16dp"
/>
</RelativeLayout>
```

通过上述代码，在RelativeLayout中插入了ImageSwitcher和Gallery两个控件，其中ImageSwitcher用于显示上面那幅大图，Gallery用于控制下面小图列表索引。

（4）编写对应的Java处理程序，首先通过使用requestWindowFeature(Window.FEATURE_NO_TITLE)设置Activity没有titlebar，这样此图片的显示区域就会增大。使用类Gallery的方法和使用ListView的差不多，也需要使用setAdapter来设置资源，对应代码如下所示。

```java
public void onCreate(Bundle savedInstanceState) {
        super.onCreate(savedInstanceState);
        requestWindowFeature(Window.FEATURE_NO_TITLE);
        setContentView(R.layout.image_show);
        setTitle("ImageShowActivity");
        mSwitcher = (ImageSwitcher) findViewById(R.id.switcher);
```

```
mSwitcher.setFactory(this);
mSwitcher.setInAnimation(AnimationUtils.loadAnimation(this,
android.R.anim.fade_in));
mSwitcher.setOutAnimation(AnimationUtils.loadAnimation(this,
android.R.anim.fade_out));
Gallery g = (Gallery) findViewById(R.id.gallery);
g.setAdapter(new ImageAdapter(this));
g.setOnItemSelectedListener(this);
}
```

（5）开始封装BaseAdapter，通过函数getView()返回要显示的ImageView，函数getView()的具体实现代码如下所示。

```
public View getView(int position, View convertView, ViewGroup parent) {
        ImageView i = new ImageView(mContext);
        i.setImageResource(mThumbIds[position]);
        i.setAdjustViewBounds(true);
        i.setLayoutParams(new Gallery.LayoutParams(
        LayoutParams.WRAP_CONTENT, LayoutParams.WRAP_CONTENT));
        i.setBackgroundResource(R.drawable.picture_frame);
        return i;
    }
```

在上述代码中，动态生成了一个ImageView，然后使用setImageResource、setLayoutParams和setBackgroundResource分别实现了图片源文件、图片大小和图片背景的设置。当图片被显示到当前屏幕时，此函数会自动回调来提供要显示的ImageView。

（6）在ImageSwitcher1中实现ViewSwitcher.ViewFactory接口，在ViewSwitcher.ViewFactory接口中有一个名为makeView()的方法，其实现代码如下所示。

```
public View makeView() {
        ImageView i = new ImageView(this);
        i.setBackgroundColor(0xFF000000);
        i.setScaleType(ImageView.ScaleType.FIT_CENTER);
        i.setLayoutParams(new ImageSwitcher.LayoutParams(LayoutParams.FILL_PARENT,
                LayoutParams.FILL_PARENT));
        return i;
    }
```

通过上述代码，为ImageSwitcher返回了一个View，在调用ImageSwitcher时，首先通过Factory为其提供一个View，然后ImageSwitcher就可以初始化各种资源了。

（7）在文件AndroidManifest.xml中申明ImageShowActivity，对应代码如下所示。

```
<activity android:name="ImageShowActivity" />
```

到此为止，整个使用流程全部讲解完毕。执行后将会按照QQ空间的样式显示图片，如图9-23所示。

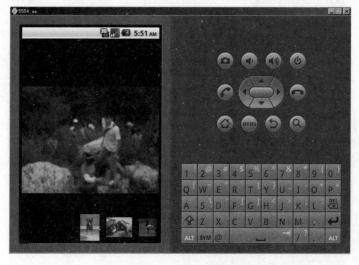

图9-23   执行效果

9.1.18　使用网格视图控件GridView

网格视图控件GridView能够将很多幅指定的图片以指定的大小显示出来，此功能在相册的图片浏览中比较常见。以前面的实例9-1为基础，使用GridView的控件基本流程如下所示。

（1）在布局文件main.xml中插入一个按钮，具体代码如下所示。

```
<Button android:id="@+id/grid_view_button"
        android:layout_width="wrap_content"
        android:layout_height="wrap_content"
        android:text="GridView"
/>
```

（2）为上述按钮编写一个处理事件代码，当用户单击按钮后会跳转到ImageShowActivty，对应代码如下所示。

```
private Button.OnClickListener grid_view_button_listener = new Button.OnClickListener() {
        public void onClick(View v) {
            Intent intent = new Intent();
            intent.setClass(MainActivity.this, GridViewActivity.class);
            startActivity(intent);
        }
    };
```

（3）编写Java处理文件GridViewActivity.java，首先为创建的Activty指定布局模板为grid_view.xml，然后获取其模板中的GridView控件，并使用setAdapter()方法为其绑定一个合适的ImageAdapter，最后编写实现ImageAdapter的代码，具体代码如下所示。

```
public void onCreate(Bundle savedInstanceState) {
        super.onCreate(savedInstanceState);
        setContentView(R.layout.grid_view);
        setTitle("GridViewActivity");
        GridView gridview = (GridView) findViewById(R.id.grid_view);
        gridview.setAdapter(new ImageAdapter(this));
    }
public class ImageAdapter extends BaseAdapter {
        private Context mContext;
        public ImageAdapter(Context c) {
            mContext = c;
        }
        public int getCount() {
            return mThumbIds.length;
        }
        public Object getItem(int position) {
            return null;
        }
        public long getItemId(int position) {
            return 0;
        }
        public View getView(int position, View convertView, ViewGroup parent) {
            ImageView imageView;
            if (convertView == null) {  // if it's not recycled, initialize some attributes
                imageView = new ImageView(mContext);
                imageView.setLayoutParams(new GridView.LayoutParams(85, 85));
                imageView.setScaleType(ImageView.ScaleType.CENTER_CROP);
                imageView.setPadding(8, 8, 8, 8);
            } else {
                imageView = (ImageView) convertView;
            }
            imageView.setImageResource(mThumbIds[position]);
            return imageView;
        }
        private Integer[] mThumbIds = {
                R.drawable.grid_view_01, R.drawable.grid_view_02,
                R.drawable.grid_view_03, R.drawable.grid_view_04,
                R.drawable.grid_view_05, R.drawable.grid_view_06,
                R.drawable.grid_view_07, R.drawable.grid_view_08,
                R.drawable.grid_view_09, R.drawable.grid_view_10,
```

```
                R.drawable.grid_view_11, R.drawable.grid_view_12,
                R.drawable.grid_view_13, R.drawable.grid_view_14,
                R.drawable.grid_view_15, R.drawable.sample_1,
                R.drawable.sample_2, R.drawable.sample_3,
                R.drawable.sample_4, R.drawable.sample_5,
                R.drawable.sample_6, R.drawable.sample_7
        };
    }
```

在上述代码中,因为ImageAdapter继承与BaseAdapter,所以可以通过构造方法ImageAdapter()获取Context,然后实现了getView。

(4)在文件AndroidManifest.xml中申明GridViewActivity,对应代码如下所示。

```
<activity android:name="GridViewActivity" />
```

到此为止,整个使用流程全部介绍完毕。执行后将会按照格子视图的方式显示指定的图片,如图9-24所示。

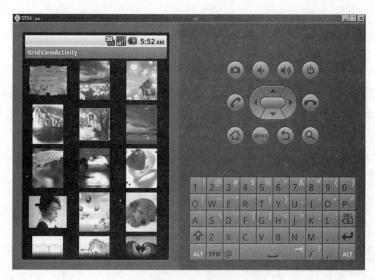

图9-24　运行效果

9.1.19　使用标签控件Tab

标签控件Tab能够在屏幕中实现多个标签栏样式的效果,当单击某个标签栏时会打开一个对应界面。以前面的实例9-1为基础,使用标签控件Tab的基本流程如下所示。

(1)在布局文件main.xml中插入一个按钮,具体代码如下所示。

```
<Button android:id="@+id/tab_demo_button"
        android:layout_width="wrap_content"
        android:layout_height="wrap_content"
        android:text="TabView"
/>
```

(2)为上面的按钮编写处理事件的代码,对应代码如下所示。

```
private Button.OnClickListener tab_demo_button_listener = new Button.OnClickListener() {
        public void onClick(View v) {
            Intent intent = new Intent();
            intent.setClass(MainActivity.this, TabDemoActivity.class);
            startActivity(intent);
        }
    };
```

(3)编写Java文件TabDemoActivity.java来继承TabActivity,并通过TabDemoActivity控件实现标签效果。文件TabDemoActivity.java的具体代码如下所示。

```
@Override
```

```
public void onCreate(Bundle savedInstanceState) {
    super.onCreate(savedInstanceState);
    setTitle("TabDemoActivity");
    TabHost tabHost = getTabHost();
    LayoutInflater.from(this).inflate(R.layout.tab_demo,
            tabHost.getTabContentView(), true);
    tabHost.addTab(tabHost.newTabSpec("tab1").setIndicator("tab1")
            .setContent(R.id.view1));
    tabHost.addTab(tabHost.newTabSpec("tab3").setIndicator("tab2")
            .setContent(R.id.view2));
    tabHost.addTab(tabHost.newTabSpec("tab3").setIndicator("tab3")
            .setContent(R.id.view3));
}
```

（4）编写模板文件tab_demo.xml，在里面插入了3个TextView控件，当每个标签切换的时候会显示各自对应的TextView。文件tab_demo.xml的具体代码如下所示。

```
<?xml version="1.0" encoding="utf-8"?>
<FrameLayout xmlns:android="http://schemas.android.com/apk/res/android"
    android:layout_width="fill_parent"
    android:layout_height="fill_parent">

    <TextView android:id="@+id/view1"
        android:background="@drawable/blue"
        android:layout_width="fill_parent"
        android:layout_height="fill_parent"
        android:text="这里是Tab1里的内容。"/>
    <TextView android:id="@+id/view2"
        android:background="@drawable/red"
        android:layout_width="fill_parent"
        android:layout_height="fill_parent"
        android:text="这里是Tab2, balabalal.....。"/>
    <TextView android:id="@+id/view3"
        android:background="@drawable/green"
        android:layout_width="fill_parent"
        android:layout_height="fill_parent"
        android:text="Tab3"/>

</FrameLayout>
```

（5）在文件AndroidManifest.xml中申明TabDemoActivity，对应代码如下所示。

```
<activity android:name="TabDemoActivity" />
```

到此为止，整个使用流程全部介绍完毕，执行后将会按指定的样式显示对应标签，如图9-25所示。

图9-25　运行效果

9.2　使用MENU友好界面

MENU键是Android智能手机设备中比较重要的按键之一，按下MENU键后通常会显示手机中的所有功能，和"菜单"按键的功能差不多。在Android系统中有一个专门的控件来实现MENU键功能，在本节将详细讲解使用MENU控件的基本知识。

9.2.1　MENU基础

在Android系统中，控件MENU能够为用户提供一个友好的界面显示效果。在当前的手机应用程序中，主要包括如下两种人机互动方式。

（1）直接通过GUI的Views，这种方式可以满足大部分的交互操作。

（2）使用MENU，当按下MENU按键后会弹出与当前活动状态下的应用程序相匹配的菜单。

上述两种方式都有各自的优势，而且可以很好地相辅相成，即便用户可以从主界面完成大部分操作，但是适当地拓展MENU功能可以更加完善应用程序。

在Android系统中提供了三种菜单类型，分别是options menu、context menu和sub menu，其中最为常用的是options menu和context menu。options menu是通过按Home键来显示，而context menu需要在view上按上2s后显示。这两种MENU都有可以加入子菜单，子菜单不能嵌套子菜单。options menu最多只能在屏幕最下面显示6个菜单选项，被称为icon menu，icon menu不能有checkable选项。多于6的菜单项会以more icon menu来调出，被称为expanded menu。options menu通过Activity的onCreateOptionsMenu()来生成，这个函数只会在MENU第一次生成时调用。任何想改变options menu的操作只能在onPrepareOptionsMenu()中实现，这个函数会在MENU显示前调用。onOptionsItemSelected用来处理选中的菜单项。

context menu是跟某个具体的View绑定在一起，在Activity中用registerForContextMenu来为某个view注册 context menu。 context menu 在 显 示 前 都 会 调 用 onCreateContextMenu() 来 生 成 MENU 。onContextItemSelected用来处理选中的菜单项。

Android还提供了对菜单项进行分组的功能，可以把相似功能的菜单项分成同一个组，这样就可以通过调用setGroupCheckable、setGroupEnabled和setGroupVisible来设置菜单属性，而无须单独设置。

9.2.2　实战演练——使用MENU控件

在接下来的实例中，将详细讲解在Android应用程序中使用MENU控件的方法。

题目	目的	源码路径
实例9-2	演示使用MENU控件的方法	\daima\9\menu

本实例的具体实现流程如下所示。

（1）新建工程文件后，先编写布局文件main.xml，具体代码如下所示。

```xml
<?xml version="1.0" encoding="utf-8"?>
<LinearLayout xmlns:Android="http://schemas.Android.com/apk/res/Android"
    Android:orientation="vertical" Android:layout_width="fill_parent"
    Android:layout_height="fill_parent">
    <TextView Android:layout_width="fill_parent"
        Android:layout_height="wrap_content" Android:text="@string/hello" />
    <Button Android:id="@+id/button1"
        Android:layout_width="100px"
        Android:layout_height="wrap_content" Android:text="@string/button1" />
    <Button Android:id="@+id/button2"
        Android:layout_width="wrap_content"
        Android:layout_height="wrap_content" Android:text="@string/button2" />
</LinearLayout>
```

通过上述代码，分别插入了1个TextView控件和2个Button控件。其中TextView用于显示文本，然后用"layout_width"设置了Button的宽度，用"layout_height"设置了Button的高度；最后通过符号@来设置并读取变量值，然后进行替换处理。具体说明如下所示。

❑ Android:text="@string/button1"：相当于<string name="button1">button1</string>

❑ Android:text="@string/button2"：相当于<string name="button2">button2</string>

请读者不要小看上面的符号@，它用于提示XML文件的解析器要对@后面的名字进行解析，例如上面的"@string/button1"，解析器会从values/string.xml中读取Button1这个变量值。

在文件string.xml中定义了在TextView和Button中显示的值，具体代码如下所示。

```xml
<?xml version="1.0" encoding="utf-8"?>
<resources>
    <string name="hello">ActivityMenu</string>
    <string name="app_name">HelloMenu</string>
    <string name="button1">按钮1</string>
    <string name="button2">按钮2</string>
</resources>
```

（2）编写文件ActivityMenu.java，其实现流程如下所示。

❑ 定义函数onCreate()显示文件main.xml中定义的Layout布局，并设置2个Button为不可见状态。

❑ 定义函数onCreateOptionsMenu()来生成MENU，此函数是一个回调方法，只有当按下手机设备上的menu按钮后，Android才会生成一个包含2个子项的菜单。在具体实现上，将首先得到super()函数调用后的返回值，并在onCreateOptionsMenu的最后返回，然后调用menu.add()给menu添加一个项。

❑ 定义函数onOptionsItemSelected()，此函数是一个回调方法，只有当按下手机设备上的Menu按钮后Android才会调用执行此函数。而这个事件就是单击菜单里的某一项，即MenuItem。

文件ActivityMenu.java的主要代码如下所示。

```java
public class ActivityMenu extends Activity {
    public static final int ITEM0 = Menu.FIRST;
    public static final int ITEM1 = Menu.FIRST + 1;
    Button button1;
    Button button2;
    public void onCreate(Bundle savedInstanceState) {
        super.onCreate(savedInstanceState);
        setContentView(R.layout.main);
        button1 = (Button) findViewById(R.id.button1);
        button2 = (Button) findViewById(R.id.button2);
        /* 设置2个button不可见 */
        button1.setVisibility(View.INVISIBLE);
        button2.setVisibility(View.INVISIBLE);
        }
    @Override
    /*
     * menu.findItem(EXIT_ID);找到特定的MenuItem
     * MenuItem.setIcon.可以设置Menu按钮的背景
     */
    public boolean onCreateOptionsMenu(Menu menu) {
        super.onCreateOptionsMenu(menu);
        menu.add(0, ITEM0, 0, "按钮1");
        menu.add(0, ITEM1, 0, "按钮2");
        menu.findItem(ITEM1);
        return true;
    }
    public boolean onOptionsItemSelected(MenuItem item) {
        switch (item.getItemId()) {
        case ITEM0:
            actionClickMenuItem1();
        break;
        case ITEM1:
            actionClickMenuItem2(); break;
        }
        return super.onOptionsItemSelected(item);}
    /*
     * 单击第一个menu的第一个按钮执行的动作
     */
```

```
private void actionClickMenuItem1(){
    setTitle("button1可见");
    button1.setVisibility(View.VISIBLE);
    button2.setVisibility(View.INVISIBLE);
}
/*
 * 单击第二个menu的第一个按钮执行的动作
 */
private void actionClickMenuItem2(){
    setTitle("button2可见");
    button1.setVisibility(View.INVISIBLE);
    button2.setVisibility(View.VISIBLE);
}
}
```

到此为止，整个实例全部介绍完毕，执行后的效果如图9-26所示；当单击设备上的"MENU"键后会触发程序，并在屏幕中显示预先设置的已经隐藏的2个按钮，如图9-27所示；当单击一个隐藏按钮后会显示一个按钮界面，如图9-28所示。

图9-26 初始效果   图9-27 触发设备后的效果

图9-28 显示按钮界面

9.3 使用列表控件ListView

控件ListView能够展示一个友好的屏幕秩序，能够在屏幕内实现列表显示样式。ListView控件通过一个Adapter来构建并显示，在Android系统中通常有3种Adapter可以使用，分别是ArrayAdapter、SimpleAdapter和CursorAdapter。

在接下来的实例中，将详细讲解用SimpleAdapter方式实现ListView列表功能的方法。

题目	目的	源码路径
实例9-3	用SimpleAdapter实现ListView列表功能	\daima\9\my_list

本实例的具体实现流程如下所示。

（1）编写布局文件main.xml，在里面插入3个TextView控件。其中在ListView前面的是标题行，ListView相当于用来显示数据的容器，里面每行显示一个用户信息。文件main.xml的主要代码如下所示。

```xml
<?xml version="1.0" encoding="utf-8"?>
<LinearLayout xmlns:Android="http://schemas.Android.com/apk/res/Android"
    Android:orientation="vertical" Android:layout_width="fill_parent"
    Android:layout_height="fill_parent">
    <TextView Android:text="强大的用户列表" Android:gravity="center"
        Android:layout_height="wrap_content"
        Android:layout_width="fill_parent" Android:background="#DAA520"
        Android:textColor="#000000">
    </TextView>
    <LinearLayout
        Android:layout_width="wrap_content"
        Android:layout_height="wrap_content">
        <TextView Android:text="姓名"
            Android:gravity="center" Android:layout_width="160px"
            Android:layout_height="wrap_content" Android:textStyle="bold"
            Android:background="#7CFC00">
        </TextView>
        <TextView Android:text="年龄"
            Android:layout_width="170px" Android:gravity="center"
            Android:layout_height="wrap_content" Android:textStyle="bold"
            Android:background="#F0E68C">
        </TextView>
    </LinearLayout>
    <ListView Android:layout_width="wrap_content"
        Android:layout_height="wrap_content" Android:id="@+id/users">
    </ListView>
</LinearLayout>
```

（2）编写文件use.xml来布局屏幕中的用户信息，设置每行包含了一个img图片和2个文字信息，这个文件以参数的形式通过Adapter在ListView中显示。文件use.xml的主要代码如下所示。

```xml
<?xml version="1.0" encoding="utf-8"?>
<TableLayout
    Android:layout_width="fill_parent"
    xmlns:Android="http://schemas.Android.com/apk/res/Android"
    Android:layout_height="wrap_content"
    >
    <TableRow >
    <ImageView
        Android:layout_width="wrap_content"
        Android:layout_height="wrap_content"
        Android:id="@+id/img">
    </ImageView>
    <TextView
        Android:layout_height="wrap_content"
        Android:layout_width="150px"
        Android:id="@+id/name">
    </TextView>
    <TextView
        Android:layout_height="wrap_content"
        Android:layout_width="170px"
        Android:id="@+id/age">
    </TextView>
    </TableRow>
</TableLayout>
```

（3）编写处理文件ListTest.java，首先构建一个list对象，并设置每项有一个map图片，然后创建TestList类继承Activity，另外还需要通过SimpleAdapter来显示每块区域的用户信息。文件ListTest.java的主要代码如下所示。

```java
super.onCreate(savedInstanceState);
    setContentView(R.layout.main);
    ArrayList<HashMap<String, Object>> users = new ArrayList<HashMap<String, Object>>();
    for (int i = 0; i < 10; i++) {
        HashMap<String, Object> user = new HashMap<String, Object>();
        user.put("img", R.drawable.user);
```

```
                 user.put("username", "名字(" + i+")");
                 user.put("age", (11 + i) + "");
                 users.add(user);
         }
         SimpleAdapter saImageItems = new SimpleAdapter(this,
                 users,// 数据来源
                 R.layout.user,//每一个user xml相当ListView的一个组件
                 new String[] { "img", "username", "age" },
                 // 分别对应view的id
                 new int[] { R.id.img, R.id.name, R.id.age });
         // 获取listview
 ((ListView) findViewById(R.id.users)).setAdapter(saImageItems);

 SimpleAdapter saImageItems = new SimpleAdapter(this,
                 users,            // 数据来源
                 R.layout.user,            //每一个user xml相当ListView
 的一个组件
                 new String[] { "img", "username", "age" },
                 // 分别对应view的id
                 new int[] { R.id.img, R.id.name, R.id.age });
```

图9-29   运行效果

执行后的效果如图9-29所示。

9.4   使用对话框控件

对话交流功能在手机系统中非常重要，在Android系统中可以通过Dialog控件实现对话功能，通过此控件能够在手机屏幕中实现互动对话框效果。在本节的内容中，将详细讲解Android系统中对话框控件的使用方法。

9.4.1   对话框基础

在Android系统中，一个对话框一般是一个出现在当前Activit之上的一个小窗口。处于下面的Activity会失去焦点，对话框会接受当前所有的用户交互。对话框一般用于提示信息和与当前应用程序直接相关的小功能，ndroid API支持如下所示的对话框类型。

□ 警告对话框AlertDialog：可以有0～3个按钮，一个单选框或复选框的列表的对话框。警告对话框可以创建大多数的交互界面，是Android推荐的类型。

□ 进度对话框ProgressDialog：用于显示一个进度环或者一个进度条，由于它是AlertDialog的扩展，所以也支持按钮。

□ 日期选择对话框DatePickerDialog：让用户选择一个日期。

□ 时间选择对话框TimePickerDialog：让用户选择一个时间。

Android 系统的 Activity 提供了一种方便管理的创建、保存、回复的对话框机制，例如onCreateDialog(int)、onPrepareDialog(int, Dialog)、showDialog(int)和dismissDialog(int)等方法。通过使用这些方法，Activity会通过getOwnerActivity()方法返回该Activity管理的对话框(dialog)。上述各个方法的具体说明如下所示。

（1）onCreateDialog(int)：当使用这个回调方法时，Android系统会有效地设置这个Activity为每个对话框的所有者，从而自动管理每个对话框的状态并挂靠到Activity上。这样，每个对话框继承这个Activity的特定属性。比如，当一个对话框打开时，菜单键显示为这个Activity定义的选项菜单，音量键修改Activity使用的音频流。

（2）showDialog(int)：当想要显示一个对话框时，调用showDialog(int id) 方法并传递一个唯一标识这个对话框的整数。当对话框第一次被请求时，Android从你的Activity中调用onCreateDialog(int id)，你应该在这里初始化这个对话框Dialog。这个回调方法被传递一个和showDialog(int id)相同的ID。当你创建这个对话框后，在Activity的最后返回这个对象。

（3）onPrepareDialog(int, Dialog)：在显示对话框之前，Android系统还调用了可选的回调函数onPrepareDialog(int id, Dialog)。如果想在每一次对话框被打开时改变它的任何属性，可以定义这个方法。这个方法在每次打开对话框时被调用，而onCreateDialog(int) 仅在对话框第一次打开时被调用。如果你不定义onPrepareDialog()，那么这个对话框将保持和上次打开时一样。这个回调方法被传递一个和showDialog(int id)相同的ID，和在onCreateDialog()中创建的对话框对象。

（4）dismissDialog(int)：当准备关闭对话框时，可以通过对这个对话框调用dismiss()来消除它。如果需要，还可以从这个Activity中调用dismissDialog(int id) 方法，这实际上将为你对这个对话框调用dismiss() 方法。如果想使用onCreateDialog(int id) 方法来管理对话框的状态，然后每次当对话框消除的时候，这个对话框对象的状态将由该Activity保留。如果决定不再需要这个对象或者清除该状态是重要的，那么应该调用removeDialog(int id)，这将删除任何内部对象引用。如果这个对话框正在显示，它将被消除。图9-30显示了常用的几种对话框效果。

图9-30　几种常见的对话框效果

9.4.2　实战演练——在屏幕中使用对话框显示问候语

在接下来的实例中，将详细讲解在屏幕中使用对话框显示问候语的方法。

题目	目的	源码路径
实例9-4	使用对话控件框显示问候语	\daima\9\UseDialog

本实例的具体实现流程如下所示。

（1）编写布局文件main.xml，主要代码如下所示。

```xml
<?xml version="1.0" encoding="utf-8"?>
<LinearLayout xmlns:Android="http://schemas.Android.com/apk/res/Android"
    Android:orientation="vertical"
    Android:layout_width="fill_parent"
    Android:layout_height="fill_parent"
    >
<TextView
    Android:layout_width="fill_parent"
    Android:layout_height="wrap_content"
    Android:text="@string/hello"
    />
</LinearLayout>
```

（2）开始编写程序文件ActivityMain.java，具体实现过程如下所示。

首先看里面的onCreate()方法，具体代码如下所示。

```java
protected void onCreate(Bundle savedInstanceState) {
    super.onCreate(savedInstanceState);
    setContentView(R.layout.alert_dialog);
    Button button1 = (Button) findViewById(R.id.button1);
    button1.setOnClickListener(new OnClickListener() {
        public void onClick(View v) {
            showDialog(DIALOG1);
        }
    });
    Button buttons2 = (Button) findViewById(R.id.buttons2);
    buttons2.setOnClickListener(new OnClickListener() {
        public void onClick(View v) {
            showDialog(DIALOG2);
        }
    });
    Button button3 = (Button) findViewById(R.id.button3);
    button3.setOnClickListener(new OnClickListener() {
        public void onClick(View v) {
            showDialog(DIALOG3);
        }
    });
    Button button4 = (Button) findViewById(R.id.button4);
    button9.setOnClickListener(new OnClickListener() {
        public void onClick(View v) {
            showDialog(DIALOG4);
        }
    });
}
```

上述代码的具体说明如下所示。

❑ 方法findViewById通过组件的ID返回对这个组件的引用。

❑ 方法setOnClickListener为button设置了一个单击监听器。

❑ onClick为单击Button后的回调函数。

❑ showDialog是Activity里的函数，用于将id为DIALOG1的Dialog显示出来。

然后定义方法onCreateDialog()，此方法是一个回调函数，能够根据不同的Dialog的id生成不同的Dialog，例如函数buildDialog1()能够生成第一个要显示的Dialog，具体代码如下所示。

```java
protected Dialog onCreateDialog(int id) {
switch (id) {
case DIALOG1:
    return buildDialog1(ActivityMain.this);
case DIALOG2:
    return buildDialog2(ActivityMain.this);
case DIALOG3:
    return buildDialog3(ActivityMain.this);
case DIALOG4:
    return buildDialog4(ActivityMain.this);
}
return null;
}
```

（3）接着编写函数buildDialog1()、buildDialog2()、buildDialog3()和buildDialog4()，具体代码如下所示。

```
private Dialog buildDialog1(Context context) {
    /*创建一个AlertDialog.Builder builder对象*/
    AlertDialog.Builder builder = new AlertDialog.Builder(context);
    /*给AlertDialog预设一个图片*/
    builder.setIcon(R.drawable.alert_dialog_icon);
    /*给AlertDialog预设一个标题*/
    builder.setTitle(R.string.alert_dialog_two_buttons_title);
    /*设置按钮的属性*/
    builder.setPositiveButton(R.string.alert_dialog_ok,
            new DialogInterface.OnClickListener() {
                public void onClick(DialogInterface dialog, int whichButton) {
                    setTitle("你单击了对话框上的确定按钮");
                }
            });
    builder.setNegativeButton(R.string.alert_dialog_cancel,
            new DialogInterface.OnClickListener() {
                public void onClick(DialogInterface dialog, int whichButton) {
                    setTitle("你单击了对话框上的取消按钮");
                }
            });
    return builder.create();
}
private Dialog buildDialog2(Context context) {
    AlertDialog.Builder builder = new AlertDialog.Builder(context);
    builder.setIcon(R.drawable.alert_dialog_icon);
    builder.setTitle(R.string.alert_dialog_two_buttons_msg);
    builder.setMessage(R.string.alert_dialog_two_buttons2_msg);
    builder.setPositiveButton(R.string.alert_dialog_ok,
            new DialogInterface.OnClickListener() {
                public void onClick(DialogInterface dialog, int whichButton) {
                    setTitle("你单击了对话框上的确定按钮");
                }
            });
    builder.setNeutralButton(R.string.alert_dialog_something,
            new DialogInterface.OnClickListener() {
                public void onClick(DialogInterface dialog, int whichButton) {
                    setTitle("你这是单击了对话框上的进入详细按钮");
                }
            });
    builder.setNegativeButton(R.string.alert_dialog_cancel,
            new DialogInterface.OnClickListener() {
                public void onClick(DialogInterface dialog, int whichButton) {
                    setTitle("你单击了对话框上的取消按钮");
                }
            });
    return builder.create();
}
private Dialog buildDialog3(Context context) {
    LayoutInflater inflater = LayoutInflater.from(this);
    final View textEntryView = inflater.inflate(
            R.layout.alert_dialog_text_entry, null);
    AlertDialog.Builder builder = new AlertDialog.Builder(context);
    builder.setIcon(R.drawable.alert_dialog_icon);
    builder.setTitle(R.string.alert_dialog_text_entry);
    builder.setView(textEntryView);
    builder.setPositiveButton(R.string.alert_dialog_ok,
            new DialogInterface.OnClickListener() {
                public void onClick(DialogInterface dialog, int whichButton) {
                    setTitle("你单击了对话框上的确定按钮");
                }
            });
    builder.setNegativeButton(R.string.alert_dialog_cancel,
            new DialogInterface.OnClickListener() {
                public void onClick(DialogInterface dialog, int whichButton) {
                    setTitle("你单击了对话框上的取消按钮");
                }
            });
    return builder.create();
```

```
        }
        private Dialog buildDialog4(Context context) {
        ProgressDialog dialog = new ProgressDialog(context);
        dialog.setTitle("正在处理中");
        dialog.setMessage("等待……");
        return  dialog;
        }
    }
```

上述4个函数的实现原理是一样的，具体说明如下所示。

❑ buildDialog1

- onClick()方法是监听器中的回调方法，当单击Dialog按钮时，系统会回调这个方法。
- setNeutralButton()方法和setPositiveButton()方法相对应，主要用于设置、取消按钮的一些属性。
- 执行builder.create()后，会生成一个配置好的Dialog。

❑ buildDialog2

当单击第二个button后，会执行buildDialog2()，其中方法setNeutralButton()用于设置中间按钮中的一些属性，具体设置方法和buildDialog1()中的一样。

❑ buildDialog3

当单击第三个button后，会执行buildDialog3()，其中通过LayoutInflater类的inflater()方法，可以将一个XML布局变为一个View实例。另外，如下语句是整个Dialog的精髓：

```
builder.setView(textEntryView);
```

通过上述方法可以将实现好的个性化的View放置到Dialog中去，此处的textEntryView和alert_dialog_entry.xml定义的布局相关联。

❑ buildDialog4

此程序最为简单，执行后将会显示一个等待界面。

（4）编写文件alert_dialog_text_entry.xml，代码如下所示。

```xml
<?xml version="1.0" encoding="utf-8"?>
<LinearLayout xmlns:android="http://schemas.android.com/apk/res/android"
    android:layout_width="fill_parent" android:layout_height="wrap_content"
    android:orientation="vertical">

    <TextView android:id="@+id/username_view"
        android:layout_height="wrap_content"
        android:layout_width="wrap_content" android:layout_marginLeft="20dip"
        android:layout_marginRight="20dip" android:text="用户名"
        android:textAppearance="?android:attr/textAppearanceMedium" />

    <EditText android:id="@+id/username_edit"
        android:layout_height="wrap_content"
        android:layout_width="fill_parent" android:layout_marginLeft="20dip"
        android:layout_marginRight="20dip" android:capitalize="none"
        android:textAppearance="?android:attr/textAppearanceMedium" />

    <TextView android:id="@+id/password_view"
        android:layout_height="wrap_content"
        android:layout_width="wrap_content" android:layout_marginLeft="20dip"
        android:layout_marginRight="20dip" android:text="密码"
        android:textAppearance="?android:attr/textAppearanceMedium" />

    <EditText android:id="@+id/password_edit"
        android:layout_height="wrap_content"
        android:layout_width="fill_parent" android:layout_marginLeft="20dip"
        android:layout_marginRight="20dip" android:capitalize="none"
        android:password="true"
        android:textAppearance="?android:attr/textAppearanceMedium" />
</LinearLayout>
```

（5）编写文件alert_dialog.xml，用于设置各个按钮上显示的文本。

到此为止，整个实例全部讲解结束。执行后的初始效果如图9-31所示，单击第一个button后的效果如图9-32所示，单击第二个button后的效果如图9-33所示，单击第三个button后的效果如图9-34所示，单击第四个button后的效果如图9-35所示。

图9-31 初始效果

图9-32 单击第一个button后的效果

图9-33 单击第二个button后的效果

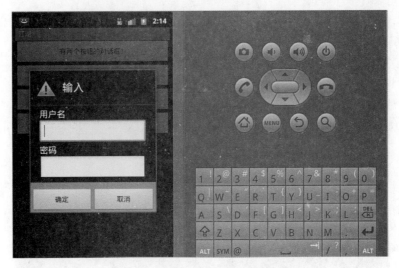

图9-34   单击第三个button后的效果

图9-35   单击第四个button后的效果

## 第 10 章

Android事件处理

与界面编程最紧密相关的知识就是事件处理了，当用户在程序界面上执行各种操作时，应用程序必须为用户动作提供响应，这种响应动作就需要通过事件处理来完成。在Android系统提供了两种事件处理的方式，分别是基于回调的事件处理和基于监听器的事件处理。在本章的内容中，将详细讲解Android系统中事件处理机制的基本知识，为读者步入本书后面知识的学习打下基础。

10.1 基于监听的事件处理

在Android系统中，对于基于监听的事件处理来说，主要处理方法是为Android界面组件绑定特定的事件监听器。相比于基于回调的事件处理，基于监听的事件处理方式更具"面向对象"性质。在本节的内容中，将详细讲解Android系统中基于监听的事件处理的具体方法。

10.1.1 监听处理模型中的3种对象

在Android系统的基于监听的事件处理模型中，主要涉及了如下所示的3类对象。
- 事件源Event Source：产生事件的来源，通常是各种组件，如按钮和窗口等。
- 事件Event：事件封装了界面组件上发生的特定事件的具体信息，如果监听器需要获取界面组件上所发生事件的相关信息，一般通过事件Event对象来传递。
- 事件监听器Event Listener：负责监听事件源发生的事件，并对不同的事件做相应的处理。

基于监听的事件处理的处理流程如图10-1所示。

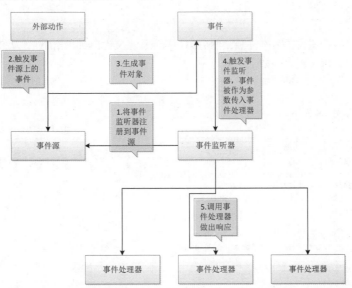

图10-1　基于监听的事件处理的处理流程

通过图10-1可知，在基于监听器的事件处理模型的处理流程如下所示。

（1）用户按下屏幕中的一个按钮或者单击某个菜单项。

（2）按下动作会激活一个相应的事件，这个事件会触发事件源上注册的事件监听器。

（3）事件监听器会调用对应的事件处理器（事件监听器里的实例方注）来做出相应的响应。

由此可见，基于监听器的事件处理机制是一种委派式Delegation的事件处理方式，事件源将整个事件委托给事件监听器，由监听器对事件进行响应处理。这种处理方式将事件源和事件监听器分离，有利于提供程序的可维护性。每个组件都可以针对特定的事件指定一个事件监听器，每个事件监听器也可监听一个或多个事件源。因为在同一个事件源上有可能会发生多种未知的事件，所以委派式Delegation的事件处理方式会把事件源上所有可能发生的事件分别授权给不同的事件监听器来处理。同时也可以让某一类事件都使用同一个事件监听器进行处理。

例如在下面的实例中，演示了基于监听的事件处理的基本过程。

题目	目的	源码路径
实例10-1	监听按钮的单击事件	\daima\10\10.1\EventEX

在本实例的UI界面布局页面中分别定义了一个文本框控件和一个按钮控件，布局文件main.xml的具体实现代码如下所示。

```
<LinearLayout xmlns:android="http://schemas.android.com/apk/res/android"
    android:orientation="vertical"
    android:layout_width="fill_parent"
    android:layout_height="fill_parent"
    android:gravity="center_horizontal"
    >
<EditText
    android:id="@+id/txt"
    android:layout_width="fill_parent"
    android:layout_height="wrap_content"
    android:editable="false"
    android:cursorVisible="false"
    android:textSize="12pt"
    />
<!-- 定义一个按钮，该按钮将作为事件源 -->
<Button
    android:id="@+id/bn"
    android:layout_width="wrap_content"
    android:layout_height="wrap_content"
    android:text="单击我"
    />
</LinearLayout>
```

通过上述代码将按钮设置为事件源，然后编写Java程序文件EventEX.java，功能是为上述按钮绑定一个事件监听器，具体实现代码如下所示。

```
public class EventEX extends Activity
{
    @Override
    public void onCreate(Bundle savedInstanceState)
    {
        super.onCreate(savedInstanceState);
        setContentView(R.layout.main);
        // 获取应用程序中的bn按钮
        Button bn = (Button) findViewById(R.id.bn);
        // 为按钮绑定事件监听器。
        bn.setOnClickListener(new MyClickListener());
    }

    // 定义一个单击事件的监听器
    class MyClickListener implements View.OnClickListener
    {
        // 实现监听器类必须实现的方法，该方法将会作为事件处理器
        @Override
        public void onClick(View v)
        {
```

```
                EditText txt = (EditText) findViewById(R.id.txt);
                txt.setText("bn按钮被单击了！");
            }
        }
    }
```

在上述代码中定义了View.OnClickListener实现类，这个实现类将会被作为事件监听器来使用。通过如下所示的代码为按钮"bn"时注册事件监听器。当按钮"bn"被单击时会触发这个处理器，将程序中的文本框内容变为"bn按钮被单击了！"。

```
                bn.setOnClickListener(new MyClickListener());
```

本实例执行后的效果如图10-2所示，单击"单击我"按钮后的效果如图10-3所示。

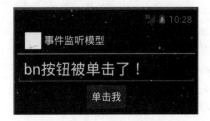

图10-2　初始执行效果　　　　　　　图10-3　单击按钮后的执行效果

由此可见，当事件源上发生指定的事件时，Android会触发事件监听器，由事件监听器调用相应的方法(事件处理器)来处理事件。并且可以看出，基于监听的事件处理规则如下所示。

❑ 事件源：应用程序的任何组件都可以作为事件源；

❑ 事件监听：监听器类必须由程序员负责实现，实现事件监听的关键就是实现处理器方法；

❑ 注册监听：只要调用事件源的setXxxListener(XxxLinstener)方法即可。

当外部动作在Android组件上执行操作时，系统会自动生成事件对象，这个事件对象会作为参数传递给事件源，并在上面注册事件监听器。在事件监听的处理模型中涉及了三个成员，分别是事件源、事件和事件监听器，其中事件源最容易创建，任意界面组件都可作为事件源。事件的产生无须程序员关心，它是由系统自动产生的。所以说，实现事件监听器是整个事件处理的核心工作。

Android对上述事件监听模型进行了简化操作，如果事件源触发的事件足够简单，并且事件里触发的信息有限。那么就无须封装事件对象，将事件对象传入事件监听器。

10.1.2　Android系统中的监听事件

在Android应用开发过程中，存在如下所示的常用监听事件。

（1）ListView事件监听

❑ setOnItemSelectedListener：鼠标滚动时触发。

❑ setOnItemClickListener：单击时触发。

（2）EditText事件监听

❑ setOnKeyListener：获取焦点时触发。

（3）RadioGroup事件监听

❑ setOnCheckedChangeListener：单击时触发。

（4）CheckBox事件监听

❑ setOnCheckedChangeListener：单击时触发。

（5）Spinner事件监听

❑ setOnItemSelectedListener：单击时触发。

（6）DatePicker事件监听

❑ onDateChangedListener：日期改变时触发。

（7）DatePickerDialog事件监听

❑ onDateSetListener：设置日期时触发。

（8）TimePicker事件监听

❑ onTimeChangedListener：时间改变时触发。

（9）TimePickerDialog事件监听

❑ onTimeSetListener：设置时间时触发。

（10）Button、ImageButton事件监听

❑ setOnClickListener：单击时触发。

（11）Menu事件监听

❑ onOptionsItemSelected：单击时触发。

（12）Gallery事件监听

❑ setOnItemClickListener：单击时触发。

（13）GridView事件监听

❑ setOnItemClickListener：单击时触发。

10.1.3　实现事件监听器的方法

在Android系统中，通过编程方式实现事件监听器的方法有如下4种。

❑ 内部类形式：将事件监听器类定义在当前类的内部。

❑ 外部类形式：将事件监听器类定义成一个外部类。

❑ Activity本身作为事件监听器类：让Activity本身实现监听器接口，并实现事件处理方法。

❑ 匿名内部类形式：使用匿名内部类创建事件监听器对象。

在接下来的内容中，将详细讲解上述实现事件监听器的方法。

1. 内部类形式

在本章前面的实例10-1中，就是通过内部类形式实现事件监听器的。再看如下所示的代码。

```
public class ButtonTest extends Activity {
    protected void onCreate(Bundle savedInstanceState) {
        super.onCreate(savedInstanceState);
        this.setContentView(R.layout.main);

        Button button=(Button)findViewById(R.id.button);
        MyButton listener=new MyButton();
        button.setOnClickListener(listener)
    }
    class MyButton implements OnClickListener{
        public void onClick(View v)  {
            System.out.println("内部类作为事件临听器");
        }
    }
}
```

通过上述代码，将事件监听器类定义成当前类的内部类。通过使用内部类，可以在当前类中复用监听器类。另外，因为监听器类是外部类的内部类，所以可以自由访问外部类的所有界面组件。这也是内部类的两个优势。

2. 外部类形式

使用外部顶级类定义事件监听器的形式比较少见，主要因为如下所示的两个原因。

❑ 事件监听器通常属于特定的GUI界面，定义成外部类不利于提高程序的内聚性。

❑ 外部类形式的事件监听器不能自由访问创建GUI界面的类中的组件，编程不够简洁。

但是如果某个事件监听器确实需要被多个GUI界面所共享，而且主要是完成某种业务逻辑的实现，

则可以考虑使用外部类的形式来定义事件监听器类。

例如在下面的实例中，演示了基于监听的事件处理的基本过程。

题目	目的	源码路径
实例10-2	使用外部类实现事件监听器	\daima\10\10.1\SendSmsEX

在本实例中定义了一个继承于类OnLongClickListener的外部类SendSmsListener，这个外部类实现了具有短信发送功能的事件监听器。本实例的具体实现流程如下所示。

（1）编写布局文件main.xml，功能是在屏幕中实现输入短信的文本框控件和发送按钮控件，具体实现代码如下所示。

```xml
<LinearLayout xmlns:android="http://schemas.android.com/apk/res/android"
    android:orientation="vertical"
    android:layout_width="fill_parent"
    android:layout_height="fill_parent"
    android:gravity="fill_horizontal"
    >
<EditText
    android:id="@+id/address"
    android:layout_width="fill_parent"
    android:layout_height="wrap_content"
    android:hint="请填写收信号码"
    />
<EditText
    android:id="@+id/content"
    android:layout_width="fill_parent"
    android:layout_height="wrap_content"
    android:hint="请填写短信内容"
    android:lines="3"
    />
<Button
    android:id="@+id/send"
    android:layout_width="wrap_content"
    android:layout_height="wrap_content"
    android:hint="发送"
    />
</LinearLayout>
```

（2）文件SendSmsListener.java定义了实现事件监听器的外部类SendSmsListener，具体实现代码如下所示。

```java
public class SendSmsListener implements OnLongClickListener
{
    private Activity act;
    private EditText address;
    private EditText content;

    public SendSmsListener(Activity act, EditText address
        , EditText content)
    {
        this.act = act;
        this.address = address;
        this.content = content;
    }

    @Override
    public boolean onLongClick(View source)
    {
        String addressStr = address.getText().toString();
        String contentStr = content.getText().toString();
        // 获取短信管理器
        SmsManager smsManager = SmsManager.getDefault();
        // 创建发送短信的PendingIntent
        PendingIntent sentIntent = PendingIntent.getBroadcast(act
            , 0, new Intent(), 0);
        // 发送文本短信
        smsManager.sendTextMessage(addressStr, null, contentStr
            , sentIntent, null);
```

```
        Toast.makeText(act, "短信发送完成", Toast.LENGTH_LONG).show();
        return false;
    }
}
```

在上述代码中实现的事件监听器决没有与任问GUI界面相耦合，在创建该监听器对象时需要传入两个EditText对象和一个Activity对象，其中一个EditText当作收短信者的号码，另外一个EditText作为短信的内容。

（3）文件SendSms.java的功能是监听用户单击按钮动作，当用户单击了界面中的bn按钮时，程序将会触发SendSmsListener监听器，通过该监听器中包含的事件处理方法向指定手机号码发送短信。文件SendSms.java的具体实现代码如下所示。

```
public class SendSms extends Activity
{
    EditText address;
    EditText content;
    @Override
    public void onCreate(Bundle savedInstanceState)
    {
        super.onCreate(savedInstanceState);
        setContentView(R.layout.main);
        // 获取页面中收件人地址、短信内容
        address = (EditText)findViewById(R.id.address);
        content = (EditText)findViewById(R.id.content);
        Button bn = (Button)findViewById(R.id.send);
        bn.setOnLongClickListener(new SendSmsListener(
            this , address, content));
    }
}
```

本实例执行后的效果如图10-4所示。

3．Activity本身作为事件监听器类

在Android系统中，当使用Activity本身作为监听器类时，可以直接在Activity类中定义事件处理器方法，这种形式非常简洁。但是有如下所示的两个缺点。

❑ 因为Activity的主要职责应该是完成界面初始化，但此时还需包含事件处理器方法，所以可能会引起混乱。

❑ 如果Activity界面类需要实现监听器接口，让人感觉比较怪异。

图10-4　执行效果

例如在下面的实例中，演示了将Activity本身作为事件监听器类的基本过程。

题目	目的	源码路径
实例10-3	将Activity本身作为事件监听器类	\daima\10\10.1\ActivityListenerEX

本实例的具体实现流程如下所示。

（1）编写布局文件main.xml，功能是在屏幕中插入一个按钮控件，具体实现代码如下所示。

```
<LinearLayout xmlns:android="http://schemas.android.com/apk/res/android"
    android:orientation="vertical"
    android:layout_width="fill_parent"
    android:layout_height="fill_parent"
    android:gravity="center_horizontal"
    >
<EditText
    android:id="@+id/show"
    android:layout_width="fill_parent"
    android:layout_height="wrap_content"
    android:editable="false"
    />
<Button
    android:id="@+id/bn"
    android:layout_width="wrap_content"
    android:layout_height="wrap_content"
```

```
    android:text="单击我"
    />
</LinearLayout>
```

（2）编写Java程序文件ActivityListener.java，设置让Activity类实现了OnClickListener事件监听接口，这样可以在该Activity类中直接定义事件处理器方法onClick(View v)。当为某个组件添加该事件监听器对象时，可以直接使用this作为事件监听器对象。文件ActivityListener.java的具体实现代码如下所示。

```
// 实现事件监听器接口
public class ActivityListener extends Activity
    implements OnClickListener
{
    EditText show;
    Button bn;

    @Override
    public void onCreate(Bundle savedInstanceState)
    {
        super.onCreate(savedInstanceState);
        setContentView(R.layout.main);
        show = (EditText) findViewById(R.id.show);
        bn = (Button) findViewById(R.id.bn);
        // 直接使用Activity作为事件监听器
        bn.setOnClickListener(this);
    }
    // 实现事件处理方法
    @Override
    public void onClick(View v)
    {
        show.setText("bn按钮被单击了！");
    }
}
```

单击按钮后的执行效果如图10-5所示。

4．使用匿名内部类创建事件监听器对象

在Android应用程序中，因为可被复用的代码通常都被抽象成了业务逻辑方法，所以通常事件处理器都没有什么利用价值，因此大部分事件监听器只是临时使用一次，所以使用匿名内部类形式的事件监听器更合适。其实这种形式也是目前是最广泛的事件监听器形式。

图10-5 执行效果

对于使用匿名内部类作为监听器的形式来说，唯一的缺点就是匿名内部类的语法有点不易掌握，如果读者Java基础扎实，匿名内部类的语法掌握较好，通常建议使用匿名内部类作为监听器。

例如在下面的实例中，演示了使用匿名内部类创建事件监听器对象的基本过程。

题目	目的	源码路径
实例10-4	用匿名内部类创建事件监听器对象	\daima\10\10.1\AnonymousListenerEX

本实例的具体实现流程如下所示。

（1）编写布局文件main.xml，功能是在屏幕中插入一个按钮控件，具体实现代码如下所示。

```
<LinearLayout xmlns:android="http://schemas.android.com/apk/res/android"
    android:orientation="vertical"
    android:layout_width="fill_parent"
    android:layout_height="fill_parent"
    android:gravity="center_horizontal"
    >
<EditText
    android:id="@+id/show"
    android:layout_width="fill_parent"
    android:layout_height="wrap_content"
    android:editable="false"
    />
<Button
    android:id="@+id/bn"
    android:layout_width="wrap_content"
```

```
        android:layout_height="wrap_content"
        android:text="单击我"
        />
</LinearLayout>
```

（2）编写Java程序文件AnonymousListener.java，功能是使用匿名内部类创建事件监听器对象，具体实现代码如下所示。

```
public class AnonymousListener extends Activity
{
    EditText show;
    Button bn;

    @Override
    public void onCreate(Bundle savedInstanceState)
    {
        super.onCreate(savedInstanceState);
        setContentView(R.layout.main);
        show = (EditText) findViewById(R.id.show);
        bn = (Button) findViewById(R.id.bn);
        // 直接使用Activity作为事件监听器
        bn.setOnClickListener(new OnClickListener()
        {
            // 实现事件处理方法
            @Override
            public void onClick(View v)
            {
                show.setText("bn按钮被单击了！");
            }
        });
    }
}
```

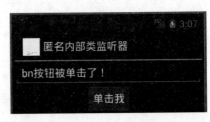

图10-6　执行效果

单击按钮后的执行效果如图10-6所示。

5．直接绑定到标签

其实在Android系统中还有一种更简单的绑定事件监听器的的方式：直接在界面布局文件中为指定标签绑定事件处理方法。Android系统中的很多标签都支持诸如onClick、onLongClick等属性，这种属性的属性值是一个形如"xxx(View source)"格式的方法的方法名。

例如在下面的实例中，演示了使用匿名内部类创建事件监听器对象的基本过程。

题目	目的	源码路径
实例10-5	将事件监听器直接绑定到标签	\daima\10\10.1\bindingEX

本实例的具体实现流程如下所示。

（1）编写布局文件main.xml，为button按钮控件添加一个属性，具体实现代码如下所示。

```
<LinearLayout xmlns:android="http://schemas.android.com/apk/res/android"
    android:orientation="vertical"
    android:layout_width="fill_parent"
    android:layout_height="fill_parent"
    android:gravity="center_horizontal"
    >
<EditText
    android:id="@+id/show"
    android:layout_width="fill_parent"
    android:layout_height="wrap_content"
    android:editable="false"
    android:cursorVisible="false"
    />
<!-- 在标签中为按钮绑定事件处理方法 -->
<Button
    android:layout_width="wrap_content"
    android:layout_height="wrap_content"
    android:text="单击我"
    android:onClick="clickHandler"
    />
</LinearLayout>
```

在上述实现代码中，为Button按钮绑定一个名为"clickHanlder"的事件处理方法，这说明开发者需要在该界面布局对应的Activity中定义如下所示的方法，该方法将会负责处理该按钮上的单击事件。

```
void clickHanler(View source)
```

（2）编写Java程序文件BindingTag.java，功能是定义具体的绑定事件处理方法clickHandler的功能，具体实现代码如下所示。

```java
public class BindingTag extends Activity
{
    @Override
    public void onCreate(Bundle savedInstanceState)
    {
        super.onCreate(savedInstanceState);
        setContentView(R.layout.main);
    }

    // 定义一个事件处理方法
    // 其中source参数代表事件源
    public void clickHandler(View source)
    {
        EditText show = (EditText) findViewById(R.id.show);
        show.setText("bn按钮被单击了");
    }
}
```

单击按钮后的执行效果如图10-7所示。

图10-7　执行效果

10.2　基于回调的事件处理

在Android系统中，和基于监听器的事件处理模型相比，基于回调的事件处理模型要简单些。在基于回调的事件处理模型中，事件源和事件监听器是合二为一的，也就是说没有独立的事件监听器存在。当用户在GUI组件上触发某事件时，由该组件自身特定的函数负责处理该事件。通常通过重写Override组件类的事件处理函数实现事件的处理。在本节的内容中，将详细讲解Android系统基于回调的事件处理的基本方法。

10.2.1　Android事件侦听器的回调方法

在Android系统中，对于回调的事件处理模型来说，事件源与事件监听器是统一的，或者说事件监听器完全消失了。当用户在GUI组件上激发某个事件时，组件自己特定的方法将会负责处理该事件。为了实现回调机制的事件处理，Android系统为所有GUI组件都提供了一些事件处理的回调方法。在Android操作系统中，对于事件的处理是一个非常基础而且重要的操作，很多功能都需要对相关事件进行触发才能实现。例如Android事件侦听器是视图View类的接口，包含一个单独的回调方法。这些方法将在视图中注册的侦听器被用户界面操作触发时由Android框架调用。在现实应用中，如下所示的回调方法被包含在Android事件侦听器接口中。

（1）onClick()

包含于View.OnClickListener。当用户触摸这个item（在触摸模式下），或者通过浏览键或跟踪球聚焦在这个item上，然后按下"确认"键或者按下跟踪球时被调用。

（2）onLongClick()

包含于View.OnLongClickListener。当用户触摸并控制住这个item（在触摸模式下），或者通过浏览键或跟踪球聚焦在这个item上，然后保持按下"确认"键或者按下跟踪球（一秒钟）时被调用。

（3）onFocusChange()

包含于View.OnFocusChangeListener。当用户使用浏览键或跟踪球浏览进入或离开这个item时被调用。

（4）onKey()

包含于View.OnKeyListener。当用户聚焦在这个item上并按下或释放设备上的一个按键时被调用。

（5）onTouch()

包含于View.OnTouchListener。当用户执行的动作被当作一个触摸事件时被调用，包括按下、释放，或者屏幕上任何的移动手势（在这个item的边界内）。

（6）onCreateContextMenu()

包含于View.OnCreateContextMenuListener。当正在创建一个上下文菜单的时候被调用（作为持续的"长击"动作的结果）。参阅创建菜单Creating Menus章节以获取更多信息。

上述方法是它们相应接口的唯一"住户"。要定义这些方法并处理你的事件，需要首先在活动中实现这个嵌套接口或定义为一个匿名类。然后，传递一个实现的实例给各自的View.set...Listener() 方法。例如调用setOnClickListener()并传递给它作为你的OnClickListener实现。

下面的代码演示了为一个按钮注册一个单击侦听器的方法。

```
// Create an anonymous implementation of OnClickListener
private OnClickListener mCorkyListener = new OnClickListener() {
public void onClick(View v) {
// do something when the button is clicked
}
};
protected void onCreate(Bundle savedValues) {
...
// Capture our button from layout
Button button = (Button)findViewById(R.id.corky);
// Register the onClick listener with the implementation above
button.setOnClickListener(mCorkyListener);
...
}
```

此时可能会发现，把OnClickListener作为活动的一部分来实现会简便很多，这样可以避免额外的类加载和对象分配。比如下面的演示代码。

```
public class ExampleActivity extends Activity implements OnClickListener {
protected void onCreate(Bundle savedValues) {
...
Button button = (Button)findViewById(R.id.corky);
button.setOnClickListener(this);
}
// Implement the OnClickListener callback
public void onClick(View v) {
// do something when the button is clicked
}
...
}
```

在上述代码中的onClick()回调没有返回值，但是一些其他Android事件侦听器必须返回一个布尔值。原因和事件相关，具体原因如下所示。

❑ onLongClick()：返回一个布尔值来指示你是否已经消费了这个事件而不应该再进一步处理它。也就是说，返回true表示你已经处理了这个事件而且到此为止；返回false表示你还没有处理它和/或这个事件应该继续交给其他on-click侦听器。

❑ onKey()：返回一个布尔值来指示你是否已经消费了这个事件而不应该再进一步处理它。也就是说，返回true表示你已经处理了这个事件而且到此为止；返回false表示你还没有处理它和/或这个事件应该继续交给其他on-key侦听器。

❑ onTouch()：返回一个布尔值来指示你的侦听器是否已经消费了这个事件。重要的是这个事件可以有多个彼此跟随的动作。因此，如果当接收到向下动作事件时你返回false，那表明你还没有消费这个事件而且对后续动作也不感兴趣。那么，你将不会被该事件中的其他动作调用，比如手势或最后出现向上动作事件。

在Android应用中，按键事件总是递交给当前焦点所在的视图。它们从视图层次的顶层开始被分发，然后依次向下，直到到达恰当的目标。如果我们的视图（或者一个子视图）当前拥有焦点，那么可以看到事件经由dispatchKeyEvent()方法分发。除了视图截获按键事件外，还还可以在活动中使用

onKeyDown() 和onKeyUp()来接收所有的事件。

> 注意：Android将首先调用事件处理器，其次是类定义中合适的缺省处理器。这样，当从这些事情侦听
> 器中返回true时会停止事件向其他Android事件侦听器传播，并且也会阻塞视图中的此事件处理
> 器的回调函数。所以，当返回true时需要确认是否希望终止这个事件。

例如在下面的实例中，演示了基于回调的事件处理机制的实现过程。

题目	目的	源码路径
实例10-6	基于回调的事件处理机制	\daima\10\10.2\CallbackEX

本实例中的基于回调的事件处理机制是通过自定义View来实现的，在自定义View时重写了该View的事件处理方法。本实例的具体实现流程如下所示。

（1）编写Java程序文件MyButton.java，功能是自定义了View视图，并且在定义时重写了该View的事件处理方法，具体实现代码如下所示。

```java
public class MyButton extends Button
{
    public MyButton(Context context, AttributeSet set)
    {
        super(context, set);
    }
    @Override
    public boolean onKeyDown(int keyCode, KeyEvent event)
    {
        super.onKeyDown(keyCode, event);
        Log.v("-crazyit.org-", "the onKeyDown in MyButton");
        // 返回true，表明该事件不会向外扩散
        return true;
    }
}
```

在上述代码中定义的MyButton类中，重写了类Button的onKeyDown(inl keyCode,KeyEvent event)方法，此方法的功能是处理按钮上的键盘事件。

（2）编写布局文件main.xml，使用在文件MyButton.java这个自定义的View，具体实现代码如下所示。

```xml
<?xml version="1.0" encoding="utf-8"?>
<LinearLayout xmlns:android="http://schemas.android.com/apk/res/android"
    android:orientation="vertical"
    android:layout_width="match_parent"
    android:layout_height="match_parent"
    >
<!-- 使用自定义View时应使用全限定类名 -->
<org.event.MyButton
    android:layout_width="match_parent"
    android:layout_height="wrap_content"
    android:text="单击我"
    />
</LinearLayout>
```

图10-8　执行效果

在模拟器中执行效果如图10-8所示。如果把焦点放在按钮上，然后按下模拟器上的"单击我"，将会在DDMS的LogCat的界面中看到如图10-9所示的输出信息。

I	05-17 00:37:16.033	91	303	system_process	WindowManager	createSurface Window{41559758 org.event/org.event.Callback	DRAW NOW PENDING
D	05-17 00:37:16.103	594	594	org.event	gralloc_gol...	Emulator without GPU emulation detected.
I	05-17 00:37:16.163	91	119	system_process	ActivityMan...	Displayed org.event/.CallbackHandler: +1s459ms

图10-9　输出回调信息

10.2.2　基于回调的事件传播

在Android应用程序中，几乎所有基于回调的事件处理方法都有一个boolean类型的返回值，该返回值用于标识该处理方法是否完全处理该事件。不同返回值的具体说明如下所示。

❑ 如果事件处理的方法返回true，表明处理方法已完全处理该事件，该事件不会传播出去。

❑ 如果事件处理的方法返回false，表明该处理方法并未完全处理该事件，该事件会传播出去。

例如在下面的实例中，演示了在Android系统中传播事件的基本过程。

题目	目的	源码路径
实例10-7	在Android系统中传播事件	\daima\10\10.2\PropagationEX

本实例重写了Button类的onKeyDown方法，而且重写了Button所在Activity的onKeyDown(int keyCode, KeyEvent event)方法。因为本实例程序没有阻止事件的传播，所以在实例中可以看到事件从Button传播到Activity的情形。本实例的具体实现流程如下所示。

（1）编写布局文件main.xml，在屏幕中插入一个Button按钮控件，具体实现代码如下所示。

```xml
<?xml version="1.0" encoding="utf-8"?>
<LinearLayout xmlns:android="http://schemas.android.com/apk/res/android"
    android:orientation="vertical"
    android:layout_width="fill_parent"
    android:layout_height="fill_parent"
    >
<!-- 使用自定义View时应使用全限定类名 -->
<org.event.MyButton
    android:id="@+id/bn"
    android:layout_width="fill_parent"
    android:layout_height="wrap_content"
    android:text="单击我"
    />
</LinearLayout>
```

（2）编写Java程序文件MyButton.java，功能是定义一个从Button源生出的子类MyButton，具体实现代码如下所示。

```java
public class MyButton extends Button
{
    public MyButton(Context context , AttributeSet set)
    {
        super(context , set);
    }
    @Override
    public boolean onKeyDown(int keyCode, KeyEvent event)
    {
        super.onKeyDown(keyCode , event);
        Log.v("-MyButton-" , "the onKeyDown in MyButton");
        // 返回false，表明并未完全处理该事件，该事件依然向外扩散
        return false;
    }
}
```

（3）编写文件Propagation.java，功能是调用前面的自定义组件MyButton，并在Activity中重写public Boolean onKeyDown(int keyCode. KeyEvent event)方法，该方法会在某个按键被按下时被回调。文件Propagation.java的具体实现代码如下所示。

```java
public class Propagation extends Activity
{
    @Override
    public void onCreate(Bundle savedInstanceState)
    {
        super.onCreate(savedInstanceState);
        setContentView(R.layout.main);
        Button bn = (Button) findViewById(R.id.bn);
        // 为bn绑定事件监听器
        bn.setOnKeyListener(new OnKeyListener()
        {
            @Override
            public boolean onKey(View source
                    , int keyCode, KeyEvent event)
            {
                // 只处理按下键的事件
                if (event.getAction() == KeyEvent.ACTION_DOWN)
```

```
        {
            Log.v("-Listener-", "the onKeyDown in Listener");
        }
        // 返回false，表明该事件会向外传播
        return true; // (1)
        }
    });
    }

    // 重写onKeyDown方法，该方法可监听它所包含的所有组件的按键被按下事件
    @Override
    public boolean onKeyDown(int keyCode, KeyEvent event)
    {
        super.onKeyDown(keyCode , event);
        Log.v("-Activity-" , "the onKeyDown in Activity");
        //返回false，表明并未完全处理该事件，该事件依然向外扩散
        return false;
    }
}
```

在模拟器中执行效果如图10-10所示。如果把焦点放在按钮上，然后按模拟器上的任意按键，将会在DDMS的LogCat的界面中看到如图10-11所示的输出信息。

图10-10　执行效果

```
D   05-17 00:54:35.173    172    173    com.android.phone    dalvikvm    GC_CONCURRENT freed 384K, 6%
V   05-17 00:55:30.683    643    643    org.event            -Activity-  the onKeyDown in Activity
V   05-17 00:55:34.823    643    643    org.event            -Activity-  the onKeyDown in Activity
```

图10-11　输出回调信息

由此可见，当该组件上发生某个按键被按下的事件时，Android系统最先触发的是在该按键上绑定的事件监听器，接着才会触发该组件提供的事件回调方法，然后会传播到该组件所在的Activity。如果让任何一个事件处理方法返回true，那么这个事件将不会继续向外传播。假如改写本实例中的Activity代码，特程序中（1）部分的代码改为return true，再次运行程序后将会发现：按钮上的监听器阻止了事件的传播。

10.2.3　重写onTouchEvent方法响应触摸屏事件

通过对本节前面内容的学习，仔细对比Android中的两种事件处理模型，会发现基于事件监听处理模型具有更大的优势，具体说明如下所示。

❑ 基于监听的事件模型更明确，事件源、事件监听由两个类分开实现，因此具有更好的可维护性。

❑ Android的事件处理机制保证基于监听的事件监听器会被优先触发。

尽管如此，但是在某些情况下，基于回调的事件处理机制会更好地提高程序的内聚性。例如在下面的实例中，演示了事件处理机制提高程序内聚性的过程。

> 注意：内聚性，又称块内联系，指模块的功能强度的度量，即一个模块内部各个元素彼此结合的紧密程度的度量。内聚性是对一个模块内部各个组成元素之间相互结合的紧密程度的度量指标。模块中组成元素结合的越紧密，模块的内聚性就越高，模块的独立性也就越高。理想的内聚性要求模块的功能应明确、单一，即一个模块只做一件事情。模块的内聚性和耦合性是两个相互对立且又密切相关的概念。

题目	目的	源码路径
实例10-8	演示基于回调的事件处理机制的内聚性	\daima\10\10.2\CustomViewEX

本实例重写了Button类的onKeyDown方法，而且重写了Button所在Activity的onKeyDown(int keyCode, KeyEvent event)方法。因为本实例程序没有阻止事件的传播，所以在实例中可以看到事件从

Button传播到Activity的情形。本实例的具体实现流程如下所示。

（1）编写布局文件main.xml，在屏幕中插入一个自定义的绘图控件，具体实现代码如下所示。

```xml
<?xml version="1.0" encoding="utf-8"?>
<LinearLayout xmlns:android="http://schemas.android.com/apk/res/android"
    android:orientation="vertical"
    android:layout_width="fill_parent"
    android:layout_height="fill_parent"
    >
<!-- 使用自定义组件 -->
<org.event.DrawView
    android:orientation="vertical"
    android:layout_width="fill_parent"
    android:layout_height="fill_parent"
/>
</LinearLayout>
```

（2）编写Java程序文件DrawView.java，功能是绘制一个二维小球，并重写了View组件的onTouchEvent方法，这表示由组件自己就可处理触摸屏事件。当用户手指在屏幕上移功时，在View上绘制的小球会随着用户的手指而运动。文件DrawView.java的具体实现代码如下所示。

```java
public class DrawView extends View
{
    public float currentX = 40;
    public float currentY = 50;
    // 定义、创建画笔
    Paint p = new Paint();

    public DrawView(Context context, AttributeSet set)
    {
        super(context, set);
    }

    @Override
    public void onDraw(Canvas canvas)
    {
        super.onDraw(canvas);

        // 设置画笔的颜色
        p.setColor(Color.RED);
        // 绘制一个小圆（作为小球）
        canvas.drawCircle(currentX, currentY, 15, p);
    }

    @Override
    public boolean onTouchEvent(MotionEvent event)
    {
        // 当前组件的currentX、currentY两个属性
        this.currentX = event.getX();
        this.currentY = event.getY();
        // 通知改组件重绘
        this.invalidate();
        // 返回true表明处理方法已经处理该事件
        return true;
    }
}
```

在模拟器中执行后，小球将会随着触摸屏幕位置的改变而移动，如图10-12所示。

图10-12　移动的小球

10.3　响应的系统设置的事件

在开发Android应用程序时，有时候可能需要让应用程序随着系统的整体设置进行调整，例如判断当前设备的屏幕方向。另外，有时候可能还需要让应用程序能够随时监听系统设置的变化，以便对系统的修改动作进行响应。在本节的内容中，将详细讲解Android系统中响应的系统设置的事件。

10.3.1　Configuration类详解

在Android系统中，类Configuration专门用于描述手机设备上的配置信息，这些配置信息既包括用户特定的配置项，也包括系统的动态设置配置。在Android应用程序中，可以通过调用Activity中的如下方法来获取系统的Configuration对象。

```
Configuration cfg=getResources().getConfiguration();
```

一旦获得了系统的Configuration对象，通过该对象提供的如下常用属性即可获取系统的配置信息。

- public float fontScale：获取当前用户设置的字体的缩放因子。
- public int keyboard：获取当前设备所关联的键盘类型。该属性可能返回如下值：KEYBOARD_NOKEYS、KEYBOARD_QWERTY（普通电脑键盘）、KEYBOARD_12KEY(只有12个键的小键盘)。
- public int keyboardHidden：该属性返回一个boolean值用于标识当前键盘是否可用。该属性不仅会判断系统的硬键盘，也会判断系统的软键盘（位于屏幕上）。如果系统的硬键盘不可用，但软键盘可用，该属性也会返回KEYBOARDHIDDEN_NO；只有当两个键盘都可用时才返回KEYBOARDHIDDEN_YES。
- public Locale locale：获取用户当前的Locale。
- public int mcc：获取移动信号的国家码。
- public int mnc：获取移动信号的网络码。
- public int navigation：判断系统上方向导航设备的类型。该属性可能返回如NAVIGATION_NONAV（无导航）、NAVIGATION_DPAD（DPAD导航）、NAVIGATION_TRACKBALL（轨迹球导航）、NAVIGATION_WHEEL（滚轮导航）等属性值。
- public int orientation：获取系统屏幕的方向，该属性可能返回ORIENTATION_LANDSCAPE（横向屏幕）、ORIENTATION_PORTRAIT（竖向屏幕）、ORIENTATION_SQUARE（方形屏幕）等属性值。
- public int touchscreen：获取系统触摸屏的触摸方式。该属性可能返回TOUCHSC_REEN_NOTOUCH（无触摸屏）、TOUCHSCREEN_STYLUS（触摸笔式的触摸屏）、TOUCHSCREEN_FINGER（接受手指的触摸屏）。

接下来将通过一个实例来介绍类Configuration的用法，本实例程序可以获取系统的屏幕方向和触摸屏方式等。

题目	目的	源码路径
实例10-9	使用类Configuration	\daima\10\10.3\ConfigurationEX

本实例的具体实现流程如下所示。

（1）编写布局文件main.xml，在屏幕中提供了4个文本框来显示系统的屏幕方向、触摸屏方式等状态，具体实现代码如下所示。

```
<LinearLayout xmlns:android="http://schemas.android.com/apk/res/android"
    android:orientation="vertical"
    android:layout_width="fill_parent"
    android:layout_height="fill_parent"
    android:gravity="center_horizontal"
    >
<EditText
    android:id="@+id/ori"
    android:layout_width="fill_parent"
    android:layout_height="wrap_content"
    android:editable="false"
    android:cursorVisible="false"
    android:hint="显示屏幕方向"
```

```
        />
    <EditText
        android:id="@+id/navigation"
        android:layout_width="fill_parent"
        android:layout_height="wrap_content"
        android:editable="false"
        android:cursorVisible="false"
        android:hint="显示手机方向控制设备"
        />
    <EditText
        android:id="@+id/touch"
        android:layout_width="fill_parent"
        android:layout_height="wrap_content"
        android:editable="false"
        android:cursorVisible="false"
        android:hint="显示触摸屏状态"
        />
    <EditText
        android:id="@+id/mnc"
        android:layout_width="fill_parent"
        android:layout_height="wrap_content"
        android:editable="false"
        android:cursorVisible="false"
        android:hint="显示移动网络代号"
        />
    <Button
        android:id="@+id/bn"
        android:layout_width="wrap_content"
        android:layout_height="wrap_content"
        android:text="获取手机信息"
        />
</LinearLayout>
```

（2）编写Java程序文件ConfigurationEX.java，功能是获取系统的Configuration对象，一旦获得了系统的Configuration之后，程序就可以通过它来了解系统的设备状态了。文件ConfigurationEX.java的具体实现代码如下所示。

```
public class ConfigurationTest extends Activity
{
    EditText ori;
    EditText navigation;
    EditText touch;
    EditText mnc;
    @Override
    public void onCreate(Bundle savedInstanceState)
    {
        super.onCreate(savedInstanceState);
        setContentView(R.layout.main);
        // 获取应用界面中的界面组件
        ori = (EditText)findViewById(R.id.ori);
        navigation = (EditText)findViewById(R.id.navigation);
        touch = (EditText)findViewById(R.id.touch);
        mnc = (EditText)findViewById(R.id.mnc);
        Button bn = (Button)findViewById(R.id.bn);
        bn.setOnClickListener(new OnClickListener()
        {
            // 为按钮绑定事件监听器
            @Override
            public void onClick(View source)
            {
                // 获取系统的Configuration对象
                Configuration cfg = getResources().getConfiguration();
                String screen = cfg.orientation ==
                    Configuration.ORIENTATION_LANDSCAPE
                    ? "横向屏幕": "竖向屏幕";
                String mncCode = cfg.mnc + "";
                String naviName = cfg.orientation ==
                    Configuration.NAVIGATION_NONAV
                    ? "没有方向控制" :
```

```
        cfg.orientation == Configuration.NAVIGATION_WHEEL
        ? "滚轮控制方向" :
        cfg.orientation == Configuration.NAVIGATION_DPAD
        ? "方向键控制方向" : "轨迹球控制方向";
        navigation.setText(naviName);
        String touchName = cfg.touchscreen ==
        Configuration.TOUCHSCREEN_NOTOUCH
        ? "无触摸屏" : "支持触摸屏";
        ori.setText(screen);
        mnc.setText(mncCode);
        touch.setText(touchName);
    }
});
}
}
```

在模拟器中单击按钮后的执行效果如图10-13所示。

图10-13 移动的小球

10.3.2 重写onConfigurationChanged响应系统设置更改

如果在Android应用程序中需要监听系统设置的更改状况，可以通过重写Activity中的onConfigurationChanged(Configuration newConfig)方法实现，此方法是一个基于回调的事件处理方法。当系统设置信息发生改变时，方法onConfigurationChanged会被自动触发。

在Android应用程序中，为了动态地更改系统设置，可调用Activity的setRequestedOrientation(int)方法来修改屏幕方向。

接下来将通过一个实例来演示通过重写onConfigurationChanged方式响应系统设置方式更改的方法，本实例程序可以获取系统的屏幕方向和触摸屏方式等。

题目	目的	源码路径
实例10-10	重写onConfigurationChanged响应系统设置更改	\daima\10\10.3\Changeex

本实例的具体实现流程如下所示。

（1）编写布局文件main.xml，在该界面中仅包含一个普通按钮，具体实现代码如下所示。

```
<?xml version="1.0" encoding="utf-8"?>
<LinearLayout xmlns:android="http://schemas.android.com/apk/res/android"
    android:orientation="vertical"
    android:layout_width="fill_parent"
    android:layout_height="fill_parent"
    >
<Button
    android:id="@+id/bn"
    android:layout_width="wrap_content"
    android:layout_height="wrap_content"
    android:text="更改屏幕方向"
    />
</LinearLayout>
```

（2）编写Java程序文件ChangeCfg.java，功能是调用Activity的setRequestedOrientation(int)方法来动态更改屏幕方向。除此之外，我们还重写Activity的onConfigurationChanged(Configuration newConfig)方法，该方法可用于监听系统设置的更改。文件ChangeCfg.java的具体实现代码如下所示。

```
public class ChangeCfg extends Activity
{
    @Override
    public void onCreate(Bundle savedInstanceState)
    {
        super.onCreate(savedInstanceState);
        setContentView(R.layout.main);
        Button bn = (Button) findViewById(R.id.bn);
        // 为按钮绑定事件监听器
        bn.setOnClickListener(new OnClickListener()
        {
            @Override
```

```java
    public void onClick(View source)
    {
        Configuration config = getResources().getConfiguration();
        // 如果当前是横屏
        if (config.orientation == Configuration.ORIENTATION_LANDSCAPE)
        {
            // 设为竖屏
            ChangeCfg.this.setRequestedOrientation(
                ActivityInfo.SCREEN_ORIENTATION_PORTRAIT);
        }
        // 如果当前是竖屏
        if (config.orientation == Configuration.ORIENTATION_PORTRAIT)
        {
            // 设为横屏
            ChangeCfg.this.setRequestedOrientation(
                ActivityInfo.SCREEN_ORIENTATION_LANDSCAPE);
        }
    }
});
}

// 重写该方法，用于监听系统设置的更改，主要是监控屏幕方向的更改
@Override
public void onConfigurationChanged(Configuration newConfig)
{
    super.onConfigurationChanged(newConfig);
    String screen = newConfig.orientation ==
        Configuration.ORIENTATION_LANDSCAPE ? "横向屏幕" : "竖向屏幕";
    Toast.makeText(this, "系统的屏幕方向发生改变" + "\n修改后的屏幕方向为: "
        + screen, Toast.LENGTH_LONG).show();
}
}
```

在上述代码中首先设置动态地修改手机屏幕的方向，然后重写了Activity的onConfigurationChanged(Configuration newConfig)方法，当系统设置发生更改时，该方法将会被自动回调。另外，为了让该Activity能监听屏幕方向更改的事件，需要在配置该Activity时指定属性android:configChanges。属性android:configChanges支持的属性值有mcc、mnc、locale、touchscreen、keyboard、keyboardHidden、navigation、orientation、screenLayout、uiMode、screenSize、smallestScreenSize、fontScale。其中属性值orientation用于指定该Activity可以监听屏幕方向改变的事件。

（3）在文件AndroidManifest.xml中设置该Activity可以监听屏幕方向改变的事件，这样当程序改变手机屏幕方向时，Activity的onConfigurationChanged()方法就会被回调。文件AndroidManifest.xml的具体实现代码如下所示。

```xml
<application
    android:icon="@drawable/ic_launcher"
    android:label="@string/app_name">
    <!-- 设置Activity可以监听屏幕方向改变的事件 -->
    <activity android:configChanges="orientation"
        android:name="org.cfg.ChangeCfg"
        android:label="@string/app_name">
        <intent-filter>
            <action android:name="android.intent.action.MAIN" />
            <category android:name="android.intent.category.
            LAUNCHER" />
        </intent-filter>
    </activity>
</application>
```

在模拟器中单击按钮后将变为横向屏幕，执行效果如图10-14所示。

图10-14　移动的小球

10.4　Handler消息传递机制

在Android系统中，类Handler主要有如下所示的两个作用。

❑ 在新启动的线程中发送消息。

❑ 在主线程中获取、处理消息。

类Handler在实现上述作用时，首先在新启动的线程中发送消息，然后在主线程上获取、并处理消息。但这个过程涉及一个问题：新启动的线程何时发送消息呢？主线程何时去获取并处理消息呢？这个时机显然不好控制。为了让主程序能"适时"地处理新启动的线程所发送的消息，显然只能通过回调的方式来实现——开发者只要重写Handler类中处理消息的方法，当新启动的 线程发送消息时，消息会发送到与之关联的MessageQueue，而Handler会不断地从MessageQueue中获取并处理消息——这将导致Handler类中处理消息的方法被回调。

在Android系统中，类Handler主要包含了如下用于发送、处理消息的方法。

❑ void handleMessage(Message msg)：处理消息的方法，该方法通常用于被重写。

❑ final boolean hasMessages(int what)：检查消息队列中是否包含what属性为指定值的消息。

❑ final boolean hasMessages(int what,Object object)：检查消息队列中是否包含what属性为指定值且object属性为指定对象的消息。

❑ sendEmptyMessage(int what)：发送空消息。

❑ final boolean sendEmptyMessageDelayed(int what,long delayMillis)：指定多少毫秒之后发送空消息。

❑ final boolean sendMessage(Message msg)：立即发送消息。

❑ final boolean sendMessageDelayed(Message msg,long delayMillis)：指定多少毫秒之后发送消息。

接下来将通过一个实例来演示利用Handler来进行消息传递的方法，本实例程序可以自动播放动画。

题目	目的	源码路径
实例10-11	自动播放动画	\daima\10\10.4\HandlerEX

本实例的功能是通过一个新线程来周期性地修改ImageView所显示的图片，通过这种方式来开发一个动画效果。本实例具体实现流程如下所示。

（1）编写布局文件main.xml，在界面布局中定义了ImageView组件，具体实现代码如下所示。

```xml
<LinearLayout xmlns:android="http://schemas.android.com/apk/res/android"
    android:orientation="vertical"
    android:layout_width="fill_parent"
    android:layout_height="fill_parent"
    >
<!-- 定义一个ImageView组件 -->
<ImageView
    android:id="@+id/show"
    android:layout_width="fill_parent"
    android:layout_height="fill_parent"
    android:scaleType="center"
    />
</LinearLayout>
```

（2）编写Java程序文件HandlerTest.java，功能是使用java.util.Timer来周期性地执行指定任务，具体实现代码如下所示。

```java
import java.util.Timer;
import java.util.TimerTask;

import org.event.R;

import android.app.Activity;
import android.os.Bundle;
import android.os.Handler;
import android.os.Message;
import android.widget.ImageView;

public class HandlerTest extends Activity
{
    // 定义周期性显示的图片的ID
    int[] imageIds = new int[]
```

```
{
    R.drawable.java,
    R.drawable.ee,
    R.drawable.ajax,
    R.drawable.xml,
    R.drawable.classic
};
int currentImageId = 0;

@Override
public void onCreate(Bundle savedInstanceState)
{
    super.onCreate(savedInstanceState);
    setContentView(R.layout.main);
    final ImageView show = (ImageView) findViewById(R.id.show);
    final Handler myHandler = new Handler()
    {
        @Override
        public void handleMessage(Message msg)
        {
            // 如果该消息是本程序所发送的
            if (msg.what == 0x1233)
            {
                // 动态地修改所显示的图片
                show.setImageResource(imageIds[currentImageId++
                    % imageIds.length]);
            }
        }
    };
    // 定义一个计时器,让该计时器周期性地执行指定任务
    new Timer().schedule(new TimerTask()
    {
        @Override
        public void run()
        {
            // 发送空消息
            myHandler.sendEmptyMessage(0x1233);
        }
    }, 0, 1200);
}
```

在上述实现代码中,首先通过Timer周期性地执行指定任务,Timer对象可调度TimerTask对象,TimerTask对象的本质就是启动一条新线程。因为Android系统不允许在新线程中访问Activity里面的界面组件,所以程序只能在新线程里发送一条消息,通知系统更新ImageView 组件。在上述代码中首先重写了Handler的handleMessage(Message msg)方法,该方法用于处理消息——当新线程发送消息时,该方法会被自动回调,handleMessage(Message msg)方法依然位于主线程,所以可以动态地修改ImageView组件的属性。这就实现了本程序所要达到的效果;由新线程来周期性地修改ImageView的属性,从而实现动画效果。运行上面的程序可看到应用程序中5张图片交替显示的动画效果。执行效果如图10-15所示。

图10-15 执行效果

在Android系统中,类Handler通常和如下所示组件共同工作。

(1) Message:Handler接收和处理的消息对象。

(2) Looper:每个线程只能拥有一个Looper。它的loop方法负责读取MessageQueue中的消息,读取到消息之后就把消息交给发送该消息的Handler进行处理。

(3) MessageQueue:消息队列,它采用先进先出的方式来管理Message。程序创建Looper对象时会在它的构造器中创建MessageQueue对象。Looper提供的构造器源代码如下:

```
private Looper(boolean quitAllowed) {
        mQueue = new MessageQueue(quitAllowed);
```

```
            mRun = true;
            mThread = Thread.currentThread();
    }
```

在上述构造器代码中使用了private修饰，这表明程序员无法通过构造器创建Looper对象。从上面的代码不难看出，程序在初始化Looper时会创建一个与之关联的MessageQueue，这个MessageQueue就负责管理消息。

（4）Handler：主要作用有两个，分别是发送消息和处理消息。程序使用Handler发送消息，被Handler发送的消息必须被送到指定的MessageQueue。也就是说，如果希望Handler正常工作，必须在当前线程中有一个MessageQueue，否则消息就没有MessageQueue进行保存了。不过MessageQueue是由Looper负责管理的，也就是说，如果希望Handler正常工作，必须在当前线程中有一个Looper对象。为了保证当前线程中有Looper对象，可以分如下两种情况处理。

❑ 主UI线程中，系统已经初始化了一个Looper对象，因此程序直接创建Handler即可，然后就可通过Handler来发送消息、处理消息。

❑ 程序员自己启动的子线程，程序员必须自己创建一个Looper对象，并启动它。创建Looper对象调用它的prepare()方法即可。

方法prepare()会保证每个线程最多只有一个Looper对象。prepare()方法的源代码如下：

```
private static void prepare(boolean quitAllowed) {
        if (sThreadLocal.get() != null) {
            throw new RuntimeException("Only one Looper may be created per thread");
        }
        sThreadLocal.set(new Looper(quitAllowed));
    }
```

然后调用Looper的静态loop()方法来启动它。loop()方法使用一个死循环不断取出MessageQueue中的消息，并将取出的消息分给该消息对应的Handler进行处理。下面是类Looper中loop()方法的实现源代码。

```
public static void loop() {
    final Looper me = myLooper();
    if (me == null) {
        throw new RuntimeException("No Looper; Looper.prepare() wasn't called on this thread.");
    }
    final MessageQueue queue = me.mQueue;

    // Make sure the identity of this thread is that of the local process,
    // and keep track of what that identity token actually is.
    Binder.clearCallingIdentity();

    final long ident = Binder.clearCallingIdentity();
    for (;;) {
        Message msg = queue.next(); // might block
        if (msg == null) {

            // No message indicates that the message queue is quitting.
            return;
        }

        // This must be in a local variable, in case a UI event sets the logger
        Printer logging = me.mLogging;
        if (logging != null) {
            logging.println(">>>>> Dispatching to " + msg.target + " " +
                    msg.callback + ": " + msg.what);
        }
        msg.target.dispatchMessage(msg);
        if (logging != null) {
            logging.println("<<<<< Finished to " + msg.target + " " + msg.callback);
        }
        final long newIdent = Binder.clearCallingIdentity();
        if (ident != newIdent) {
            Log.wtf(TAG, "Thread identity changed from 0x"
                    + Long.toHexString(ident) + " to 0x"
                    + Long.toHexString(newIdent) + " while dispatching to "
                    + msg.target.getClass().getName() + " "
```

```
                    + msg.callback + " what=" + msg.what);
        }
        msg.recycle();
    }
}
```

由此可见，Looper、MessageQueue、Handler在Android应用程序中的作用如下所示。

❑ Looper：每个线程只有一个Looper，它负责管理MessageQueue，会不断地从MessageQueue中取出消息，并将消息分给对应的Handler处理。

❑ MessageQueue：由Looper负责管理。它采用先进先出的方式来管理Message。

❑ Handler：能把消息发送给Looper管理的MessageQueue，并负责处理Looper分给它的消息。

在线程中使用Handler的步骤如下所示。

（1）调用Looper的prepare()方法为当前线程创建Looper对象，创建Looper对象时，它的构造器会创建与之配套的MessageQueue。

（2）有了Looper之后，创建Handler子类的实例，重写handleMessage()方法，该方法负责处理来自于其他线程的消息。

（3）调用Looper的loop()方法启动Looper。

## 第 11 章

图形图像和动画处理

在Android多媒体应用领域中，图像处理是永远的话题之一，这是因为绚丽的生活离不开精美图片的修饰。无论是二维图像还是三维图像，都给手机用户带来了绚丽的色彩和视觉冲击。在本章的内容中，将详细讲解在Android系统中使用Graphics类处理二维图像的知识，并详细剖析在Android系统中渲染二维图像系统的基本知识，为读者步入本书后面知识的学习打下基础。

11.1 Android绘图基础

有了View视图进行UI布局处理之后，就可以正式步入绘图工作了。在开始绘图工作之前，需要先了解和绘制Android二维图形图像有关的基本知识，这些内容将在本节一一为广大读者呈现。

11.1.1 使用Canvas画布

在绘制图形图像的时候，需要先准备一张画布，也就是一张白纸，我们的图像将在这张白纸上绘制出来。在Android绘制二维图形应用中，类Canvas起了这张白纸的作用，也就是画布。在绘制过程中，所有产生的界面类都需要继承于该类。可以将画布类Canvas看作是一种处理过程，能够使用各种方法来管理Bitmap、GL或者Path路径。同时Canvas可以配合Matrix矩阵类给图像做旋转、缩放等操作，并且也提供了裁剪、选取等操作。在类Canvas中提供了以下常用的方法。

- ❑ Canvas()：功能是创建一个空的画布，可以使用setBitmap()方法来设置绘制的具体画布。
- ❑ Canvas(Bitmap bitmap)：功能是以bitmap对象创建一个画布，并将内容都绘制在bitmap上，bitmap不能为null。
- ❑ Canvas(GL gl)：在绘制3D效果时使用，此方法与OpenGL有关。
- ❑ drawColor：功能是设置画布的背景色。
- ❑ setBitmap：功能是设置具体的画布。
- ❑ clipRect：功能是设置显示区域，即设置裁剪区。
- ❑ isOpaque：检测是否支持透明。
- ❑ rotate：功能是旋转画布。
- ❑ canvas.drawRect(RectF,Paint)：功能是绘制矩形，其中第一个参数是图形显示区域，第二个参数是画笔，设置好图形显示区域Rect和画笔Paint后就可以画图。
- ❑ canvas.drawRoundRect(RectF, float, float, Paint)：功能是绘制圆角矩形，第一个参数表示图形显示区域，第二个参数和第三个参数分别表示水平圆角半径和垂直圆角半径。
- ❑ canvas.drawLine(startX, startY, stopX, stopY, paint)：前四个参数的类型均为float，最后一个参数类型为Paint。表示用画笔paint从点（startX,startY）到点（stopX,stopY）画一条直线。
- ❑ canvas.drawArc(oval, startAngle, sweepAngle, useCenter, paint)：第一个参数oval为RectF类型，即圆弧显示区域，startAngle和sweepAngle均为float类型，分别表示圆弧起始角度和圆弧度数，3点钟方向为0度，useCenter设置是否显示圆心，boolean类型，paint表示画笔。

❑ canvas.drawCircle(float,float, float, Paint)：用于绘制圆，前两个参数代表圆心坐标，第三个参数为圆半径，第四个参数是画笔。

Canvas画布比较重要，特别是在游戏开发应用中。例如可能需要对某个精灵执行旋转、缩放等操作时，需要通过旋转画布的方式实现。但是在旋转画布时会旋转画布上的所有对象，而我们只是需要旋转其中的一个，这时就需要用到save方法来锁定需要操作的对象，在操作之后通过restore方法来解除锁定。

在接下来的内容中，将详细讲解在Android中使用画布类Canvas的基本知识。

题目	目的	源码路径
实例11-1	在Android中使用Canvas类	\daima\11\CanvasL

实例文件CanvasL.java的主要代码如下所示：

```java
/* 声明Paint对象 */
private Paint mPaint    = null;
public CanvasL(Context context)
{
    super(context);
    /* 构建对象 */
    mPaint = new Paint();
    /* 开启线程 */
    new Thread(this).start();
}
public void onDraw(Canvas canvas)
{
    super.onDraw(canvas);
    /* 设置画布的颜色 */
    canvas.drawColor(Color.BLACK);
    /* 设置取消锯齿效果 */
    mPaint.setAntiAlias(true);
    /* 设置裁剪区域 */
    canvas.clipRect(10, 10, 280, 260);
    /* 光锁定画布 */
    canvas.save();
    /* 旋转画布 */
    canvas.rotate(45.0f);
    /* 设置颜色及绘制矩形 */
    mPaint.setColor(Color.RED);
    canvas.drawRect(new Rect(15,15,140,70), mPaint);
    /* 解除画布的锁定 */
    canvas.restore();
    /* 设置颜色及绘制另一个矩形 */
    mPaint.setColor(Color.GREEN);
    canvas.drawRect(new Rect(150,75,260,120), mPaint);
}
// 触笔事件
public boolean onTouchEvent(MotionEvent event)
{
    return true;
}
// 按键按下事件
public boolean onKeyDown(int keyCode, KeyEvent event)
{
    return true;
}
// 按键弹起事件
public boolean onKeyUp(int keyCode, KeyEvent event)
{
    return false;
}
public boolean onKeyMultiple(int keyCode, int repeatCount, KeyEvent event)
{
    return true;
}
```

```
public void run()
{
    while (!Thread.currentThread().isInterrupted())
    {
        try
        {
            Thread.sleep(100);
        }
        catch (InterruptedException e)
        {
            Thread.currentThread().interrupt();
        }
        // 使用postInvalidate可以直接在线程中更新界面
        postInvalidate();
    }
}
```

执行后的效果如图11-1所示。

图11-1 执行效果

11.1.2 使用Paint类

有了画布之后，还需要用一支画笔来绘制图形图像。在Android系统中，绘制二维图形图像的画笔是类Paint。类Paint的完整写法是Android.Graphics.Paint，在里面定义了画笔和画刷的属性。在类Paint中的常用方法如下所示。

（1）void reset()：实现重置功能。

（2）void setARGB(int a, int r, int g, int b)或void setColor(int color)：功能是设置Paint对象的颜色。

（3）void setAntiAlias(boolean aa)：功能是设置是否抗锯齿，此方法需要配合void setFlags (Paint.ANTI_ALIAS_FLAG)方法一起使用，来帮助消除锯齿使其边缘更平滑。

（4）Shader setShader(Shader shader)：功能是设置阴影效果，Shader类是一个矩阵对象，如果为null则清除阴影。

（5）void setStyle(Paint.Style style)：功能是设置样式，一般为Fill填充，或者STROKE凹陷效果。

（6）void setTextSize(float textSize)：功能是设置字体的大小。

（7）void setTextAlign(Paint.Align align)：功能是设置文本的对齐方式。

（8）Typeface setTypeface(Typeface typeface)：功能是设置具体的字体，通过Typeface可以加载Android内部的字体，对于中文来说一般为宋体，我们可以根据需要来自己添加部分字体，例如雅黑等。

（9）void setUnderlineText(boolean underlineText)：功能是设置是否需要下划线。

在接下来的内容中，将通过一个具体实例来讲解联合使用类Color和类Paint实现绘图的过程。

题目	目的	源码路径
实例11-2	使用Color类和Paint类实现绘图处理	\daima\11\PaintL

本实例的具体实现流程如下所示。

（1）编写布局文件main.xml，具体代码如下所示。

```
<LinearLayout xmlns:Android="http://schemas.Android.com/apk/res/Android"
    Android:orientation="vertical"
    Android:layout_width="fill_parent"
    Android:layout_height="fill_parent"
    >
<TextView
    Android:layout_width="fill_parent"
    Android:layout_height="wrap_content"
    Android:text="@string/hello"
    />
</LinearLayout>
```

（2）编写文件Activity.java，通过代码语句"mGameView = new GameView(this)"，调用Activity类的

setContentView方法来设置要显示的具体View类。文件Activity.java的主要代码如下所示。

```
public class Activity01 extends Activity
{
    @Override
    public void onCreate(Bundle savedInstanceState)
    {
        super.onCreate(savedInstanceState);

        mGameView = new GameView(this);

        setContentView(mGameView);
    }
}
```

（3）编写文件draw.java来绘制出指定的图形，首先声明Paint对象mPaint，定义draw分别用于构建对象和开启线程，主要实现代码如下所示。

```
/* 声明Paint对象 */
private Paint mPaint    = null;
public draw(Context context)
{
    super(context);
    /* 构建对象 */
    mPaint = new Paint();
    /* 开启线程 */
    new Thread(this).start();
}
```

然后定义方法onDraw实现具体的绘制操作，先设置Paint格式和颜色，并根据提取的颜色、尺寸、风格、字体和属性实现绘制处理，主要实现代码如下所示。

```
public void onDraw(Canvas canvas)
{
    super.onDraw(canvas);
    /* 设置Paint为无锯齿 */
    mPaint.setAntiAlias(true);
    /* 设置Paint的颜色 */
    mPaint.setColor(Color.WHITE);
    mPaint.setColor(Color.BLUE);
    mPaint.setColor(Color.YELLOW);
    mPaint.setColor(Color.GREEN);
    /* 同样是设置颜色 */
    mPaint.setColor(Color.rgb(255, 0, 0));
    /* 提取颜色 */
    Color.red(0xcccccc);
    Color.green(0xcccccc);
    /* 设置paint的颜色和Alpha值(a,r,g,b) */
    mPaint.setARGB(255, 255, 0, 0);
    /* 设置paint的Alpha值 */
    mPaint.setAlpha(220);
    /* 这里可以设置为另外一个Paint对象 */
    // mPaint.set(new Paint());
    /* 设置字体的尺寸 */
    mPaint.setTextSize(14);
    // 设置Paint的风格为"空心".
    // 当然也可以设置为"实心"(Paint.Style.FILL)
    mPaint.setStyle(Paint.Style.STROKE);
    // 设置"空心"的外框的宽度。
    mPaint.setStrokeWidth(5);
    /* 得到Paint的一些属性 */
    Log.i(TAG, "paint的颜色: " + mPaint.getColor());
    Log.i(TAG, "paint的Alpha: " + mPaint.getAlpha());
    Log.i(TAG, "paint的外框的宽度: " + mPaint.getStrokeWidth());
    Log.i(TAG, "paint的字体尺寸: " + mPaint.getTextSize());
    /* 绘制一个矩形 */
    // 肯定是一个空心的矩形
    canvas.drawRect((320 - 80) / 2, 20, (320 - 80) / 2 + 80, 20 + 40, mPaint);
    /* 设置风格为实心 */
    mPaint.setStyle(Paint.Style.FILL);
    mPaint.setColor(Color.GREEN);
```

```
/* 绘制绿色实心矩形 */
canvas.drawRect(0, 20, 40, 20 + 40, mPaint);
```

最后定义触笔事件onTouchEvent，定义按键按下事件onKeyDown，定义按键弹起事件onKeyUp，主要实现代码如下所示。

```
// 触笔事件
public boolean onTouchEvent(MotionEvent event)
{
    return true;
}
// 按键按下事件
public boolean onKeyDown(int keyCode, KeyEvent event)
{
    return true;
}
// 按键弹起事件
public boolean onKeyUp(int keyCode, KeyEvent event)
{
    return false;
}
public boolean onKeyMultiple(int keyCode, int repeatCount, KeyEvent event)
{
    return true;
}
public void run()
{
    while (!Thread.currentThread().isInterrupted())
    {
        try
        {
            Thread.sleep(100);
        }
        catch (InterruptedException e)
        {
            Thread.currentThread().interrupt();
        }
        // 使用postInvalidate可以直接在线程中更新界面
        postInvalidate();
    }
}
```

执行后的效果如图11-2所示。

图11-2　执行效果

11.1.3　位图操作类Bitmap

准备好画布，并准备好指定颜色的画笔后，就可以在画布上创造自己的作品了。但是有的时候，需要更加细致的操作，例如和PhotoShop那样可以在画布中复制图像，可以精确地设置某一个像素的颜色。为了实现上述功能，在Android系统中推出了类Bitmap。类Bitmap的完整写法是"Android.Graphics.Bitmap"，这是一个位图操作类，能够实现对位图的基本操作。在类Bitmap中提供了很多实用的方法，其中最为常用的几种方法如下所示。

（1）boolean compress(Bitmap.CompressFormat format, int quality, OutputStream stream)：功能是压缩一个Bitmap对象，并根据相关的编码和画质保存到一个OutputStream中。目前的压缩格式有JPG和PNG两种。

（2）void copyPixelsFromBuffer(Buffer src)：功能是从一个Buffer缓冲区复制位图像素。

（3）void copyPixelsToBuffer(Buffer dst)：将当前位图像素内容复制到一个Buffer缓冲区。

（4）final int getHeight()：功能是获取对象的高度。

（5）final int getWidth()：功能是获取对象的宽度。

（6）final boolean hasAlpha()：功能是设置是否有透明通道。

（7）void setPixel(int x, int y, int color)：功能是设置某像素的颜色。

（8）int getPixel(int x, int y)：功能是获取某像素的颜色。

在接下来的内容中，将通过一个演示实例来讲解使用Bitmap类实现模拟水纹效果的方法。

题目	目的	源码路径
实例11-3	使用Bitmap类实现模拟水纹效果	\daima\11\BitmapL

实例文件BitmapL1.java的主要实现代码如下所示。

```java
public class BitmapL1 extends View implements Runnable
{
    int BACKWIDTH;
    int BACKHEIGHT;
    short[] buf2;
    short[] buf1;
    int[] Bitmap2;
    int[] Bitmap1;
    public BitmapL1(Context context)
    {
        super(context);
        /* 装载图片 */
        Bitmap        image = BitmapFactory.decodeResource(this.getResources(),R.drawable.qq);
        BACKWIDTH = image.getWidth();
        BACKHEIGHT = image.getHeight();

        buf2 = new short[BACKWIDTH * BACKHEIGHT];
        buf1 = new short[BACKWIDTH * BACKHEIGHT];
        Bitmap2 = new int[BACKWIDTH * BACKHEIGHT];
        Bitmap1 = new int[BACKWIDTH * BACKHEIGHT];
        /* 加载图片的像素到数组中 */
        image.getPixels(Bitmap1, 0, BACKWIDTH, 0, 0, BACKWIDTH, BACKHEIGHT);
        new Thread(this).start();
    }
    void DropStone(int x,// x坐标
                   int y,// y坐标
                   int stonesize,// 波源半径
                   int stoneweight)// 波源能量
    {
        for (int posx = x - stonesize; posx < x + stonesize; posx++)
            for (int posy = y - stonesize; posy < y + stonesize; posy++)
                if ((posx - x) * (posx - x) + (posy - y) * (posy - y) < stonesize * stonesize)
                    buf1[BACKWIDTH * posy + posx] = (short) -stoneweight;
    }
    void RippleSpread()
    {
        for (int i = BACKWIDTH; i < BACKWIDTH * BACKHEIGHT - BACKWIDTH; i++)
        {
            // 波能扩散
            buf2[i] = (short) (((buf1[i - 1] + buf1[i + 1] + buf1[i - BACKWIDTH] + buf1[i +
            BACKWIDTH]) >> 1) - buf2[i]);
            // 波能衰减
            buf2[i] -= buf2[i] >> 5;
        }
        // 交换波能数据缓冲区
        short[] ptmp = buf1;
        buf1 = buf2;
        buf2 = ptmp;
    }
    /* 渲染水纹效果 */
    void render()
    {
        int xoff, yoff;
        int k = BACKWIDTH;
        for (int i = 1; i < BACKHEIGHT - 1; i++)
        {
            for (int j = 0; j < BACKWIDTH; j++)
            {
```

```
                    // 计算偏移量
                    xoff = buf1[k - 1] - buf1[k + 1];
                    yoff = buf1[k - BACKWIDTH] - buf1[k + BACKWIDTH];
                    // 判断坐标是否在窗口范围内
                    if ((i + yoff) < 0)
                    {
                        k++;
                        continue;
                    }
                    if ((i + yoff) > BACKHEIGHT)
                    {
                        k++;
                        continue;
                    }
                    if ((j + xoff) < 0)
                    {
                        k++;
                        continue;
                    }
                    if ((j + xoff) > BACKWIDTH)
                    {
                        k++;
                        continue;
                    }
                    // 计算出偏移像素和原始像素的内存地址偏移量
                    int pos1, pos2;
                    pos1 = BACKWIDTH * (i + yoff) + (j + xoff);
                    pos2 = BACKWIDTH * i + j;
                    Bitmap2[pos2++] = Bitmap1[pos1++];
                    k++;
                }
            }
        }

public void onDraw(Canvas canvas)
{
    super.onDraw(canvas);
    /* 绘制经过处理的图片效果 */
    canvas.drawBitmap(Bitmap2, 0, BACKWIDTH, 0, 0, BACKWIDTH, BACKHEIGHT, false, null);
}
// 触笔事件
public boolean onTouchEvent(MotionEvent event)
{
    return true;
}
// 按键按下事件
public boolean onKeyDown(int keyCode, KeyEvent event)
{
    return true;
}
// 按键弹起事件
public boolean onKeyUp(int keyCode, KeyEvent event)
{
    DropStone(BACKWIDTH/2, BACKHEIGHT/2, 10, 30);
    return false;
}
public boolean onKeyMultiple(int keyCode, int repeatCount, KeyEvent event)
{
    return true;
}
/*线程处理*/
public void run()
{
    while (!Thread.currentThread().isInterrupted())
    {
        try
        {
            Thread.sleep(50);
```

```
        }
        catch (InterruptedException e)
        {
            Thread.currentThread().interrupt();
        }
        RippleSpread();
        render();
        //使用postInvalidate可以直接在线程中更新界面
        postInvalidate();
    }
}
```

图11-3 执行效果

执行后将通过对图像像素的操作来模拟水纹效果，如图11-3所示。

11.2 使用其他的绘图类

经过本章前面内容的学习，已经了解了画布类、画图类和位图操作类的基本知识，根据这3种技术可以在手机屏幕中绘制图形图像。另外，在Android多媒体开发应用中，还可以使用其他的绘图类来绘制二维图形图像。有关这些其他绘图类的具体用法，在本节的内容中将进行详细讲解。

11.2.1 使用设置文本颜色类Color

在Android系统中，类Color的完整写法是Android.Graphics.Color，通过此类可以很方便地绘制2D图像，并为这些图像填充不同的颜色。在Android平台上有很多种表示颜色的方法，在里面包含了如下12种最常用的颜色。

- ❑ Color.BLACK
- ❑ Color.BLUE
- ❑ Color.CYAN
- ❑ Color.DKGRAY
- ❑ Color.GRAY
- ❑ Color.GREEN
- ❑ Color.LTGRAY
- ❑ Color.MAGENTA
- ❑ Color.RED
- ❑ Color.TRANSPARENT
- ❑ Color.WHITE
- ❑ Color.YELLOW

在类Color中包含了如下3种常用的静态方法。

（1）static int argb(int alpha, int red, int green, int blue)：功能是构造一个包含透明对象的颜色。

（2）static int rgb(int red, int green, int blue)：功能是构造一个标准的颜色对象。

（3）static int parseColor(String colorString)：功能是解析一种颜色字符串的值，比如传入Color.BLACK。

类Color中的静态方法返回的都是一个整型结果，例如返回0xff00ff00表示绿色，返回0xffff0000表示红色。我们可以将这个DWORD型看作AARRGGBB，AA代表Aphla透明色，后面的RRGGBB是具体颜色值，用0~255之间的数字表示。

在接下来的内容中，将通过一个具体的演示实例来讲解使用类Color更改文字颜色的基本方法。

题目	目的	源码路径
实例11-4	使用类Color更改文字的颜色	\daima\11\yanse

1. 设计理念

在本实例中，预先在Layout中插入两个TextView控件，并通过两种程序的描述方法来实时更改原来Layout里TextView的背景色以及文字颜色，最后使用类Android.Graphics.Color来更改文字的前景色。

2. 具体实现

（1）编写主文件yanse.java，功能是调用各个公用文件来实现具体的功能，主要实现代码如下所示。

```
public void onCreate(Bundle savedInstanceState)
{
    super.onCreate(savedInstanceState);
    setContentView(R.layout.main);
    mTextView01 = (TextView) findViewById(R.id.myTextView01);
    mTextView01.setText("使用的是Drawable背景色文本。");
    Resources resources = getBaseContext().getResources();
    Drawable HippoDrawable = resources.getDrawable(R.drawable.white);
    mTextView01.setBackgroundDrawable(HippoDrawable);
    mTextView02 = (TextView) findViewById(R.id.myTextView02);
    mTextView02.setTextColor(Color.MAGENTA);
}
}
```

在上述代码中，分别新建了两个类成员变量mTextView01和mTextView02，这两个变量在onCreate之初，以findViewById方法使之初始化为layout（main.xml）里的TextView对象。在当中使用了Resource类以及Drawable类，分别创建了resources对象以及HippoDrawable对象，并调用了setBackgroundDrawable来更改mTextView01的文字底纹。更改TextView里的文字，则使用了setText方法。

在mTextView02中，使用了类Android.Graphics.Color中的颜色常数，并使用setTextColor来更改文字的前景色。

（2）编写布局文件main.xml，在里面使用了两个TextView对象，主要实现代码如下所示。

```
<?xml version="1.0" encoding="utf-8"?>
<LinearLayout xmlns:android="http://schemas.android.com/apk/res/android"
    android:orientation="vertical"
    android:layout_width="fill_parent"
    android:layout_height="fill_parent"
    >
    <TextView
    android:id="@+id/myTextView01"
    android:layout_width="fill_parent"
    android:layout_height="wrap_content"
    android:text="@string/str_textview01"
    />
    <TextView
    android:id="@+id/myTextView02"
    android:layout_width="fill_parent"
    android:layout_height="wrap_content"
    android:text="@string/str_textview02"
```

```
</LinearLayout>
```

经过上述操作设置，此实例的主要文件编程完毕。调试运行后的效果如图11-4所示。

图11-4　运行效果

11.2.2　使用矩形类Rect和RectF

1. 类Rect

在Android系统中，类Rect的完整形式是Android.Graphics.Rect，表示矩形区域。类Rect除了能够表示一个矩形区域位置描述外，还可以帮助计算图形之间是否碰撞(包含)关系，这一点对于Android游戏开发比较有用。在类Rect中的方法成员中，主要通过如下3种重载方法来判断包含关系。

```
boolean contains(int left, int top, int right, int bottom)
boolean contains(int x, int y)
boolean contains(Rect r)
```

在上述构造方法中包含了4个参数left、top、right、bottom，分别代表左、上、右、下4个方向，具体说明如下所示。

- ❑ left：矩形区域中左边的*x*坐标。
- ❑ top：矩形区域中顶部的*y*坐标。
- ❑ right：矩形区域中右边的*x*坐标。
- ❑ bottom：矩形区域中底部的*y*坐标。

例如下面代码的含义是，左上角的坐标是（150,75），右下角的坐标是（260,120）。

```
Rect(150, 75, 260, 120)
```

2. 类RectF

在Android系统中，另外一个矩形类是RectF，此类和类Rect的用法几乎完全相同。两者的区别是精度不一样，Rect是使用int类型作为数值，RectF是使用float类型作为数值。在类RectF中包含了一个矩形的四个单精度浮点坐标，通过上下左右4个边的坐标来表示一个矩形。这些坐标值属性可以被直接访问，使用width和height方法可以获取矩形的宽和高。

类Rect和类RectF提供的方法也不是完全一致，类RectF提供了如下所示的构造方法。

- ❑ RectF()：功能是构造一个无参的矩形。
- ❑ RectF(float left,float top,float right,float bottom)：功能是构造一个指定了4个参数的矩形。
- ❑ RectF(Rect F r)：功能是根据指定的RectF对象来构造一个RectF对象(对象的左边坐标不变)。
- ❑ RectF(Rect r)：功能是根据给定的Rect对象来构造一个RectF对象。

另外在类RectF中还提供了很多功能强大的方法，具体说明如下所示。

- ❑ Public Boolean contain(RectF r)：功能是判断一个矩形是否在此矩形内，如果在这个矩形内或者和这个矩形等价则返回true，同样类似的方法还有public Boolean contain(float left,float top,float right,float bottom)和public Boolean contain(float x,float y)。
- ❑ Public void union(float x,float y)：功能是更新这个矩形，使它包含矩形自己和（*x*，*y*）这个点。

在接下来的内容中，将通过一个具体的演示实例来讲解在Android中使用矩形类Rect和RectF的方法。

题目	目的	源码路径
实例11-5	在Android中使用矩形类Rect和RectF	\daima\11\RectL

实例文件RectL.java的主要实现代码如下所示。

```
/* 声明Paint对象 */
private Paint mPaint = null;
    private RectL_1 mGameView2 = null;
public RectL(Context context)
{
    super(context);
    /* 构建对象 */
    mPaint = new Paint();

    mGameView2 = new RectL_1(context);

    /* 开启线程 */
    new Thread(this).start();
}

public void onDraw(Canvas canvas)
{
    super.onDraw(canvas);

    /* 设置画布为黑色背景 */
    canvas.drawColor(Color.BLACK);
    /* 取消锯齿 */
    mPaint.setAntiAlias(true);

    mPaint.setStyle(Paint.Style.STROKE);

    {
```

```
    /* 定义矩形对象 */
    Rect rect1 = new Rect();
    /* 设置矩形大小 */
    rect1.left = 5;
    rect1.top = 5;
    rect1.bottom = 25;
    rect1.right = 45;

    mPaint.setColor(Color.BLUE);
    /* 绘制矩形 */
    canvas.drawRect(rect1, mPaint);

    mPaint.setColor(Color.RED);
    /* 绘制矩形 */
    canvas.drawRect(50, 5, 90, 25, mPaint);

    mPaint.setColor(Color.YELLOW);
    /* 绘制圆形(圆心x,圆心y,半径r,p) */
    canvas.drawCircle(40, 70, 30, mPaint);

    /* 定义椭圆对象 */
    RectF rectf1 = new RectF();
    /* 设置椭圆大小 */
    rectf1.left = 80;
    rectf1.top = 30;
    rectf1.right = 120;
    rectf1.bottom = 70;

    mPaint.setColor(Color.LTGRAY);
    /* 绘制椭圆 */
    canvas.drawOval(rectf1, mPaint);

    /* 绘制多边形 */
    Path path1 = new Path();

    /*设置多边形的点*/
    path1.moveTo(150+5, 80-50);
    path1.lineTo(150+45, 80-50);
    path1.lineTo(150+30, 120-50);
    path1.lineTo(150+20, 120-50);
    /* 使这些点构成封闭的多边形 */
    path1.close();

    mPaint.setColor(Color.GRAY);
    /* 绘制这个多边形 */
    canvas.drawPath(path1, mPaint);

    mPaint.setColor(Color.RED);
    mPaint.setStrokeWidth(3);
    /* 绘制直线 */
    canvas.drawLine(5, 110, 315, 110, mPaint);
}
//
//下面绘制实心几何体
//
mPaint.setStyle(Paint.Style.FILL);
{
    /* 定义矩形对象 */
    Rect rect1 = new Rect();
    /* 设置矩形大小 */
    rect1.left = 5;
    rect1.top = 130+5;
    rect1.bottom = 130+25;
    rect1.right = 45;
    mPaint.setColor(Color.BLUE);
    /* 绘制矩形 */
    canvas.drawRect(rect1, mPaint);
```

```
                    mPaint.setColor(Color.RED);
                    /* 绘制矩形 */
                    canvas.drawRect(50, 130+5, 90, 130+25, mPaint);
                    mPaint.setColor(Color.YELLOW);
                    /* 绘制圆形(圆心x,圆心y,半径r,p) */
                    canvas.drawCircle(40, 130+70, 30, mPaint);
                    /* 定义椭圆对象 */
                    RectF rectf1 = new RectF();
                    /* 设置椭圆大小 */
                    rectf1.left = 80;
                    rectf1.top = 130+30;
                    rectf1.right = 120;
                    rectf1.bottom = 130+70;
                    mPaint.setColor(Color.LTGRAY);
                    /* 绘制椭圆 */
                    canvas.drawOval(rectf1, mPaint);
                    /* 绘制多边形 */
                    Path path1 = new Path();
                    /*设置多边形的点*/
                    path1.moveTo(150+5, 130+80-50);
                    path1.lineTo(150+45, 130+80-50);
                    path1.lineTo(150+30, 130+120-50);
                    path1.lineTo(150+20, 130+120-50);
                    /* 使这些点构成封闭的多边形 */
                    path1.close();
                    mPaint.setColor(Color.GRAY);
                    /* 绘制这个多边形 */
                    canvas.drawPath(path1, mPaint);
                    mPaint.setColor(Color.RED);
                    mPaint.setStrokeWidth(3);
                    /* 绘制直线 */
                    canvas.drawLine(5, 130+110, 315, 130+110, mPaint);
            }
            /* 通过ShapeDrawable来绘制几何图形 */
            mGameView2.DrawShape(canvas);
    }
// 触笔事件
public boolean onTouchEvent(MotionEvent event)
{
        return true;
}
// 按键按下事件
public boolean onKeyDown(int keyCode, KeyEvent event)
{
        return true;
}
// 按键弹起事件
public boolean onKeyUp(int keyCode, KeyEvent event)
{
        return false;
}
public boolean onKeyMultiple(int keyCode, int repeatCount, KeyEvent event)
{
        return true;
}
public void run()
{
        while (!Thread.currentThread().isInterrupted())
        {
            try
            {
                Thread.sleep(100);
            }
            catch (InterruptedException e)
            {
                Thread.currentThread().interrupt();
            }
            //使用postInvalidate可以直接在线程中更新界面
```

```
                    postInvalidate();
            }
        }
    }
```

执行后的效果如图11-5所示。

图11-5 执行效果

11.2.3 使用变换处理类Matrix

在Android系统中，类Matrix的完整形式是Android.Graphics.Matrix，功能是实现图形图像的变换操作，例如常见的缩放和旋转处理。在类Matrix中提供了如下几种常用的方法。

（1）void reset()：功能是重置一个matrix对象。

（2）void set(Matrix src)：功能是复制一个源矩阵，和本类的构造方法Matrix(Matrix src)一样。

（3）boolean isIdentity()：功能是返回这个矩阵是否定义(已经有意义)。

（4）void setRotate(float degrees)：功能是指定一个角度以0,0为坐标进行旋转。

（5）void setRotate(float degrees, float px, float py)：功能是指定一个角度以px,py为坐标进行旋转。

（6）void setScale(float sx, float sy)：功能是实现缩放处理。

（7）void setScale(float sx, float sy, float px, float py)：功能是以坐标px,py进行缩放。

（8）void setTranslate(float dx, float dy)：功能是实现平移处理。

（9）void setSkew (float kx, float ky, float px, float py：功能是以坐标(px, py)进行倾斜。

（10）void setSkew (float kx, float ky)：功能是实现倾斜处理。

在接下来的内容中，将通过一个具体的演示实例来讲解用类Matrix实现图片缩放功能的方法。

题目	目的	源码路径
实例11-6	使用Matrix类实现图片缩放功能	\daima\11\MatrixL

本实例的核心程序文件是MatrixL.java，功能是实现图片缩放处理，分别定义缩小按钮的响应mButton01.setOnClickListener，放大按钮响应mButton02.setOnClickListener。文件MatrixL.java的主要实现代码如下所示。

```
public class MatrixL extends Activity
{
    /* 相关变量声明 */
    private ImageView mImageView;
    private Button mButton01;
    private Button mButton02;
    private AbsoluteLayout layout1;
    private Bitmap bmp;
    private int id=0;
    private int displayWidth;
    private int displayHeight;
```

```
private float scaleWidth=1;
private float scaleHeight=1;
public void onCreate(Bundle savedInstanceState)
{
    super.onCreate(savedInstanceState);
    /* 载入main.xml Layout */
    setContentView(R.layout.main);

    /* 取得屏幕分辨率大小 */
    DisplayMetrics dm=new DisplayMetrics();
    getWindowManager().getDefaultDisplay().getMetrics(dm);
    displayWidth=dm.widthPixels;
    /* 屏幕高度须扣除下方Button高度 */
    displayHeight=dm.heightPixels-80;
    /* 初始化相关变量 */
    bmp=BitmapFactory.decodeResource(getResources(),
                                     R.drawable.suofang);
    mImageView = (ImageView)findViewById(R.id.myImageView);
    layout1 = (AbsoluteLayout)findViewById(R.id.layout1);
    mButton01 = (Button)findViewById(R.id.myButton1);
    mButton02 = (Button)findViewById(R.id.myButton2);
    /* 缩小按钮onClickListener */
    mButton01.setOnClickListener(new Button.OnClickListener()
    {
        @Override
        public void onClick(View v)
        {
            small();
        }
    });
    /* 放大按钮onClickListener */
    mButton02.setOnClickListener(new Button.OnClickListener()
    {
        @Override
        public void onClick(View v)
        {
            big();
        }
    });
}
/* 图片缩小的method */
private void small()
{
    int bmpWidth=bmp.getWidth();
    int bmpHeight=bmp.getHeight();
    /* 设置图片缩小的比例 */
    double scale=0.8;
    /* 计算出这次要缩小的比例 */
    scaleWidth=(float) (scaleWidth*scale);
    scaleHeight=(float) (scaleHeight*scale);

    /* 产生reSize后的Bitmap对象 */
    Matrix matrix = new Matrix();
    matrix.postScale(scaleWidth, scaleHeight);
    Bitmap resizeBmp = Bitmap.createBitmap(bmp,0,0,bmpWidth,
                                           bmpHeight,matrix,true);
    if(id==0)
    {
        /* 如果是第一次按，就删除原来默认的ImageView */
        layout1.removeView(mImageView);
    }
    else
    {
        /* 如果不是第一次按，就删除上次放大缩小所产生的ImageView */
        layout1.removeView((ImageView)findViewById(id));
    }
    /* 产生新的ImageView, 放入reSize的Bitmap对象，再放入Layout中 */
    id++;
```

```
        ImageView imageView = new ImageView(suofang.this);
        imageView.setId(id);
        imageView.setImageBitmap(resizeBmp);
        layout1.addView(imageView);
        setContentView(layout1);

        /* 因为图片放到最大时放大按钮会disable，所以在缩小时把它重设为enable */
        mButton02.setEnabled(true);
    }
    /* 图片放大的method */
    private void big()
    {
        int bmpWidth=bmp.getWidth();
        int bmpHeight=bmp.getHeight();
        /* 设置图片放大的比例 */
        double scale=1.25;
        /* 计算这次要放大的比例 */
        scaleWidth=(float)(scaleWidth*scale);
        scaleHeight=(float)(scaleHeight*scale);

        /* 产生reSize后的Bitmap对象 */
        Matrix matrix = new Matrix();
        matrix.postScale(scaleWidth, scaleHeight);
        Bitmap resizeBmp = Bitmap.createBitmap(bmp,0,0,bmpWidth,
                                               bmpHeight,matrix,true);

        if(id==0)
        {
            /* 如果是第一次按，就删除原来设置的ImageView */
            layout1.removeView(mImageView);
        }
        else
        {
            /* 如果不是第一次按，就删除上次放大缩小所产生的ImageView */
            layout1.removeView((ImageView)findViewById(id));
        }
        /* 产生新的ImageView，放入reSize的Bitmap对象，再放入Layout中 */
        id++;
        ImageView imageView = new ImageView(suofang.this);
        imageView.setId(id);
        imageView.setImageBitmap(resizeBmp);
        layout1.addView(imageView);
        setContentView(layout1);

        /* 如果再放大大会超过屏幕大小，就把Button disable */
        if(scaleWidth*scale*bmpWidth>displayWidth||
           scaleHeight*scale*bmpHeight>displayHeight)
        {
            mButton02.setEnabled(false);
        }
    }
}
```

执行后将显示一幅图片和两个按钮，分别单击"缩小"和"放大"按钮后会实现对图片的缩小、放大处理，如图11-6所示。

图11-6 执行效果

11.2.4 使用BitmapFactory类

在Android系统中，类BitmapFactory的完整形式是Android.Graphics.BitmapFactory。类BitmapFactory是Bitmap对象的I/O类，在里面提供了丰富的构造Bitmap对象的方法，比如从一个字节数组、文件系统、资源ID以及输入流中来创建一个Bitmap对象。在类BitmapFactory中提供了如下所示的成员。

（1）从字节数组中的创建方法。

❑ static Bitmap decodeByteArray(byte[] data, int offset, int length)

❑ static Bitmap decodeByteArray(byte[] data, int offset, int length, BitmapFactory.Options opts)

（2）从文件中创建方法，在使用时要写全路径。

❑ static Bitmap decodeFile(String pathName, BitmapFactory.Options opts)

❑ static Bitmap decodeFile(String pathName)

（3）从输入流句柄中的创建方法。

❑ static Bitmap decodeFileDescriptor(FileDescriptor fd, Rect outPadding, BitmapFactory.Options opts)

❑ static Bitmap decodeFileDescriptor(FileDescriptor fd)

（4）从Android的APK文件资源中的创建方法

❑ static Bitmap decodeResource(Resources res, int id)

❑ static Bitmap decodeResource(Resources res, int id, BitmapFactory.Options opts)

❑ static Bitmap decodeResourceStream(Resources res, TypedValue value, InputStream is, Rect pad, BitmapFactory.Options opts)

（5）从一个输入流中的创建方法。

❑ static Bitmap decodeStream(InputStream is)

❑ static Bitmap decodeStream(InputStream is, Rect outPadding, BitmapFactory.Options opts)

在智能手机系统中，很有必要获取屏幕中某幅图片的宽和高。在接下来的内容中，将通过一个具体的演示实例来讲解使用类BitmapFactory获取指定图片的宽和高的方法。

题目	目的	源码路径
实例11-7	使用BitmapFactory类获取指定图片的宽和高	\daima\11\BitmapFactoryL

在本实例中，通过ListView控件实现了一个操作选项效果，当用户单击一个选项后能够分别获取图片的宽和高。在具体实现上，通过Bitmap对象的BitmapFactory.decodeResource方法来获取预先设定的图片"m123.png"，然后再通过Bitmap对象的getHeight和getWidth来获取图片的宽和高。本实例的主程序文件是BitmapFactoryL.java，具体实现流程如下所示。

（1）通过findViewById构造器来创建TextView和ImageView对象，然后将Drawable中的图片m123.png放入自定义的ImageView中，主要实现代码如下所示。

```
public void onCreate(Bundle savedInstanceState)
{
    super.onCreate(savedInstanceState);
    setContentView(R.layout.main);

    /*通过findViewById构造器创建TextView与ImageView对象*/
    mTextView01 = (TextView)findViewById(R.id.myTextView1);
    mImageView01= (ImageView)findViewById(R.id.myImageView1);
    /*将Drawable中的图片baby.png放入自定义的ImageView中*/
    mImageView01.setImageDrawable(getResources().
                 getDrawable(R.drawable.m123));
```

（2）设置OnCreateContextMenuListener监听给TextView，这样图片上可以使用ContextMenu，然后覆盖OnCreateContextMenu来创建ContextMenu的选项，主要实现代码如下所示。

```
/*设置OnCreateContextMenuListener给TextView让图片上可以使用ContextMenu*/
mImageView01.setOnCreateContextMenuListener
(new ListView.OnCreateContextMenuListener()
{
    /*覆盖OnCreateContextMenu来创建ContextMenu的选项*/
    public void onCreateContextMenu
    (ContextMenu menu, View v, ContextMenuInfo menuInfo)
    {
        menu.add(Menu.NONE, CONTEXT_ITEM1, 0, R.string.str_context1);
        menu.add(Menu.NONE, CONTEXT_ITEM2, 0, R.string.str_context2);
        menu.add(Menu.NONE, CONTEXT_ITEM3, 0, R.string.str_context3);
    }
});
}
```

（3）覆盖OnContextItemSelected来定义用户单击MENU键后的动作，然后通过自定义Bitmap对象

BitmapFactory.decodeResource来获取预设的图片资源，主要实现代码如下所示。

```
/*覆盖OnContextItemSelected来定义用户点击menu后的动作*/
public boolean onContextItemSelected(MenuItem item)
{
  /*自定义Bitmap对象并通过BitmapFactory.decodeResource取得
   *预先Import至Drawable的baby.png图档*/
  Bitmap myBmp = BitmapFactory.decodeResource
    (getResources(), R.drawable.baby);
  /*通过Bitmap对象的getHight与getWidth来取得图片宽和高*/
  int intHeight = myBmp.getHeight();
  int intWidth = myBmp.getWidth();
```

（4）根据用户选择的选项，分别通过方法getHeight()和getWidth()获取对应图片的宽度和高度，主要实现代码如下所示。

```
try
{
  /*菜单选项与动作*/
  switch(item.getItemId())
  {
    /*将图片宽度显示在TextView中*/
    case CONTEXT_ITEM1:
      String strOpt =
      getResources().getString(R.string.str_width)
      +"="+Integer.toString(intWidth);
      mTextView01.setText(strOpt);
      break;
    /*将图片高度显示在TextView中*/
    case CONTEXT_ITEM2:
      String strOpt2 =
      getResources().getString(R.string.str_height)
      +"="+Integer.toString(intHeight);
      mTextView01.setText(strOpt2);
      break;
    /*将图片宽高显示在TextView中*/
    case CONTEXT_ITEM3:
      String strOpt3 =
      getResources().getString(R.string.str_width)
      +"="+Integer.toString(intWidth)+"\n"
      +getResources().getString(R.string.str_height)
      +"="+Integer.toString(intHeight);
      mTextView01.setText(strOpt3);
      break;
  }
}
catch(Exception e)
{
  e.printStackTrace();
}
return super.onContextItemSelected(item);
}
```

执行后的效果如图11-7所示，当长时间选中图片后会弹出用户选项，如图11-8所示。当选择一个选项后，会弹出对应的获取数值，如图11-9所示。

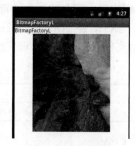

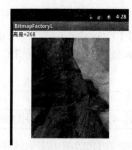

图11-7 初始效果　　　　图11-8 弹出选项　　　　图11-9 初始效果

11.3　使用Drawable实现动画效果

在Android系统中，通过类Drawable可以实现动画效果，尽管这个类比较抽象。在本节的内容中，将详细讲解使用类Drawable实现动画效果的基本知识，为读者步入本书后面知识的学习打下基础。

11.3.1　Drawable基础

下面先通过一个简单的例子程序来理解它。在这个例子中，使用类Drawable的子类ShapeDrawable来画图，具体代码如下所示。

```
public class testView extends View {
private ShapeDrawable mDrawable;
public testView(Context context) {
super(context);
int x = 10;
int y = 10;
int width = 300;
int height = 50;
mDrawable = new ShapeDrawable(new OvalShape());
mDrawable.getPaint().setColor(0xff74AC23);
mDrawable.setBounds(x, y, x + width, y + height);
}
protected void onDraw(Canvas canvas)
super.onDraw(canvas);
canvas.drawColor(Color.WHITE);//画白色背景
mDrawable.draw(canvas);
}
}
```

在上述代码的实现流程如下所示。

（1）创建一个OvalShape（椭圆）。

（2）使用刚创建的OvalShape构造一个ShapeDrawable对象mDrawable。

（3）设置mDrawable的颜色。

（4）设置mDrawable的大小。

（5）将mDrawable绘制在testView的画布上。

上述代码的执行效果如图11-10所示。

图11-10　执行效果

通过这个简单的例子可以帮我们理解什么是Drawable，Drawable 就是一个可画的对象，可能是一张位图（BitmapDrawable），也可能是一个图形（ShapeDrawable），还有可能是一个图层（LayerDrawable）。在项目中可以根据画图的需求，创建相应的可画对象，就可以将这个可画对象当作一块"画布（Canvas）"，在其上面操作可画对象，并最终将这种可画对象显示在画布上，有点类似于"内存画布"。

11.3.2　使用Drawable实现动画效果

11.3.1节中只是一个简单的使用Drawable的例子，完全没有体现出Drawable的强大功能。Android SDK中说明了Drawable主要的作用是在XML中定义各种动画，然后把XML当作Drawable资源来读取，通过Drawable显示动画。在接下来的内容中，将通过一个具体的演示实例来讲解Drawable实现动画效果的方法。

题目	目的	源码路径
实例11-8	用Drawable实现动画效果	\daima\11\testDrawable

本实例是在11.3.1节中实例的基础上实现的，具体修改过程如下所示。

（1）去掉文件"layout/main.xml"中的TextView，增加ImagView，主要实现代码如下所示。

```
<ImageView
android:layout_width="wrap_content"
android:layout_height="wrap_content"
android:tint="#55ff0000"
android:src="@drawable/my_image"/>
```

（2）新建一个XML文件，命名为expand_collapse.xml，主要实现代码如下所示。

```
<?xml version="1.0"encoding="UTF-8"?>
<transition xmlns:android="http://schemas.android.com/apk/res/android">
<item android:drawable="@drawable/image_expand"/>
<item android:drawable="@drawable/image_collapse"/>
</transition>
```

准备3张png格式的素材图片，保存到"到res\drawable"目录下，给3张图片分别命名为：

❏ my_image.png。

❏ image_expand.png。

❏ image_collapse.png。

（3）修改Activity中的代码，主要实现代码如下所示。

```
LinearLayout mLinearLayout;
protected void onCreate(Bundle savedInstanceState) {
super.onCreate(savedInstanceState);
mLinearLayout = new LinearLayout(this);
ImageView i = new ImageView(this);
i.setAdjustViewBounds(true);
i.setLayoutParams(new Gallery.LayoutParams(LayoutParams.WRAP_CONTENT,
LayoutParams.WRAP_CONTENT));
mLinearLayout.addView(i);
setContentView(mLinearLayout);
Resources res = getResources();
TransitionDrawable transition =
(TransitionDrawable) res.getDrawable(R.drawable.expand_collapse);
i.setImageDrawable(transition);
transition.startTransition(10000);
}
```

执行后的效果如图11-11所示。

初始效果　　　　　　　过渡中效果　　　　最后的效果

图11-11　执行效果

由此可见，执行后在屏幕上的显示形式是：从图片image_expand.png过渡到image_collapse.png，也就是我们在expand_collapse.xml中定义的一个Transition动画。

11.4　Tween Animation动画详解

在上一节的内容中，讲解了使用Drawable实现动画效果的知识。其实Drawable的功能何止如此，Drawable更加强大的功能是可以显示Animation。Animation是以XML格式定义的，由于Tween Animation与Frame Animation的定义、使用都有很大的差异，所以特意将定义好的XML文件存放在"res\anim"目录中。

在Android SDK中提供了如下两种Animation。

❏ Tween Animation：通过对场景里的对象不断做图像变换（平移、缩放、旋转）产生动画效果。

❏ Frame Animation：顺序播放事先做好的图像，跟电影类似。

由此可见，在Android平台中提供了如下两类动画：

❑ Tween动画：用于对场景里的对象不断进行图像变换来产生动画效果，Tween可以把对象进行缩小、放大、旋转和渐变等操作。

❑ Frame动画：用于顺序播放事先做好的图像。

在使用Animation前，需要先学习如何定义Animation，这对我们使用Animation会有很大的帮助。

11.4.1　Tween动画基础

在Android系统中，Tween动画通过对View的内容实现了一系列的的图形变换操作，通过平移、缩放、旋转、改变透明度来实现动画效果。在XML文件中，Tween动画主要包括以下4种动画效果。

❑ Alpha：渐变透明度动画效果。

❑ Scale：渐变尺寸伸缩动画效果。

❑ Translate：画面转移位置移动动画效果。

❑ Rotate：画面转移旋转动画效果。

在Android应用代码中，Tween动画对应以下4种动画效果。

❑ AlphaAnimation：渐变透明度动画效果。

❑ ScaleAnimation：渐变尺寸伸缩动画效果。

❑ TranslateAnimation：画面转换位置移动动画效果。

❑ RotateAnimation：画面转移旋转动画效果。

在Android系统中，Tween动画是预先定义一组指令，这些指令指定了图形变换的类型、触发时间、持续时间。程序沿着时间线执行这些指令就可以实现动画效果。我们可以首先定义Animation动画对象，然后设置该动画的一些属性，最后通过方法startAnimation来开始实现动画效果。

在接下来的内容中，将通过一个具体的演示实例来讲解实现Tween动画的4种效果的方法。

题目	目的	源码路径
实例11-9	演示Tween动画的四种动画效果	\daima\11\myActionAnimation

本实例的具体实现流程如下所示。

（1）编写文件my_alpha_action.xml，实现Alpha渐变透明度动画效果，主要实现代码如下所示。

```
<?xml version="1.0" encoding="utf-8"?>
<set xmlns:android="http://schemas.android.com/apk/res/android" >
<alpha
android:fromAlpha="0.1"
android:toAlpha="1.0"
android:duration="3000"
/>
<!-- 透明度控制动画效果alpha
        浮点型值:
        fromAlpha属性为动画起始时透明度
        toAlpha    属性为动画结束时透明度
        说明:
        0.0表示完全透明
        1.0表示完全不透明
        以上值取0.0~1.0的float数据类型的数字
        长整型值:
        duration    属性为动画持续时间
        说明:
                时间以毫秒为单位
-->
</set>
```

（2）编写文件my_rotate_action.xml，实现Rotate画面转移旋转动画效果，主要实现代码如下所示。

```
<?xml version="1.0" encoding="utf-8"?>
<set xmlns:android="http://schemas.android.com/apk/res/android">
<rotate
        android:interpolator="@android:anim/accelerate_decelerate_interpolator"
```

```
                    android:fromDegrees="0"
                    android:toDegrees="+350"
                    android:pivotX="50%"
                    android:pivotY="50%"
                    android:duration="3000" />
<!-- rotate旋转动画效果
        属性: interpolator指定一个动画的插入器
        在试验过程中, 使用android.res.anim中的资源时候发现有3种动画插入器
        accelerate_decelerate_interpolator    加速-减速 动画插入器
        accelerate_interpolator            加速-动画插入器
        decelerate_interpolator            减速- 动画插入器
        浮点数型值:
        fromDegrees属性为动画起始时物件的角度
        toDegrees    属性为动画结束时物件旋转的角度, 可以大于360度
        当角度为负数——表示逆时针旋转
        当角度为正数——表示顺时针旋转
        (负数from——to正数:顺时针旋转)
        (负数from——to负数:逆时针旋转)
        (正数from——to正数:顺时针旋转)
        (正数from——to负数:逆时针旋转)
        pivotX      属性为动画相对于物件的X坐标的开始位置
        pivotY      属性为动画相对于物件的Y坐标的开始位置
        说明: 以上两个属性值 从0%-100%中取值, 50%为物件的X或Y方向坐标上的中点位置
        长整型值: duration属性为动画持续时间, 时间以毫秒为单位。
-->
</set>
```

（3）编写文件my_scale_action.xml，实现Scale渐变尺寸伸缩动画效果，主要实现代码如下所示。

```
<?xml version="1.0" encoding="utf-8"?>
<set xmlns:android="http://schemas.android.com/apk/res/android">
    <scale android:interpolator="@android:anim/accelerate_decelerate_interpolator"
                    android:fromXScale="0.0"
                    android:toXScale="1.4"
                    android:fromYScale="0.0"
                    android:toYScale="1.4"
                    android:pivotX="50%"
                    android:pivotY="50%"
                    android:fillAfter="false"
                    android:duration="700" />
</set>
<!-- 尺寸伸缩动画效果scale
        属性: interpolator指定一个动画的插入器
        有3种动画插入器
        accelerate_decelerate_interpolator    加速-减速 动画插入器
        accelerate_interpolator            加速-动画插入器
        decelerate_interpolator            减速- 动画插入器
        fromXScale属性为动画起始时X坐标上的伸缩尺寸
        toXScale    属性为动画结束时X坐标上的伸缩尺寸
        fromYScale属性为动画起始时Y坐标上的伸缩尺寸
        toYScale    属性为动画结束时Y坐标上的伸缩尺寸
        以上四种属性值

        0.0表示收缩到没有
        1.0表示正常无伸缩
        值小于1.0表示收缩
        值大于1.0表示放大
        pivotX属性为动画相对于物件的X坐标的开始位置
        pivotY属性为动画相对于物件的Y坐标的开始位置
        以上两个属性值 从0%-100%中取值, 50%为物件的X或Y方向坐标上的中点位置
        duration    属性为动画持续时间, 时间以毫秒为单位
        fillAfter属性, 当设置为true, 该动画转化在动画结束后被应用
-->
```

（4）编写文件my_translate_action.xml，实现Translate画面转移位置移动动画效果，主要实现代码如下所示。

```
<?xml version="1.0" encoding="utf-8"?>
<set xmlns:android="http://schemas.android.com/apk/res/android">
<translate
android:fromXDelta="30"
```

```
android:toXDelta="-80"
android:fromYDelta="30"
android:toYDelta="300"
android:duration="2000"
/>
<!-- translate位置转移动画效果
        fromXDelta属性为动画起始时X坐标上的位置
        toXDelta    属性为动画结束时X坐标上的位置
        fromYDelta属性为动画起始时Y坐标上的位置
        toYDelta    属性为动画结束时Y坐标上的位置
没有指定fromXType、toXType、fromYType和toYType时，默认是以自己为相对参照物
        duration    属性为动画持续时间，时间以毫秒为单位。
-->
</set>
```

（5）编写文件myActionAnimation.java，使用case语句根据用户的选择来显示对应的动画效果，主要实现代码如下所示。

```java
public void onCreate(Bundle savedInstanceState) {
    super.onCreate(savedInstanceState);
    setContentView(R.layout.main);
    button_alpha - (Button) findViewById(R.id.button_Alpha);
    button_alpha.setOnClickListener(this);
    button_scale = (Button) findViewById(R.id.button_Scale);
    button_scale.setOnClickListener(this);
    button_translate = (Button) findViewById(R.id.button_Translate);
    button_translate.setOnClickListener(this);
    button_rotate = (Button) findViewById(R.id.button_Rotate);
    button_rotate.setOnClickListener(this);
}
public void onClick(View button) {
    switch (button.getId()) {
    case R.id.button_Alpha: {
        myAnimation_Alpha = AnimationUtils.loadAnimation(this,R.anim.my_alpha_action);
        button_alpha.startAnimation(myAnimation_Alpha);
    }
        break;
    case R.id.button_Scale: {
        myAnimation_Scale= AnimationUtils.loadAnimation(this,R.anim.my_scale_action);
        button_scale.startAnimation(myAnimation_Scale);
    }
        break;
    case R.id.button_Translate: {
        myAnimation_Translate= AnimationUtils.loadAnimation(this,R.anim.my_translate_action);
        button_translate.startAnimation(myAnimation_Translate);
    }
        break;
    case R.id.button_Rotate: {
        myAnimation_Rotate= AnimationUtils.loadAnimation(this,R.anim.my_rotate_action);
        button_rotate.startAnimation(myAnimation_Rotate);
    }
        break;
    default:
        break;
    }
}
```

执行后的效果如图11-12所示。单击屏幕中的的选项卡会显示对应的动画效果，例如单击"Translate动画"选项后的效果如图11-13所示。

图11-12　执行效果　　　　图11-13　Translate动画效果

11.4.2 Tween动画类详解

在Android系统中的Tween动画应用中，存在了如下所示的应用类。

（1）类AlphaAnimation

类AlphaAnimation是Android系统中的透明度变化动画类，用于控制View对象的透明度变化，该类继承于类Animation。类AlphaAnimation中的很多方法都与类Animation一致，在此类中最常用的方法便是构造方法AlphaAnimation，具体原型如下所示：

```
AlphaAnimation(float fromAlpha, float toAlpha)
```

方法AlphaAnimation的功能是构建一个渐变透明度动画，各个参数的具体说明如下所示。

❑ fromAlpha：表示动画起始透明度。

❑ toAlpha：表示动画结束透明度，其中0.0表示完全透明，1.0表示完全不透明。

（2）尺寸变化动画类ScaleAnimation

在Android系统中，类ScaleAnimation是尺寸变化动画类，用于控制View对象的尺寸变化。类ScaleAnimation继承于类Animation，此类中的很多方法都与Animation类一致。类ScaleAnimation中最常用的方法是构造方法ScaleAnimation，具体原型如下所示：

```
ScaleAnimation(float fromX, float toX, float fromY, float toY, int pivotXType, float pivotXValue,
int pivotYType, float pivotYValue)
```

构造方法ScaleAnimation的功能是构建一个渐变尺寸伸缩动画，各个参数的具体说明如下所示。

❑ fromX和toX：分别表示起始和结束时x坐标上的伸缩尺寸。

❑ fromY和toY：分别表示起始和结束时y坐标上的伸缩尺寸。

❑ pivotXValue和pivotYValue：分别表示动画相对于物件的x、y坐标的开始位置。

❑ pivotYType和pivotXType：分别表示x、y的伸缩模式。

（3）位置变化类TranslateAnimation

在Android系统中，位置变化类TranslateAnimation用于控制View对象的位置变化。类TranslateAnimation继承于类Animation，在此类中的很多方法都与类Animation一致。类TranslateAnimation中最常用的方法是构造方法TranslateAnimation，具体原型如下所示：

```
TranslateAnimation(float fromXDelta, float toXDelta, float fromYDelta, float toYDelta)
```

构造方法TranslateAnimation的功能是构建一个画面转换位置移动动画，各个参数的具体说明如下所示。

❑ fromXDelta：表示起始坐标。

❑ toXDelta：表示结束坐标。

（4）旋转变化动画类RotateAnimation

在Android系统中，旋转变化动画类RotateAnimation用于控制View对象的旋转动作。类RotateAnimation继承于类Animation，在此类中的很多方法都与类Animation类一致，其中最常用的方法便是构造方法RotateAnimation，具体原型如下所示：

```
RotateAnimation(float fromDegress, float toDegress, int pivotXType, float pivotXValue, int
pivotYType, float pivotYValue)
```

构造方法RotateAnimation的功能是构建一个旋转动画，各个参数的具体说明如下所示。

❑ fromDegress：表示开始的角度。

❑ toDegress：表示结束的角度。

❑ pivotXType和pivotYType：分别表示x、y的伸缩模式。

❑ pivotXValue和pivotYValue：分别表示伸缩动画相对于x、y的坐标的开始位置。

（5）动画抽象类Animation

在Android系统中，所有其他一些动画类都要继承类Animation中的实现方法。类Animation主要用于补间动画效果，提供了动画启动、停止、重复、持续时间等方法。在类Animation中的方法适用于任何一种补间动画对象，此类中的常用方法如下所示。

❑ setDuration

方法setDuration用于设置动画的持续时间，以毫秒为单位，具体原型如下所示。

```
public void setDuration (long durationMillis)
```

其中，参数durationMillis为动画的持续时间，单位为毫秒（ms）。

方法setDuration是设置补间动画时间长度的主要方法，使用非常普遍。

❑ startNow

在Android系统中，方法startNow用于启动执行一个动画。此方法是启动执行动画的主要方法，使用时需要先通过方法setAnimation为某一个View对象设置动画。另外，用户在程序中也可以使用View组件的startAnimation方法来启动执行动画。方法startNow的具体原型如下所示。

```
public void startNow ()
```

❑ start

在Android系统中，方法start用于启动执行一个动画。方法start是启动执行动画的另一个主要方法，使用时需要先通过setAnimation方法为某一个View对象设置动画。start方法区别于startNow方法的地方在于，方法start可以用于在getTransformation方法被调用时启动动画，具体原型如下所示。

```
public void start ()
```

方法start的执行效果类似于方法startNow，在此不再进行赘述。

❑ cancel

在Android系统中，方法cancel用于取消一个动画的执行。方法cancel是取得一个正在执行中的动画的主要方法，此方法和startNow方法结合可以实现对动画执行过程的控制。在此需要注意的是，当通过方法cancel取消动画时，必须使用reset方法或者setAnimation方法重新设置，才可以再次执行动画。

方法cancel的具体原型如下所示。

```
public void cancel ()
```

❑ setRepeatCount

在Android系统中，方法setRepeatCount用于设置一个动画效果重复执行的次数。Android系统默认每个动画仅执行一次，通过该方法可以设置动画执行多次。方法setRepeatCount的具体原型如下所示。

```
public void setRepeatCount (int repeatCount)
```

其中，参数repeatCount表示重复执行的次数。如果设置为n，则动画将执行n+1次。

❑ setFillEnabled

在Android系统中，方法setFillEnabled用于使程序能实现填充效果。当该方法设置为true时，将执行setFillBefore和setFillAfter方法进行填充，否则将忽略setFillBefore和setFillAfter方法。方法setFillEnabled的具体原型如下所示。

```
public void setFillEnabled (boolean fillEnabled)
```

其中，参数fillEnabled表示是否使能填充效果，true表示使能该效果，false表示禁用该效果。

❑ setFillBefore方法：设置起始填充

在Android系统中，方法setFillBefore用于设置一个动画效果执行完毕后，View对象返回到起始的位置。方法setFillBefore的效果是系统默认的效果，在执行该方法时需要首先通过setFillEnabled方法设置能够实现填充效果，否则设置无效。方法setFillBefore的具体原型如下所示。

```
public void setFillBefore (boolean fillBefore)
```

其中，参数fillBefore为是否执行起始填充效果，true表示使能该效果，false表示禁用该效果。

❑ setFillAfter

在Android系统中，方法setFillAfter用于设置一个动画效果执行完毕后，View对象保留在终止的位置。在执行方法setFillAfter时，需要首先通过setFillEnabled方法使能实现填充效果，否则设置无效。方法setFillAfter的具体原型如下所示。

```
public void setFillAfter (boolean fillAfter)
```

其中，参数fillAfter为是否执行终止填充效果，true表示使能该效果，false表示禁用该效果。

❑ setRepeatMode

在Android系统中，方法setRepeatMode用于设置一个动画效果执行的重复模式。在Android系统中提供了好几种重复模式，其中最主要的便是RESTART模式和REVERSE模式。方法setRepeatMode的具体原型如下所示。

```
public void setRepeatMode (int repeatMode)
```

其中，参数repeatMode为动画效果的重复模式，常用的取值如下。

➢ RESTART：表示重新从头开始执行。

➢ REVERSE：表示反方向执行。

❑ setStartOffset

在Android系统中，方法setStartOffset用于设置一个动画执行的启动时间，单位为毫秒。系统默认当执行start方法后立刻执行动画，当使用该方法设置后，将延迟一定的时间再启动动画。方法setStartOffset的具体原型如下所示。

```
public void setStartOffset (long startOffset)
```

其中，参数startOffset表示动画的启动时间，单位是毫秒（ms）。

```
public void startAnimation (Animation animation)
```

11.4.3 Tween应用实战

经过本节前面内容的学习，已经详细讲解了在Android系统中进行Tween动画开发的基本知识。在接下来的内容中，将通过两个具体的演示实例来讲解在Android系统中实现Tween动画效果的方法。

题目	目的	源码路径
实例11-10	在Android中实现Tween动画效果	\daima\11\TweenL

实例文件TweenL.java的主要实现代码如下所示。

```
/* 定义Alpha动画 */
private Animation    mAnimationAlpha        = null;

/* 定义Scale动画 */
private Animation    mAnimationScale        = null;

/* 定义Translate动画 */
private Animation    mAnimationTranslate    = null;

/* 定义Rotate动画 */
private Animation    mAnimationRotate    = null;

/* 定义Bitmap对象 */
Bitmap               mBitQQ                = null;

public example9(Context context)
{
    super(context);

    /* 装载资源 */
    mBitQQ = ((BitmapDrawable) getResources().getDrawable(R.drawable.qq)).getBitmap();
}

public void onDraw(Canvas canvas)
{
    super.onDraw(canvas);

    /* 绘制图片 */
    canvas.drawBitmap(mBitQQ, 0, 0, null);
}

public boolean onKeyUp(int keyCode, KeyEvent event)
{
```

```
switch ( keyCode )
{
case KeyEvent.KEYCODE_DPAD_UP:
    /* 创建Alpha动画 */
    mAnimationAlpha = new AlphaAnimation(0.1f, 1.0f);
    /* 设置动画的时间 */
    mAnimationAlpha.setDuration(3000);
    /* 开始播放动画 */
    this.startAnimation(mAnimationAlpha);
    break;
case KeyEvent.KEYCODE_DPAD_DOWN:
    /* 创建Scale动画 */
    mAnimationScale =new ScaleAnimation(0.0f, 1.0f, 0.0f, 1.0f,
                                    Animation.RELATIVE_TO_SELF, 0.5f,
                                    Animation.RELATIVE_TO_SELF, 0.5f);
    /* 设置动画的时间 */
    mAnimationScale.setDuration(500);
    /* 开始播放动画 */
    this.startAnimation(mAnimationScale);
    break;
case KeyEvent.KEYCODE_DPAD_LEFT:
    /* 创建Translate动画 */
    mAnimationTranslate = new TranslateAnimation(10, 100,10, 100);
    /* 设置动画的时间 */
    mAnimationTranslate.setDuration(1000);
    /* 开始播放动画 */
    this.startAnimation(mAnimationTranslate);
    break;
case KeyEvent.KEYCODE_DPAD_RIGHT:
    /* 创建Rotate动画 */
    mAnimationRotate=new RotateAnimation(0.0f, +360.0f,
                                    Animation.RELATIVE_TO_SELF,0.5f,
                                    Animation.RELATIVE_TO_SELF, 0.5f);
    /* 设置动画的时间 */
    mAnimationRotate.setDuration(1000);
    /* 开始播放动画 */
    this.startAnimation(mAnimationRotate);
    break;
}
return true;
}
}
```

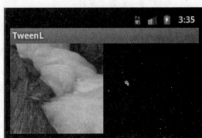

执行后可以通过键盘的上下左右键实现动画效果，如图
11-14所示。

我们知道，在Android系统提供了两种使用Tween
Animation的方法，分别是直接从XML资源中读取Animation，
使用Animation子类的构造函数来初始化Animation对象。

图11-14   执行效果

11.5   实现Frame Animation动画效果

在我们日常生活中见到最多的可能就是Frame动画了，Android中当然也少不了它。在本节的内容中，将简要介绍Frame动画的基本知识，并通过具体实例的实现过程来讲解实现Frame动画的流程，为读者步入本书后面知识的学习打下基础。

11.5.1   Frame动画基础

在Android SDK中，可以通过类AnimationDrawable来定义使用Frame Animation，与此相关的SDK的位置如下所示。

❑ Tween animation：android.view.animation包。

❑ Frame animation：android.graphics.drawable.AnimationDrawable类。

在Android SDK中，AnimationDrawable的功能是获取、设置动画的属性，其中最为常用的方法如下所示。

❑ int getDuration()：功能是获取动画的时长。

❑ int getNumberOfFrames()：功能是获取动画的帧数。

❑ boolean isOneShot()：功能是获取oneshot属性。

❑ Void setOneShot(boolean oneshot)：功能是设置oneshot的属性。

❑ void inflate(Resource r,XmlPullParser p,AttributeSet attrs)：功能是增加、获取帧动画。

❑ Drawable getFrame(int index)：功能是获取某帧的Drawable资源。

❑ void addFrame(Drawable frame,int duration)：功能是为当前动画增加帧（资源，持续时长）。

❑ void start()：表示开始动画。

❑ void run()：表示外界不能直接调用，使用start()替代。

❑ boolean isRunning()：表示当前动画是否在运行。

❑ void stop()：表示停止当前动画。

在Android应用中，可以在XML Resource中定义Frame Animation，此时也是存放到"res\anim"目录下。另外，也可以使用AnimationDrawable中的API来定义Frame Animation。

因为Tween Animation与Frame Animation有着很大的不同，所以定义XML的格式也完全不一样。定义Frame Animation的格式是animation-list根节点，animation-list根节点中包含多个item子节点，每个item节点定义一帧动画，定义当前帧的drawable资源和当前帧持续的时间。在表11-1中对节点中的元素进行了详细说明。

表11-1　XML属性元素说明

XML属性	说明
drawable	当前帧引用的drawable资源
duration	当前帧显示的时间（毫秒为单位）
oneshot	如果为true，表示动画只播放一次停止在最后一帧上，如果设置为false表示动画循环播放
variablePadding	如果为真，允许drawable根据被选择的现状而变动
visible	规定drawable的初始可见性，默认为flase

11.5.2　使用Frame动画

在Android多媒体开发应用中，使用Frame动画的方法十分简单，基本流程如下所示。

（1）首先创建一个AnimationDrawabledF对象来表示Frame动画。

（2）然后通过addFrame方法把每一帧要显示的内容添加进去。

（3）最后通过start方法就可以播放这个动画了，同时还可以通过setOneShot方法设置是否重复播放。

在Android多媒体开发应用中，Frame动画主要是通过类AnimationDrawable来实现的，通过此类中的方法start和stop分别来启动和停止动画。Frame动画一般通过XML文件进行配置，可以在工程中的"res/anim"目录下创建一个XML配置文件，该配置文件有一个<animation-list>根元素和若干个<item>子元素。

在接下来的内容中，将通过一个具体的演示实例来讲解在Android中实现Frame动画效果的方法。

题目	目的	源码路径
实例11-11	在Android中实现Frame动画效果	\daima\11\FrameL

实例文件FrameL.java的主要代码如下所示。

```
/* 定义AnimationDrawable动画 */
private AnimationDrawable     frameAnimation     = null;
Context                       mContext           = null;
/* 定义一个Drawable对象 */
Drawable           mBitAnimation                 = null;
public FrameL(Context context)
{
    super(context);

    mContext = context;

    /* 实例化AnimationDrawable对象 */
    frameAnimation = new AnimationDrawable();

    /* 装载资源 */
    //这里用一个循环了装载所有名字类似的资源
    //如"a1.......11.png"的图片
    //这个方法用处非常大
    for (int i = 1; i <= 15; i++)
    {
        int id = getResources().getIdentifier("a" + i, "drawable", mContext.getPackageName());
        mBitAnimation = getResources().getDrawable(id);
        /* 为动画添加一帧 */
        //参数mBitAnimation是该帧的图片
        //参数500是该帧显示的时间,按毫秒计算
        frameAnimation.addFrame(mBitAnimation, 500);
    }

    /* 设置播放模式是否循环false表示循环而true表示不循环 */
    frameAnimation.setOneShot( false );

    /* 设置本类将要显示这个动画 */
    this.setBackgroundDrawable(frameAnimation);
}

public void onDraw(Canvas canvas)
{
    super.onDraw(canvas);

}

public boolean onKeyUp(int keyCode, KeyEvent event)
{
    switch ( keyCode )
    {
    case KeyEvent.KEYCODE_DPAD_UP:
        /* 开始播放动画 */
        frameAnimation.start();
        break;
    }
    return true;
}
}
```

执行后可以通过按下键盘的上下方键的方式实现动画效果,执行效果如图11-15所示。

图11-15　执行效果

11.6　Property Animation动画

从Android 3.0开始推出了一种全新的动画系统属性动画Property Animation,这是一个全新的可伸缩的动画框架。Property Animation允许我们将动画效果应用到任何对象的任意属性上,例如View、Drawable、Fragment、Object等。通常我们可以为对象的int、float和十六进制的颜色值定义很多动画因素,例如持续时间、重复次数、插入器等。当一个对象有属性使用了这些类型后,就可以随时改变这些值以影响动画效果。在本节的内容中,将详细讲解属性动画Property Animation的基本知识,为读者步

入本书后面知识的学习打下基础。

11.6.1　Property Animation（属性）动画基础

属性动画系统是一个功能强大的框架，无论是否将它绘制到屏幕上，我们都可以定义一个可以改变任何对象的属性的方法，以随着时间的推移而形成动画效果。通过属性动画，可以设置一个对象在屏幕中的位置，要动画多久，和动画之间的距值。

在Android系统中，通过属性动画框架可以定义如下特点的动画。

❑ Duration（时间）：可以指定动画的持续时间，默认长度是300毫秒。

❑ Time interpolation（时间插值）：定义了动画变化的频率。

❑ Repeat count and behavior（重复计数和行为）：可以指定是否有一个动画的重复，还可以指定是否要反向播放动画，也可以设置重复播放的次数。

❑ Animator Sets（动画设置）：可以按照一定的逻辑设置来组织动画，例如同时播放或按顺序播放或指定延迟播放。

❑ Frame refresh delay（帧刷新延迟）：可以指定如何经常刷新动画帧。默认设置每10毫秒刷新，但在应用程序中可以指定刷新帧的速度，这最终取决于系统整体的状态和提供多快的服务速度依据底层的定时器。

在android.animation里面保存了属性动画系统的大部分API。因为视图的动画系统已经在android.view.animation中定义了许多值，所以在此可以使用属性动画系统的值。下表描述了属性动画系统的主要组成部分。在类Animator中提供了用于创建动画的基本结构，但是通常不能直接使用这个类，因为它直接提供最基本的功能必须被扩展到完全支持的动画值。在表11-2中，列出了类Animator中的子类扩展。

表11-2　类Animator中的子类扩展

类	描述
ValueAnimator	属性动画时序引擎也计算属性动画的值，拥有所有的核心功能，能够计算动画值，并包含每个动画，可以设置动画是否重复，并设置自定义类型的功能；在类ValueAnimator中有连个重要属性：动画值计算和设置这些对象的属性动画值；因为ValueAnimator不进行二次处理，所以一定要更新计算ValueAnimator的值并修改想用自己的逻辑动画的对象
ObjectAnimator	ValueAnimator的子类，允许你设置一个目标对象和对象属性的动画；当计算出一个新的动画值，本类更新相应的属性；你大部分情况使用ObjectAnimator，因为它使得动画的目标对象的值更简单；然而，有时你直接使用ValueAnimator，因为ObjectAnimator有一些限制，如对目标对象目前要求的具体acessor方法
AnimatorSet	提供机制，以组合动画一起让它们关联性运行；可以设置动画一起播放，播放顺序顺序，或在指定的延迟之后播放

在属性动画系统中提供了如表11-3所示的Evaluators。

表11-3　Evaluators中接口

类/接口	描述
IntEvaluator	默认的计算器来计算int属性值
FloatEvaluator	默认评估值来计算浮动属性
ArgbEvaluator	默认的计算器计算值表示为十六进制值的色彩属性
TypeEvaluator	允许你创建自己的评估，如果是动画对象的属性，而不是一个整数、浮点数或颜色，则必须实现TypeEvaluator接口以指定如何计算对象属性的动画值；如果想要对比默认行为来处理这些类型的不同，也可以指定自定义的TypeEvaluator整数、浮点数、颜色值

在属性动画系统中，Interpolators（时间插补）定义了如何将一个动画的特定值作为时间函数进行计算的描述。例如可以指定在整个动画系统中实现线性动画，这意味着能够在整个时间段内均匀地移动以实现动画效果。当然可以指定实现非线性时间动画效果，例如实现一个在开始时加速、在最后减速的动画效果。在下面的表11-4中列出了android.view.animation中内置的Interpolators。

表11-4　内置的Interpolators

类/接口	描述
AccelerateDecelerateInterpolator	慢慢开始和结束，在中间加速
AccelerateInterpolator	开始缓慢，然后加快
AnticipateInterpolator	开始时向后，然后向前甩
AnticipateOvershootInterpolator	开始的时候向后，然后向前甩一定值后返回最后的值
BounceInterpolator	动画结束的时候弹起
CycleInterpolator	动画循环播放特定的次数，速率改变沿着正弦曲线
DecelerateInterpolator	在动画开始的地方快，然后慢
LinearInterpolator	以常量速率改变
OvershootInterpolator	向前甩一定值后再回到原来位置
TimeInterpolator	这是一个接口，可以自定义实现Interpolators

11.6.2　使用Property Animation

经过本节前面内容的学习，已经了解了Property Animation的基本知识。在接下来的内容中，将详细讲解使用Property Animation的基本方法。

1．使用ValueAnimator创建动画

在Android系统中，可以通过调用工厂方法ofInt()、ofFloat()和ofObject()的方式获取ValueAnimator实例。例如下面的代码。

```
ValueAnimator animation = ValueAnimator.ofFloat(0f, 1f);
animation.setDuration(1000);
animation.start();
```

通过上述代码，实现了在1000ms内值从0～1的变化。当然可以通过如下代码实现一个自定义的Evaluator。

```
ValueAnimator animation = ValueAnimator.ofObject(new MyTypeEvaluator(), startPropertyValue,
endPropertyValue);
animation.setDuration(1000);
animation.start();
```

在上述代码中，ValueAnimator只是计算了在动画过程中发生变化的值，而没有把这些计算出来的值应用到具体的对象上面，所以也不会显示出任何动画。要把计算出来的值应用到对象上，必须为ValueAnimator注册一个监听器ValueAnimator.AnimatorUpdateListener，我们可以通过该监听器更新对象的属性值。在实现监听器ValueAnimator.AnimatorUpdateListener时，可以通过getAnimatedValue()的方法获取当前帧的值。

2．使用ObjectAnimator创建动画

在Android系统中，ObjectAnimator与ValueAnimator之间的区别如下所示。

❑ ObjectAnimator可以直接将在动画过程中计算出来的的值应用到一个具体对象的属性上。

❑ ValueAnimator需要先另外注册一个监听器，然后才可以将在动画过程中计算出来的值应用到一个具体对象的属性上。

由此可见，当使用ObjectAnimator时不再需要实现ValueAnimator.AnimatorUpdateListener。

具体实例化ObjectAnimator的过程跟ValueAnimator的过程类似，但是需要额外指定具体的对象和对

象的属性名（字符串形式）。例如下面的代码。

```
ObjectAnimator anim = ObjectAnimator.ofFloat(foo, "alpha", 0f, 1f);
anim.setDuration(1000);
anim.start();
```

为了能够让ObjectAnimator正常运作，需要注意如下所示的3点。

❏ 要为对应的对象提供setter方法，例如在上面代码中需要为对象foo添加方法setAlpha(float value)。在不能修改对象源码的情况下，不能先对对象进行封装（extends），或者使用ValueAnimator。

❏ 如果ObjectAnimator的工厂方法中的参数values提供了一个值（需要提供起始值和结束值），那么该值会被认为是结束值，需要通过对象中的方法getter提供起始值。并且在这种情况下，需要提供对应属性的getter方法。例如下面的代码。

```
ObjectAnimator.ofFloat(targetObject, "propName", 1f)
```

❏ 如果动画的对象是View，那么可能需要在回调函数 onAnimationUpdate()中调用方法 View.invalidate()来刷新屏幕，例如设置Drawable对象的属性color。但是因为View中的所有setter 方法（例如setAlpha() and setTranslationX()）会自动地调用方法invalidate()，所以不需要额外调用方法invalidate()。

3．使用AnimatorSet排列多个Animator

有时需要在动画的开始依赖于其他动画的开始或结束，这时可以使用AnimatorSet来绑定这些Animator了。例如下面的代码。

```
AnimatorSet bouncer = new AnimatorSet();
bouncer.play(bounceAnim).before(squashAnim1);
bouncer.play(squashAnim1).with(squashAnim2);
bouncer.play(squashAnim1).with(stretchAnim1);
bouncer.play(squashAnim1).with(stretchAnim2);
bouncer.play(bounceBackAnim).after(stretchAnim2);
ValueAnimator fadeAnim = ObjectAnimator.ofFloat(newBall, "alpha", 1f, 0f);
fadeAnim.setDuration(250);
AnimatorSet animatorSet = new AnimatorSet();
animatorSet.play(bouncer).before(fadeAnim);
animatorSet.start();
```

在上述代码中，动画会按照如下所示的顺序执行。

❏ 播放bounceAnim动画。

❏ 同时播放squashAnim1、squashAnim2、stretchAnim1和stretchAnim2。

❏ 播放bounceBackAnim。

❏ 播放fadeAnim。

4．使用Animation监听器

在Android开发应用中，可以使用下面的监听器来监听重要的事件。

❏ Animator.AnimatorListener

➢ onAnimationStart()：在动画启动时调用。

➢ onAnimationEnd()：在动画结束时调用。

➢ onAnimationRepeat()：在动画重新播放时调用。

➢ onAnimationCancel()：在动画被Cancel时调用，一个被Cancel的动画也会调用onAnimationEnd()。

❏ ValueAnimator.AnimatorUpdateListener

➢ onAnimationUpdate()：在动画的每一帧上调用，在这个方法中可以使用ValueAnimator的getAnimatedValue()方法来获取计算出来的值。此监听器一般只适用于ValueAnimator，另外可能需要在这个方法中调用View.invalidate()方法来刷新屏幕的显示。

在Android开发应用中，可以用继承适配器AnimatorListenerAdapter来代替对Animator.AnimatorListener的接口的实现，接下来只需要实现我们所关心的方法即可。例如下面的代码。

```
ValueAnimatorAnimator fadeAnim = ObjectAnimator.ofFloat(newBall, "alpha", 1f, 0f);
fadeAnim.setDuration(250);
fadeAnim.addListener(new AnimatorListenerAdapter() {
```

```
public void onAnimationEnd(Animator animation) {
    balls.remove(((ObjectAnimator)animation).getTarget());
}
```

5. 使用ViewPropertyAnimator创建动画

在Android开发应用中，使用ViewPropertyAnimator可以根据View的多个属性值来创建动画。其中用多个ObjectAnimator方式创建动画的代码如下所示。

```
ObjectAnimator animX = ObjectAnimator.ofFloat(myView, "x", 50f);
ObjectAnimator animY = ObjectAnimator.ofFloat(myView, "y", 100f);
AnimatorSet animSetXY = new AnimatorSet();
animSetXY.playTogether(animX, animY);
animSetXY.start();
```

使用单个ObjectAnimator方式创建动画的代码如下所示。

```
PropertyValuesHolder pvhX = PropertyValuesHolder.ofFloat("x", 50f);
PropertyValuesHolder pvhY = PropertyValuesHolder.ofFloat("y", 100f);
ObjectAnimator.ofPropertyValuesHolder(myView, pvhX, pvyY).start();
```

使用ViewPropertyAnimator方式创建View多属性变化动画的代码如下所示。

```
myView.animate().x(50f).y(100f);
```

6. 使用Keyframes方式创建动画

在Android开发应用中，对象Keyframe由elapsed fraction/value对组成，并且对象Keyframe可以使用插值器。例如下面的演示代码。

```
Keyframe kf0 = Keyframe.ofFloat(0f, 0f);
Keyframe kf1 = Keyframe.ofFloat(.5f, 360f);
Keyframe kf2 = Keyframe.ofFloat(1f, 0f);
PropertyValuesHolder pvhRotation = PropertyValuesHolder.ofKeyframe("rotation", kf0, kf1, kf2);
ObjectAnimator rotationAnim = ObjectAnimator.ofPropertyValuesHolder(target, pvhRotation);
rotationAnim.setDuration(5000ms);
```

7. 在ViewGroup布局改变时应用动画

在Android开发应用中，当ViewGroup布局发生改变时可能想要用动画的形式来体现，例如ViewGroup中的View消失或显示的时候。ViewGroup可以通过方法setLayoutTransition(LayoutTransition)来设置一个布局转换的动画。在LayoutTransition中可以通过调用方法setAnimator()的方式来设置Animator，并且还需要向这个方法传递一个LayoutTransition标志常量，通过这个常量来设置在什么时候执行这个animator。在这个过程中，有如下所示可用的常量。

❑ APPEARING：功能是设置Layout中的View正要显示的时候运行动画。

❑ CHANGE_APPEARING：功能是设置Layout中因为有新的View加入而改变Layout时运行动画。

❑ DISAPPEARING：功能是设置Layout中的View正要消失的时候运行动画。

❑ CHANGE_DISAPPEARING：功能是设置Layout中有View消失而改变layout时运行动画。

如果想要使用系统默认的ViewGroup布局改变时的动画，只需将属性android:animateLayoutchanges设置为true即可。例如下面的演示代码。

```
<LinearLayout
        android:orientation="vertical"
        android:layout_width="wrap_content"
        android:layout_height="match_parent"
        android:id="@+id/verticalContainer"
        android:animateLayoutChanges="true"
    />
```

在接下来的内容中，将通过一个具体的演示实例来讲解在Android系统中使用属性动画的方法。

题目	目的	源码路径
实例11-12	在Android中使用属性动画	\daima\11\shuxing

本实例的功能比较简单，通过调用ValueAnimator中的方法ofFloat来实现动画效果。本实例的具体实现流程如下所示。

（1）编写布局文件activity_main.xml，在界面中插入一幅指定的图片，主要实现代码如下所示。

```
<ImageView
```

```
                android:id="@+id/imageView1"
                android:layout_width="wrap_content"
                android:layout_height="wrap_content"
                android:layout_alignParentLeft="true"
                android:layout_alignParentTop="true"
                android:src="@drawable/cool"
        />
```

（2）编写文件MainActivity.java，主要实现代码如下所示。

```java
public class MainActivity extends Activity {

    private Bitmap bm;
    private ValueAnimator animator;
    @Override
    protected void onCreate(Bundle savedInstanceState) {
        super.onCreate(savedInstanceState);
        setContentView(R.layout.activity_main);

        BitmapDrawable m=(BitmapDrawable)getResources().getDrawable(R.drawable.cool);
        bm=m.getBitmap();
        animator= ValueAnimator.ofFloat(0f, 1f);
        animator.setDuration(1000);
        animator.setTarget(bm);
        animator.addUpdateListener(new ValueAnimator.AnimatorUpdateListener() {
            public void onAnimationUpdate(ValueAnimator animation) {

            }
        });
        animator.start();
    }
```

执行后将在屏幕中实现简易的动画效果，如图11-16所示。

图11-16 执行效果

11.7 实现动画效果的其他方法

经过本章前面内容学习，已经讲解了在Android系统中实现动画效果的主要方法。其实在Android多媒体开发应用中，还可以通过其他方法实现动画效果。在本节的内容中，将介绍几种在Android系统中实现动画效果的其他方法。

11.7.1 播放GIF动画

在默认情况下，在Android平台上是不能播放GIF动画的。要想播放GIF动画，需要先对GIF图像进行解码，然后将GIF中的每一帧取出来保存到一个容器中，然后根据需要连续绘制每一帧，这样就可以轻松地实现了GIF动画的播放。

在接下来的内容中，将通过一个具体的演示实例来讲解在Android中播放GIF动画的方法。

题目	目的	源码路径
实例11-13	在Android中播放GIF动画	\daima\11\GIFL

本实例的具体实现流程如下所示。

（1）编写文件GameView.java，此文件是本实例的核心，功能是解析GIF动画文件并设置显示效果，主要实现代码如下所示。

```java
public class GameView extends View implements Runnable
{
    Context          mContext      = null;
    /* 声明GifFrame对象 */
    GifFrame      mGifFrame      = null;
    public GameView(Context context)
    {
        super(context);
        mContext = context;
        /* 解析GIF动画 */

mGifFrame=GifFrame.CreateGifImage(fileConnect(this.getResources().openRawResource(R.drawable
.gif1)));
        /* 开启线程 */
        new Thread(this).start();
    }
    public void onDraw(Canvas canvas)
    {
        super.onDraw(canvas);
        /* 下一帧 */
        mGifFrame.nextFrame();
        /* 得到当前帧的图片 */
        Bitmap b=mGifFrame.getImage();

        /* 绘制当前帧的图片 */
        if(b!=null)
            canvas.drawBitmap(b,10,10,null);
    }

    /*线程处理*/
    public void run()
    {
        while (!Thread.currentThread().isInterrupted())
        {
            try
            {
                Thread.sleep(100);
            }
            catch (InterruptedException e)
            {
                Thread.currentThread().interrupt();
            }
            //使用postInvalidate可以直接在线程中更新界面
            postInvalidate();
        }
    }
    /* 读取文件 */
    public byte[] fileConnect(InputStream is)
    {
        try
        {ByteArrayOutputStream baos = new ByteArrayOutputStream();
            int ch = 0;
            while( (ch = is.read()) != -1)
            {
```

```
                baos.write(ch);
            }
            byte[] datas = baos.toByteArray();
            baos.close();
            baos = null;
            is.close();
            is = null;
            return datas;
        }
        catch(Exception e)
        {
            return null;
        }
    }
}
```

（2）在Android系统中，可以通过方法AnimationDrawable实现支持逐帧播放的功能。由此可见，要想在Android中播放GIF动画，需要先把GIF图片打散，使之成为由单一帧构成的图片。在现实应用中，可以使用第三方软件来帮助打散图片，例如GIFSplitter。分割成功后会得到独立的帧文件，接下来就可以在res目录下新建anim动画文件夹，例如如下所示的代码。

```xml
<?xml version="1.0" encoding="UTF-8"?>
<animation-list android:oneshot="false"
    xmlns:android="http://schemas.android.com/apk/res/android">
    <item android:duration="150" android:drawable="@drawable/xiu0" />
    <item android:duration="150" android:drawable="@drawable/xiu1" />
    <item android:duration="150" android:drawable="@drawable/xiu2" />
    <item android:duration="150" android:drawable="@drawable/xiu3" />
</animation-list>
```

（3）在上述代码中，xiu0、xiu1、xiu2和xiu3是用第三方软件分割后生成的独立帧文件名。通过上述代码，对应的item为顺序的图片从开始到结束，duration用于为每张逐帧播放间隔。如果oneshot为false表示循环播放，设置为true表示播放一次后就停止。这样就可以使用AnimationDrawable对象获得图片，然后指定这个AnimationDrawable开始播放GIF动画了。但是此时还有一个问题：不会默认播放，必须要有事件触发才可播放动画，例如通过如下代码实现单击监听触发动画的播放功能。

```java
import android.app.Activity;
import android.graphics.drawable.AnimationDrawable;
import android.os.Bundle;
import android.view.View;
import android.view.View.OnClickListener;
import android.widget.ImageView;
public class animActivity extends Activity implements OnClickListener {
    ImageView iv = null;
    /** Called when the activity is first created. */
    @Override
    public void onCreate(Bundle savedInstanceState) {
        super.onCreate(savedInstanceState);
        setContentView(R.layout.main);
        iv = (ImageView) findViewById(R.id.ImageView01);
        iv.setOnClickListener(this);
    }
    @Override
    public void onClick(View v) {
        // TODO Auto-generated method stub
        AnimationDrawable anim = null;
        Object ob = iv.getBackground();
        anim = (AnimationDrawable) ob;
        anim.stop();
        anim.start();
    }
}
```

11.7.2 实现EditText动画特效

在接下来的内容中，将通过一个具体的演示实例来讲解用类Matrix实现图片缩放功能的方法。

题目	目的	源码路径
实例11-14	在Android中实现EditText振动特效	\daima\11\Anim_Demo_Xh

本实例的具体实现流程如下所示。

（1）编写文件animation_1.xml，在里面分别插入一个EditTex输入框控件和一个Button按钮控件，主要实现代码如下所示。

```
<TextView
    android:layout_width="match_parent"
    android:layout_height="wrap_content"
    android:layout_marginBottom="10dip"
    android:text="@string/animation_1_instructions"
/>

<EditText android:id="@+id/pw"
    android:layout_width="match_parent"
    android:layout_height="wrap_content"
    android:clickable="true"
    android:singleLine="true"
    android:password="true"
/>
<Button android:id="@+id/login"
    android:layout_width="wrap_content"
    android:layout_height="wrap_content"
    android:text="@string/googlelogin_login"
/>
```

（2）编写文件shake.xml，在里面设置特效的振动时间，主要实现代码如下所示。

```
<?xml version="1.0" encoding="utf-8"?>
<translate xmlns:android="http://schemas.android.com/apk/res/android"
android:fromXDelta="0"
android:toXDelta="10"
android:duration="1000"
android:interpolator="@anim/cycle_7" />
```

（3）编写文件Animation1.java，主要实现代码如下所示。

```
public void onCreate(Bundle savedInstanceState) {
    super.onCreate(savedInstanceState);
    setContentView(R.layout.animation_1);
    View loginButton = findViewById(R.id.login);
    loginButton.setOnClickListener(this);
}
public void onClick(View v) {
    Animation shake = AnimationUtils.loadAnimation(this, R.anim.shake);
    findViewById(R.id.pw).startAnimation(shake);
}
```

执行后的效果如图11-17所示，单击"Login"的按钮时EditText就会振动，具体怎么振动，振动多久，振动几次等都是由XML文件中的配置参数指定的。

图11-17 执行效果

## 第 12 章

开发音频/视频应用程序

在多媒体领域中，音频永远是最主流的应用之一。在本书前面的内容中，已经讲解了Android底层音频系统的基本知识。在顶层的Java应用中，可以通过底层提供的接口来开发常见的音频应用。在本章的内容中，将详细讲解开发Android音频应用的基本知识，为读者步入后面知识的学习打下基础。

12.1 音频应用接口类概述

Android系统顶层的音频应用功能是通过专用接口实现的，在Android中会根据不同的场景，开发者选择用不同的接口来播放音频资源。在Android中提供了专门的接口类来实现音频应用功能，具体说明如下所示。

- ❏ 音乐类型的音频资源：通过MediaPlayer来播放。
- ❏ 音调：通过ToneGenerator来播放。
- ❏ 提示音：通过Ringtone来播放。
- ❏ 游戏中的音频资源：通过SoundPool来播放。
- ❏ 录音功能：通过MediaRecorder和AudioRecord等来记录音频。

除了上述音频处理类之外，在Android中也提供了相关的类来处理音量调节和音频设备的管理等功能，具体说明如下所示。

- ❏ AudioManager：通过音频服务，为上层提供了音量和铃声模式控制的接口，铃声模式控制包括扬声器、耳机、蓝牙等是否打开，麦克风是否静音等。在开发多媒体应用时会经常用到AudioManager。
- ❏ AudioSystem：提供了定义音频系统的基本类型和基本操作的接口，对应的JNI接口文件为android_media_ AudioSystem.cpp。在Android音频系统中主要包括如下所示的音频类型。
- ⏱ STREAM_VOICE_CALL
- ⏱ STREAM_SYSTEM
- ⏱ STREAM_ RING
- ⏱ STREAM_MUSIC
- ⏱ STREAM_ALARM
- ⏱ STREAM_NOTIFICATION
- ⏱ STREAM_BLUETOOTH_SCO
- ⏱ STREAM_SYSTEM_ENFORCED
- ⏱ STREAM_DTMF
- ⏱ STREAM_TTS
- ❏ AudioTrack：直接为PCM数据提供支持，对应的JNI接口文件为android_media_AudioTrack.cpp。
- ❏ AudioRecord：这是音频系统的录音接口，默认的编码格式为PCM_16_BIT，对应的JNI接口文件为android_media_AudioRecord.cpp。

- ❑ Ringtone和RingtoneManager：为铃声、提示音、闹钟等提供了快速播放以及管理的接口，实质是对媒体播放器提供了一个简单的封装。
- ❑ ToneGenerator：提供了对DTMF音(ITU-T Q.23)以及呼叫监督音(3GPP TS 22.001)、专用音(3GPP TS 31.111)中规定的音频的支持，根据呼叫状态和漫游状态，该文件产生的音频路径为下行音频或者传输给扬声器或耳机。对应的JNI接口文件为android_media_ToneGenerator.cpp，其中DTMF音为WAV格式，相关的音频类型定义位于文件ToneGenerator.h中。
- ❑ SoundPool：能够播放音频流的组合音，主要被应用在游戏领域。对应的JNI接口文件为android_media_SoundPool.cpp。
- ❑ SoundPool：可以从APK包中的资源文件或者文件系统中的文件将音频资源加载到内存中。在底层的实现上，SoundPool通过媒体播放服务可以将音频资源解码为一个16bit的单声道或者立体声的PCM流，这使得应用避免了在回放过程中进行解码造成的延迟。除了回放过程中延迟小这一优点外，SoundPool还能够同时播放一定数量的音频流。当要播放的音频流数量超过SoundPool所设定的最大值时，SoundPool将会停止已播放的一条低优先级的音频流。通过设置SoundPool最大播放音频流的数量，可以避免CPU过载和影响UI体验。
- ❑ android.media.audiofx包：这是从Android 2.3开始新增的包，提供了对单曲和全局的音效的支持，包括重低音、环绕音、均衡器、混响和可视化等声音特效。

12.2　AudioManager类

AudioManager类是Android系统中最常用的音量和铃声控制接口类，在本节的内容中，将详细介绍类AudioManager的基本知识，并通过对应的演示实例来讲解其使用方法，为读者步入本书后面知识的学习打下基础。

12.2.1　AudioManager基础

类AudioManager位于android.Media包中，该类提供了访问控制音量和铃声模式的操作。

1. 方法

在类AudioManager中是通过方法实现音频功能的，其中最为常用的方法如下所示。

- ❑ 方法：adjustVolume(int direction, int flags)

解释：这个方法用来控制手机音量大小，当传入的第一个参数为AudioManager.ADJUST_LOWER时，可将音量调小一个单位，传入AudioManager.ADJUST_RAISE时，则可以将音量调大一个单位。

- ❑ 方法：getMode()

解释：返回当前音频模式。

- ❑ 方法：getRingerMode()

解释：返回当前的铃声模式。

- ❑ 方法：getStreamVolume(int streamType)

解释：取得当前手机的音量，最大值为7，最小值为0，当为0时，手机自动将模式调整为"振动模式"。

- ❑ 方法：setRingerMode(int ringerMode)

解释：改变铃声模式

2. 声音模式

Android手机都有声音模式，例如声音、静音、振动、振动加声音兼备，这些都是手机的基本功能。在Android手机中，可以通过Android SDK提供的声音管理接口来管理手机声音模式以及调整声音大小，此功能通过类AudioManager来实现。

（1）设置声音模式，例如下面的演示代码。

```
//声音模式
AudioManager.setRingerMode(AudioManager.RINGER_MODE_NORMAL);
//静音模式
AudioManager.setRingerMode(AudioManager.RINGER_MODE_SILENT);
//振动模式
AudioManager.setRingerMode(AudioManager.RINGER_MODE_VIBRATE);
```

（2）调整声音大小，例如下面的演示代码。

```
//减少声音音量
AudioManager.adjustVolume(AudioManager.ADJUST_LOWER,  0);
//调大声音音量
AudioManager.adjustVolume(AudioManager.ADJUST_RAISE, 0);
```

3．调节声音的基本步骤

在Android系统中，使用类AudioManager调节声音的基本步骤如下所示。

（1）通过系统服务获得声音管理器，例如下面的演示代码。

```
AudioManager audioManager =  (AudioManager)getSystemService(Service.AUDIO_SERVICE);
```

（2）根据实际需要调用适当的方法，例如下面的演示代码。

```
audioManager.adjustStreamVolume(int streamType, int  direction, int flags);
```

各个参数的具体说明如下所示。

❑ streamType：声音类型，可取下面的值。

🕐 STREAM_VOICE_CALL：打电话时的声音。

🕐 STREAM_SYSTEM：Android系统声音。

🕐 STREAM_RING：电话铃响。

🕐 STREAM_MUSIC：音乐声音。

🕐 STREAM_ALARM：警告声音。

❑ direction：调整音量的方向，可取下面的值。

🕐 ADJUST_LOWER：调低音量。

🕐 ADJUST_RAISE：调高音量。

🕐 ADJUST_SAME：保持先前音量。

❑ flags：可选标志位。

（3）设置指定声音类型，例如下面的演示代码。

```
audioManager.setStreamMute(int streamType, boolean state)
```

通过上述方法设置指定声音类型（streamType）是否为静音。如果state为true，则设置为静音；否则，不设置为静音。

（4）设置铃音模式，例如下面的演示代码。

```
audioManager.setRingerMode(int ringerMode);
```

通过上述方法设置铃音模式，可取的值如下所示。

❑ RINGER_MODE_NORMAL：铃音正常模式。

❑ RINGER_MODE_SILENT：铃音静音模式。

❑ RINGER_MODE_VIBRATE：铃音振动模式，即铃音为静音，启动振动。

（5）设置声音模式，例如下面的演示代码。

```
audioManager.setMode(int mode);
```

通过上述方法设置声音模式，可取的值如下所示。

❑ MODE_NORMAL：正常模式，即在没有铃音与电话的情况。

❑ MODE_RINGTONE：铃响模式。

❑ MODE_IN_CALL：接通电话模式。

❑ MODE_IN_COMMUNICATION：通话模式。

注意：声音的调节是没有权限要求的。

12.2.2 AudioManager基本应用——设置短信提示铃声

在接下来的内容中，将通过一个具体演示实例来讲解设置短信提示铃声的方法。

题目	目的	源码路径
实例12-1	设置短信提示铃声	\daima\12\lingCH

本实例的具体实现流程如下所示。

（1）编写文件main.xml，在程序界面上放置3个按钮，分别是用于启用、停止和设置间隔时间，主要代码如下所示。

```
<Button
    android:id="@+id/startButton"
    android:text="@string/startButton"
    android:layout_width="fill_parent"
    android:layout_height="wrap_content" />
<Button
    android:id="@+id/endButton"
    android:text="@string/endButton"
    android:layout_width="fill_parent"
    android:layout_height="wrap_content" />
<Button
    android:id="@+id/configButton"
    android:text="@string/configButton"
    android:layout_width="fill_parent"
    android:layout_height="wrap_content" />
```

（2）编写文件BellService.java，开启一个Service监听短信的事件，在短信到达后进行声音播放的处理，牵涉的主要是Service、Broadcast和MediaPlayer，还有为了设置间隔时间还用了最简单的Preference。在此包含了存放铃声的Map和播放铃声等逻辑处理，通过AudioManager来暂时打开多媒体声音，播放完再关闭。文件BellService.java的主要代码如下所示。

```java
public class BellService extends Service {
    //监听事件
    public static final String SMS_RECEIVED_ACTION = "android.provider.Telephony.SMS_RECEIVED";
    //铃声序列
    public static final int ONE_SMS = 1;
    public static final int TWO_SMS = 2;
    public static final int THREE_SMS = 3;
    public static final int FOUR_SMS = 4;
    public static final int FIVE_SMS = 5;

    private HashMap<Integer,Integer> bellMap;//铃声Map
    private Date lastSMSTime;//上条短信时间
    private int currentBell;//当前应当播放铃声
    //是否是第一次启动 避免首次启动马上收到短信导致立即播放第二条铃声的情况
    private boolean justStart=true;
    private AudioManager am;
    private int currentMediaStatus;
    private int currentMediaMax;

    public IBinder onBind(Intent intent) {
        return null;
    }
    @Override
    public void onCreate() {
        super.onCreate();
        IntentFilter filter = new IntentFilter();
        filter.addAction(SMS_RECEIVED_ACTION);
        Log.e("COOKIE", "Service start");
        //注册监听
        registerReceiver(messageReceiver, filter);
        // 初始化Map根据之后改进可以替换其中的铃声
        bellMap = new HashMap<Integer,Integer>();
        bellMap.put(ONE_SMS, R.raw.holyshit);
```

```
            bellMap.put(TWO_SMS, R.raw.holydouble);
            bellMap.put(THREE_SMS, R.raw.holytriple);
            bellMap.put(FOUR_SMS, R.raw.holyultra);
            bellMap.put(FIVE_SMS, R.raw.holyrampage);
            //当前时间
            lastSMSTime=new Date(System.currentTimeMillis());
            //当前应当播放的铃声 初始为1
            //之后根据间隔判断 若为5分钟之内 则+1
            //若举例上一次超过5分钟 则重新置为1
            currentBell=1;
    }

    public void onStart(Intent intent, int startId) {
        super.onStart(intent, startId);
    }
    @Override
    public void onDestroy() {
        super.onDestroy();
        //取消监听
        unregisterReceiver(messageReceiver);
        Log.e("COOKIE", "Service end");
    }
    // 设定广播
    private BroadcastReceiver messageReceiver = new BroadcastReceiver() {
        @Override
        public void onReceive(Context context, Intent intent) {
            String action = intent.getAction();
            if (action.equals(SMS_RECEIVED_ACTION)) {
                playBell(context, 0);
            }
        }
    };
    //播放音效
    private void playBell(Context context, int num) {
        //为防止用户当前模式关闭了media音效，先将media打开
        am=(AudioManager)getSystemService(Context.AUDIO_SERVICE);//获取音量控制
        currentMediaStatus=am.getStreamVolume(AudioManager.STREAM_MUSIC);
        currentMediaMax=am.getStreamMaxVolume(AudioManager.STREAM_MUSIC);
        am.setStreamVolume(AudioManager.STREAM_MUSIC, currentMediaMax, 0);
        //创建MediaPlayer进行播放
        MediaPlayer mp = MediaPlayer.create(context, getBellResource());
        mp.setOnCompletionListener(new musicCompletionListener());
        mp.start();
    }

    private class musicCompletionListener implements OnCompletionListener {
        @Override
        public void onCompletion(MediaPlayer mp) {
            //播放结束释放mp资源
            mp.release();
            //恢复用户之前的media模式
            am.setStreamVolume(AudioManager.STREAM_MUSIC, currentMediaStatus, 0);
        }
    }
    //获取当前应该播放的铃声
    private int getBellResource() {
        //判断时间间隔（毫秒）
        int preferenceInterval;
        long interval;
        Date curTime = new Date(System.currentTimeMillis());
        interval=curTime.getTime()-lastSMSTime.getTime();
        lastSMSTime=curTime;
```

```
            preferenceInterval=getPreferenceInterval();
            if(interval<preferenceInterval*60*1000&&!justStart){
                currentBell++;
                if(currentBell>5){
                    currentBell=5;
                }
            }else{
                currentBell=1;
            }
            justStart=false;
            return bellMap.get(currentBell);
        }
    //获取Preference设置
    private int getPreferenceInterval(){
        SharedPreferences settings = PreferenceManager.getDefaultSharedPreferences(this);
        int interval=Integer.valueOf(settings.getString("interval_config", "5"));
        return interval;
    }
}
```

（3）编写文件DotaBellActivity.java，在此为屏幕中的3个Button设置了相应的处理事件，主要代码如下所示。

```
public class DotaBellActivity extends Activity {
    private Button startButton;
    private Button endButton;
    private Button configButton;
    @Override
    public void onCreate(Bundle savedInstanceState) {
        super.onCreate(savedInstanceState);
        setContentView(R.layout.main);
        startButton=(Button)findViewById(R.id.startButton);
        endButton=(Button)findViewById(R.id.endButton);
        configButton=(Button)findViewById(R.id.configButton);
        startButton.setOnClickListener(new View.OnClickListener() {
            public void onClick(View v) {
                //Toast.makeText(DotaBellActivity.this, "start", Toast.LENGTH_SHORT).show();
                Intent serviceIntent=new Intent();
                serviceIntent.setClass(DotaBellActivity.this, BellService.class);
                startService(serviceIntent);
            }
        });
        endButton.setOnClickListener(new View.OnClickListener() {
            public void onClick(View v) {
                //Toast.makeText(DotaBellActivity.this, "end", Toast.LENGTH_SHORT).show();
                //停止服务
                Intent serviceIntent=new Intent();
                serviceIntent.setClass(DotaBellActivity.this, BellService.class);
                stopService(serviceIntent);
            }
        });
        configButton.setOnClickListener(new View.OnClickListener() {
            public void onClick(View v) {
                //Toast.makeText(DotaBellActivity.this, "config", Toast.LENGTH_SHORT).show();
                Intent preferenceIntent=new Intent();
                preferenceIntent.setClass(DotaBellActivity.this, BellConfigPreference.class);
                startActivity(preferenceIntent);
            }
        });
    }
    @Override
    protected void onDestroy() {
        super.onDestroy();
        android.os.Process.killProcess(android.os.Process.myPid());
    }
}
```

执行之后的效果如图12-1所示，单击屏幕中的按钮可以实现对应的铃声设置功能。

图12-1 执行效果

12.3 录音处理

在当今的智能手机中，几乎每一款手机都具备录音功能。在Android系统中，同样也可以实现录音处理。在本节的内容中，将详细讲解在Android系统中实现录音功能的方法，为读者步入本书后面知识的学习打下基础。

12.3.1 使用MediaRecorder接口录制音频

在Android系统中，通常采用MediaRecorder接口实现录制音频和视频功能。在录制音频文件之前，需要设置音频源、输出格式、录制时间和编码格式等。

类AudioRecord在Android顶层的Java应用程序中负责管理音频资源，通过AudioRecord对象来完成"pulling"（读取）数据，以记录从平台音频输入设备产生的数据。在Android应用中，可以通过以下方法从AudioRecord对象中读取音频数据。

❏ read(byte[], int, int)

❏ read(short[], int, int)

❏ read(ByteBuffer, int)

在上述读取音频数据的方式中，使用AudioRecord是最方便的。

在Android系统中，当创建AudioRecord对象时会初始化AudioRecord，并和音频缓冲区连接以缓冲新的音频数据。根据构造时指定的缓冲区大小，可以决定AudioRecord能够记录多长的数据。一般来说，从硬件设备读取的数据应小于整个记录缓冲区。

MediaRecorder的内部类是AudioRecord.OnRecordPositionUpdateListener，当AudioRecord收到一个由setNotificationMarkerPosition(int)设置的通知标志，或由setPositionNotificationPeriod(int)设置的周期更新记录的进度状态时，需要回调这个接口。

在类MediaRecorder中，包含了如表12-1中列出的常用方法。

表12-1 类MediaRecorder中的常用方法

方法名称	描述
public void setAudioEncoder (int audio_encoder)	设置刻录的音频编码，其值可以通过MediaRecoder内部类的MediaRecorder. AudioEncoder的几个常量：AAC、AMR_NB、AMR_WB、DEFAULT
public void setAudioEncodingBitRate (int bitRate)	设置音频编码比特率
public void setAudioSource (int audio_source)	设置音频的来源，其值可以通过MediaRecoder内部类的MediaRecorder. AudioSource的几个常量来设置，通常设置的值MIC：来源于麦克风

续表

方法名称	描述
public void setCamera (Camera c)	设置摄像头用于来刻录
public void setOutputFormat (int output_format)	设置输出文件的格式，其值可以通过MediaRecoder内部类MediaRecorder. OutputFormat 的一些常量字段来设置，比如一些 3gp(THREE_GPP)、mp4(MPEG4)等
setOutputFile(String path)	设置输出文件的路径
setVideoEncoder(int video_encoder)	设置视频的编码格式，其值可以通过MediaRecoder内部类的MediaRecorder. VideoEncoder的几个常量：H263、H264、MPEG_4_SP设置
setVideoSource(int video_source)	设置刻录视频来源，其值可以通过MediaRecorder的内部类MediaRecorder. VideoSource来设置，比如可以设置刻录视频来源为摄像头：CAMERA
setVideoEncodingBitRate(int bitRate)	设置编码的比特率
setVideoSizc(int width, int height)	设置视频的大尺寸
public void start()	开始刻录
public void prepare()	预期做准备
public void stop()	停止
public void release()	释放该对象资源

在接下来将通过一个具体实例的实现过程，来讲解使用MediaRecorder实现音频录制的方法。

12.3.2 使用AudioRecord接口录制音频

类AudioRecord可以在Java应用程序中管理音频资源，通过AudioRecord对象来完成"pulling"（读取）数据的方法以记录从平台音频输入设备产生的数据。

1．常量

AudioRecord中包含的常量如下所示。

- ❑ public static final int ERROR：表示操作失败，常量值为-1 (0xffffffff)；
- ❑ public static final int ERROR_BAD_VALUE：表示使用了一个不合理的值导致的失败，常量值为 -2 (0xfffffffe)；
- ❑ public static final int ERROR_INVALID_OPERATION：表示不恰当的方法导致的失败，常量值为 -3 (0xfffffffd)；
- ❑ public static final int RECORDSTATE_RECORDING：指示AudioRecord录制状态为"正在录制"，常量值为3 (0x00000003)；
- ❑ public static final int RECORDSTATE_STOPPED：指示AudioRecord录制状态为"不在录制"，常量值为1 (0x00000001)；
- ❑ public static final int STATE_INITIALIZED：指示AudioRecord准备就绪，常量值为1 (0x00000001)；
- ❑ public static final int STATE_UNINITIALIZED：指示AudioRecord状态没有初始化成功，常量值为0 (0x00000000)；
- ❑ public static final int SUCCESS：表示操作成功，常量值为0 (0x00000000)。

2．构造函数

AudioRecord的构造函数是AudioRecord，具体定义格式如下所示。

```
public AudioRecord (int audioSource, int sampleRateInHz, int channelConfig, int audioFormat, int
bufferSizeInBytes)
```
各个参数的具体说明如下所示。

- ❑ audioSource：录制源；
- ❑ sampleRateInHz：默认采样率，单位为Hz。44100Hz是当前唯一能保证在所有设备上工作的采样率，在一些设备上还有22050Hz、16000Hz或11025Hz。
- ❑ channelConfig：描述音频通道设置。
- ❑ audioFormat：音频数据保证支持此格式。
- ❑ bufferSizeInBytes：在录制过程中，音频数据写入缓冲区的总数（字节）。从缓冲区读取的新音频数据总会小于此值。用getMinBufferSize(int, int, int)返回AudioRecord实例创建成功后的最小缓冲区，如果其设置的值比getMinBufferSize()还小，则会导致初始化失败。

3．公共方法

AudioRecord中的公共方法如下所示。

（1）public int getAudioFormat ()：返回设置的音频数据格式。

（2）public int getAudioSource ()：返回音频录制源。

（3）public int getChannelConfiguration ()：返回设置的频道设置。

（4）public int getChannelCount ()：返回设置的频道数目。

（5）public static int getMinBufferSize (int sampleRateInHz, int channelConfig, int audioFormat)：返回成功创建AudioRecord对象所需要的最小缓冲区大小。注意：这个大小并不保证在负荷下的流畅录制，应根据预期的频率来选择更高的值，AudioRecord实例在推送新数据时使用此值。

各个参数的具体说明如下：

- ❑ sampleRateInHz：默认采样率，单位为Hz。
- ❑ channelConfig：描述音频通道设置。
- ❑ audioFormat：音频数据保证支持此格式。参见ENCODING_PCM_16BIT。

如果硬件不支持录制参数，或输入了一个无效的参数，则返回ERROR_BAD_VALUE，如果硬件查询到输出属性没有实现，或最小缓冲区用byte表示，则返回ERROR。

（6）public int getNotificationMarkerPosition ()：返回通知，标记框架中的位置。

（7）public int getPositionNotificationPeriod ()：返回通知，更新框架中的时间位置。

（8）public int getRecordingState ()：返回AudioRecord实例的录制状态。

（9）public int getSampleRate ()：返回设置的音频数据样本采样率，单位为Hz。

（10）public int getState ()：返回AudioRecord实例的状态。

（11）public int read (short[] audioData, int offsetInShorts, int sizeInShorts)：从音频硬件录制缓冲区读取数据。

各个参数的具体说明如下所示：

- ❑ audioData：写入的音频录制数据。
- ❑ offsetInShorts：目标数组audioData的起始偏移量。
- ❑ sizeInShorts：请求读取的数据大小。

返回值是返回short型数据，表示读取到的数据，如果对象属性没有初始化，则返回ERROR_INVALID_OPERATION，如果参数不能解析成有效的数据或索引，则返回ERROR_BAD_VALUE。返回数值不会超过sizeInShorts。

（12）public int read (byte[] audioData, int offsetInBytes, int sizeInBytes)：从音频硬件录制缓冲区读取数据，读入缓冲区的总字节数，如果对象属性没有初始化，则返回ERROR_INVALID_OPERATION，如果参数不能解析成有效的数据或索引，则返回ERROR_BAD_VALUE。读取的总字节数不会超过sizeInBytes。各个参数的具体说明如下所示。

- ❑ audioData：写入的音频录制数据。
- ❑ offsetInBytes：audioData的起始偏移值，单位为B。

❑ sizeInBytes：读取的最大字节数。

（13）public int read (ByteBuffer audioBuffer, int sizeInBytes)：从音频硬件录制缓冲区读取数据，直接复制到指定缓冲区。如果audioBuffer不是直接的缓冲区，此方法总是返回0。读入缓冲区的总字节数，如果对象属性没有初始化，则返回ERROR_INVALID_OPERATION，如果参数不能解析成有效的数据或索引，则返回ERROR_BAD_VALUE。读取的总字节数不会超过sizeInBytes。各个参数的具体说明如下所示。

❑ audioBuffer：存储写入音频录制数据的缓冲区。

❑ sizeInBytes：请求的最大字节数。

（14）public void release ()：释放本地AudioRecord资源。对象不能经常使用此方法，而且在调用release()后，必须设置引用为null。

（15）public int setNotificationMarkerPosition (int markerInFrames)：如果设置了setRecordPositionUpdateListener(OnRecordPositionUpdateListener) 或 setRecordPositionUpdateListener(OnRecordPositionUpdateListener, Handler)，则通知监听者设置位置标记。

参数markerInFrames表示在框架中快速标记位置。

（16）public int setPositionNotificationPeriod (int periodInFrames)：如果设置了setRecordPositionUpdateListener(OnRecordPositionUpdateListener) 或 setRecordPositionUpdateListener(OnRecordPositionUpdateListener, Handler)，则通知监听者设置时间标记。

参数markerInFrames表示在框架中快速更新时间标记。

（17）public void setRecordPositionUpdateListener (AudioRecord.OnRecordPositionUpdateListener listener, Handler handler)：当之前设置的标志已经成立，或者周期录制位置更新时，设置处理监听者。使用此方法将Handler和别的线程联系起来，来接收AudioRecord事件，比创建AudioTrack实例更好一些。

参数handler用来接收事件通知消息。

（18）public void setRecordPositionUpdateListener (AudioRecord.OnRecordPositionUpdateListener listener)：当之前设置的标志已经成立，或者周期录制位置更新时，设置处理监听者。

（19）public void startRecording ()：表示AudioRecord实例开始进行录制。

4．受保护方法

在AudioRecord中受保护方法是protected void finalize ()，此方法用于通知VM回收此对象内存。只能在运行的应用程序没有任何线程时再使用此对象，来告诉垃圾回收器回收此对象。

方法finalize ()用于释放系统资源，由垃圾回收器清除此对象。默认没有实现，由VM来决定，但子类根据需要可重写finalize()。在执行期间，调用此方法可能会立即抛出未定义异常，但是可以忽略。

注意：VM保证对象可以一次或多次调用finalize()，但并不保证finalize()会马上执行。例如，对象B的finalize()可能延迟执行，等待对象A的finalize()延迟回收A的内存。为了安全起见，请看ReferenceQueue，它提供了更多地控制VM的垃圾回收。

另外，需要在Activity的线程里面创建AudioRecord对象，可以在独立的线程里面进行读取数据，否则像华为U8800之类手机录音时会出错。

12.4 播放音频

在当今的智能手机中，几乎每一款手机都具备音频播放功能，例如最常见的播放MP3音乐文件。在Android系统中，同样也可以播放常见的音频文件。在本节的内容中，将详细讲解在Android系统中实现音频播放功能的基本流程，为读者步入本书后面知识的学习打下基础。

12.4.1　使用AudioTrack播放音频

要想学好AudioTrack API，读者可以从分析Android源码中的Java源码做起。

第一段Java代码如下所示：

```
//根据采样率、采样精度、单双声道来得到frame的大小。
int bufsize = AudioTrack.getMinBufferSize(8000,            //每秒8K个点
AudioFormat.CHANNEL_CONFIGURATION_STEREO,                  //双声道
AudioFormat.ENCODING_PCM_16BIT);                          //一个采样点16比特-2个字节
//创建AudioTrack
AudioTrack trackplayer = new AudioTrack(AudioManager.STREAM_MUSIC, 8000,
AudioFormat.CHANNEL_CONFIGURATION_ STEREO,
AudioFormat.ENCODING_PCM_16BIT,
bufsize,
AudioTrack.MODE_STREAM);
 trackplayer.play() ;//开始
trackplayer.write(bytes_pkg, 0, bytes_pkg.length) ;//往track中写数据
…
trackplayer.stop();//停止播放
trackplayer.release();//释放底层资源。
```

针对上述代码有如下两点说明。

1．AudioTrack.MODE_STREAM

在AudioTrack中存在MODE_STATIC和MODE_STREAM两种分类。STREAM的意思是由用户在应用程序通过write方式把数据一次一次地写到AudioTrack中。这个和我们在socket中发送数据一样，应用层从某个地方获取数据，例如通过编解码得到PCM数据，然后写入到AudioTrack。这种方式的坏处就是总是在Java层和Native层交互，效率损失较大。

而STATIC的意思是一开始创建的时候，就把音频数据放到一个固定的buffer，然后直接传给AudioTrack，后续就不用一次次地write了。AudioTrack会自己播放这个buffer中的数据。这种方法对于铃声等内存占用较小、延时要求较高的声音来说很适用。

2．StreamType

这个在构造AudioTrack的第一个参数中使用。这个参数和Android中的AudioManager有关系，涉及手机上的音频管理策略。

Android将系统的声音分为以下几种常见的类。

❑ STREAM_ALARM：警告声；

❑ STREAM_MUSCI：音乐声，例如music等；

❑ STREAM_RING：铃声；

❑ STREAM_SYSTEM：系统声音；

❑ STREAM_VOCIE_CALL：电话声音。

系统将这几种声音的数据分开管理，这些参数对AudioTrack来说，它的含义就是告诉系统，我现在想使用的是哪种类型的声音，这样系统就可以对应管理它们了。

12.4.2　使用MediaPlayer播放音频

MediaPlayer的功能比较强大，既可以播放音频，也可以播放视频，另外也可以通过VideoView来播放视频。虽然VideoView比MediaPlayer简单易用，但是定制性不如用MediaPlayer，读者需要视具体情况来选择处理方式。MediaPlayer播放音频比较简单，但是要播放视频就需要SurfaceView。SurfaceView比普通的自定义View更有绘图上的优势，它支持完全的OpenGL ES库。

MediaPlayer能被用来控制音频/视频文件或流媒体的回放，可以在VideoView里找到关于如何使用该类中的这个方法的例子。使用MediaPlayer实现视音频播放的基本步骤如下所示。

（1）生成MediaPlayer对象，根据播放文件从不同的地方使用不同的生成方式（具体过程可以参考MediaPlayer API）。

（2）得到MediaPlayer对象后，根据你的实际需要调用不同的方法，如start()、storp()、pause()和release()等。

1．MediaPlayer的接口

❑ 接口MediaPlayer.OnBufferingUpdateListener：定义了唤起指明网络上的媒体资源以缓冲流的形式播放。

❑ 接口MediaPlayer.OnCompletionListener：是为当媒体资源的播放完成后被唤起的回放定义的。

❑ 接口MediaPlayer.OnErrorListener：定义了当在异步操作的时候(其他错误将会在呼叫方法的时候抛出异常)出现错误后唤起的回放操作。

❑ 接口MediaPlayer.OnInfoListener：定义了与一些关于媒体或它的播放的信息以及/或者警告相关的被唤起的回放。

❑ 接口MediaPlayer.OnPreparedListener：定义为媒体的资源准备播放的时候唤起回放准备。

❑ 接口MediaPlayer.OnSeekCompleteListener：定义了指明查找操作完成后唤起的回放操作。

❑ 接口MediaPlayer.OnVideoSizeChangedListener：定义了当视频大小被首次知晓或更新的时候唤起的回放。

2．MediaPlayer的常量

❑ int MEDIA_ERROR_NOT_VALID_FOR_PROGRESSIVE_PLAYBACK：播放发生错误，或者视频本身有问题，例如视频的索引不在文件的开始部分。

❑ int MEDIA_ERROR_SERVER_DIED：媒体服务终止。

❑ int MEDIA_ERROR_UNKNOWN：未指明的媒体播放错误。

❑ int MEDIA_INFO_BAD_INTERLEAVING：一个正常的媒体文件中，音频数据和视频数据应该是交错依次排列的，这样这个媒体才能被正常地播放，但是如果音频数据和视频数据没有正常交错排列，那里就会发出这个消息。

❑ int MEDIA_INFO_METADATA_UPDATE：一套新的可用的元数据。

❑ int MEDIA_INFO_NOT_SEEKABLE：媒体位置不可查找。

❑ int MEDIA_INFO_UNKNOWN：未指明的媒体播放信息。

❑ int MEDIA_INFO_VIDEO_TRACK_LAGGING：视频对于解码器太复杂以至于不能解码足够快的帧率。

3．MediaPlayer的公共方法

❑ static MediaPlayer create(Context context, Uri uri)：根据给定的uri方便地创建MediaPlayer对象的方法。

❑ static MediaPlayer create(Context context, int resid)：根据给定的资源id方便地创建MediaPlayer对象的方法。

❑ static MediaPlayer create(Context context, Uri uri, SurfaceHolder holder)：根据给定的uri方便地创建MediaPlayer对象的方法。

❑ int getCurrentPosition()：获得当前播放的位置。

❑ int getDuration()：获得文件段。

❑ int getVideoHeight()：获得视频的高度。

❑ int getVideoWidth()：获得视频的宽度。

❑ boolean isLooping()：检查MedioPlayer处于循环与否。

❑ boolean isPlaying()：检查MedioPlayer是否在播放。

❑ void pause()：暂停播放。

❑ void prepare()：让播放器处于准备状态（同步的）。

❑ void prepareAsync()：让播放器处于准备状态（异步的）。

❑ void release()：释放与MediaPlayer相关的资源。

❑ void reset()：重置MediaPlayer到初始化状态。

❑ void seekTo(int msec)：搜寻指定的时间位置。

❑ void setAudioStreamType(int streamtype)：为MediaPlayer设定音频流类型。

❑ void setDataSource(String path)：从指定的装载path路径所代表的文件。

❑ void setDataSource(FileDescriptor fd, long offset, long length)：指定装载fd所代表的文件中从offset开始、长度为length的文件内容。

❑ void setDataSource(FileDescriptor fd)：设定使用的数据源(filedescriptor)。

❑ void setDataSource(Context context, Uri uri)：设定一个如Uri内容的数据源。

❑ void setDisplay(SurfaceHolder sh)：设定播放该Video的媒体播放器的SurfaceHolder。

❑ void setLooping(boolean looping)：设定播放器循环或是不循环。

❑ void setOnBufferingUpdateListener(MediaPlayer.OnBufferingUpdateListener listener)：注册一个当网络缓冲数据流变化时唤起的播放事件。

❑ void setOnCompletionListener(MediaPlayer.OnCompletionListener listener)：注册一个当媒体资源在播放的时候到达终点时唤起的播放事件。

❑ void setOnErrorListener(MediaPlayer.OnErrorListener listener)：注册一个当在异步操作过程中发生错误的时候唤起的播放事件。

❑ void setOnInfoListener(MediaPlayer.OnInfoListener listener)：注册一个当有信息/警告出现的时候唤起的播放事件。

❑ void setOnPreparedListener(MediaPlayer.OnPreparedListener listener)：注册一个当媒体资源准备播放时唤起的播放事件。

❑ void setOnSeekCompleteListener(MediaPlayer.OnSeekCompleteListener listener)：注册一个当搜寻操作完成后唤起的播放事件。

❑ void setOnVideoSizeChangedListener(MediaPlayer.OnVideoSizeChangedListener listener)：注册一个当视频大小知晓或更新后唤起的播放事件。

❑ void setScreenOnWhilePlaying(boolean screenOn)：控制当视频播放发生时是否使用SurfaceHolder来保持屏幕。

❑ void setVolume(float leftVolume, float rightVolume)：设置播放器的音量。

❑ void setWakeMode(Context context, int mode)：为MediaPlayer设置低等级的电源管理状态。

❑ void start()：开始或恢复播放。

❑ void stop()：停止播放。

12.4.3 使用SoundPool播放音频

在Android系统中，可以使用SoundPool来播放一些短的反应速度要求高的声音，比如游戏中的爆破声，而MediaPlayer适合播放长点的音频。在Android系统中，SoundPool的主要特点如下所示。

（1）SoundPool使用了独立的线程来载入音乐文件，不会阻塞UI主线程的操作。但是这里如果音效文件过大没有载入完成，我们调用play方法时可能产生严重的后果，这里Android SDK提供了一个SoundPool.OnLoadCompleteListener类来帮助我们了解媒体文件是否载入完成，我们重载onLoadComplete(SoundPool soundPool, int sampleId, int status)方法即可获得。

（2）从上面的onLoadComplete方法可以看出该类有很多参数，比如类似id，使得SoundPool在load时可以处理多个媒体一次初始化并放入内存中，这里效率比MediaPlayer高了很多。

（3）SoundPool类支持同时播放多个音效，这对于游戏来说是十分必要的，而MediaPlayer类是同步执行的只能一个文件一个文件地播放。

在SoundPool中包含了如下4个载入音效的方法。

❑ int load(Context context, int resId, int priority)：从APK资源载入。

❑ int load(FileDescriptor fd, long offset, long length, int priority)：从FileDescriptor对象载入。

❑ int load(AssetFileDescriptor afd, int priority)：从Asset对象载入。

❑ int load(String path, int priority)：从完整文件路径名载入。

12.4.4　使用Ringtone播放铃声

铃声是手机中的最重要应用之一，在Android系统中，通常配合使用Ringtone和RingtoneManager实现播放铃声、提示音的方法。其中RingtoneManager的功能是维护铃声数据库，能够管理来电铃声(TYPE-RINGTONE)、提示音(TYPE NOTIFICATION)、闹钟铃声(TYPE—ALARM)等。在本质上，Ringtone是对MediaPlayer的再一次封装。

在Android系统中，通过类RingtoneManager来专门控制并管理各种铃声。例如常见的来电铃声、闹钟铃声和一些警告、信息通知。类RingtoneManager中的常用方法如下所示。

❑ getActualDefaultRingtoneUri：获取指定类型的当前默认铃声。

❑ getCursor：返回所有可用铃声的游标。

❑ getDefaultType：获取指定URL默认的铃声类型。

❑ getDefaultUri：返回指定类型默认铃声的URL。

❑ getRingtoneUri：返回指定位置铃声的URL。

❑ getRingtonePosition：获取指定铃声的位置。

❑ getValidRingtoneUri：获取一个可用铃声的位置。

❑ isDefault：获取指定URL是否是默认的铃声。

❑ setActualDefaultRingtoneUri：设置默认的铃声。

在Android系统中，默认的铃声被存储在"system/medio/audio"目录中，下载的铃声一般被保存在SD卡中。

12.4.5　使用JetPlayer播放音频

在Android系统中，还提供了对Jet播放的支持。Jet是由OHA联盟成员SONiVOX开发的一个交互音乐引擎，包括Jet播放器和Jet引擎两部分。Jet常用于控制游戏的声音特效，采用MIDI（Musical Instrument Digital Interface）格式。

MIDI数据内一套音乐符号构成，而非实际的音乐，这些音乐符号的一个序列称为MIDI消息，Jet文件包含多个Jet段，而每个Jet段又包含多个轨迹，一个轨迹是MIDI消息的一个序列。

在类JetPlayer内部有一个存放Jet段的队列，类JetPlayer的主要作用是向队列中添加Jet段或者清空队列，其次就是控制Jet段的轨迹是否处于打开状态。在Android系统中，JetPlayer是基于单子模式（Java技术中的一种开发模式）实现的，在整个系统中仅存在一个JetPlayer的对象。

另外，类JetPlayer是一个单体类（a singleton class.），使用Static函数getJetPlayer()可以获取到这个实例。在类JetPlayer内部有一个存放segment的队列，类JetPlayer的主要作用就是向队列中添加segment或者清空队列，其次就是控制Segment的Track是否处于打开状态。

类JetPlayer的具体结构如图12-2所示。

类JetPlayer中包含的常用方法如下所示。

❑ getJetPlayer()：获取JetPlayer句柄。

❑ clearQueue()：清空队列。

❑ setEventListener()：设置JetPlayer.OnJetEventListener监听器。

❑ loadJetFile：加载Jet文件。

❑ queueJetSegment：查询Jet段。

❑ play()：播放Jet文件。

❑ pause()：暂停播放。

有关类JetPlayer的具体用法，读者可以参考Android SDK中为我们提供的JetBoy游戏源码，游戏界面如图12-3所示。

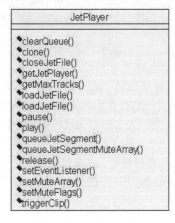

图12-2　JetPlayer结构

图12-3　JetBoy游戏界面

12.4.6　使用AudioEffect处理音效

自Android 2.3开始，对音频播放提供了更强大的音效支持，其实现位于android.media.audiofx包中。现在Android支持的音效包括重低音(BassBoost)、环绕音(Virtualizer)、均衡器（Equalizer）、混响(EnvironmentalReverb)和可视化(Visualizer)。

1. AudioEffect基础

AudioEffect是android audio framework(android音频框架)提供的音频效果控制的基类。开发者不能直接使用此类，应该使用它的派生类。下面列出它的派生类：

❑ Equalizer；

❑ Virtualizer；

❑ BassBoost；

❑ PresetReverb；

❑ EnvironmentalReverb。

当创建AudioEffect时，如果音频效果应用到一个具体的AudioTrack和MediaPlayer的实例，应用程序必须指定该实例的音频Session ID，如果要应用Global音频输出混响的效果必须指定Session 0。

要创建音频输出混响(音频Session 0)要求要有MODIFY_AUDIO_SETTINGS权限。如果要创建的效果在audio framework不存在，那么直接创建该效果，如果已经存在那么直接使用此效果。如果优先级高的对象要在低级别的对象使用该效果，那么控制将转移到优先级高的对象上，否则继续停留在此对象上。在这种情况下，新的申请将被监听器通知。

（1）重低音

重低音BassBoost通过放大音频中的低频音来实现重低音特效，其具体细节由OpenSL ES定义。为了可以通过AudioTrack、MediaPlayer进行音频播放时具有重低音特效，在构建BassBoost实例时需要指明音频流的Session ID。如果指定的Session ID为0，则BassBoost作用于主要的音频输出混音器(mix)上，BassBoost将Session ID指定为0并需要声明如下权限。

```
android.permission.MODIFY_AUDIO_SETTINGS
```

（2）环绕音

环绕音依赖于输入和输出通道的数量和类型，需要打开立体声通道。通过放置音源于不同的位置，环绕音完美地再现了声音的质感和饱满感。在创建Virtualizer实例时，在音频框架层将会同时创建一个环绕音引擎。环绕音的细节由OpenSL ES 1.0.1规范定义。

为了在通过AudioTrack和MediaPlayer播放音频时具有环绕音特效，在构建Virtualizer实例时需要指明音频流的Session ID。如果指定的Session ID为0，则Virtualizer作用于主要的音频输出混音器(mix)上，Virtualizer将Session ID指定为0，并声明如下所示的权限。

```
android.permission.MODIFY_AUDIO_SETTINGS
```

（3）均衡器

均衡器是一种可以分别调节各种频率成分电信号放大量的电子设备，通过对各种不同频率的电信号的调节来补偿扬声器和声场的缺陷，补偿和修饰各种声源及其他特殊作用。一般均衡器仅能对高频、中频、低频3段频率电信号分别进行调节。在创建Equalizer实例时，在音频框架层将会同时创建一个均衡器引擎。均衡器的细节由OpenSL ES 1.0.1规范定义。

为了在通过AudioTrack、MediaPlayer进行音频播放时具有均衡器特效，在构建Equalizer实例时指明音频流的Session ID即可。如果指定的Session ID为0，则Equalizer作用于主要的音频输出混音器 (mix)上，Equalizer将Session ID指定为0，需要声明如下所示的权限。

```
android.permission.MODIFY_AUDIO_SETTrNGS
```

（4）混响

混响即通过声音在不同路径传播下造成的反射叠加产生的声音特效，在Android平台中，Google给出了两个实现：EnvironmentalReverb和PresetReverb，其中在游戏场景中推荐应用EnvironmentalReverb，在音乐场景中应用PresetReverb。在创建混响实例时，在音频框架层将会同时创建一个混响引擎。混响的细节由OpenSL ES 1.0.1规范定义。

为了在通过AudioTrack、MediaPlayer进行音频播放时具有混响特效，在构建混响实例时指明音频流的Session ID即可。如果指定的Session ID为0，则混响作用于主要的音频输出混音器(mix)上，混响将Session ID指定为0，需要声明如下所示的权限。

```
android.permission.MODIFY_AUDIO_SETTINGS
```

（5）可视化

可视化分为波形可视化和频率可视化两种情况，在使用可视化时要求声明如下权限。

```
android.permission.RECORD_AUDIO
```

在创建Visualizer实例时，同时会在音频框架层将创建一个可视化引擎。为了在通过AudioTrack、MediaPlayer进行音频播放时具有可视化特效，在构建Visualizer实例时需要指明音频流的Session ID。如果指定的Session ID为0，则Visualizer作用于主要的音频输出混音器(mix)上，Visualizer将Session ID指定为0，并声明如下权限。

```
android.permission.MODIFY_AUDIO_SETTINGS
```

2．AudioEffect中的嵌套类

在AudioEffect中包含了如下所示的3个嵌套类。

☐ AudioEffect.Descriptor：效果描述符包含在音频框架内实现某种特定效果的信息。

☐ AudioEffect.OnControlStatusChangeListener：此接口定义了当应用程序的音频效果的控制状态改变时由AudioEffect调用的方法。

☐ AudioEffect.OnEnableStatusChangeListener：此接口定义了当应用程序的音频效果的启用状态改变时由AudioEffect调用的方法。

3．AudioEffect中的常量

在AudioEffect中包含了如下所示常量。

❑ String ACTION_CLOSE_AUDIO_EFFECT_CONTROL_SESSION：关闭音频效果。

❑ String ACTION_DISPLAY_AUDIO_EFFECT_CONTROL_PANEL：启动一个音频效果控制面板UI。

❑ String ACTION_OPEN_AUDIO_EFFECT_CONTROL_SESSION：打开音频效果。

❑ int ALREADY_EXISTS：内部操作状态。

❑ int CONTENT_TYPE_GAME：当播放内容的类型是游戏音频时EXTRA_CONTENT_TYPE的值。

❑ int CONTENT_TYPE_MOVIE：当播放内容的类型是电影时EXTRA_CONTENT_TYPE的值。

❑ int CONTENT_TYPE_MUSIC：当播放内容的类型是音乐时EXTRA_CONTENT_TYPE的值。

❑ int CONTENT_TYPE_VOICE：当播放内容的类型是话音时EXTRA_CONTENT_TYPE的值。

❑ String EFFECT_AUXILIARY：表示Effect connection mode是auxiliary。

❑ String EFFECT_INSERT：表示Effect connection mode是insert。

❑ int ERROR：指示操作错误。

❑ int ERROR_BAD_VALUE：指示由于错误的参数导致的操作失败。

❑ int ERROR_DEAD_OBJECT：指示由于已关闭的远程对象导致的操作失败。

❑ int ERROR_INVALID_OPERATION：指示由于错误的请求状态导致的操作失败。

❑ int ERROR_NO_INIT：指示由于错误的对象初始化导致的操作失败。

❑ int ERROR_NO_MEMORY：指示由于内存不足导致的操作失败。

❑ String EXTRA_AUDIO_SESSION：包含使用效果的音频Session ID。

❑ String EXTRA_CONTENT_TYPE：指示应用程序播放内容的类型。

❑ String EXTRA_PACKAGE_NAME：包含调用应用程序的包名。

❑ int SUCCESS：表示操作成功。

4．AudioEffect中的公有方法

在AudioEffect中常用的公有方法如下所示。

❑ AudioEffect.Descriptor getDescriptor()：获取效果描述符。

❑ boolean getEnabled()：返回效果的启用状态。

❑ int getId()：返回效果的标识符。

❑ boolean hasControl()：检查该AudioEffect对象是否拥有效果引擎的控制。如果有，则返回true。

❑ static Descriptor[] queryEffects()：查询平台上的所有有效的音频效果。

❑ void release()：释放本地AudioEffect资源。

❑ Void setControlStatusListener(AudioEffect.OnControlStatusChangeListener listener)：注册音频效果的控制状态监听器，当控制状态改变时AudioEffect发出通知。

❑ Void setEnableStatusListener(AudioEffect.OnEnableStatusChangeListener listener)：设置音频效果的启用状态监听器，当启用状态改变时AudioEffect发出通知。

12.5　语音识别技术

语音识别技术是Android SDK中比较重要且比较新颖的一项技术，在本节的内容中，将详细讲解Android中语音识别技术的基本知识，为读者步入本书后面知识的学习打下基础。

12.5.1　Text-To-Speech技术

Text-To-Speech简称TTS，是Android 1.6版本中比较重要的新功能。将所指定的文本转成不同语言音频输出。它可以方便地嵌入到游戏或者应用程序中，增强用户体验。在讲解TTS API和将这项功能应用到你的实际项目中的方法之前，先对这套TTS引擎有个初步的了解。

1. Text-To-Speech基础

TTS引擎依托于当前AndroidPlatform所支持的几种主要的语言：English、French、German、Italian和Spanish五大语言（暂时没有中文，至少Google的科学家们还没有把中文玩到炉火纯青的地步，先易后难也是理所当然。）TTS可以将文本随意地转换成以上任意五种语言的语音输出。与此同时，对于个别的语言版本将取决于不同的地区，例如对于English，在TTS中可以分别输出美式和英式两种不同的版本。

既然能支持如此庞大的数据量，TTS引擎对于资源的优化采取预加载的方法。根据一系列的参数信息从库中提取相应的资源，并加载到当前系统中。尽管当前大部分加载有Android操作系统的设备都通过这套引擎来提供TTS功能，但由于一些设备的存储空间非常有限，而影响到TTS无法最大限度地发挥功能，算是当前的一个瓶颈。为此开发小组引入了检测模块，让利用这项技术的应用程序或者游戏针对于不同的设备可以有相应的优化调整，从而避免由于此项功能的限制，影响到整个应用程序的使用。比较稳妥的做法是让用户自行选择是否有足够的空间或者需求来加载此项资源，下边给出了一个标准的检测方法。

```
Intent checkIntent = new Intent();
checkIntent.setAction(TextToSpeech.Engine.ACTION_CHECK_TTS_DATA);
startActivityForResult(checkIntent, MY_DATA_CHECK_CODE);
```

如果当前系统允许创建一个"android.speech.tts.TextToSpeech"的Object对象，则说明已经提供TTS功能的支持，将检测返回结果中给出"CHECK_VOICE_DATA_PASS"的标记。如果系统不支持这项功能，那么用户可以选择是否加载这项功能，从而让设备支持输出多国语言的语音功能"Multi-lingual Talking"。"ACTION_INSTALL_TTS_DATA"intent将用户引入Android market中的TTS下载界面。下载完成后将自动完成安装，下边是实现上述过程的完整代码(androidres.com)。

```
private TextToSpeech mTts;
protected void onActivityResult(
        int requestCode, int resultCode, Intent data) {
    if (requestCode == MY_DATA_CHECK_CODE) {
        if (resultCode == TextToSpeech.Engine.CHECK_VOICE_DATA_PASS) {
            // success, create the TTS instance
            mTts = new TextToSpeech(this, this);
        } else {
            // missing data, install it
            Intent installIntent = new Intent();
            installIntent.setAction(
                TextToSpeech.Engine.ACTION_INSTALL_TTS_DATA);
            startActivity(installIntent);
        }
    }
}
```

TextToSpeech实体和OnInitListener都需要引用当前Activity的Context作为构造参数。OnInitListener()的用处是通知系统当前TTS Engine已经加载完成，并处于可用状态。

2. Text-To-Speech的实现流程

（1）首先检查TTS数据是否可用，例如下面的代码。

```
view plaincopy to clipboardprint?
//检查TTS数据是否已经安装并且可用
        Intent checkIntent = new Intent();
        checkIntent.setAction(TextToSpeech.Engine.ACTION_CHECK_TTS_DATA);
        startActivityForResult(checkIntent, REQ_TTS_STATUS_CHECK);
protected  void onActivityResult(int requestCode, int resultCode, Intent data) {
        if(requestCode == REQ_TTS_STATUS_CHECK)
        {
            switch (resultCode) {
            case TextToSpeech.Engine.CHECK_VOICE_DATA_PASS:
                //这个返回结果表明TTS Engine可以用
            {
                mTts = new TextToSpeech(this, this);
```

```
            Log.v(TAG, "TTS Engine is installed!");
        }
            break;
        case TextToSpeech.Engine.CHECK_VOICE_DATA_BAD_DATA:
            //需要的语音数据已损坏
        case TextToSpeech.Engine.CHECK_VOICE_DATA_MISSING_DATA:
            //缺少需要语言的语音数据
        case TextToSpeech.Engine.CHECK_VOICE_DATA_MISSING_VOLUME:
            //缺少需要语言的发音数据
        {
            //这3种情况都表明数据有错，重新下载安装需要的数据
            Log.v(TAG, "Need language stuff:"+resultCode);
            Intent dataIntent = new Intent();
            dataIntent.setAction(TextToSpeech.Engine.ACTION_INSTALL_TTS_DATA);
            startActivity(dataIntent);

        }
            break;
        case TextToSpeech.Engine.CHECK_VOICE_DATA_FAIL:
            //检查失败
        default:
            Log.v(TAG, "Got a failure. TTS apparently not available");
            break;
        }
    }
    else
    {
        //其他Intent返回的结果
    }
}
```

（2）然后初始化TTS，例如下面的代码。

```
view plaincopy to clipboardprint?
//实现TTS初始化接口
    @Override
    public void onInit(int status) {
        // TODO Auto-generated method stub
        //TTS Engine初始化完成
        if(status == TextToSpeech.SUCCESS)
        {
            int result = mTts.setLanguage(Locale.US);
            //设置发音语言
            if(result == TextToSpeech.LANG_MISSING_DATA || result ==
            TextToSpeech.LANG_NOT_SUPPORTED)
            //判断语言是否可用
            {
                Log.v(TAG, "Language is not available");
                speakBtn.setEnabled(false);
            }
            else
            {
                mTts.speak("This is an example of speech synthesis.", TextToSpeech.QUEUE_ADD, null);
                speakBtn.setEnabled(true);
            }
        }
    }
```

（3）接下来需要设置发音语言，例如下面的代码。

```
view plaincopy to clipboardprint?
public void onItemSelected(AdapterView<?> parent, View view,
        int position, long id) {
    // TODO Auto-generated method stub
    int pos = langSelect.getSelectedItemPosition();
    int result = -1;
    switch (pos) {
    case 0:
    {
        inputText.setText("I love you");
        result = mTts.setLanguage(Locale.US);
```

```
}
    break;
case 1:
{
    inputText.setText("Je t'aime");
    result = mTts.setLanguage(Locale.FRENCH);
}
    break;
case 2:
{
    inputText.setText("Ich liebe dich");
    result = mTts.setLanguage(Locale.GERMAN);
}
    break;
case 3:
{
    inputText.setText("Ti amo");
    result = mTts.setLanguage(Locale.ITALIAN);
}
    break;
case 4:
{
    inputText.setText("Te quiero");
    result = mTts.setLanguage(new Locale("spa", "ESP"));
}
    break;
default:
    break;
}
//设置发音语言
if(result == TextToSpeech.LANG_MISSING_DATA || result == TextToSpeech.LANG_NOT_SUPPORTED)
//判断语言是否可用
{
    Log.v(TAG, "Language is not available");
    speakBtn.setEnabled(false);
}
else
{
    speakBtn.setEnabled(true);
}
}
```

（4）最后设置单击Button按钮发出声音，例如下面的代码。

```
view plaincopy to clipboardprint?
public void onClick(View v) {
    //朗读输入框里的内容
    mTts.speak(inputText.getText().toString(), TextToSpeech.QUEUE_ADD, null);
}
```

12.5.2　谷歌的Voice Recognition技术

我们知道苹果的iPhone有语音识别用的是Google的技术，作为Google力推的Android自然会将其核心技术往Android系统里面植入，并结合Google的云端技术将其发扬光大。所以Google Voice Recognition在Android的实现就变得极其轻松，它自带的API例子是通过一个Intent的Action动作来完成的。主要有以下两种模式。

❑ ACTION_RECOGNIZE_SPEECH：一般语音识别，在这种模式下我们可以捕捉到语音的处理后的文字列；

❑ ACTION_WEB_SEARCH：网络搜索。

我们看在API Demo源码中为开发者提供的语音识别实例，具体实现代码如下所示。

```
package com.example.android.apis.app;

import com.example.android.apis.R;
```

```java
import android.app.Activity;
import android.content.Intent;
import android.content.pm.PackageManager;
import android.content.pm.ResolveInfo;
import android.os.Bundle;
import android.speech.RecognizerIntent;
import android.view.View;
import android.view.View.OnClickListener;
import android.widget.ArrayAdapter;
import android.widget.Button;
import android.widget.ListView;

import java.util.ArrayList;
import java.util.List;

/**
 *用API开发的抽象语音识别代码
 */
public class VoiceRecognition extends Activity implements OnClickListener {

    private static final int VOICE_RECOGNITION_REQUEST_CODE = 1234;

    private ListView mList;

    /**
     *呼叫与活动首先被创造.
     */
    @Override
    public void onCreate(Bundle savedInstanceState) {
        super.onCreate(savedInstanceState);
        //从它的XML布局描述的UI.
        setContentView(R.layout.voice_recognition);

        //得到最新互作用的显示项目
        Button speakButton = (Button) findViewById(R.id.btn_speak);
        mList = (ListView) findViewById(R.id.list);

        //检查看公认活动是否存在
        PackageManager pm = getPackageManager();
        List<ResolveInfo> activities = pm.queryIntentActivities(
                new Intent(RecognizerIntent.ACTION_RECOGNIZE_SPEECH), 0);
        if (activities.size() != 0) {
            speakButton.setOnClickListener(this);
        } else {
            speakButton.setEnabled(false);
            speakButton.setText("Recognizer not present");
        }
    }

    /**
     *单击"开始识别按钮"后的处理事件
     */
    public void onClick(View v) {
        if (v.getId() == R.id.btn_speak) {
            startVoiceRecognitionActivity();
        }
    }
    /**
     *发送开始语音识别信号
     */
    private void startVoiceRecognitionActivity() {
        Intent intent = new Intent(RecognizerIntent.ACTION_RECOGNIZE_SPEECH);
        intent.putExtra(RecognizerIntent.EXTRA_LANGUAGE_MODEL,
                RecognizerIntent.LANGUAGE_MODEL_FREE_FORM);
        intent.putExtra(RecognizerIntent.EXTRA_PROMPT, "Speech recognition demo");
        startActivityForResult(intent, VOICE_RECOGNITION_REQUEST_CODE);
    }
```

```
/**
 *处理识别结果
 */
@Override
protected void onActivityResult(int requestCode, int resultCode, Intent data) {
    if (requestCode == VOICE_RECOGNITION_REQUEST_CODE && resultCode == RESULT_OK) {
        // Fill the list view with the strings the recognizer thought it could have heard
        ArrayList<String> matches = data.getStringArrayListExtra(
                RecognizerIntent.EXTRA_RESULTS);
        mList.setAdapter(new ArrayAdapter<String>(this, android.R.layout.simple_list_item_1,
                matches));
    }
    super.onActivityResult(requestCode, resultCode, data);
}
}
```

上述代码保存在Google的API开源文件中，原理和实现代码十分简单，感兴趣的读者可以学习一下，上述源码的执行后，用户通过单击"Speak!"按钮显示界面如图12-4所示；用户说完话后将提交到云端搜索，如图12-5所示；在云端搜索完成后将返回打印数据，如图12-6所示。

图12-4　单击按钮后　　　　　　　　图12-5　说完　　　　　　　　图12-6　返回识别结果

12.6　实现振动功能

无论是智能手机还是普通手机，几乎每一款手机都具备振动功能。在Android系统中，同样也可以实现振动效果。Android系统中的振动功能是通过类Vibrator实现的，读者可以在SDK中的android.os.Vibrator找到相关的描述。从1.0开始改进了一些声明方式，在实例化的同时去除了构造方法new Vibrator()，这个构造方法已经去除，调用时必需获取振动服务的实例句柄。我们定一个Vibrator对象mVibrator变量，获取的方法很简单，具体代码如下所示。

```
mVibrator = (Vibrator) getSystemService(Context.VIBRATOR_SERVICE);
```
然后直接调用下面的方法：
```
vibrate(long[] pattern, int repeat)
```
❑ 第一个参数long[] pattern：是一个节奏数组，比如{1, 200}；
❑ 第二个参数repeat：是重复次数，-1为不重复，而数字直接表示的是具体的数字，和一般-1表示无限不同。

在使用振动功能之前，需要先在manifest中加入下面的权限。
```
<uses-permission android:name="android.permission.VIBRATE"/>
```
在设置振动（Vibration）事件时，必须要知道命令其振动的时间长短、振动事件的周期等。因为在Android里设置的数值，皆是以毫秒（1000毫秒=1秒）来做计算，所以在做设置时，必须要注意设置时间的长短，如果设置的时间值太小的话，会感觉不出来。

要让手机乖乖地振动，需创建Vibrator对象，通过调用vibrate方法来达到振动的目的，在Vibrator的构造器中有4个参数，前3个的值是设置振动的大小，在这边可以把数值改成一大一小，这样就可以明显感觉出振动的差异，而最后一个值是设置振动的时间。

笔者根据个人开发经验，总结出在Android系统上开发振动系统的基本流程如下所示。

（1）在manifest文件中申明振动权限。

（2）通过系统服务获得手机振动服务，例如下面的代码。

```
Vibrator vibrator = (Vibrator)getSystemService(VIBRATOR_SERVICE);
```

（3）得到振动服务后检测vibrator是否存在，例如下面的代码。

```
vibrator.hasVibrator();
```

通过上述代码可以检测当前硬件是否有vibrator，如果有返回true，如果没有返回false。

（4）根据实际需要进行适当的调用，例如下面的代码。

```
vibrator.vibrate(long milliseconds);
```

通过上述代码开始启动vibrator持续milliseconds毫秒。

（5）编写下面的代码：

```
vibrator.vibrate(long[] pattern, int repeat);
```

这样以pattern方式重复repeat启动vibrator。pattern的形式如下所示。

```
new long[]{arg1,arg2,arg3,arg4......}
```

在上述格式中，其中以两个一组的如arg1和arg2为一组、arg3和arg4为一组，每一组的前一个代表等待多少毫秒启动vibrator，后一个代表vibrator持续多少毫秒停止，之后往复即可。Repeat表示重复次数，当其为-1时，表示不重复，只以pattern的方式运行一次。

（6）停止振动，具体代码如下所示。

```
vibrator.cancel();
```

12.7 设置闹钟

在Android系统中，可以使用AlarmManage来设置闹钟。在本节的内容中，将详细讲解在Android系统中设置闹钟的基本知识，为读者步入本书后面知识的学习打下基础。

12.7.1 AlarmManage基础

在Android系统中，对应AlarmManage有一个AlarmManagerServie服务程序，该服务程序才是正真提供闹铃服务的，它主要维护应用程序注册下来的各类闹铃并适时地设置即将触发的闹铃给闹铃设备。在系统中，Linux实现的设备名为“/dev/alarm”），并且一直监听闹铃设备，一旦有闹铃触发或者是闹铃事件发生，AlarmManagerServie服务程序就会遍历闹铃列表找到相应的注册闹铃并发出广播。该服务程序在系统启动时被系统服务程序System_service启动并初始化闹铃设备(/dev/alarm)。当然，在Java层的AlarmManagerService与Linux Alarm驱动程序接口之间还有一层封装，那就是JNI。

AlarmManager将应用与服务分割开来后，使得应用程序开发者不用关心具体的服务，而是直接通过AlarmManager来使用这种服务。这也许就是客户/服务模式的好处吧。AlarmManager与AlarmManagerServie之间是通过Binder来通信的，它们之间是多对一的关系。

在Android系统中，AlarmManage提供了4个接口5种类型的闹铃服务，其中4个接口的具体说明如下所示。

❑ void cancel(PendingIntent operation)：取消已经注册的与参数匹配的闹铃。

❑ void set(int type, long triggerAtTime, PendingIntent operation)：注册一个新的闹铃。

❑ void setRepeating(int type, long triggerAtTime, long interval, PendingIntent operation)：注册一个重复类型的闹铃。

❑ void setTimeZone(String timeZone)：设置时区。

在Android系统中，5种闹铃类型的具体说明如下所示。

❑ public static final int ELAPSED_REALTIME：当系统进入睡眠状态时，这种类型的闹铃不会唤醒系统。直到系统下次被唤醒才传递它，该闹铃所用的时间是相对时间，是从系统启动后开始计时的，包括睡眠时间，可以通过调用SystemClock.elapsedRealtime()获得。系统值是3 (0x00000003)。

❑ public static final int ELAPSED_REALTIME_WAKEUP：功能是唤醒系统，用法同ELAPSED_REALTIME，系统值是2 (0x00000002)。

❑ public static final int RTC：当系统进入睡眠状态时，这种类型的闹铃不会唤醒系统。直到系统下次被唤醒才传递它，该闹铃所用的时间是绝对时间，所用时间是UTC时间，可以通过调用System.currentTimeMillis()获得。系统值是1 (0x00000001)。

❑ public static final int RTC_WAKEUP：功能是唤醒系统，用法同RTC类型，系统值为0 (0x00000000)。

❑ public static final int POWER_OFF_WAKEUP：功能是唤醒系统，它是一种关机闹铃，就是说设备在关机状态下也可以唤醒系统，所以我们把它称之为关机闹铃。使用方法同RTC类型，系统值为4(0x00000004)。

12.7.2   开发一个闹钟程序

在接下来的内容中，将通过一个具体演示实例来讲解使用AlarmManage实现闹钟功能的方法。

题目	目的	源码路径
实例12-2	使用AlarmManage实现闹钟功能	\daima\12\naozhong

本实例的具体实现流程如下所示。

（1）编写文件example.java，其具体实现流程如下所示。

❑ 载入主布局文件main.xml，单击Button1按钮后实现只响一次闹钟，通过setTime1对象实现只响一次的闹钟的设置，具体实现代码如下所示。

```
public void onCreate(Bundle savedInstanceState)
{
  super.onCreate(savedInstanceState);
  /* 载入main.xml Layout */
  setContentView(R.layout.main);
  /* 以下为只响一次闹钟的设置 */
  setTime1=(TextView) findViewById(R.id.setTime1);
  /* 只响一次的闹钟的设置Button */
  mButton1=(Button)findViewById(R.id.mButton1);
  mButton1.setOnClickListener(new View.OnClickListener()
  {
    public void onClick(View v)
    {
      /* 取得单击按钮时的时间作为TimePickerDialog的默认值 */
      c.setTimeInMillis(System.currentTimeMillis());
      int mHour=c.get(Calendar.HOUR_OF_DAY);
      int mMinute=c.get(Calendar.MINUTE);
```

❑ 通过TimePickerDialog弹出一个对话框供用户来设置时间，具体实现代码如下所示。

```
      /* 跳出TimePickerDialog来设置时间 */
      new TimePickerDialog(example9.this,
        new TimePickerDialog.OnTimeSetListener() {
          public void onTimeSet(TimePicker view,int hourOfDay,int minute)
          {
            /* 取得设置后的时间，秒跟毫秒设为0 */
            c.setTimeInMillis(System.currentTimeMillis());
            c.set(Calendar.HOUR_OF_DAY,hourOfDay);
            c.set(Calendar.MINUTE,minute);
            c.set(Calendar.SECOND,0);
            c.set(Calendar.MILLISECOND,0);
            /* 指定闹钟设置时间到时要运行CallAlarm.class */
            Intent intent = new Intent(example9.this, example_2.class);
            /* 创建PendingIntent */
            PendingIntent sender=PendingIntent.getBroadcast(example9.this,0, intent, 0);
  /* AlarmManager.RTC_WAKEUP设置服务在系统休眠时同样会运行，以set()设置的PendingIntent只会运行一次* */
            AlarmManager am;
            am = (AlarmManager)getSystemService(ALARM_SERVICE);
            am.set(AlarmManager.RTC_WAKEUP,
                    c.getTimeInMillis(),
                    sender
```

```
            );
    /* 更新显示的设置闹钟时间 */
    String tmpS=format(hourOfDay)+": "+format(minute);
    setTime1.setText(tmpS);
    /* 以Toast提示设置已完成 */
    Toast.makeText(example9.this,"设置闹钟时间为"+tmpS,
      Toast.LENGTH_SHORT)
      .show();
    }
  },mHour,mMinute,true).show();
  }
});
```

❑ 单击mButton2按钮来删除只响一次的闹钟，具体实现代码如下所示。

```
mButton2=(Button) findViewById(R.id.mButton2);
mButton2.setOnClickListener(new View.OnClickListener()
{
  public void onClick(View v)
  {
    Intent intent = new Intent(example.this, example_2.class);
    PendingIntent sender=PendingIntent.getBroadcast(
                        Example.this,0, intent, 0);
    /* 由AlarmManager中删除 */
    AlarmManager am;
    am =(AlarmManager)getSystemService(ALARM_SERVICE);
    am.cancel(sender);
    /* 以Toast提示已删除设置，并更新显示的闹钟时间 */
    Toast.makeText(example.this,"闹钟时间解除",
                  Toast.LENGTH_SHORT).show();
    setTime1.setText("目前无设置");
  }
});
```

❑ 开始设置重复响起的闹钟，具体实现代码如下所示。

```
/* 以下为重复响起的闹钟的设置 */
setTime2=(TextView) findViewById(R.id.setTime2);
/* create重复响起的闹钟的设置画面 */
/* 引用timeset.xml为Layout */
LayoutInflater factory = LayoutInflater.from(this);
final View setView = factory.inflate(R.layout.timeset,null);
final TimePicker tPicker=(TimePicker)setView
                        .findViewById(R.id.tPicker);
tPicker.setIs24HourView(true);
/* create重复响起闹钟的设置Dialog */
final AlertDialog di=new AlertDialog.Builder(example.this)
      .setIcon(R.drawable.clock)
      .setTitle("设置")
      .setView(setView)
      .setPositiveButton("确定",
       new DialogInterface.OnClickListener()
      {
        public void onClick(DialogInterface dialog, int which)
        {
          /* 取得设置的间隔秒数 */
          EditText ed=(EditText)setView.findViewById(R.id.mEdit);
          int times=Integer.parseInt(ed.getText().toString())
                    *1000;
          /* 取得设置的开始时间，秒及毫秒设为0 */
          c.setTimeInMillis(System.currentTimeMillis());
          c.set(Calendar.HOUR_OF_DAY,tPicker.getCurrentHour());
          c.set(Calendar.MINUTE,tPicker.getCurrentMinute());
          c.set(Calendar.SECOND,0);
          c.set(Calendar.MILLISECOND,0);

          /* 指定闹钟设置时间到时要运行CallAlarm.class */
          Intent intent = new Intent(example.this,
                                Example_2.class);
          PendingIntent sender = PendingIntent.getBroadcast(
                                Example.this,1, intent, 0);
```

```
                    /* setRepeating()可让闹钟重复运行 */
                    AlarmManager am;
                    am = (AlarmManager)getSystemService(ALARM_SERVICE);
                    am.setRepeating(AlarmManager.RTC_WAKEUP,
                            c.getTimeInMillis(),times,sender);
                    /* 更新显示的设置闹钟时间 */
                    String tmpS=format(tPicker.getCurrentHour())+": "+
                            format(tPicker.getCurrentMinute());
                    setTime2.setText("设置闹钟时间为"+tmpS+
                            "开始，重复间隔为"+times/1000+"秒");
                    /* 以Toast提示设置已完成 */
                    Toast.makeText(example9.this,"设置闹钟时间为"+tmpS+
                            "开始，重复间隔为"+times/1000+"秒",
                            Toast.LENGTH_SHORT).show();
                }
            })
            .setNegativeButton("取消",
             new DialogInterface.OnClickListener()
             {
                public void onClick(DialogInterface dialog, int which)
                {
                }
            }).create();
```

上述代码的具体实现流程如下所示。

🕐　以create重复响起的闹钟的设置画面，并引用timeset.xml为布局文件。

🕐　以create重复响起闹钟的设置Dialog对话框。

🕐　获取设置的间隔秒数。

🕐　获取设置的开始时间，秒及毫秒都设为0。

🕐　指定闹钟设置时间到时要运行CallAlarm.class。

🕐　通过setRepeating()可让闹钟重复运行。

🕐　通过dmpS更新显示的设置闹钟时间。

🕐　通过以Toast提示设置已完成。

❏　单击mButton3按钮实现重复响起的闹钟，具体实现代码如下所示。

```
/* 重复响起的闹钟的设置Button */
mButton3=(Button) findViewById(R.id.mButton3);
mButton3.setOnClickListener(new View.OnClickListener()
{
    public void onClick(View v)
    {
        /* 取得单击按钮时的时间作为tPicker的默认值 */
        c.setTimeInMillis(System.currentTimeMillis());
        tPicker.setCurrentHour(c.get(Calendar.HOUR_OF_DAY));
        tPicker.setCurrentMinute(c.get(Calendar.MINUTE));
        /* 跳出设置画面di */
        di.show();
    }
});
```

❏　单击mButton4按钮后删除重复响起的闹钟，具体实现代码如下所示。

```
mButton4=(Button) findViewById(R.id.mButton4);
mButton4.setOnClickListener(new View.OnClickListener()
{
    public void onClick(View v)
    {
        Intent intent = new Intent(example9.this, example9_2.class);
        PendingIntent sender = PendingIntent.getBroadcast(
                            example9.this,1, intent, 0);
        /* 在AlarmManager中删除 */
        AlarmManager am;
        am = (AlarmManager)getSystemService(ALARM_SERVICE);
        am.cancel(sender);
        /* 以Toast提示已删除设置，并更新显示的闹钟时间 */
        Toast.makeText(example.this,"闹钟时间解除",
```

```
                           Toast.LENGTH_SHORT).show();
            setTime2.setText("目前无设置");
          }
        });
    }
```

❑ 使用方法format来设置使用两位数的显示格式来表示日期时间，具体实现代码如下所示。

```
/* 日期时间显示两位数的方法 */
private String format(int x)
{
    String s=""+x;
    if(s.length()==1) s="0"+s;
    return s;
}
```

（2）编写文件example_1.java，具体实现代码如下所示。

```
/* 实际跳出闹铃Dialog的Activity */
public class example_1 extends Activity
{
    @Override
    protected void onCreate(Bundle savedInstanceState)
    {
        super.onCreate(savedInstanceState);
        /* 跳出的闹铃警示   */
        new AlertDialog.Builder(example9_1.this)
            .setIcon(R.drawable.clock)
            .setTitle("闹钟响了!!")
            .setMessage("赶快起床吧!!!")
            .setPositiveButton("关掉它",
             new DialogInterface.OnClickListener()
            {
                public void onClick(DialogInterface dialog, int whichButton)
                {
                    /* 关闭Activity */
                    Example_1.this.finish();
                }
            })
            .show();
    }
}
```

（3）编写文件example_2.java，具体实现代码如下所示。

```
/* 调用闹钟Alert的Receiver */
public class example_2 extends BroadcastReceiver
{
    @Override
    public void onReceive(Context context, Intent intent)
    {
        /* 创建Intent，调用AlarmAlert.class */
        Intent i = new Intent(context, example9_1.class);
        Bundle bundleRet = new Bundle();
        bundleRet.putString("STR_CALLER", "");
        i.putExtras(bundleRet);
        i.addFlags(Intent.FLAG_ACTIVITY_NEW_TASK);
        context.startActivity(i);
    }
}
```

（4）编写文件AndroidManifest.xml，在里面添加对CallAlarm的receiver设置，具体实现代码如下所示。

```
<!--注册receiver CallAlarm -->
<receiver android:name=".example_2" android:process=":remote" />
<activity android:name=".example_1" ndroid:label="@string/app_name">
</activity>
```

执行后的效果如图12-7所示，单击第一个"设置"按钮后弹出设置界面，在此可以设置闹钟时间，如图12-8所示。单击第二个按钮可以设置重复响起的时间，如图12-9所示。

图12-7　初始效果　　　　图12-8　响一次的设置界面　　　　图12-9　重复响的设置界面

12.8　使用MediaPlayer播放视频

在本书前面的内容中，已经讲解了MediaPlayer的基本知识。其实除了播放音频之外，它还是在Android系统中播放视频的主流方法之一。在本书的第13章中，已经详细讲解了MediaPlayer中的各个方法，在本节的内容中，将通过一个具体实例来说明使用MediaPlayer播放视频的基本方法。

题目	目的	源码路径
实例12-3	使用MediaPlayer播放网络中的视频	\daima\12\MediaBo

编写主程序文件example.java，其具体实现流程如下所示。

（1）定义bIsReleased来标识MediaPlayer是否已被释放，识别MediaPlayer是否正处于暂停，并用LogCat输出TAG filter，具体实现代码如下所示。

```
/* 识别MediaPlayer是否已被释放*/
private boolean bIsReleased = false;
/* 识别MediaPlayer是否正处于暂停*/
private boolean bIsPaused = false;
/* LogCat输出TAG filter */
private static final String TAG = "HippoMediaPlayer";
private String currentFilePath = "";
private String currentTempFilePath = "";
private String strVideoURL = "";
```

（2）设置播放视频的URL地址，使用mSurfaceView01来绑定Layout上的SurfaceView，然后设置SurfaceHolder为Layout SurfaceView，具体实现代码如下所示。

```
public void onCreate(Bundle savedInstanceState)
{
    super.onCreate(savedInstanceState);
    setContentView(R.layout.main);
    /* 将.3gp图像文件存放URL网址*/
    strVideoURL =
    "http://new4.sz.3gp2.com//20100205xyy/喜羊羊与灰太狼%20踩高跷(www.3gp2.com).3gp";
    //http://www.dubblogs.cc:8751/Android/Test/Media/3gp/test2.3gp

    mTextView01 = (TextView)findViewById(R.id.myTextView1);
    mEditText01 = (EditText)findViewById(R.id.myEditText1);
    mEditText01.setText(strVideoURL);

    /* 绑定Layout上的SurfaceView */
    mSurfaceView01 = (SurfaceView) findViewById(R.id.mSurfaceView1);

    /* 设置PixnelFormat */
    getWindow().setFormat(PixelFormat.TRANSPARENT);
    /* 设置SurfaceHolder为Layout SurfaceView */
    mSurfaceHolder01 = mSurfaceView01.getHolder();
    mSurfaceHolder01.addCallback(this);
```

（3）为影片设置大小比例，并分别设置mPlay、mReset、mPause和mStop四个控制按钮，具体实现代码如下所示。

```
/* 由于原有的影片Size较小，故指定其为固定比例*/
mSurfaceHolder01.setFixedSize(160, 128);
mSurfaceHolder01.setType(SurfaceHolder.SURFACE_TYPE_PUSH_BUFFERS);
mPlay = (ImageButton) findViewById(R.id.play);
mReset = (ImageButton) findViewById(R.id.reset);
mPause = (ImageButton) findViewById(R.id.pause);
mStop = (ImageButton) findViewById(R.id.stop);
```

（4）编写单击"播放"按钮的处理事件，具体实现代码如下所示。

```
/* 播放按钮*/
mPlay.setOnClickListener(new ImageButton.OnClickListener()
{
  public void onClick(View view)
  {
    if(checkSDCard())
    {
      strVideoURL = mEditText01.getText().toString();
      playVideo(strVideoURL);
      mTextView01.setText(R.string.str_play);
    }
    else
    {
      mTextView01.setText(R.string.str_err_nosd);
    }
  }
});
```

（5）编写单击"重播"按钮的处理事件，具体实现代码如下所示。

```
/* 重新播放按钮*/
mReset.setOnClickListener(new ImageButton.OnClickListener()
{
  public void onClick(View view)
  {
    if(checkSDCard())
    {
      if(bIsReleased == false)
      {
        if (mMediaPlayer01 != null)
        {
          mMediaPlayer01.seekTo(0);
          mTextView01.setText(R.string.str_play);
        }
      }
    }
    else
    {
      mTextView01.setText(R.string.str_err_nosd);
    }
  }
});
```

（6）编写单击"暂停"按钮的处理事件，具体实现代码如下所示。

```
/* 暂停按钮*/
mPause.setOnClickListener(new ImageButton.OnClickListener()
{
  public void onClick(View view)
  {
    if(checkSDCard())
    {
      if (mMediaPlayer01 != null)
      {
        if(bIsReleased == false)
        {
          if(bIsPaused==false)
          {
            mMediaPlayer01.pause();
            bIsPaused = true;
            mTextView01.setText(R.string.str_pause);
```

```
            }
          else if(bIsPaused==true)
          {
            mMediaPlayer01.start();
            bIsPaused = false;
            mTextView01.setText(R.string.str_play);
          }
        }
      }
    }
    else
    {
      mTextView01.setText(R.string.str_err_nosd);
    }
  }
});
```

（7）编写单击"停止"按钮的处理事件，具体实现代码如下所示。

```
/* 终止按钮*/
mStop.setOnClickListener(new ImageButton.OnClickListener()
{
  public void onClick(View view)
  {
    if(checkSDCard())
    {
      try
      {
        if (mMediaPlayer01 != null)
        {
          if(bIsReleased==false)
          {
            mMediaPlayer01.seekTo(0);
            mMediaPlayer01.pause();
            mTextView01.setText(R.string.str_stop);
          }
        }
      }
      catch(Exception e)
      {
        mTextView01.setText(e.toString());
        Log.e(TAG, e.toString());
        e.printStackTrace();
      }
    }
    else
    {
      mTextView01.setText(R.string.str_err_nosd);
    }
  }
});
}
```

（8）定义方法playVideo来下载指定URL地址的影片，并在下载后进行播放处理，具体实现代码如下所示。

```
/* 自定义下载URL影片并播放*/
private void playVideo(final String strPath)
{
  try
  {
    /* 若传入的strPath为现有播放的连接，则直接播放*/
    if (strPath.equals(currentFilePath) && mMediaPlayer01 != null)
    {
      mMediaPlayer01.start();
      return;
    }
    else if(mMediaPlayer01 != null)
    {
      mMediaPlayer01.stop();
    }
```

```
    currentFilePath = strPath;
    /* 重新构建MediaPlayer对象*/
    mMediaPlayer01 = new MediaPlayer();
    /* 设置播放音量*/
    mMediaPlayer01.setAudioStreamType(2);
    /* 设置显示于SurfaceHolder */
    mMediaPlayer01.setDisplay(mSurfaceHolder01);
    mMediaPlayer01.setOnErrorListener
    (new MediaPlayer.OnErrorListener()
    {
      @Override
      public boolean onError(MediaPlayer mp, int what, int extra)
      {
        // TODO Auto-generated method stub
        Log.i
        (
          TAG,
          "Error on Listener, what: " + what + "extra: " + extra
        );
        return false;
      }
    });
```

（9）定义onBufferingUpdate事件来监听缓冲进度，具体实现代码如下所示。

```
    mMediaPlayer01.setOnBufferingUpdateListener
    (new MediaPlayer.OnBufferingUpdateListener()
    {
      @Override
      public void onBufferingUpdate(MediaPlayer mp, int percent)
      {
        // TODO Auto-generated method stub
        Log.i
        (
          TAG, "Update buffer: " +
          Integer.toString(percent) + "%"
        );
      }
    });
```

（10）定义方法run()来接受连接并记录线程信息。先在运行线程时调用自定义函数来抓取下文，当下载完后调用prepare准备动作，当有异常发生时输出错误信息，具体实现代码如下所示。

```
    Runnable r = new Runnable()
    {
      public void run()
      {
        try
        {
          /* 在线程运行中，调用自定义函数抓取文件*/
          setDataSource(strPath);
          /* 下载完后才会调用prepare */
          mMediaPlayer01.prepare();
          Log.i
          (
            TAG, "Duration: " + mMediaPlayer01.getDuration()
          );
          mMediaPlayer01.start();
          bIsReleased = false;
        }
        catch (Exception e)
        {
          Log.e(TAG, e.getMessage(), e);
        }
      }
    };
    new Thread(r).start();
  }
  catch(Exception e)
  {
    if (mMediaPlayer01 != null)
```

```
        {
          mMediaPlayer01.stop();
          mMediaPlayer01.release();
        }
    }
}
```

（11）定义方法setDataSource使用线程启动的方式来播放视频，具体实现代码如下所示。

```
/* 自定义setDataSource, 由线程启动*/
private void setDataSource(String strPath) throws Exception
{
    if (!URLUtil.isNetworkUrl(strPath))
    {
      mMediaPlayer01.setDataSource(strPath);
    }
    else
    {
      if(bIsReleased == false)
      {
        URL myURL = new URL(strPath);
        URLConnection conn = myURL.openConnection();
        conn.connect();
        InputStream is = conn.getInputStream();
        if (is == null)
        {
          throw new RuntimeException("stream is null");
        }
        File myFileTemp = File.createTempFile
        ("hippoplayertmp", "."+getFileExtension(strPath));

        currentTempFilePath = myFileTemp.getAbsolutePath();

        /*currentTempFilePath = /sdcard/mediaplayertmp39327.dat */

        FileOutputStream fos = new FileOutputStream(myFileTemp);
        byte buf[] = new byte[128];
        do
        {
          int numread = is.read(buf);
          if (numread <= 0)
          {
            break;
          }
          fos.write(buf, 0, numread);
        }while (true);
        mMediaPlayer01.setDataSource(currentTempFilePath);
        try
        {
          is.close();
        }
        catch (Exception ex)
        {
          Log.e(TAG, "error: " + ex.getMessage(), ex);
        }
      }
    }
}
```

（12）定义方法getFileExtension来获取视频的扩展名，具体实现代码如下所示。

```
private String getFileExtension(String strFileName)
{
    File myFile = new File(strFileName);
    String strFileExtension=myFile.getName();
    strFileExtension=(strFileExtension.substring
    (strFileExtension.lastIndexOf(".")+1)).toLowerCase();

    if(strFileExtension=="")
    {
      /* 若无法顺利取得扩展名，默认为.dat */
```

```
          strFileExtension = "dat";
      }
      return strFileExtension;
  }
```

（13）定义方法checkSDCard()来判断存储卡是否存在，具体实现代码如下所示。

```
private boolean checkSDCard()
{
    /* 判断存储卡是否存在*/
    if(android.os.Environment.getExternalStorageState().equals
    (android.os.Environment.MEDIA_MOUNTED))
    {
        return true;
    }
    else
    {
        return false;
    }
}
@Override
public void surfaceChanged
(SurfaceHolder surfaceholder, int format, int w, int h)
{
    Log.i(TAG, "Surface Changed");
}
public void surfaceCreated(SurfaceHolder surfaceholder)
{
    Log.i(TAG, "Surface Changed");
}

@Override
public void surfaceDestroyed(SurfaceHolder surfaceholder)
{
    Log.i(TAG, "Surface Changed");
}
}
```

在上述代码中，通过EditText来获取远程视频的URL，然后将此网址的视频下载到手机的存储卡中，以暂存的方式保存在存储卡中。然后通过控制按钮来控制对视频的处理。在播放完毕并终止程序后，将暂存到SD中的临时视频删除。执行后在文本框中显示指定播放视频的URL，当下载完毕后能实现播放处理，如图12-10所示。

实例中的MediaProvider相当于一个数据中心，在里面记录了SD卡中的所有数据，而Gallery的作用就是展示和操作这个数据中心，每次用户启动Gallery时，Gallery只是读取MediaProvider里面的记录并显示用户。如果用户在Gallery里删除一个媒体时，Gallery通过调用MediaProvider开放的接口来实现。

图12-10 执行效果

第 13 章
GPS地图定位

Map地图对大家来说应该不算陌生，谷歌地图被广泛用于商业、民用和军用项目中。作为谷歌官方旗下产品之一的Android系统，可以非常方便地使用Google地图实现位置定位功能。在Android系统中，可以使用谷歌地图获取当前的位置信息，Android系统可以无缝地支持GPS和谷歌网络地图。在本章的内容中，将详细讲解在Android设备中使用位置服务和地图API的方法，为读者步入本书后面知识的学习打下基础。

13.1 位置服务

在现实应用中，通常将各种不同的定位技术称为LBS（意为基于位置的服务，是Location Based Service的缩写），它是通过电信移动运营商的无线电通信网络（如GSM网、CDMA网）或外部定位方式（如GPS）获取移动终端用户的位置信息（地理坐标或大地坐标），在GIS（Geographic Information System，地理信息系统）平台的支持下，为用户提供相应服务的一种增值业务。在本节的内容中，将详细讲解在Android物联网设备中实现位置服务的基本知识。

13.1.1 类location详解

在Android设备中，可以使用类android.location来实现定位功能。

1. Google Map API

Android系统提供了一组访问Google MAP的API，借助Google MAP及定位API，就可以在地图上显示用户当前的地理位置。在Android中定义了一个名为com.google.android.maps的包，其中包含了一系列用于在Google Map上显示、控制和层叠信息的功能类，下面是该包中最重要的几个类。

❑ MapActivity：用于显示Google MAP的Activity类，它需要连接底层网络。
❑ MapView：用于显示地图的View组件，它必须和MapActivity配合使用。
❑ MapController：用于控制地图的移动。
❑ Overlay：是一个可显示于地图之上的可绘制的对象。
❑ GeoPoint：是一个包含经纬度位置的对象。

2. Android Location API

在Android设备中，实现定位功能的相关类如下所示。

❑ LocationManager：本类提供访问定位服务的功能，也提供了获取最佳定位提供者的功能。另外，临近警报功能（前面所说的那种功能）也可以借助该类来实现。
❑ LocationProvider：该类是定位提供者的抽象类。定位提供者具备周期性报告设备地理位置的功能。
❑ LocationListener：提供定位信息发生改变时的回调功能。必须事先在定位管理器中注册监听器对象。
❑ Criteria：该类使得应用能够通过在LocationProvider中设置的属性来选择合适的定位提供者。

13.1.2 实战演练——在Android设备中实现GPS定位

在本节的内容中，将通过具体实例来演示在Android设备中使用GPS定位功能的基本流程。

题目	目的	源码路径
实例13-1	用GPS定位技术获取当前的位置信息	\daima\13\GPSLocationEX

本实例的具体实现流程如下所示。

（1）在文件AndroidManifest.xml中添加ACCESS_FINE_LOCATION权限，具体代码如下所示。

```
<uses-permission android:name="android.permission.ACCESS_FINE_LOCATION"/>
```

（2）在onCreate(Bundle savedInstanceState)中获取当前位置信息，通过LocationManager周期性获得当前设备的一个类。要想获取LocationManager实例，必须调用Context.getSystemService()方法并传入服务名LOCATION_SERVICE("location")。创建LocationManager实例后可以通过调用getLastKnownLocation()方法，将上一次LocationManager获得的有效位置信息以Location对象的形式返回。getLastKnownLocation()方法需要传入一个字符串参数来确定使用定位服务类型，本实例传入的是静态常量LocationManager.GPS_PROVIDER，这表示使用GPS技术定位。最后还需要使用Location对象将位置信息以文本方式显示到用户界面。具体实现代码如下所示。

```java
public void onCreate(Bundle savedInstanceState) {
    super.onCreate(savedInstanceState);
    setContentView(R.layout.main);
    LocationManager locationManager;
    String serviceName = Context.LOCATION_SERVICE;
    locationManager = (LocationManager)getSystemService(serviceName);
    Criteria criteria = new Criteria();
    criteria.setAccuracy(Criteria.ACCURACY_FINE);
    criteria.setAltitudeRequired(false);
    criteria.setBearingRequired(false);
    criteria.setCostAllowed(true);
    criteria.setPowerRequirement(Criteria.POWER_LOW);
    String provider = locationManager.getBestProvider(criteria, true);

    Location location = locationManager.getLastKnownLocation(provider);
    updateWithNewLocation(location);
    /*每隔1000ms更新一次*/
    locationManager.requestLocationUpdates(provider, 2000, 10,
        locationListener);
}
```

（3）定义方法updateWithNewLocation(Location location)更新显示用户界面，具体代码如下所示。

```java
private void updateWithNewLocation(Location location) {
    String latLongString;
    TextView myLocationText;
    myLocationText = (TextView)findViewById(R.id.myLocationText);
    if (location != null) {
    double lat = location.getLatitude();
    double lng = location.getLongitude();
    latLongString = "纬度是:" + lat + "\n经度是:" + lng;
    } else {
    latLongString = "失败";
    }
    myLocationText.setText("获取的当前位置是:\n" +
    latLongString);
    }
}
```

（4）定义LocationListener对象locationListener，当坐标改变时触发此函数，如果Provider传进相同的坐标，它就不会被触发，具体代码如下所示。

```java
private final LocationListener locationListener = new LocationListener() {
    public void onLocationChanged(Location location) {
    updateWithNewLocation(location);
    }
```

```
        public void onProviderDisabled(String provider){
        updateWithNewLocation(null);
        }
        public void onProviderEnabled(String provider){ }
        public void onStatusChanged(String provider, int status,
        Bundle extras){ }
    };
```

因为用到了Google API，所以要在项目中引入Google API，右键单击项目选择“Properties”，在弹出的对话框中选择Google API版本，如图13-1所示。

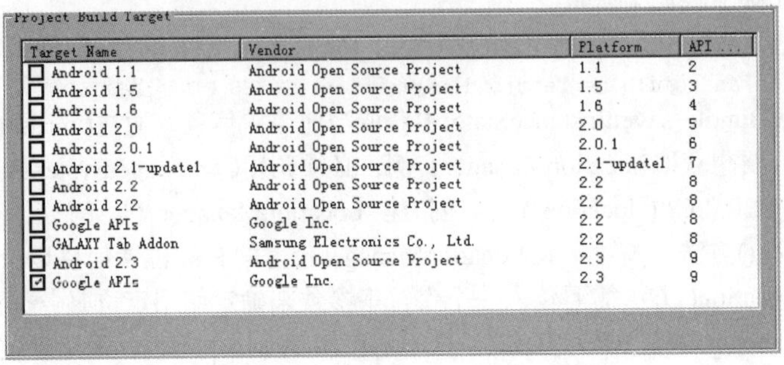
Project Build Target

Target Name	Vendor	Platform	API ...
☐ Android 1.1	Android Open Source Project	1.1	2
☐ Android 1.5	Android Open Source Project	1.5	3
☐ Android 1.6	Android Open Source Project	1.6	4
☐ Android 2.0	Android Open Source Project	2.0	5
☐ Android 2.0.1	Android Open Source Project	2.0.1	6
☐ Android 2.1-update1	Android Open Source Project	2.1-update1	7
☐ Android 2.2	Android Open Source Project	2.2	8
☐ Android 2.2	Android Open Source Project	2.2	8
☐ Google APIs	Google Inc.	2.2	8
☐ GALAXY Tab Addon	Samsung Electronics Co., Ltd.	2.2	8
☐ Android 2.3	Android Open Source Project	2.3	9
☑ Google APIs	Google Inc.	2.3	9

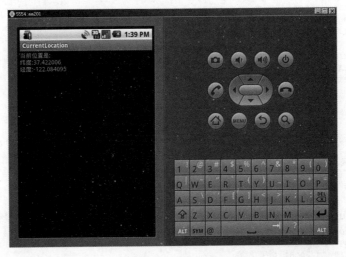

图13-1　引用Google API

这样模拟器运行后，会显示当前的坐标，如图13-2所示。

图13-2　执行效果

13.2　随时更新位置信息

随着移动设备的移动，GPS的位置信息也会发生变化，此时可以通过编程的方式来及时获取并更新当前的位置信息。在本节的内容中，将详细讲解随时更新位置信息的基本知识。

13.2.1　库Maps中的类

在库Maps中提供了十几个类，通过这些类可以实现位置更新功能。在这些库类中，最为常用的类包括Mapview、MapController和MapActivity等。

1. MapController

控制地图的移动和伸缩，以某个GPS坐标为中心，控制MapView中的View组件，管理Overlay，提供View的基本功能。使用多种地图模式（某些城市可实时对交通状况进行更新）、卫星模式、街景模式来查看Google Map。

常用方法有animateTo(GeoPoint point)、setCenter(GeoPoint point)、setZoom(int zoomLevel)等。

2．MapView

MapView是用来显示地图的view，它派生自android.view.ViewGroup。当MapView获得焦点时，可以控制地图的移动和缩放。Android中的地图可以以不同的形式来显示出来，如街景模式、卫星模式等。

MapView只能被MapActivity来创建，这是因为mapview需要通过后台的线程来连接网络或者文件系统，而这些线程要由MapActivity来管理。常用方法有：getController()、getOverlays()、setSatellite(boolean)、setTraffic(boolean)、setStreetView(boolean)、setBuiltInZoomControls(boolean)等。

3．MapActivity

MapActivity是一个抽象类，任何想要显示MapView的activity都需要派生自MapActivity。并且在其派生类的onCreate()中，都要创建一个MapView实例，可以通过MapViewconstructor（然后添加到View中ViewGroup.addView(View)）或者通过layout XML来创建。

4．Overlay

Overlay覆盖到MapView的最上层，可以扩展其ondraw接口，自定义在MapView中显示一些自己的东西。MapView通过MapView.getOverlays()对Overlay进行管理。

除了Overlay这个基类，Google还扩展了如下2个比较有用的Overlay。

❏ MylocationOverlay：集成了Android.location中接收当前坐标的接口，集成SersorManager中CompassSensor的接口。只需要enableMyLocation()、enableCompass就可以让我们的程序拥有实时的MyLocation以及Compass功能[Activity.onResume()中]。

❏ ItemlizedOverlay：管理一个OverlayItem链表，用图片等资源在地图上做风格相同的标记。

5．Projection

MapView中GPS坐标与设备坐标的转换（GeoPoint和Point）。

13.2.2　使用LocationManager监听位置

类LocationManager用于接收从LocationManager的位置发生改变时的通知。如果LocationListener被注册添加到LocationManager对象，并且此LocationManager对象调用了requestLocationUpdates(String, long, float, LocationListener)方法，那么接口中的相关方法将会被调用。

类LocationManager包含了如下所示的公共方法。

（1）public abstract void onLocationChanged (Location location)：此方法在当位置发生改变后被调用。这里可以没有限制地使用Location对象。

参数：位置发生变化后的新位置。

（2）public abstract void onProviderDisabled(String provider)：此方法在provider被用户关闭后被调用，如果基于一个已经关闭了的provider调用requestLocationUpdates方法被调用，那么这个方法理解被调用。

参数：与之关联的Location Provider名称。

（3）public abstract void onPorviderEnabled (Location location)：此方法在provider被用户开启后调用。

（4）public abstract void onStatusChanged (String provider, int Status, Bundle extras)：此方法在Provider的状态在可用、暂时不可用和无服务三个状态直接切换时被调用。

❏ 参数provider：与变化相关的Location Provider名称。

❏ 参数status：如果服务已停止，并且在短时间内不会改变，状态码为OUT_OF_SERVICE；如果服务暂时停止，并且在短时间内会恢复，状态码为TEMPORARILY_UNAVAILABLE；如果服务正常有效，状态码为AVAILABLE。

❏ 参数extras：一组可选参数，其包含provider的特定状态，会提供一组共用的键值对，其实任何键的provider都需要提供的值。

13.2.3 实战演练——监听当前设备的坐标和海拔

在本节的内容中，将通过具体实例来演示在Android设备中显示当前位置的坐标和海拔的基本方法。

题目	目的	源码路径
实例13-2	显示当前位置的坐标和海拔	\daima\13\GPSEX

本实例的具体实现流程如下所示。

（1）在文件AndroidManifest.xml中添加ACCESS_FINE_LOCATION权限和ACCESS_LOCATION_EXTRA_COMMANDS权限，具体代码如下所示。

```
<uses-permission android:name="android.permission.ACCESS_FINE_LOCATION" />
<uses-permission android:name="android.permission.ACCESS_LOCATION_EXTRA_COMMANDS"/>
```

（2）编写布局文件main.xml，设置在屏幕中分别显示当前位置的经度、纬度、速度和海拔等信息。文件main.xml的具体实现代码如下所示。

```
<LinearLayout xmlns:android="http://schemas.android.com/apk/res/android"
    android:layout_width="fill_parent"
    android:layout_height="fill_parent"
    android:background="#008080"
    android:id="@+id/mainlayout" android:orientation="vertical">

<gps.mygps.paintview android:id="@+id/iddraw"
    android:layout_width="fill_parent"
    android:layout_height="300dip"
/>

<TableLayout android:layout_width="fill_parent"
        android:layout_height="wrap_content">

    <TableRow>
        <TextView    android:id="@+id/speed"
                android:layout_width="wrap_content"
                android:layout_height="wrap_content"
                android:text="速度"
                style="@style/smalltext"
                android:gravity="center"
                android:layout_weight="33"/>
        <TextView    android:id="@+id/altitude"
                android:layout_width="wrap_content"
                android:layout_height="wrap_content"
                android:text="海拔"
                style="@style/smalltext"
                android:gravity="center"
                android:layout_weight="33"/>
        <TextView    android:id="@+id/bearing"
                android:layout_width="wrap_content"
                android:layout_height="wrap_content"
                android:text="航向"
                style="@style/smalltext"
                android:gravity="center"
                android:layout_weight="34"/>
    </TableRow>
    <TableRow>
        <TextView    android:id="@+id/speedvalue"
                android:layout_width="wrap_content"
                android:layout_height="wrap_content"
                style="@style/normaltext"
                android:gravity="center"
                android:layout_weight="33"/>
        <TextView    android:id="@+id/altitudevalue"
                android:layout_width="wrap_content"
                android:layout_height="wrap_content"
```

```
                    style="@style/normaltext"
                    android:layout_weight="33"
                    android:gravity="center"/>
        <TextView    android:id="@+id/bearvalue"
                    android:layout_width="wrap_content"
                    android:layout_height="wrap_content"
                    style="@style/normaltext"
                    android:gravity="center"
                    android:layout_weight="34"/>
    </TableRow>
</TableLayout>

<TableLayout android:layout_width="fill_parent"
            android:layout_height="wrap_content">
    <TableRow>
        <TextView    android:layout_width="wrap_content"
                    android:layout_height="wrap_content"
                    android:text="纬度"
                    android:gravity="center"
                    android:layout_weight="50"
                    style="@style/smalltext"/>
        <TextView    android:layout_width="wrap_content"
                    android:layout_height="wrap_content"
                    android:text="卫星"
                    android:gravity="center"
                    android:layout_weight="50"
                    style="@style/smalltext"/>
        <TextView    android:layout_width="wrap_content"
                    android:layout_height="wrap_content"
                    android:text="经度"
                    style="@style/smalltext"
                    android:gravity="center"
                    android:layout_weight="50"/>
    </TableRow>
    <TableRow>
        <TextView    android:id="@+id/latitudevalue"
                    android:layout_width="wrap_content"
                    android:layout_height="wrap_content"
                    style="@style/normaltext"
                    android:gravity="center"
                    android:layout_weight="33"/>
        <TextView    android:id="@+id/satellitevalue"
                    android:layout_width="wrap_content"
                    android:layout_height="wrap_content"
                    style="@style/normaltext"
                    android:gravity="center"
                    android:layout_weight="33"/>
        <TextView    android:id="@+id/longitudevalue"
                    android:layout_width="wrap_content"
                    android:layout_height="wrap_content"
                    style="@style/normaltext"
                    android:gravity="center"
                    android:layout_weight="34"/>
    </TableRow>
</TableLayout>
<TableLayout android:layout_width="fill_parent"
            android:layout_height="wrap_content">
        <TableRow>
            <TextView    android:id="@+id/time"
                        android:layout_width="wrap_content"
                        android:layout_height="wrap_content"
                        android:text="时间:"
                        style="@style/normaltext"
                        />
            <TextView    android:id="@+id/timevalue"
                        android:layout_width="wrap_content"
                        android:layout_height="wrap_content"
                        style="@style/normaltext"
```

```
                                />
                   </TableRow>
                </TableLayout>

        <RelativeLayout      android:layout_width="fill_parent"
                    android:layout_height="wrap_content">
            <Button android:id="@+id/close"
                android:layout_width="wrap_content"
                android:layout_height="wrap_content"
                android:text="关闭"
                android:textSize="20sp"
                android:layout_alignParentRight="true"></Button>
            <Button     android:id="@+id/open"
                android:layout_height="wrap_content"
                android:layout_width="wrap_content"
                android:text="打开"
                android:textSize="20sp"
                android:layout_toLeftOf="@id/close"></Button>
        </RelativeLayout>

        <TextView     android:id="@+id/error"
                android:layout_width="fill_parent"
                android:layout_height="wrap_content"
                style="@style/smalltext"
                />
    </LinearLayout>
```

（3）编写程序文件Mygps.java，功能是监听用户单击屏幕按钮的事件，获取当前位置的定位信息。文件Mygps.java的具体实现代码如下所示。

```
public class Mygps extends Activity {

    protected static final String TAG = null;
    //位置类
    private Location location;
    // 定位管理类
    private LocationManager locationManager;
    private String provider;
    //监听卫星变量
    private GpsStatus gpsStatus;
    Iterable<GpsSatellite> allSatellites;
    float satellitedegree[][] = new float[24][3];

    float alimuth[] = new  float[24];
    float elevation[] = new float[24];
    float snr[] = new float[24];

    private boolean status=false;
    protected Iterator<GpsSatellite> Iteratorsate;
    private float bear;

    //获取手机屏幕分辨率的类
    private DisplayMetrics dm;


    paintview layout;
    Button openbutton;
    Button closebutton;
    TextView latitudeview;
    TextView longitudeview;
    TextView altitudeview;
    TextView speedview;
    TextView timeview;
    TextView errorview;
    TextView bearingview;
    TextView satcountview;

    /** Called when the activity is first created. */
```

```java
    @Override
    public void onCreate(Bundle savedInstanceState) {
        super.onCreate(savedInstanceState);

        requestWindowFeature(Window.FEATURE_NO_TITLE);
        getWindow().setFlags(WindowManager.LayoutParams.FLAG_FULLSCREEN,
WindowManager.LayoutParams.FLAG_FULLSCREEN);

        setContentView(R.layout.main);

        findview();

        openbutton.setOnClickListener(new View.OnClickListener() {

            @Override
            public void onClick(View v) {
                // TODO Auto-generated method stub
                if(!status)
                {
                    openGPSSettings();
                    getLocation();
                    status = true;
                }
            }
        });

        closebutton.setOnClickListener(new View.OnClickListener() {

            @Override
            public void onClick(View v) {
                // TODO Auto-generated method stub
                closeGps();
            }
        });
    }

    private void findview() {
        // TODO Auto-generated method stub
        openbutton = (Button)findViewById(R.id.open);
        closebutton = (Button)findViewById(R.id.close);
        latitudeview = (TextView)findViewById(R.id.latitudevalue);
        longitudeview = (TextView)findViewById(R.id.longitudevalue);
        altitudeview = (TextView)findViewById(R.id.altitudevalue);
        speedview = (TextView)findViewById(R.id.speedvalue);
        timeview = (TextView)findViewById(R.id.timevalue);
        errorview = (TextView)findViewById(R.id.error);
        bearingview = (TextView)findViewById(R.id.bearvalue);
        layout=(gps.mygps.paintview)findViewById(R.id.iddraw);
        satcountview = (TextView)findViewById(R.id.satellitevalue);
    }


    protected void closeGps() {
        if(status == true)
        {
            locationManager.removeUpdates(locationListener);
            locationManager.removeGpsStatusListener(statusListener);
            errorview.setText("");
            latitudeview.setText("");
            longitudeview.setText("");
            speedview.setText("");
            timeview.setText("");
            altitudeview.setText("");
            bearingview.setText("");
            satcountview.setText("");
            status = false;
        }
    }
```

```
//定位监听类负责监听位置信息的变化情况
private final LocationListener locationListener = new LocationListener()
{

    @Override
    public void onLocationChanged(Location location)
    {
    //      获取GPS信息    获取位置提供者provider中的位置信息
//          location = locationManager.getLastKnownLocation(provider);
    //      通过GPS获取位置
        updateToNewLocation(location);
        //showInfo(getLastPosition(), 2);
    }
//添加监听卫星
private final GpsStatus.Listener statusListener= new GpsStatus.Listener(){

    @Override
    public void onGpsStatusChanged(int event) {
        // TODO Auto-generated method stub
        //获取GPS卫星信息
        gpsStatus = locationManager.getGpsStatus(null);

        switch(event)
        {
        case GpsStatus.GPS_EVENT_STARTED:

            break;
            //第一次定位时间
        case GpsStatus.GPS_EVENT_FIRST_FIX:

            break;
            //收到的卫星信息
        case GpsStatus.GPS_EVENT_SATELLITE_STATUS:
            DrawMap();

            break;

        case GpsStatus.GPS_EVENT_STOPPED:
            break;
        }
    }
};
private int heightp;
private int widthp;

private void openGPSSettings()
{
    // 获取位置管理服务
    locationManager =
 (LocationManager)this.getSystemService(Context.LOCATION_SERVICE);
    if
(locationManager.isProviderEnabled(android.location.LocationManager.GPS_PROVIDER))
    {
        Toast.makeText(this, "GPS模块正常", Toast.LENGTH_SHORT).show();
        return;
    }
    status = false;
    Toast.makeText(this, "请开启GPS!", Toast.LENGTH_SHORT).show();
    Intent intent = new Intent(Settings.ACTION_SECURITY_SETTINGS);
    startActivityForResult(intent,0); //此为设置完成后返回到获取界面    }
}

protected void DrawMap() {
    int i = 0;
    //获取屏幕信息
    dm = new DisplayMetrics();
    getWindowManager().getDefaultDisplay().getMetrics(dm);
    heightp = dm.heightPixels;
```

```
        widthp = dm.widthPixels;
    //获取卫星信息
    allSatellites = gpsStatus.getSatellites();
    Iteratorsate = allSatellites.iterator();

    while(Iteratorsate.hasNext())
    {
        GpsSatellite satellite = Iteratorsate.next();
        alimuth[i] = satellite.getAzimuth();
        elevation[i] = satellite.getElevation();
        snr[i] = satellite.getSnr();
        i++;
    }
    satcountview.setText(""+i);
    layout.redraw(bear,alimuth,elevation,snr, widthp,heightp, i);
    layout.invalidate();
}

private void getLocation()
{

    //查找到服务信息      位置数据标准类
    Criteria criteria = new Criteria();
    //查询精度:高
    criteria.setAccuracy(Criteria.ACCURACY_FINE);
    //是否查询海拔:是
    criteria.setAltitudeRequired(true);
    //是否查询方位角:是
    criteria.setBearingRequired(true);
    //是否允许付费
    criteria.setCostAllowed(true);
    // 电量要求:低
    criteria.setPowerRequirement(Criteria.POWER_LOW);
    //是否查询速度:是
    criteria.setSpeedRequired(true);
    provider = locationManager.getBestProvider(criteria, true);
    //获取GPS信息    获取位置提供者provider中的位置信息
    location = locationManager.getLastKnownLocation(provider);
    //通过GPS获取位置
    updateToNewLocation(location);
    // 设置监听器，自动更新的最小时间为间隔N秒(1秒为1*1000，这样写主要为了方便)或最小位移变化超过N米
    //实时获取位置提供者provider中的数据，一旦发生位置变化 立即通知应用程序
    locationManager.requestLocationUpdates(provider, 1000, 0,locationListener);
    //监听卫星
    locationManager.addGpsStatusListener(statusListener);
}


private void updateToNewLocation(Location location)
{

    if (location != null)
    {
        bear = location.getBearing();
        double  latitude = location.getLatitude();        //纬度
        double longitude= location.getLongitude();        //经度
        float GpsSpeed = location.getSpeed();     //速度
        long GpsTime = location.getTime();     //时间
        Date date = new Date(GpsTime);

        DateFormat df = new SimpleDateFormat("yyyy-MM-dd HH:mm:ss");

        double GpsAlt = location.getAltitude();        //海拔
        latitudeview.setText("" + latitude);
        longitudeview.setText("" + longitude);
        speedview.setText(""+GpsSpeed);
        timeview.setText(""+df.format(date));
        altitudeview.setText(""+GpsAlt);
```

```
          bearingview.setText(""+bear);

       }
    else
    {
          errorview.setText("无法获取地理信息");
       }
    }

}
```
本实例在模拟器中的执行效果如图13-3所示。

图13-3　在模拟器中的执行效果

13.3　在Android设备中使用地图

在Android设备中可以直接使用Google地图，可以用地图的形式显示位置信息。在接下来的内容中，将详细讲解在Android设备中使用Google地图的方法。

13.3.1　申请Google Map API密钥

Android系统中提供了一个map包（com.google.android.maps），通过其中的MapView可以方便地利用Google地图资源来进行编程，可以在Android设备中调用Google地图。申请Google Map API密钥的流程如下所示。在利用MapView之前，必须要先申请一个Android Map API Key。具体步骤如下所示。

（1）找到你的debug.keystore文件，通常位于如下目录：

C:\Documents and Settings\你的当前用户\Local Settings\Application Data\Android

（2）获取MD5指纹：运行cmd.exe，执行如下命令获取MD5指纹：

```
>keytool -list -alias androiddebugkey -keystore "debug.keystore的路径" -storepass android
-keypass android
```
例如笔者机器输入如下命令：

```
keytool -list -alias androiddebugkey -keystore "C:\Documents and Settings\Administrator\.
android\debug.keystore" -storepass android -keypass android
```
此时系统会提示输入keystore密码，这时候输入android，系统就会输出我们申请到的MD5认证指纹，如图13-4所示。

图13-4　获取的认证指纹

（3）注册一个G-mail邮箱，然后利用G-mail邮箱账户注册一个合法的谷歌账户。

（4）登录https://code.google.com/apis/console/，自行创建一个Android工程，如图13-5所示。

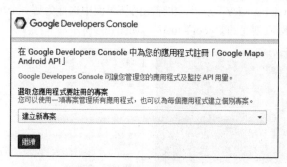

图13-5　创建新Android工程

（5）例如申请一个名为"googlemap"的项目，如图13-6所示。

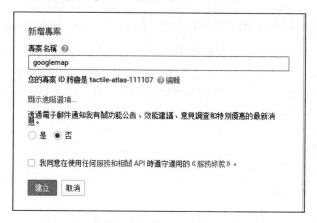

图13-6　申请一个名为"googlemap"的项目

（6）单击左侧导航栏中的"API"链接，在右侧会显示谷歌API列表，展示了当前所有的Google API，如图13-7所示。

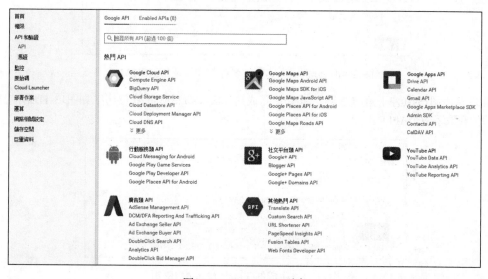

图13-7　Google API列表

（7）单击右侧列表中"Google Maps API"下的"Google Maps Android API"，来到"Google Maps Android API"的详情界面，如图13-8所示。

（8）单击左上角的"GET A KEY"按钮，在弹出的新界面中选择为哪一个项目工程申请Google Map API，在此我们选择前面刚刚创建的"googlemap"，如图13-9所示。

图13-8　"Google Maps Android API"详情界面

图13-9　选择为"googlemap"项目申请Map API

（9）单击"继续"按钮，在新界面中单击<u>+ 新增「套件名称和指纹」</u>，在弹出的两个文本框中，在左侧输入"套件名称"，在右侧输入证书指纹SHA1。例如笔者刚使用"C:\Users\guan>keytool -v -list -keystore C:\Users\guan\.android\debug.keystore"指令生成的密钥指纹是：91:A1:3A:43:20:1F:09:8B:BD:50:29:64:F5:AA:CD:A8:6E:37:0B:F7，如图13-10所示。

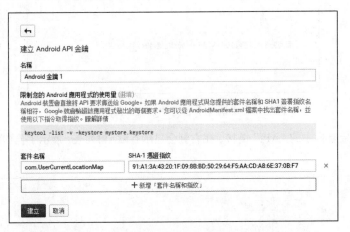

图13-10　分别输入"套件名称"和认证指纹SHA1

（10）单击图13-10左下角的"建立"按钮后将成功生成Google Map API密钥，如图13-11所示。至此，就成功的获取了一个API Key。

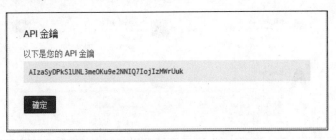

图13-11　生成的Google Map API密钥

13.3.2 使用Map API密钥的注意事项

在以前的版本中，Google Map功能内置在Android模拟器和真机中，所以书中的地图的实例可以直接在模拟器或真机中运行。而现在新本版已经不再默认内置在模拟器和真机中，而是内置在Google Play services功能中。所以要想使用Google Map的功能，需要先确保手机中安装了Google Play services。因为在手机中安装Google Play services的方法比较简单，所以建议读者使用真机调试谷歌地图程序。

在模拟器中也可以测试谷歌地图功能，但是目前不是很稳定。测试前提也是需要首先安装Google Play services，方法是在Android SDK Manager中下载安装，如图13-12所示。

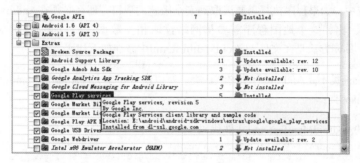

图13-12　在Android SDK Manager中下载安装Google Play services

然后需要将测试的工程和"google-play-services_lib（这是在安装Google Play services后获得的）"工程放在同一目录下，然后将google-play-services.jar这个jar包导入到测试工程中，最终正确效果如图13-13所示。

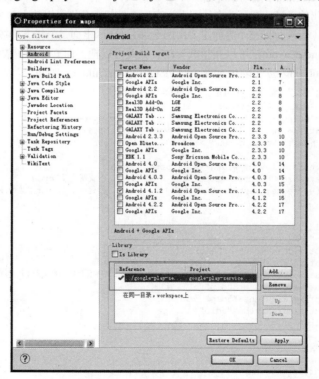

图13-13　正确的设置界面效果

关于新版Google Map API项目的搭建和测试教程，还有谷歌官方的完整演示实例，请读者登录谷歌的官方网站了解，上面有详细的教程和源码。笔者已经将官方测试文件打包，下载地址是：

http://files.cnblogs.com/zdz8207/google-play-services_lib.zip

http://files.cnblogs.com/zdz8207/maps.zip

将上述源码下载后，可以部署在有Google Play services的真机中进行测试。

13.3.3　使用Map API密钥

当申请到了一个Android Map API Key后，接下来可以使用Map API密钥实现编程，具体实现流程如下所示。

1．在AndroidManifest.xml中声明权限

在Anroid系统中，如果程序执行需要读取到安全敏感的项目，那么必须在AndroidManifest.xml中声明相关权限请求，比如这个地图程序需要从网络读取相关数据。所以必须声明android.permission. INTERNET权限。具体方法是在文件AndroidManifest.xml中添加如下代码。

```
<uses-permission android:name="android.permission.INTERNET" />
```

另外，因为maps类不是Android启动的默认类，所以还需要在文件AndroidManifest.xml的application标签中申明要用maps类：

```
<uses-library android:name="com.google.android.maps" />
```

下面是基本的AndroidManifest.xml文件代码：

```
<manifest xmlns:android="http://schemas.android.com/apk/res/android"
    <application android:icon="@drawable/icon" android:label="@string/app_name">
     <uses-library android:name="com.google.android.maps" />
    </application>
  <uses-permission android:name="android.permission.INTERNET" />
</manifest>
```

2．在布局文件main.xml中规划UI界面

我假设要显示杭州的卫星地图，并在地图上方有五个按钮，分别可以放大地图、缩小地图或者切换显示模式（卫星、交通、街景）。即整个界面主要由两个部分组成，上面是一排五个按钮，下面是Map View。

在Android中的LinearLayout是可以互相嵌套的，在此可以把上面五个按钮放在一个子LinearLayout里边（子LinearLayout的指定可以由android:addStatesFromChildren="true"实现），然后再把这个子LinearLayout加到外面的父LinearLayout里边。具体实现如下。

```
*为了简化篇幅,去掉一些不是重点说明的属性
<LinearLayout xmlns:android="http://schemas.android.com/apk/res/android"
 android:orientation="vertical" android:layout_width="fill_parent"
 android:layout_height="fill_parent">

 <LinearLayout android:layout_width="fill_parent"
  android:addStatesFromChildren="true"            /*说明是子Layout
  android:gravity="center_vertical"               /*这个子Layout里边的按钮是横向排列
  >

 <Button android:id="@+id/ZoomOut"
  android:text="放大"
  android:layout_width="wrap_content"
  android:layout_height="wrap_content"
  android:layout_marginTop="5dip"                 /*下面的四个属性,指定了按钮的相对位置
  android:layout_marginLeft="30dip"
  android:layout_marginRight="5dip"
  android:layout_marginBottom="5dip"
  android:padding="5dip" />

 /*其余四个按钮省略
 </LinearLayout>
 <com.google.android.maps.MapView
  android:id="@+id/map"
  android:layout_width="fill_parent"
  android:layout_height="fill_parent"
  android:enabled="true"
  android:clickable="true"
```

```
        android:apiKey="在此输入上一节申请的APIKEY"          /*必须加上上一节申请的APIKEY
    />

</LinearLayout>
```

3. 设置主文件的这个类必须继承于MapActivity

```
public class Mapapp extends MapActivity {
```

接下来看onCreate()函数，其核心代码如下所示。

```
public void onCreate(Bundle icicle) {
//取得地图View
  myMapView = (MapView) findViewById(R.id.map);
  //设置为卫星模式
  myMapView.setSatellite(true);
  //地图初始化的点:杭州
  GeoPoint p = new GeoPoint((int) (30.27 * 1000000),
    (int) (120.16 * 1000000));
  //取得地图View的控制
  MapController mc = myMapView.getController();
  //定位到杭州
  mc.animateTo(p);
  //设置初始化倍数
  mc.setZoom(DEFAULT_ZOOM_LEVEL);
}
```

然后编写缩放按钮的处理代码，具体如下所示。

```
btnZoomIn.setOnClickListener(new View.OnClickListener() {
 public void onClick(View view) {
    myMapView.getController().setZoom(myMapView.getZoomLevel() - 1);
});
```

地图模式的切换由下面代码实现

```
btnSatellite.setOnClickListener(new View.OnClickListener() {
public void onClick(View view) {
 myMapView.setSatellite(true);              //卫星模式为True
 myMapView.setTraffic(false);               //交通模式为False
 myMapView.setStreetView(false);            //街景模式为False
 }
});
```

到此为止，就完成了第一个使用Map API的应用程序。

13.3.4　实战演练——在Android设备中使用谷歌地图实现定位

题目	目的	源码路径
实例13-3	在Android设备中使用谷歌地图实现定位	\daima\13\LocationMapEX

本实例的功能是，在Android设备中使用谷歌地图实现定位功能，具体实现流程如下所示。

（1）在布局文件main.xml中插入了2个Button，分别实现对地图的"放大"和"缩小"；然后，通过ToggleButton用于控制是否显示卫星地图；最后，设置申请的APIKey，具体代码如下所示。

```
<?xml version="1.0" encoding="utf-8"?>
<LinearLayout xmlns:android="http://schemas.android.com/apk/res/android"
    android:orientation="vertical"
    android:layout_width="fill_parent"
    android:layout_height="fill_parent"
    >
<TextView
    android:id="@+id/myLocationText"
    android:layout_width="fill_parent"
    android:layout_height="wrap_content"
    />
<LinearLayout
    android:orientation="horizontal"
    android:layout_width="fill_parent"
    android:layout_height="wrap_content" >
    <Button
        android:id="@+id/in"
```

```
        android:layout_width="fill_parent"
        android:layout_height="wrap_content"
        android:layout_weight="1"
        android:text="放大地图" />
    <Button
        android:id="@+id/out"
        android:layout_width="fill_parent"
        android:layout_height="wrap_content"
        android:layout_weight="1"
        android:text="缩小地图" />
</LinearLayout>
<ToggleButton
    android:id="@+id/switchMap"
    android:layout_width="wrap_content"
    android:layout_height="wrap_content"
    android:textOff="卫星开关"
    android:textOn="卫星开关"/>
<com.google.android.maps.MapView
    android:id="@+id/myMapView"
    android:layout_width="fill_parent"
    android:layout_height="fill_parent"
    android:clickable="true"
    android:apiKey="0by7ffx8jX0A_LWXeKCMTWAh8CqHAlqvzetFqjQ"
    />
</LinearLayout>
```

（2）在文件AndroidManifest.xml中分别声明android.permission.INTERNET和INTERNET权限，具体代码如下所示。

```
<?xml version="1.0" encoding="utf-8"?>
<manifest xmlns:android="http://schemas.android.com/apk/res/android"
    package="com.UserCurrentLocationMap"
    android:versionCode="1"
    android:versionName="1.0.0">
    <application android:icon="@drawable/icon" android:label="@string/app_name">
        <activity android:name=".UserCurrentLocationMap"
                android:label="@string/app_name">
            <intent-filter>
                <action android:name="android.intent.action.MAIN" />
                <category android:name="android.intent.category.LAUNCHER" />
            </intent-filter>
        </activity>
        <uses-library android:name="com.google.android.maps"/>
    </application>
    <uses-permission android:name="android.permission.INTERNET"/>
    <uses-permission android:name="android.permission.ACCESS_FINE_LOCATION"/>
</manifest>
```

（3）编写主程序文件CurrentLocationWithMap.java，具体实现流程如下所示。

❏ 通过方法onCreate()将MapView绘制到屏幕上。因为MapView只能继承来自MapActivity中的活动，所以必须用方法onCreate将MapView绘制到屏幕上，并同时覆盖方法isRouteDisplayed()，它表示是否需要在地图上绘制导航线路，主要代码如下所示。

```
package com.UserCurrentLocationMap;
....................................................
public class CurrentLocationWithMap extends MapActivity {
    MapView map;

    MapController ctrlMap;
    Button inBtn;
    Button outBtn;
    ToggleButton switchMap;
        @Override
    protected boolean isRouteDisplayed() {
        return false;
    }
}
```

❏ 定义方法onCreate()，首先引入主布局main.xml，并通过方法findViewById()获得MapView对象的引用，接着调用getOverlays()方法获取其Overylay链表，并将构建好的MyLocationOverlay对象添加到链表中去。其中MyLocationOverlay对象调用的enableMyLocation()方法表示尝试通过位置服务来获取当前的位置，具体代码如下所示。

```
@Override
public void onCreate(Bundle savedInstanceState) {
    super.onCreate(savedInstanceState);
    setContentView(R.layout.main);

    map = (MapView)findViewById(R.id.myMapView);
    List<Overlay> overlays = map.getOverlays();
    MyLocationOverlay myLocation = new MyLocationOverlay(this,map);
    myLocation.enableMyLocation();
    overlays.add(myLocation);
```

❑ 为"放大"和"缩小"这两个按钮设置处理程序，首先通过方法getController()获取MapView的MapController对象，然后在"放大"和"缩小"两个按钮单击事件监听器的回放方法里，根据按钮的不同实现对MapView的缩放，具体代码如下所示。

```
ctrlMap = map.getController();
inBtn = (Button)findViewById(R.id.in);
outBtn = (Button)findViewById(R.id.out);
OnClickListener listener = new OnClickListener() {
    @Override
    public void onClick(View v) {
        switch (v.getId()) {
        case R.id.in:                              /*如果是缩放*/
            ctrlMap.zoomIn();
            break;
        case R.id.out:                             /*如果是放大*/
            ctrlMap.zoomOut();
            break;
        default:
            break;
        }
    }
};
inBtn.setOnClickListener(listener);
outBtn.setOnClickListener(listener);
```

❑ 通过方法onCheckedChanged()获取是否选择了switchMap，如果选择了则显示卫星地图。首先通过方法findViewById获取对应id的ToggleButton对象的引用，然后调用setOnCheckedChange-Listener()方法，设置对事件监听器选中的事件进行处理。根据ToggleButton是否被选中，进而通过setSatellite()方法启用或禁用卫星试图功能，具体代码如下所示。

```
switchMap = (ToggleButton)findViewById(R.id.switchMap);
switchMap.setOnCheckedChangeListener(new OnCheckedChangeListener() {
    @Override
    public void onCheckedChanged(CompoundButton cBtn, boolean isChecked) {
        if (isChecked == true) {
            map.setSatellite(true);
        } else {
            map.setSatellite(false);
        }
    }
});
```

❑ 通过LocationManager获取当前的位置，然后通过getBestProvider()方法来获取和查询条件，最后设置更新位置信息的最小间隔为2秒，位移变化在10米以上，具体代码如下所示。

```
LocationManager locationManager;
String context = Context.LOCATION_SERVICE;
locationManager = (LocationManager)getSystemService(context);
//String provider = LocationManager.GPS_PROVIDER;

Criteria criteria = new Criteria();
criteria.setAccuracy(Criteria.ACCURACY_FINE);
criteria.setAltitudeRequired(false);
criteria.setBearingRequired(false);
criteria.setCostAllowed(true);
```

```
    criteria.setPowerRequirement(Criteria.POWER_LOW);
    String provider = locationManager.getBestProvider(criteria, true);

    Location location = locationManager.getLastKnownLocation(provider);
    updateWithNewLocation(location);
    locationManager.requestLocationUpdates(provider, 2000, 10,
            locationListener);
}
```

❑ 设置回调方法何时被调用，具体代码如下所示。

```
private final LocationListener locationListener = new LocationListener() {
    public void onLocationChanged(Location location) {
    updateWithNewLocation(location);
    }
    public void onProviderDisabled(String provider){
    updateWithNewLocation(null);
    }
    public void onProviderEnabled(String provider){ }
    public void onStatusChanged(String provider, int status,
    Bundle extras){ }
};
```

❑ 定义方法updateWithNewLocation(Location location)来显示地理信息和地图信息，具体代码如下所示。

```
private void updateWithNewLocation(Location location) {
    String latLongString;
    TextView myLocationText;
    myLocationText = (TextView)findViewById(R.id.myLocationText);
    if (location != null) {
        double lat = location.getLatitude();
        double lng = location.getLongitude();
        latLongString = "纬度是:" + lat + "\n经度是:" + lng;

        ctrlMap.animateTo(new GeoPoint((int)(lat*1E6),(int)(lng*1E6)));
    } else {
        latLongString = "获取失败";
    }
    myLocationText.setText("当前的位置是:\n" +
    latLongString);

}
```

至此，整个实例全部介绍完毕。执行后可以显示当前位置的定位信息，并且定位信息分别以文字和地图形式显示出来，如图13-14所示。

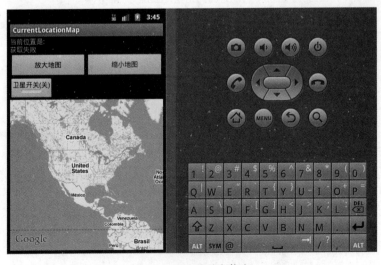

图13-14　显示对应信息

　　单击"放大地图"和"缩小地图"按钮后，能控制地图的大小显示，如图13-15所示。打开卫星试图后，可以显示此位置范围对应的卫星地图，如图13-16所示。

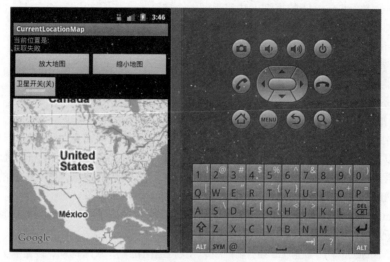

图13-15　放大后效果

图13-16　卫星地图

13.4　接近警报

　　在Android系统中，可以使用LocationManager来设置接近警报功能。此功能和本章前面讲解的地图定位功能类似，但是可以在物联网设备进入或离开某一个指定区域时发送通知应用，而并不是在新位置时才发送通知程序。在本节的内容中，将详细讲解在Android系统中实现接近警报应用的方法。

13.4.1　类Geocoder基础

　　在现实世界中，地图和定位服务通常使用经纬度来精确地指出地理位置。在Android系统中，提供了地理编码类Geocoder来转换经纬度和现实世界的地址。地理编码是一个街道、地址或者其他位置（经度、纬度）转化为坐标的过程。反向地理编码是将坐标转换为地址（经度、纬度）的过程。一组反向地理编码结果间可能会有所差异。例如在一个结果中可能包含最临近建筑的完整街道地址，而另一个可能只包含城市名称和邮政编码。Geocoder要求的后端服务并没有包含在基本的Android框架中。如果没有此后端服务，执行Geocoder的查询方法将返回一个空列表。使用isPresent()方法，以确定Geocoder是否能够正常执行。

在Android系统中，类Geocoder的继承关系如下所示。

```
public final class Geocoder extends Object
java.lang.Object
android.location.Geocoder
```

在Android系统中，类Geocoder的主要功能如下所示。

1. 设置模拟器以支持定位服务

GPS数据格式有GPX和KML两种，其中GPX是一个XML格式文件，为应用软件设计的通用的GPS数据格式，可以用来描述路点、轨迹和路程。而KML是基于XML（eXtensible MarkupLanguage，可扩展标记语言）语法标准的一种标记语言（markup language），采用标记结构，含有嵌套的元素和属性。由Google旗下的Keyhole公司发展并维护，用来表达地理标记。

LBS是Location-Based Service的缩写，是一个总称，用来描述用于找到设备当前位置的不同技术。主要包含如下所示的两个元素。

- ❏ locationManager：用于提供LBS的钩子hook，获得当前位置，跟踪移动，设置移入和移出指定区域的接近警报。
- ❏ LocationProviders：其中的每一个都代表不同的用于确定设备当前位置的位置发现技术，两个常用的Providers，GPS_PROVIDER和NETWORK_PROVIDER。

```
String providerName =LocationManager.GPS_PROVIDER;
LocationProvidergpsProvider;
gpsProvider =locationManager.getProvider(providerName);
```

使用ManualTab，可以指定特定的纬度/经度对。另外，KML和GPX可以载入KML和GPX文件。一旦加载，可以跳转到特定的航点(位置)或顺序播放每个位置。也可以用类Criteria设置符合要求的provider的条件查询（精度=精确/粗略，能耗=高/中/低，成本，返回海拔，速度，方位置的能力），例如下面的代码。

```
Criteria criteria = newCriteria();
criteria.setAccuracy(Criteria.ACCURACY_COARSE);
criteria.setPowerRequirement(Criteria.POWER_LOW);
criteria.setAltitudeRequired(false);
criteria.setBearingRequired(false);
criteria.setSpeedRequired(false);
criteria.setCostAllowed(true);
String bestProvider = locationManager.getBestProvider(criteria, true);//或者用getProviders返回
所有可能匹配的Provider。
List<String>matchingProviders = locationManager.getProviders(criteria,false);
```

在使用LocationManager前，需要将uses-permission加到manifest文件中以支持对LBS硬件的访问。GPS需要finepermission权限，Network需要coarsepermission权限。

```
<uses-permissionandroid:name="android.permission.ACCESS_FINE_LOCATION"/>
<uses-permissionandroid:name="android.permission.ACCESS_COARSE_LOCATION"/>
```

使用getLastKnownLocation方法可以获得最新的位置。

```
String provider =LocationManager.GPS_PROVIDER;
Location location = locationManager.getLastKnownLocation(provider);
```

2. 跟踪运动（TrackingMovement）

- ❏ 可以使用requestLocationUpdates方法取得最新的位置变化，为优化性能可指定位置变化的最小时间（毫秒）和最小距离（米）。当超出最小时间和距离值时，Location Listener将触发onLocationChanged事件。

```
locationManager.requestLocationUpdates(provider,t, distance,myLocationListener);
```

- ❏ 用RomoveUpdates方法停止位置更新。
- ❏ 大多数GPS硬件都明显地消耗电能。

3．邻近警告(ProximityAlerts)

通过邻近警告功能让运用程序设置触发器，当用户在地理位置上移动或超出设定距离时触发。

❑ 可用PendingIntent定义Proximity Alert触发时广播的Intent。

❑ 为了处理proximityalert，需要创建BroadcastReceiver，并重写onReceive方法，例如下面的代码。

```
public classProximityIntentReceiver extends BroadcastReceiver {
        @Override
        public voidonReceive (Context context, Intent intent) {
        String key =LocationManager.KEY_PROXIMITY_ENTERING;
        Booleanentering = intent.getBooleanExtra(key, false);
        [ ...perform proximity alert actions ... ]
        }
        }
```

❑ 要想启动监听，需要注册这个Receriver。

```
IntentFilter filter =new IntentFilter(TREASURE_PROXIMITY_ALERT);
registerReceiver(newProximityIntentReceiver(), filter);
```

13.4.2　Geocoder的公共构造器和公共方法

在Android系统中，类Geocoder包含了如下所示的公共构造器。

（1）public Geocoder(Context context, Local local)：功能是根据给定的语言环境构造一个Geocoder对象。各个参数的具体说明如下所示。

❑ context：当前的上下文对象。

❑ local：当前语言环境。

（2）public Geocoder(Context context)：功能是根据给定的系统默认语言环境构造一个Geocoder对象。参数context表示当前的上下文对象。

在Android系统中，类Geocoder包含了如下所示的公共方法。

（1）public List<Address> getFromLocation(double latitude, double longitude, int maxResults)：功能是根据给定的经纬度返回一个描述此区域的地址数组。返回的地址将根据构造器提供的语言环境进行本地化。

返回值：一组地址对象，如果没找到匹配项，或者后台服务无效的话则返回null或者空序列。也可能通过网络获取，返回结果是一个最好的估计值，但不能保证其完全正确。

各个参数的具体说明如下所示。

❑ latitude：纬度。

❑ longitude：经度。

❑ maxResults：要返回的最大结果数，推荐1～5。

包含的异常如下所示。

❑ IllegalArgumentException：如果纬度小于−90或者大于90。

❑ IllegalArgumentException：如果经度小于−180或者大于180。

❑ IOException：如果没有网络或者IO错误。

（2）public List<Address> getFromLocationName(String locationName, int maxResults, double lowerLeftLatitude, double lowerLeftLongitude, double upperRightLatitude, double upperRightLongitude)：功能是返回一个由给定的位置名称参数所描述的地址数组。名称参数可以是一个位置名称，例如"Dalvik, Iceland"，也可以是一个地址，例如"1600 Amphitheatre Parkway, Mountain View, CA"，也可以是一个机场代号，例如"SFO"……返回的地址将根据构造器提供的语言环境进行本地化。也可以指定一个搜索边界框，该边界框由左下方坐标经纬度和右上方坐标经纬度确定。

返回值：是一组地址对象，如果没找到匹配项，或者后台服务无效的话则返回null或者空序列。也有可能是通过网络获取。返回结果是一个最好的估计值，但不能保证其完全正确。通过UI主线程的后台线程来调用这个方法可能更加有用。

各个参数的具体说明如下所示。

❑ locationName：用户提供的位置描述。

❑ maxResults：要返回的最大结果数，推荐1～5。

❑ lowerLeftLatitude：左下角纬度，用来设定矩形范围。

❑ lowerLeftLongitude：左下角经度，用来设定矩形范围。

❑ upperRightLatitude：右上角纬度，用来设定矩形范围。

❑ upperRightLongitude：右上角经度，用来设定矩形范围。

包含的异常如下所示。

❑ IllegalArgumentException：如果位置描述为空。

❑ IllegalArgumentException：如果纬度小于−90或者大于90。

❑ IllegalArgumentException：如果经度小于−180或者大于180。

❑ IOFxception：如果没有网络或者IO错误。

（3）public List<Address> getFromLocationName(String locationName, int maxResults)：功能是返回一个由给定的位置名称参数所描述的地址数组。名称参数可以是一个位置名称，例如"Dalvik, Iceland"，也可以是一个地址，例如"1600 Amphitheatre Parkway, Mountain View, CA"，也可以是一个机场代号，例如"SFO"……返回的地址将根据构造器提供的语言环境进行本地化。在现实应用中，通过UI主线程的后台线程来调用这个方法可能会更加有用。

返回值：是一组地址对象，如果没找到匹配项，或者后台服务无效的话则返回null或者空序列。也有可能是通过网络获取。返回结果是一个最好的估计值，但不能保证其完全正确。

各个参数的具体说明如下所示。

❑ locationName：用户提供的位置描述。

❑ maxResults：要返回的最大结果数，推荐1～5。

包含的异常如下所示。

❑ IllegalArgumentException：如果位置描述为空。

❑ IOException：如果没有网络或者IO错误。

（4）public static boolean isPresent()：如果Geocoder的方法getFromLocation和方法getFromLcationName都实现，则返回true。当没有网络连接时，这些方法仍然可能返回空值或者空序列。

## 第 14 章

Android传感器应用开发详解

传感器是近年来随着物联网这一概念的流行而推出的，现在人们已经逐渐地认识了传感器这一概念。其实传感器在大家日常的生活中经常见到甚至是用到，比如楼宇的声控楼梯灯和马路上的路灯等。在本章的内容中，将详细讲解开发Android传感器应用程序的基本知识，为读者步入本书后面知识的学习打下基础。

14.1 Android传感器系统概述

在Android系统中提供的主要传感器有加速度、磁场、方向、陀螺仪、光线、压力、温度和接近等传感器。传感器系统会主动对上层报告传感器精度和数据的变化，并且提供了设置传感器精度的接口，这些接口可以在Java应用和Java框架中使用。

Android传感器系统的基本层次结构如图14-1所示。

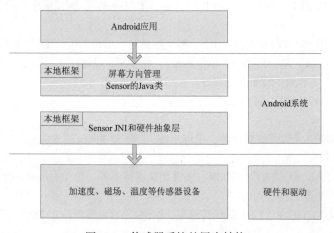

图14-1　传感器系统的层次结构

14.2 Android传感器应用开发基础

在本章前面的内容中，已经详细讲解了Android系统中传感器系统的架构知识。在现实应用中，传感器系统在物联网设备、可穿戴设备和家具设备中得到了广泛的应用。在本节的内容中，将详细讲解开发Android传感器应用程序的基础知识，介绍使用传感器技术开发物联网设备应用程序的基本流程，为读者步入本书后面知识的学习打下坚实的基础。

14.2.1 查看包含的传感器

在安装Android SDK后，依次打开安装目录中的如下帮助文件：

```
android SDK/sdk/docs/reference/android/hardware/Sensor.html
```

在此文件中列出了Android传感器系统所包含的的所有传感器类型如图14-2所示。

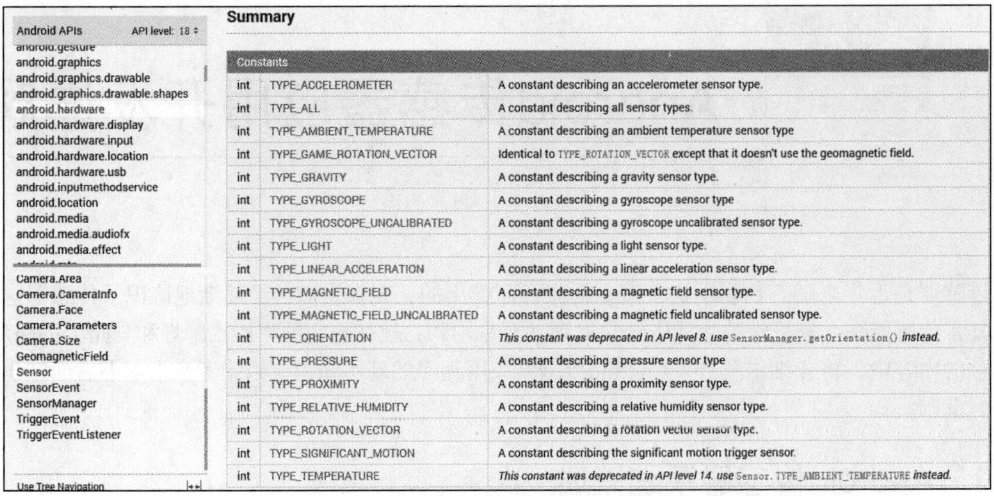

int	TYPE_ACCELEROMETER	A constant describing an accelerometer sensor type.
int	TYPE_ALL	A constant describing all sensor types.
int	TYPE_AMBIENT_TEMPERATURE	A constant describing an ambient temperature sensor type
int	TYPE_GAME_ROTATION_VECTOR	Identical to TYPE_ROTATION_VECTOR except that it doesn't use the geomagnetic field.
int	TYPE_GRAVITY	A constant describing a gravity sensor type.
int	TYPE_GYROSCOPE	A constant describing a gyroscope sensor type
int	TYPE_GYROSCOPE_UNCALIBRATED	A constant describing a gyroscope uncalibrated sensor type.
int	TYPE_LIGHT	A constant describing a light sensor type.
int	TYPE_LINEAR_ACCELERATION	A constant describing a linear acceleration sensor type.
int	TYPE_MAGNETIC_FIELD	A constant describing a magnetic field sensor type.
int	TYPE_MAGNETIC_FIELD_UNCALIBRATED	A constant describing a magnetic field uncalibrated sensor type.
int	TYPE_ORIENTATION	*This constant was deprecated in API level 8. use* SensorManager.getOrientation() *instead.*
int	TYPE_PRESSURE	A constant describing a pressure sensor type
int	TYPE_PROXIMITY	A constant describing a proximity sensor type.
int	TYPE_RELATIVE_HUMIDITY	A constant describing a relative humidity sensor type.
int	TYPE_ROTATION_VECTOR	A constant describing a rotation vector sensor type.
int	TYPE_SIGNIFICANT_MOTION	A constant describing the significant motion trigger sensor.
int	TYPE_TEMPERATURE	*This constant was deprecated in API level 14. use* Sensor.TYPE_AMBIENT_TEMPERATURE *instead.*

图14-2　Android传感器系统的类型

另外，也可以直接在线登录http://developer.android.com/reference/android/hardware/Sensor.html来查看。由此可见，在当前最新（作者写稿时最新）版本Android 4.4中一共提供了18种传感器API。各个类型的具体说明如下所示。

（1）TYPE_ACCELEROMETER：加速度传感器，单位是m/s^2，测量应用于设备x、y、z轴上的加速度，又叫作G-sensor。

（2）TYPE_AMBIENT_TEMPERATURE：温度传感器，单位是℃，能够测量并返回当前的温度。

（3）TYPE_GRAVITY：重力传感器，单位是m/s^2，用于测量设备x、y、z轴上的重力，也叫GV-sensor，地球上的数值是$9.8m/s^2$，也可以设置其他星球。

（4）TYPE_GYROSCOPE：陀螺仪传感器，单位是rad/s，能够测量设备x、y、z三轴的角加速度数据。

（5）TYPE_LIGHT：光线感应传感器，单位是lx，能够检测周围的光线强度，在手机系统中主要用于调节LCD亮度。

（6）TYPE_LINEAR_ACCELERATION：线性加速度传感器，单位是m/s^2，能够获取加速度传感器去除重力的影响得到的数据。

（7）TYPE_MAGNETIC_FIELD：磁场传感器，单位是μT(微特斯拉)，能够测量设备周围3个物理轴（x、y、z）的磁场。

（8）TYPE_ORIENTATION：方向传感器，用于测量设备围绕3个物理轴（x、y、z）的旋转角度，在新版本中已经使用SensorManager.getOrientation()替代。

（9）TYPE_PRESSURE：气压传感器，单位是hPa（百帕斯卡），能够返回当前环境下的压强。

（10）TYPE_PROXIMITY：距离传感器，单位是cm，能够测量某个对象到屏幕的距离。可以在打电话时判断人耳到电话屏幕距离，以关闭屏幕而达到省电功能。

（11）TYPE_RELATIVE_HUMIDITY：湿度传感器，单位是%，能够测量周围环境的相对湿度。

（12）TYPE_ROTATION_VECTOR：旋转向量传感器，旋转矢量代表设备的方向，是一个将坐标轴和角度混合计算得到的数据。

（13）TYPE_TEMPERATURE：温度传感器，在新版本中被TYPE_AMBIENT_TEMPERATURE替换。

（14）TYPE_ALL：返回所有的传感器类型。

（15）TYPE_GAME_ROTATION_VECTOR：除了不能使用地磁场之外，和TYPE_ROTATION_VECTOR的功能完全相同。

（16）TYPE_GYROSCOPE_UNCALIBRATED：提供了能够让应用调整传感器的原始值，定义了一个描述未校准陀螺仪的传感器类型。

（17）TYPE_MAGNETIC_FIELD_UNCALIBRATED：和TYPE_GYROSCOPE_UNCALIBRATED相似，也提供了能够让应用调整传感器的原始值，定义了一个描述未校准陀螺仪的传感器类型。

（18）TYPE_SIGNIFICANT_MOTION：运动触发传感器，应用程序不需要为这种传感器触发任何唤醒锁。能够检测当前设备是否运动，并发送检测结果。

14.2.2　模拟器测试工具——SensorSimulator

在进行和传感器相关的开发工作时，使用SensorSimulator测试工具可以提高开发效率。测试工具SensorSimulator是一个开源免费的传感器工具，通过该工具可以在模拟器中调试传感器的应用。搭建SensorSimulator开发环境的基本流程如下所示。

（1）下载SensorSimulator，读者可从http://code.google.com/p/openintents/wiki/SensorSimulator网站找到该工具的下载链接。笔者下载的是sensorsimulator-1.1.1.zip版本，如图14-3所示。

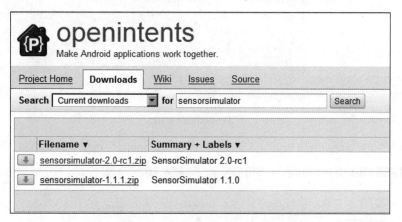

图14-3　下载sensorsimulator-2.0-rc1

（2）将下载好的SensorSimulator解压到本地根目录，例如C盘的根目录。

（3）向模拟器安装SensorSimulatorSettings-1.1.1.apk。首先在操作系统中依次选择"开始"→"运行"进入"运行"对话框。

（4）在"运行"对话框输入cmd进入cmd命令行，之后通过cd命令将当前目录导航到SensorSimulatorSettings-1.1.1.apk目录下，然后输入下列命令向模拟器安装该apk。

```
adb install SensorSimulatorSettings-1.1.1.apk
```

在此需要注意的是，安装apk时，一定要保证模拟器正在运行才可以，安装成功后会输出"Success"提示，如图14-4所示。

图14-4　安装apk

接下来开始配置应用程序，假设我们要在项目"jiaSCH"中使用SensorSimulator，则配置流程如下所示。

（1）在Eclipse中打开项目"jiaSCH"，然后为该项目添加JAR包，使其能够使用SensorSimulator工具的类和方法。添加方法非常简单，在Eclipse的Package Explorer中找到该项目的文件夹"jiaSCH"，然后右键单击该文件夹并选择"Properties"选项，弹出如图14-5所示的"Properties for jiaS"窗口。

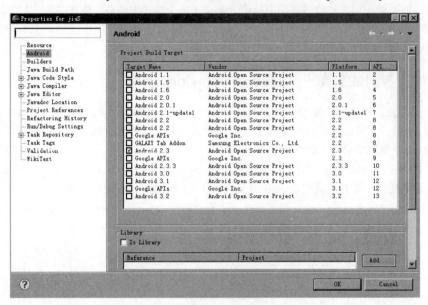

图14-5　"Properties for jiaS"窗口

（2）选择左面的"Java Build Path"选项，然后单击"Libraries"选项卡，如图14-6所示。

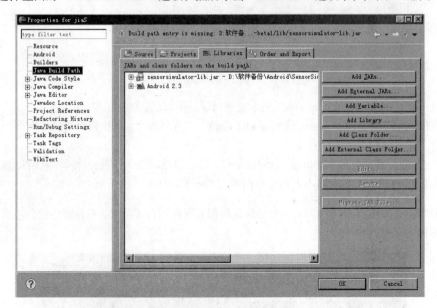

图14-6　"Libraries"选项卡

（3）单击"Add External JARs"按钮，在弹出的"JAR Selection"对话框中找到Sensorsimulator安装目录下的sensorsimulator-lib-1.1.1.jar，并将其添加到该项目中，如图14-7所示。

图14-7 添加需要的JAR包

（4）开始启动sensorsimulator.jar，并对手机模拟器上的SensorSimulatorSettings进行必要的配置。首先在"C:\sensorsimulator-1.1.1\bin"目录下找到sensorsimulator.jar并启动，运行后的界面如图14-8所示。

（5）接下来开始进行手机模拟器和SensorSimulator的连接配置工作，运行手机模拟器上安装好的SensorSimulatorSettings.apk，如图14-9所示。

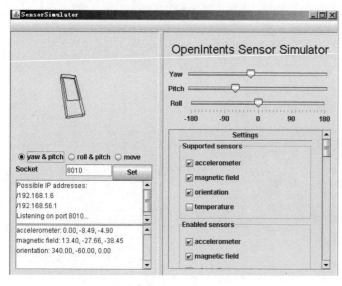

图14-8 传感器的模拟器

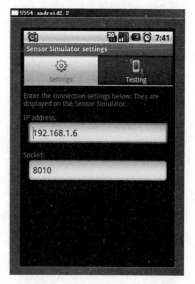

图14-9 运行手机模拟器上的
SensorSimulatorSettings-2.0-rc1.apk

（6）在图14-9中输入SensorSimulator启动时显示的IP地址和端口号，单击屏幕有上角的"Testing"按钮后会来到测试连接界面，如图14-10所示。

（7）单击屏幕上的"Connect"按钮进入下一界面，如图14-11所示。在此界面中可以选择需要监听的传感器，如果能够从传感器中读取到数据，说明SensorSimulator与手机模拟器连接成功，可以测试自己开发的应用程序了。

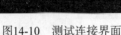

图14-10 测试连接界面

图14-11 连接界面

到此为止，使用Eclipse结合SensorSimulator配置传感器应用程序的基本流程介绍完毕。

14.2.3 实战演练——检测当前设备支持的传感器

在接下来的实例中，将演示在Android设备中检测当前设备支持传感器类型的方法。

实例	功能	源码路径
实例14-1	检测当前设备支持的传感器	\daima\14\SensorEX

本实例的功能是检测当前设备支持的传感器类型，具体实现流程如下所示。

布局文件main.xml的具体实现代码如下所示。

```xml
<linearlayout android:layout_height="fill_parent" android:layout_width="fill_parent"
android:orientation="vertical" xmlns:android="http://schemas.android.com/apk/res/android">
<textview android:layout_height="wrap_content"
 android:layout_width="fill_parent" android:text=""
 android:id="@+id/TextView01"
>
</textview>
</linearlayout>
```

主程序文件MainActivity.java的具体实现代码如下所示。

```java
public class MainActivity extends Activity {

        /** Called when the activity is first created. */
        @SuppressWarnings("deprecation")
        @Override
        public void onCreate(Bundle savedInstanceState) {
                super.onCreate(savedInstanceState);
                setContentView(R.layout.main);

                //准备显示信息的UI组件
                final TextView tx1 = (TextView) findViewById(R.id.TextView01);

                //从系统服务中获得传感器管理器
                SensorManager sm = (SensorManager) getSystemService(Context.SENSOR_SERVICE);

                //从传感器管理器中获得全部的传感器列表
                List<Sensor> allSensors = sm.getSensorList(Sensor.TYPE_ALL);

                //显示有多少个传感器
                tx1.setText("经检测该手机有" + allSensors.size() + "个传感器，它们分别是：\n");

                //显示每个传感器的具体信息
```

```
for (Sensor s : allSensors) {

        String tempString = "\n" + "  设备名称: " + s.getName() + "\n" + "  设备
版本: " + s.getVersion() + "\n" + "  供应商: " + s.getVendor() + "\n";

        switch (s.getType()) {
        case Sensor.TYPE_ACCELEROMETER:
                tx1.setText(tx1.getText().toString() + s.getType() + " 加速度传
                感器accelerometer" + tempString);
                break;
        case Sensor.TYPE_GYROSCOPE:
                tx1.setText(tx1.getText().toString() + s.getType() + " 陀螺仪传
                感器gyroscope" + tempString);
                break;
        case Sensor.TYPE_LIGHT:
                tx1.setText(tx1.getText().toString() + s.getType() + " 环境光线
                传感器light" + tempString);
                break;
        case Sensor.TYPE_MAGNETIC_FIELD:
                tx1.setText(tx1.getText().toString() + s.getType() + " 电磁场传
                感器magnetic field" + tempString);
                break;
        case Sensor.TYPE_ORIENTATION:
                tx1.setText(tx1.getText().toString() + s.getType() + " 方向传感
                器orientation" + tempString);
                break;
        case Sensor.TYPE_PRESSURE:
                tx1.setText(tx1.getText().toString() + s.getType() + " 压力传感
                器pressure" + tempString);
                break;
        case Sensor.TYPE_PROXIMITY:
                tx1.setText(tx1.getText().toString() + s.getType() + " 距离传感
                器proximity" + tempString);
                break;
        case Sensor.TYPE_AMBIENT_TEMPERATURE :
                tx1.setText(tx1.getText().toString() + s.getType() + " 温度传感
                器temperature" + tempString);
                break;
        default:
                tx1.setText(tx1.getText().toString() + s.getType() + " 未知传感
                器" + tempString);
                break;
        }
    }

    }
}
```

上述实例代码需要在真机中运行，执行后将会显示当前设备所支持的传感器类型，如图14-12所示。

图14-12   执行效果

14.3   使用光线传感器

在现实应用中，光线传感器能够根据手机所处环境的光线来调节手机屏幕的亮度和键盘灯。例如在光线充足的地方屏幕会很亮，键盘灯就会关闭。相反如果在暗处，键盘灯就会亮，屏幕较暗（与屏幕亮度的设置也有关系），这样既保护了眼睛又节省了能量。光线传感器在进入睡眠模式时会发出蓝色周期性闪动的光，非常美观。在本节的内容中，将详细讲解 Android 系统光线传感器的基本知识。

14.3.1   光线传感器介绍

在物联网设备中，光线传感器通常位于前摄像头旁边的一个小点，如果在光线充足的情况下（室外或者是灯光充足的室内），在 2～3 秒之后键盘灯会自动熄灭，即使再操作机器键盘灯也不会亮，除非到了光线比较暗的地方才会自动亮起来。如果在光线充足的情况下用手将光线感应器遮上，在 2～3 秒后键盘灯会自动亮起来，在此过程中光线感应器起到了一个节电的功能。

要想在 Android 物联网设备中监听光线传感器，需要掌握如下所示的监听方法。

（1）registerListenr(SensorListenerlistenr,int sensors,int rate)：已过时。

（2）registerListenr(SensorListenerlistenr,int sensors)：已过时。

（3）registerListenr(SensorEventListenerlistenr,Sensor sensors,int rate)。

（4）registerListenr(SensorEventListenerlistenr,Sensor sensors,int rate,Handlerhandler)：因为 SensorListener 已经过时，所以相应的注册方法也过时了。

在上述方法中，各个参数的具体说明如下所示。

❑ Listener：相应监听器的引用。

❑ Sensor：相应的感应器的引用。

❑ Rate：感应器的反应速度，这个必须是系统提供 4 个常量之一：

- SENSOR_DELAY_NORMAL：匹配屏幕方向的变化；
- SENSOR_DELAY_UI：匹配用户接口；
- SENSOR_DELAY_GAME：匹配游戏；
- SENSOR_DELAY_FASTEST：匹配所能达到的最快。

开发光线传感器应用时需要监测 SENSOR_LIGHT，例如下面的代码。

```
private SensorListener mySensorListener = new SensorListener(){
@Override
public void onAccuracyChanged(int sensor, int accuracy) {}    //重写onAccuracyChanged方法
@Override
public void onSensorChanged(int sensor, float[] values) {    //重写onSensorChanged方法
    if(sensor == SensorManager.SENSOR_LIGHT){                //只检查光强度的变化
        myTextView1.setText("光的强度为: "+values[0]);          //将光的强度显示到TextView
            }
        }
};
@Override
protected void onResume() {                                  //重写的onResume方法
    mySensorManager.registerListener(                        //注册监听
            mySensorListener,                                //监听器SensorListener对象
        SensorManager.SENSOR_LIGHT,                          //传感器的类型为光的强度
        SensorManager.SENSOR_DELAY_UI                        //频率
            );
    super.onResume();
    }
```

在上述代码中，通过 if 语句判断是否为光的强度改变事件。在代码中只对光强度改变事件进行处理，将得到的光强度显示在屏幕中。光线传感器只得到一个数据，而并不像其他传感器那样得到的是 x、y、z 三个方向上的分量。

在注册监听时，通过传入"SensorManager.SENSOR_LIGHT"来通知系统只注册光线传感器。

14.3.2　使用光线传感器的方法

在Android物联网设备中，使用光线传感器的基本流程如下所示。

（1）通过一个SensorManager来管理各种感应器，要想获得这个管理器的引用，必须通过如下所示的代码来实现。

```
(SensorManager)getSystemService(Context.SENSOR_SERVICE);
```

（2）在Android系统中，所有的感应器都属于Sensor类的一个实例，并没有继续细分下去，所以Android对于感应器的处理几乎是一摸一样的。既然都是Sensor类，那么怎么获得相应的感应器呢？这时就需要通过SensorManager来获得，可以通过如下所示的代码来确定我们要获得感应器的类型。

```
sensorManager.getDefaultSensor(Sensor.TYPE_LIGHT);
```

通过上述代码获得了光线感应器的引用。

（3）在获得相应的传感器的引用后可以来感应光线强度的变化，此时需要通过监听传感器的方式来获得变化，监听功能通过前面介绍的监听方法实现。Android提供了两个监听方式，一个是SensorEventListener，另一个SensorListener，后者已经在Android API上显示过时了。

（4）在Android中注册传感器后，此时就说明启用了传感器。使用感应器是相当耗电的，这也是传感器的应用没有那么广泛的主要原因，所以必须在不需要它的时候及时关掉它。在Android中通过如下所示的注销方法来关闭。

❑ unregisterListener(SensorEventListenerlistener);

❑ unregisterListener(SensorEventListenerlistener,Sensor sensor)。

（5）使用SensorEventListener来具体实现，在Android物联网设备中有如下两种实现这个监听器的方法。

❑ onAccuracyChanged(Sensor sensor, int accuracy)：是反应速度变化的方法，也就是rate变化时的方法；

❑ onSensorChanged(SensorEvent event)：是传感器的值变化的相应的方法。

读者需要注意的是，上述两个方法会同时响应。也就是说，当感应器发生变化时，这两个方法会一起被调用。上述方法中的accuracy的值是4个常量，对应的整数如下所示。

❑ SENSOR_DELAY_NORMAL：3

❑ SENSOR_DELAY_UI：2

❑ SENSOR_DELAY_GAME：1

❑ SENSOR_DELAY_FASTEST：0

而类SensorEvent有4个成员变量，具体说明如下所示。

❑ Accuracy：精确值；

❑ Sensor：发生变化的感应器；

❑ Timestamp：发生的时间，单位是纳秒；

❑ Values：发生变化后的值，这个是一个长度为3数组。

光线传感器只需要values[0]的值，其他两个都为0。而values[0]就是开发光线传感器所需要的，单位是：lux照度单位。

14.4　使用磁场传感器

在现实应用中，经常需要检测Android设备的方向，例如设备的朝向和移动方向。在Android系统中，通常使用重力传感器、加速度传感器、磁场传感器和旋转矢量传感器来检测设备的方向。在本节的内容中，将详细讲解在Android设备中使用磁场传感器检测设备方向的基本知识，为读者步入本书后面知识的学习打下基础。

14.4.1　什么是磁场传感器

磁场传感器是可以将各种磁场及其变化的量转变成电信号输出的装置。自然界和人类社会生活的许多地方都存在磁场或与磁场相关的信息。磁场传感器是利用人工设置的永久磁体产生的磁场，可以作为许多种信息的载体，被广泛用于探测、采集、存储、转换、复现和监控各种磁场和磁场中承载的各种信息的任务。在当今的信息社会中，磁场传感器已成为信息技术和信息产业中不可缺少的基础元件。目前，人们已研制出利用各种物理、化学和生物效应的磁场传感器，并已在科研、生产和社会生活的各个方面得到广泛应用，承担起探究种种信息的任务。

在现实市面中，最早的磁场传感器是伴随测磁仪器的进步而逐步发展的。在众多的测试磁场方法中，大多都是将磁场信息变成电信号进行测量。在测磁仪器中"探头"或"取样装置"就是磁场传感器。随着信息产业、工业自动化、交通运输、电力电子技术、办公自动化、家用电器、医疗仪器等的飞速发展和电子计算机应用的普及，需用大量的传感器将需进行测量和控制的非电参量，转换成可与计算机兼容的信号，作为它们的输入信号，这就给磁场传感器的快速发展提供了机会，形成了相当可观的磁场传感器产业。

14.4.2　Android系统中的磁场传感器

在Android系统中，磁场传感器TYPE_MAGNETIC_FIELD，单位是μT（微特斯拉），能够测量设备周围3个物理轴（x、y、z）的磁场。在Android设备中，磁场传感器主要用于感应周围的磁感应强度，在注册监听器后主要用于捕获如下3个参数：

❏ values[0]；
❏ values[1]；
❏ values[2]。

上述3个参数分别代表磁感应强度在空间坐标系中3个方向轴上的分量。所有数据的单位为μT，即微特斯拉。

在Android系统中，磁场传感器主要包含了如下所示的公共方法。

❏ int getFifoMaxEventCount()：返回该传感器可以处理事件的最大值。如果该值为0，表示当前模式不支持此传感器。

❏ int getFifoReservedEventCount()：保留传感器在批处理模式中FIFO的事件数，给出了一个在保证可以分批事件的最小值。

❏ float getMaximumRange()：传感器单元的最大范围。

❏ int getMinDelay()：最小延迟。

❏ String getName()：获取传感器的名称。

❏ floa getPower()：获取传感器电量。

❏ float getResolution()：获得传感器的分辨率。

❏ int getType()：获取传感器的类型。

❏ String getVendor()：获取传感器的供应商字符串。

❏ Int etVersion()：获取该传感器模块版本。

❏ String toString()：返回一个对当前传感器的字符串描述。

14.5　使用加速度传感器

在现实应用中，加速度传感器可以帮助机器人了解它现在身处的环境，能够分辨出是在登山，还是在下山，是否摔倒等。一个好的程序员能够使用加速度传感器来分辨出上述情形，加速度传感器甚至可以用来分析发动机的振动。在本节的内容中，将简要讲解加速度传感器的基础性知识。

14.5.1 加速度传感器的分类

在实际应用过程中，可以将加速度传感器分为如下所示的4类。

1. 压电式

压电式加速度传感器又称压电或加速度计，它也属于惯性式传感器。压电式加速度传感器的原理是利用压电陶瓷或石英晶体的压电效应，在加速度计受振时，质量块加在压电元件上的力也随之变化。当被测振动频率远低于加速度计的固有频率时，则力的变化与被测加速度呈正比。

2. 压阻式

基于世界领先的MEMS硅微加工技术，压阻式加速度传感器具有体积小、低功耗等特点，易于集成在各种模拟和数字电路中，广泛应用于汽车碰撞实验、测试仪器、设备振动监测等领域。加速度传感器网为客户提供压阻式加速度传感器/压阻式加速度计各品牌的型号、参数、原理、价格、接线图等信息。

3. 电容式

电容式加速度传感器是基于电容原理的极距变化型的电容传感器。电容式加速度传感器/电容式加速度计是对比较通用的加速度传感器。在某些领域无可替代，如安全气囊、手机移动设备等。电容式加速度传感器/电容式加速度计采用了微机电系统（MEMS）工艺，在大量生产时变得经济，从而保证了较低的成本。

4. 伺服式

伺服式加速度传感器是一种闭环测试系统，具有动态性能好、动态范围大和线性度好等特点。其工作原理为：传感器的振动系统由"m-k"系统组成，与一般加速度计相同，但质量m上还接着一个电磁线圈，当基座上有加速度输入时，质量块偏离平衡位置，该位移大小由位移传感器检测出来，经伺服放大器放大后转换为电流输出。该电流流过电磁线圈，在永久磁铁的磁场中产生电磁恢复力，力图使质量块保持在仪表壳体中原来的平衡位置上，所以伺服加速度传感器在闭环状态下工作。由于有反馈作用，增强了抗干扰的能力，提高测量精度，扩大了测量范围，伺服加速度测量技术广泛地应用于惯性导航和惯性制导系统中，在高精度的振动测量和标定中也有应用。

14.5.2 Android系统中的加速度传感器

在Android系统中，加速度传感器是TYPE_ACCELEROMETER，单位是m/s²，能够测量应用于设备 x、y、z 轴上的加速度，又叫作G-sensor。在开发过程中，通过Android的加速度传感器可以取得 x、y、z 三个轴的加速度。在Android系统中，在类SensorManager中定义了很多星体的重力加速度值，如表14-1所示。

表14-1 类SensorManager被定义的各星体的重力加速度值

常量名	说明	实际的值（m/s²）
GRAVITY_DEATH_STAR_1	死亡星	3.5303614E-7
GRAVITY_EARTH	地球	9.80665
GRAVITY_JUPITER	木星	23.12
GRAVITY_MARS	火星	3.71
GRAVITY_MERCURY	水星	3.7
GRAVITY_MOON	月亮	1.6
GRAVITY_NEPTUNE	海王星	12.0
GRAVITY_PLUTO	冥王星	0.6
GRAVITY_SATURN	土星	8.96

续表

常量名	说明	实际的值（m/s^2）
GRAVITY_SUN	太阳	275.0
GRAVITY_THE_ISLAND	岛屿星	4.815162
GRAVITY_URANUS	天王星	8.69
GRAVITY_VENUS	金星	8.87

通常来说，从加速度传感器获取的值，拿手机等智能设备的人的手振动或放在摇晃的场所的时候，受振动影响设备的值增幅变化是存在的。手的摇动、轻微振动的影响是属于长波形式，去掉这种长波干扰的影响，可以取得高精度的值。去掉这种长波的过滤器叫Low-Pass Filter。Low-Pass Filter机制有如下所示的3种封装方法。

⊙ 从抽样数据中取得中间的值的方法。

⊙ 最近取得的加速度的值每个很少变化的方法。

⊙ 从抽样数据中取得中间的值的方法。

在Android应用中，有时需要获取瞬间加速度值，例如计步器、作用力测定的应用开发的时候，如果想检测出加速度急剧的变化。此时的处理和Low-Pass Filter处理相反，需要去掉短波的影响，这样可以取得数据。像这种去掉短波的影响的过滤器叫作High-pass filter。

14.6 使用方向传感器

在Android设备中，经常需要检测设备的方向，例如设备的朝向和移动方向。在Android系统中，通常使用重力传感器、加速度传感器、磁场传感器和旋转矢量传感器来检测设备的方向。在本节的内容中，将详细讲解在Android设备中使用方向传感器检测设备方向的基本知识，为读者步入本书后面知识的学习打下基础。

14.6.1 方向传感器基础

在现实世界中，方向传感器通过对力敏感的传感器，感受手机等设备在变换姿势时的重心变化，使手机等设备光标变换位置从而实现选择的功能。方向传感器运用了欧拉角的知识，欧拉角的基本思想是将角位移分解为绕3个互相垂直轴的3个旋转组成的序列。其实，任意3个轴和任意顺序都可以，但最有意义的是使用笛卡儿坐标系并按一定的顺序所组成的旋转序列。

在学习欧拉角知识之前先介绍几种不同概念的坐标系，以便于读者理解欧拉角知识。

（1）世界坐标系

世界坐标系是一个特殊的坐标系，建立了描述其他坐标系所需要的参考框架。能够用世界坐标系描述其他坐标系的位置，而不能用更大的、外部的坐标系来描述世界坐标系。例如，"向西""向东"等词汇就是世界坐标系中的描述词汇。

（2）物体坐标系

物体坐标系是和特定物体相关联的坐标系，每个物体都有它们独立的坐标系。当物体移动或改变方向时，和该物体相关联的坐标系将随之移动或改变方向。例如，"向左""向右"等词汇就是物体坐标系中的描述词汇。

（3）摄像机坐标系

摄像机坐标系是和观察者密切相关的坐标系。在摄像机坐标系中，摄像机在原点，x轴向右，z轴向前（朝向屏幕内或摄像机方向），y轴向上（不是世界的上方而是摄像机本身的上方）。

（4）惯性坐标系

惯性坐标系是为了简化世界坐标系到物体坐标系的转换而引入的一种新的坐标系。惯性坐标系的原点和物体坐标系的原点重合，但惯性坐标系的轴平行于世界坐标系的轴。

在欧拉角中，表示一个物体的方位用"Yaw-Pitch-Roll"约定。在这个系统中，一个方位被定义为一个Yaw角、一个Pitch角和一个Ron角。欧拉角的基本思想是让物体开始于"标准"方位，目的是使物体坐标轴和惯性坐标轴对齐。在标准方位上，让物体做Yaw、Pitch和Roll旋转，最后物体到达我们想要描述的方位。

（5）Yaw轴

Yaw轴是3个方向轴中唯一不变的轴，其方向总是竖直向上，和世界坐标系中的z轴是等同的，也就是重力加速度g的反方向。

（6）Pitch轴

Pitch轴方向依赖于手机沿Yaw轴的转动情况，即当手机沿Yaw转过一定的角度后，Pitch轴也相应围绕Yaw轴转动相同的角度。Pitch轴的位置依赖于手机沿Yaw轴转过的角度，好比Yaw轴和Pitch轴是两根焊死在一起呈90°。

14.6.2 Android中的方向传感器

在Android系统中，方向传感器的类型是TYPE_ORIENTATION，用于测量设备围绕3个物理轴（x、y、z）的旋转角度，在新版本中已经使用SensorManager.getOrientation()替代。Android系统中的方向传感器在生活中的典型应用例子是指南针，接下来先来简单介绍一下传感器中3个参数x、y、z的含义，如图14-13所示。

如上图14-13所示，绿色（运行可看到）部分表示一个手机，带有小圈那一头是手机头部，各个部分的具体说明如下所示。

传感器中的x：如上图所示，规定x正半轴为北，手机头部指向OF方向，此时x的值为0。如果手机头部指向OG方向，此时x值为90，指向OH方向，x值为180，指向OE，x值为270。

传感器中的y：现在将手机沿着BC轴慢慢向上抬起，即手机头部不动，尾部慢慢向上翘起来，直到AD跑到BC右边并落在XOY平面上，y的值将从0～180变动，如果手机沿着AD轴慢慢向上抬起，即手机尾部不动，直到BC跑到AD左边并且落在XOY平面上，y的值将从0～−180变动，这就是方向传感器中y的含义。

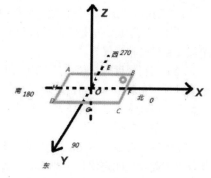

图14-13 参数x、y、z

传感器中的z：现在将手机沿着AB轴慢慢向上抬起，即手机左边框不动，右边框慢慢向上翘起来，直到CD跑到AB右边并落在XOY平面上，z的值将从0～180之间变动，如果手机沿着CD轴慢慢向上抬起，即手机右边框不动，直到AB跑到CD左边并且落在XOY平面上，z的值将从0～−180变动，这就是方向传感器中z的含义。

14.7 使用陀螺仪传感器

陀螺仪传感器是一个基于自由空间移动和手势的定位和控制系统。例如，我们可以在假想的平面上移动鼠标，屏幕上的光标就会随之跟着移动，并且可以绕着链接画圈和单击按键。又比如当我们正在演讲或离开桌子时，这些操作都能够很方便地实现。陀螺仪传感器已经被广泛运用于手机、平板电脑等移动便携设备上，在将来设备也会陆续使用陀螺仪传感器。在本节的内容中，将详细讲解在Android设备中使用陀螺仪传感器的基本知识，为读者步入本书后面知识的学习打下基础。

14.7.1　陀螺仪传感器基础

陀螺仪的原理是，当一个旋转物体的旋转轴所指的方向在不受外力影响时是不会改变的。根据这个道理，可以用陀螺仪来保持方向，然后用多种方法读取轴所指示的方向，并自动将数据信号传给控制系统。在现实生活中，骑自行车便是利用了这个原理。轮子转得越快越不容易倒，因为车轴有一股保持水平的力量。现代陀螺仪是可以精确地确定运动物体的方位的仪器，在现代航空、航海、航天和国防工业中广泛使用的一种惯性导航仪器。传统的惯性陀螺仪主要部分有机械式的陀螺仪，而机械式的陀螺仪对工艺结构的要求很高。20 世纪 70 年代提出了现代光纤陀螺仪的基本设想，到 80 年代以后，光纤陀螺仪就得到了非常迅速的发展，激光谐振陀螺仪也有了很大的发展。光纤陀螺仪具有结构紧凑、灵敏度高、工作可靠等特点。光纤陀螺仪在很多的领域已经完全取代了机械式的传统的陀螺仪，成为现代导航仪器中的关键部件。与光纤陀螺仪同时发展的除了环式激光陀螺仪外，还有现代集成式的振动陀螺仪，集成式的振动陀螺仪具有更高的集成度，体积更小，也是现代陀螺仪的一个重要的发展方向。

根据框架的数目和支承的形式以及附件的性质进行划分，陀螺仪传感器的主要类型如下所示。

（1）二自由度陀螺仪：只有一个框架，使转子自转轴具有一个转动自由度。根据二自由度陀螺仪中所使用的反作用力矩的性质，可以把这种陀螺仪分为如下所示的 3 种类型。

- 积分陀螺仪（它使用的反作用力矩是阻尼力矩）；
- 速率陀螺仪（它使用的反作用力矩是弹性力矩）；
- 无约束陀螺（它仅有惯性反作用力矩）。

另外，除了机、电框架式陀螺仪外还出现了某些新型陀螺仪，例如静电式自由转子陀螺仪、挠性陀螺仪和激光陀螺仪等。

（2）三自由度陀螺仪：具有内、外两个框架，使转子自转轴具有两个转动自由度。在没有任何力矩装置时，它就是一个自由陀螺仪。

在当前技术水平条件下，陀螺仪传感器主要被用于如下两个领域。

1. 国防工业

陀螺仪传感器原本是运用到直升机模型上的，而它已经被广泛运用于手机这类移动便携设备上，不仅仅如此现代陀螺仪是一种能够精确地确定运动物体方位的仪器，所以陀螺仪传感器是现代航空、航海、航天和国防工业应用中必不可少的控制装置。陀螺仪传感器是法国的物理学家莱昂·傅科在研究地球自转时命名的，到如今一直是航空和航海上航行姿态及速率等最方便实用的参考仪表。

2. 开门报警器

陀螺仪传感器可以测量开门的角度，当门被打开一个角度后回发出报警声，或者结合 GPRS 模块发送短信以提醒门被打开了。另外，陀螺仪传感器集成了加速度传感器的功能，当门被打开的瞬间，将产生一定的加速度值，陀螺仪传感器将会测量到这个加速度值，达到预设的门槛值后，将发出报警声，或者结合 GPRS 模块发送短信以提醒门被打开了。报警器内还可以集成雷达感应测量功能，当有人进入房间内移动时就会被雷达测量到。双重保险提醒防盗，可靠性高，误报率低，非常适合重要场合的防盗报警。

14.7.2　Android 中的陀螺仪传感器

在 Android 系统中，陀螺仪传感器的类型是 TYPE_GYROSCOPE，单位是 rad/s，能够测量设备 x、y、z 三轴的角加速度数据。Android 中的陀螺仪传感器又名为 Gyro-sensor 角速度器，利用内部振动机械结构侦测物体转动所产生的角速度，进而计算出物体移动的角度。侦测水平改变的状态，但无法计算移动的激烈程度。在接下来的内容中，将详细讲解 Android 中的陀螺仪传感器的基本知识。

1．陀螺仪传感器和加速度传感器的对比

在Android的传感器系统中，陀螺仪传感器和加速度传感器非常类似，两者的区别如下所示。

- 加速度传感器：用于测量加速度，借助一个三轴加速度计可以测得一个固定平台相对地球表面的运动方向，但是一旦平台运动起来，情况就会变得复杂得多。如果平台做自由落体，加速度计测得的加速度值为零。如果平台朝某个方向做加速度运动，各个轴向加速度值会含有重力产生的加速度值，使得无法获得真正的加速度值。例如，安装在60°横滚角飞机上的三轴加速度计会测得2G的垂直加速度值，而事实上飞机相对地区表面是60°的倾角。因此，单独使用加速度计无法使飞机保持一个固定的航向。

- 陀螺仪传感器：用于测量机体围绕某个轴向的旋转角速率值。当使用陀螺仪测量飞机机体轴向的旋转角速率时，如果飞机在旋转，测得的值为非零值，飞机不旋转时，测量的值为零。因此，在60°横滚角的飞机上的陀螺仪测得的横滚角速率值为零，同样在飞机做水平直线飞行时的角速率值为零。可以通过角速率值的时间积分来估计当前的横滚角度，前提是没有误差的累积。陀螺仪测量的值会随时间漂移，经过几分钟甚至几秒定会累积出额外的误差来，而最终会导致对飞机当前相对水平面横滚角度完全错误的认知。因此，单独使用陀螺仪也无法保持飞机的特定航向。

综上所述，加速度传感器在较长时间的测量值（确定飞机航向）是正确的，而在较短时间内由于信号噪声的存在，而有误差。陀螺仪传感器在较短时间内则比较准确而较长时间则会有与漂移而存有误差。因此，需要两者（相互调整）来确保航向的正确。

2．物联网设备中的陀螺仪传感器

在物联网设备中，三自由度陀螺仪是一个可以识别设备，能够相对于地面绕x、y、z轴转动角度的感应器（自己的理解，不够严谨）。无论是可设备，还是智能手机、平板电脑，通过使用陀螺仪传感器可以实现很多好玩的应用，例如说指南针。

在实际开发过程中，可以用一个磁场感应器（Magnetic Sensor）来实现陀螺仪。磁场感应器是用来测量磁场感应强度的。一个3轴的磁sensor IC可以得到当前环境下x、y和z方向上的磁场感应强度，对于Android中间层来说就是读取该感应器测量到的这3个值。当需要时，上报给上层应用程序。磁感应强度的单位是T（特斯拉）或者是Gs（高斯），1T等于10000Gs。

在了解陀螺仪之前，需要先了解Android系统定义坐标系的方法，如下所示的文件中进行了定义。

```
/hardware/libhardware/include/hardware/sensors.h
```

在上述文件sensors.h中，有一个如图14-14所示的效果图。

图14-14中表示设备的正上方是y轴方向，右边是x轴方向，垂直设备屏幕平面向上的是z轴方向，这个很重要。因为应用程序就是根据这样的定义来写的，所以我们报给应用的数据要跟这个定义符合。还需要清楚磁sensor芯片贴在板上的坐标系。我们从芯片读出数据后要把芯片的坐标系转换为设备的实际坐标系。除非芯片贴在板上刚好跟设备的x、y、z轴方向刚好一致。

陀螺仪的实现是根据磁场感应强度的3个值计算出另外3个值。当需要时可以计算出这3个值上报给应用程序，这样就实现了陀螺仪的功能。

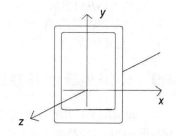

图14-14　Android系统定义的坐标系

14.8　使用旋转向量传感器

在Android系统中，旋转向量传感器的值是TYPE_ROTATION_VECTOR，旋转向量代表设备的方向，是一个将坐标轴和角度混合计算得到的数据。Android旋转向量传感器的具体说明如表14-2所示。

表14-2　Android旋转向量传感器的具体说明

传感器	传感器事件数据	说明	测量单位
TYPE_ROTATION_VECTOR	SensorEvent.values[0]]	旋转向量沿x轴的部分（$x * \sin(\theta/2)$）	无
	SensorEvent.values[1]	旋转向量沿y轴的部分（$y * \sin(\theta/2)$）	
	SensorEvent.values[2]]	旋转向量沿z轴的部分（$z * \sin(\theta/2)$）	
	SensorEvent.values[3]]	旋转向量的数值部分（$(\cos(\theta/2)$）	

由表14-2可知，RVsensor能够输出如下所示的3个数据：

- $x*\sin(\theta/2)$
- $y*\sin(\theta/2)$
- $z*\sin(\theta/2)$

则$\sin(\theta/2)$表示RV的数量级，RV的方向与轴旋转的方向相同，这样RV的三个数值与$\cos(\theta/2)$组成一个四元组。而RV的数据没有单位，使用的坐标系与加速度相同，例如下面的演示代码。

```
sensors_event_t.data[0] = x*sin(theta/2)
sensors_event_t.data[1] = y*sin(theta/2)
sensors_event_t.data[2] = z*sin(theta/2)
sensors_event_t.data[3] =   cos(theta/2)
```

GV、LA和RV的数值没有物理传感器可以直接给出，需要G-sensor、O-sensor和Gyro-sensor经过算法计算后得出。

由此可见，旋转向量代表了设备的方位，这个方位结果由角度和坐标轴信息组成，在里面包含了设备围绕坐标轴（x、y、z）旋转的角度θ。例如下面的代码演示了获取缺省的旋转向量传感器的方法。

```
private SensorManager mSensorManager;
private Sensor mSensor;
...
mSensorManager = (SensorManager) getSystemService(Context.SENSOR_SERVICE);
mSensor = mSensorManager.getDefaultSensor(Sensor.TYPE_ROTATION_VECTOR);
```

在Android系统中，旋转向量的三个元素等于四元组的后三个部分（$\cos(\theta/2)$、$x*\sin(\theta/2)$、$y*\sin(\theta/2)$、$z*\sin(\theta/2)$），没有单位。x、y、z轴的具体定义与加速度传感器的相同。旋转向量传感器的坐标系如图14-15所示。

上述坐标系具有如下所示的特点。

- x：定义为向量积$y \times z$。它是以设备当前位置为切点的地球切线，方向朝东。
- y：以设备当前位置为切点的地球切线，指向地磁北极。
- z：与地平面垂直，指向天空。

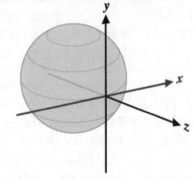

图14-15　旋转向量传感器的坐标系

14.9　使用距离传感器详解

在Android设备应用程序开发过程中，经常需要检测设备的运动数据，例如设备的运动速率和运动距离等。这些数据对于健身类设备来说，都是十分重要的数据，例如健身手表可以及时测试晨练的运动距离和速率。在Android系统中，通常使用加速度传感器、线性加速度传感器和距离传感器来检测设备的运动数据。在本节的内容中，将详细讲解在Android设备中检测运动数据的基本知识。

14.9.1　距离传感器介绍

在当前的技术条件下，距离传感器是指利用"飞行时间法"的原理来实现距离测量，以实现检测物体的距离的一种传感器。"飞行时间法"是通过发射特别短的光脉冲，并测量此光脉冲从发射到被物体反射回来的时间，通过测时间间隔来计算与物体之间的距离。

在现实世界中，距离传感器在智能手机中的应用比较常见。一般触屏智能手机在默认设置下，都会有一个延时锁屏的设置，就是在一段时间内，手机检测不到任何操作，就会进入锁屏状态。手机作为移动终端的一种，追求低功耗是设计的目标之一。延时锁屏既可以避免不必要的能量消耗，又能保证不丢失重要信息。另外，在使用触屏手机设备时，当接电话的时候距离传感器会起作用，当脸靠近屏幕时屏幕灯会熄灭，并自动锁屏，这样可以防止脸误操作。当脸离开屏幕时屏幕灯会自动开启，并且自动解锁。

除了被广泛应用于手机设备之外，距离传感器还被用于野外环境（山体情况、峡谷深度等）、飞机高度检测、矿井深度、物料高度测量等领域。并且在野外应用领域中，主要用于检测山体情况和峡谷深度等。而对飞机高度测量功能是通过检测飞机在起飞和降落时距离地面的高度，并将结果实时显示在控制面板上。也可以使用距离传感器测量物料各点的高度，用于计算物料的体积。在显示应用中，用于飞机高度和物料高度的距离传感器有LDM301系列，用于野外应用的距离传感器有LDM4x系列。

在当前的设备应用中，距离传感器被应用于智能皮带中。在皮带扣里嵌入了距离传感器，当把皮带调整至合适宽度、卡好皮带扣后，如果皮带在10秒钟内没有重新解开，传感器就会自动生成本次的腰围数据。皮带与皮带扣连接处的其中一枚铆钉将被数据传输装置所替代。当你将智能手机放在铆钉处保持两秒钟静止，手机里的自我健康管理App会被自动激活，并获取本次腰围数据。

14.9.2 Android系统中的距离传感器

在Android系统中，距离传感器也被称为P-Sensor，值是TYPE_PROXIMITY，单位是cm，能够测量某个对象到屏幕的距离。可以在打电话时判断人耳到电话屏幕的距离，以关闭屏幕而达到省电功能。

P-Sensor主要用于在通话过程中防止用户误操作屏幕，接下来以通话过程为例来讲解电话程序对P-Sensor的操作流程。

（1）在启动电话程序的时候，在".java"文件中新建了一个P-Sensor的WakeLock对象。例如如下所示的代码。

```
mProximityWakeLock =  pm.newWakeLock(
PowerManager.PROXIMITY_SCREEN_OFF_WAKE_LOCK, LOG_TAG
);
```

对象WakeLock的功能是请求控制屏幕的点亮或熄灭。

（2）在电话状态发生改变时，例如接通了电话，调用".java"文件中的方法根据当前电话的状态来决定是否打开P-Sensor。如果在通话过程中，电话是OFF-HOOK状态时打开P-Sensor。例如下面的演示代码。

```
if (!mProximityWakeLock.isHeld()) {
                    if (DBG) Log.d(LOG_TAG, "updateProximitySensorMode: acquiring...");
                    mProximityWakeLock.acquire();
            }
```

在上述代码中，mProximityWakeLock.acquire()会调用到另外的方法打开P-Senso，这个另外的方法会判断当前手机有没有P-Sensor。如果有的话，就会向SensorManager注册一个P-Sensor监听器。这样当P-Sensor检测到手机和人体距离发生改变时，就会调用服务监听器进行处理。同样，当电话挂断时，电话模块会去调用方法取消P-Sensor监听器。

在Android系统中，PowerManagerService中P-Sensor监听器会进行实时监听工作，当P-Sensor检测到距离有变化时就会进行监听。具体监听过程的代码如下所示。

```
SensorEventListener mProximityListener = new SensorEventListener() {
        public void onSensorChanged(SensorEvent event) {
            long milliseconds = SystemClock.elapsedRealtime();
            synchronized (mLocks) {
                float distance = event.values[0];  //检测到手机和人体的距离
                long timeSinceLastEvent = milliseconds - mLastProximityEventTime;
        //这次检测和上次检测的时间差
```

```
                              mLastProximityEventTime = milliseconds;   //更新上一次检测的时间
                              mHandler.removeCallbacks(mProximityTask);
                              boolean proximityTaskQueued = false;

                              // compare against getMaximumRange to support sensors that only return 0 or 1
                              boolean active = (distance >= 0.0 && distance < PROXIMITY_THRESHOLD &&
                                      distance < mProximitySensor.getMaximumRange());   //如果距离小于某一个距离
                                      //阈值，默认是5.0f，说明手机和脸部距离贴近，应该要熄灭屏幕。

                              if (mDebugProximitySensor) {
                                  Slog.d(TAG, "mProximityListener.onSensorChanged active: " + active);
                              }
                              if (timeSinceLastEvent < PROXIMITY_SENSOR_DELAY) {
                                  // enforce delaying atleast PROXIMITY_SENSOR_DELAY before processing
                                  mProximityPendingValue = (active ? 1 : 0);
                                  mHandler.postDelayed(mProximityTask, PROXIMITY_SENSOR_DELAY - timeSinceLastEvent);
                                  proximityTaskQueued = true;
                              } else {
                                  // process the value immediately
                                  mProximityPendingValue = -1;
                                  proximityChangcdLocked(active);   //熄灭屏幕操作
                              }

                              // update mProximityPartialLock state
                              boolean held = mProximityPartialLock.isHeld();
                              if (!held && proximityTaskQueued) {
                                  // hold wakelock until mProximityTask runs
                                  mProximityPartialLock.acquire();
                              } else if (held && !proximityTaskQueued) {
                                  mProximityPartialLock.release();
                              }
                          }
                      }

                  public void onAccuracyChanged(Sensor sensor, int accuracy) {
                      // ignore
                  }
              };
```

　　由上述代码可知，在监听时会首先通过 "float distance = event.values[0]" 获取变化的距离。如果发现检测的这次距离变化和上次距离变化差，例如小于系统设置的阈值则不会去熄灭屏幕。过于频繁的操作系统会忽略掉。如果感觉P-Sensor不够灵敏，就可以修改如下所示的系统默认值。

```
private static final int PROXIMITY_SENSOR_DELAY = 1000;
```

　　将上述值改小后就会发现P-Sensor会变得灵敏很多。

　　如果P-Sensor检测到这次距离变化小于系统默认值，并且这次是一次正常的变化，那么需要通过如下代码熄灭屏幕。

```
proximityChangedLocked(active);
```

　　此处会判断P-Sensor是否可以用，如果不可用则返回，并忽略这次距离变化。

```
if (!mProximitySensorEnabled) {
        Slog.d(TAG, "Ignoring proximity change after sensor is disabled");
        return;
    }
```

　　如果一切都满足，则调用如下代码灭灯。

```
goToSleepLocked(SystemClock.uptimeMillis(),
        WindowManagerPolicy.OFF_BECAUSE_OF_PROX_SENSOR);
```

14.10　使用气压传感器

　　在Android设备开发应用过程中，通常需要使用设备来感知当前所处环境的信息，例如气压、GPS、海拔、湿度和温度。在Android系统中，专门提供了气压传感器、海拔传感器、湿度传感器和温度传感器来支持上述功能。在本节的内容中，将详细讲解在Android设备中使用气压传感器的基本知识，为读者步入本书后面知识的学习打下基础。

14.10.1 气压传感器基础

在现实应用中，气压传感器主要用于测量气体的绝对压强，主要适用于与气体压强相关的物理实验，如气体定律等，也可以在生物和化学实验中测量干燥、无腐蚀性的气体压强。气压传感器的原理比较简单，其主要的传感元件是一个对气压传感器内的强弱敏感的薄膜和一个顶针控制，电路方面它连接了一个柔性电阻器。当被测气体的压力强降低或升高时，这个薄膜变形带动顶针，同时该电阻器的阻值将会改变。电阻器的阻值发生变化。从传感元件取得0～5V的信号电压，经过A/D转换由数据采集器接收，然后数据采集器以适当的形式把结果传送给计算机。

在现实应用中，很多气压传感器的主要部件为变容式硅膜盒。当该变容式硅膜盒外界大气压力发生变化时顶针动作，单晶硅膜盒随着发生弹性变形，从而引起硅膜盒平行板电容器电容量的变化来控制气压传感器。

GB7665—1987对传感器的定义是："能感受规定的被测量并按照一定的规律转换成可用信号的器件或装置，通常由敏感元件和转换元件组成"。而气压传感器是由一种检测装置，能感受到被测量的信息，并能将检测感受到的信息，按一定规律变换成为电信号或其他所需形式的信息输出，以满足信息的传输、处理、存储、显示、记录和控制等要求，是实现自动化检测和控制的首要环节。

14.10.2 气压传感器在智能手机中的应用

随着智能手机设备的发展，气压传感器得到了大力的普及。气压传感器首次在智能手机上使用是在Galaxy Nexus上，而之后推出的一些Android旗舰手机里也包含了这一传感器，像Galaxy SIII、Galaxy Note2也都有。对于喜欢登山的人来说，都会非常关心自己所处的高度。海拔高度的测量方法，一般常用的有两种方式，一是通过GPS全球定位系统，二是通过测出大气压，然后根据气压值计算出海拔。由于受到技术和其他方面原因的限制，GPS计算海拔一般误差都会有十米左右，而如果在树林里或者是在悬崖下面时，有时候甚至接收不到GPS信号。同时当用户处于楼宇内时，内置感应器可能也会无法接收到GPS信号，从而不能够识别地理位置。配合气压传感器、加速计、陀螺仪等就能够实现精确定位。这样当你在商场购物时，你能够更好地找到目标商品。

另外在汽车导航领域中，经常会有人抱怨在高架桥里导航常常会出错。比如在高架桥上时，GPS说右转，而实际上右边根本没有右转出口，这主要是GPS无法判断你是桥上还是桥下而造成的错误导航。一般高架桥上下两层的高度都会有几米到十几米的距离了，而GPS的误差可能会有几十米，所以发生上面的事情也就可以理解了。此时如果在手机中增加一个气压传感器就不一样了，它的精度可以做到1米的误差，这样就可以很好地辅助GPS来测量出所处的高度，错误导航的问题也就容易解决了。

另外像Galaxy Nexus等手机的气压传感器还包括温度传感器，它可以捕捉到温度来对结果进行修正，以增加测量结果的精度。所以在手机原有GPS的基础上再增加气压传感器的功能，可以让三维定位更加精准。

在Android系统中，气压传感器的类型是TYPE_PRESSURE，单位是hPa（百帕斯卡），能够返回当前环境下的压强。

14.11 使用温度传感器

在半导体技术的支持下，21世纪相继开发了半导体热电偶传感器、PN结温度传感器和集成温度传感器。与之相应，根据波与物质的相互作用规律，又相继开发了声学温度传感器、红外传感器和微波传感器。温度传感器是五花八门的各种传感器中最为常用的一种，现代的温度传感器外形非常小，这样更加让它广泛应用在生产实践的各个领域中，也为人们的生活提供了无数的便利和功能。

14.11.1　温度传感器介绍

温度传感器有4种主要类型：热电偶、热敏电阻、电阻温度检测器（RTD）和IC温度传感器。IC温度传感器又包括模拟输出和数字输出两种类型。在现实世界中，温度传感器是温度测量仪表的核心部分，品种繁多。按测量方式可以分为接触式和非接触式两大类，按照传感器材料及电子元件特性分为热敏电阻和热电偶两类。

在当前的技术水平条件下，温度传感器的主要原理如下所示。

1．金属膨胀原理设计的传感器

金属在环境温度变化后会产生一个相应的延伸，因此传感器可以以不同方式对这种反应进行信号转换。

2．双金属片式传感器

双金属片由两片不同膨胀系数的金属贴在一起而组成，随着温度变化，材料A比另外一种金属膨胀程度要高，引起金属片弯曲。弯曲的曲率可以转换成一个输出信号。

3．双金属杆和金属管传感器

随着温度升高，金属管（材料A）长度增加，而不膨胀钢杆（金属B）的长度并不增加，这样由于位置的改变，金属管的线性膨胀就可以进行传递。反过来，这种线性膨胀可以转换成一个输出信号。

4．液体和气体的变形曲线设计的传感器

在温度变化时，液体和气体同样会相应产生体积的变化。

综上所述，多种类型的结构可以把这种膨胀的变化转换成位置的变化，这样产生位置的变化可以输出为电位计、感应偏差、挡流板等形式的结果。

14.11.2　Android系统中温度传感器

在Android系统中，早期版本的温度传感器值是TYPE_TEMPERATURE，在新版本中被TYPE_AMBIENT_TEMPERATURE替换。Android温度传感器的单位是℃，能够测量并返回当前的温度。

在Android内核平台中自带了大量的传感器源码，读者可以在Rexsee的开源社区http://www.rexsee.com/找到相关的原生代码。其中使用温度传感器相关的原生代码如下所示。

```
package rexsee.sensor;

import rexsee.core.browser.JavascriptInterface;
import rexsee.core.browser.RexseeBrowser;
import android.content.Context;
import android.hardware.Sensor;
import android.hardware.SensorEvent;
import android.hardware.SensorEventListener;
import android.hardware.SensorManager;

public class RexseeSensorTemperature implements JavascriptInterface {

        private static final String INTERFACE_NAME = "Temperature";
        @Override
        public String getInterfaceName() {
                return mBrowser.application.resources.prefix + INTERFACE_NAME;
        }
        @Override
        public JavascriptInterface getInheritInterface(RexseeBrowser childBrowser) {
                return this;
        }
        @Override
        public JavascriptInterface getNewInterface(RexseeBrowser childBrowser) {
                return new RexseeSensorTemperature(childBrowser);
        }

        public static final String EVENT_ONTEMPERATURECHANGED = "onTemperatureChanged";
```

```
        private final Context mContext;
        private final RexseeBrowser mBrowser;
        private final SensorManager mSensorManager;
        private final SensorEventListener mSensorListener;
        private final Sensor mSensor;

        private int mRate = SensorManager.SENSOR_DELAY_NORMAL;
        private int mCycle = 100; //milliseconds
        private int mEventCycle = 100; //milliseconds
        private float mAccuracy = 0;

        private long lastUpdate = -1;
        private long lastEvent = -1;

        private float value = -999f;

        public RexseeSensorTemperature(RexseeBrowser browser) {
                mContext = browser.getContext();
                mBrowser = browser;
                browser.eventList.add(EVENT_ONTEMPERATURECHANGED);

                mSensorManager = (SensorManager)
                mContext.getSystemService(Context.SENSOR_SERVICE);

                mSensor = mSensorManager.getDefaultSensor(Sensor.TYPE_TEMPERATURE);

                mSensorListener = new SensorEventListener() {
                        @Override
                        public void onAccuracyChanged(Sensor sensor, int accuracy) {
                        }
                        @Override
                        public void onSensorChanged(SensorEvent event) {
                                if (event.sensor.getType() != Sensor.TYPE_TEMPERATURE) return;
                                long curTime = System.currentTimeMillis();
                                if (lastUpdate == -1 || (curTime - lastUpdate) > mCycle) {
                                        lastUpdate = curTime;
                                        float lastValue = value;
                                        value = event.values[SensorManager.DATA_X];
                                        if (lastEvent == -1 || (curTime - lastEvent) > mEventCycle)
{
                                                if (Math.abs(value - lastValue) > mAccuracy) {
                                                        lastEvent = curTime;
                                                        mBrowser.eventList.run(EVENT_
                                                        ONTEMPERATURECHANGED);
                                                }
                                        }
                                }
                        }
                };

        }

        public String getLastKnownValue() {
                return (value == -999) ? "null" : String.valueOf(value);
        }

        public void setRate(String rate) {
                mRate = SensorRate.getInt(rate);
        }
        public String getRate() {
                return SensorRate.getString(mRate);
        }
        public void setCycle(int milliseconds) {
                mCycle = milliseconds;
        }
        public int getCycle() {
                return mCycle;
```

```
        }
        public void setEventCycle(int milliseconds) {
                mEventCycle = milliseconds;
        }
        public int getEventCycle() {
                return mEventCycle;
        }
        public void setAccuracy(float value) {
                mAccuracy = Math.abs(value);
        }
        public float getAccuracy() {
                return mAccuracy;
        }

        public boolean isReady() {
                return (mSensor == null) ? false : true;
        }
        public void start() {
                if (isReady()) {
                        mSensorManager.registerListener(mSensorListener, mSensor, mRate);
                } else {
                        mBrowser.exception(getInterfaceName(), "Temperature sensor is not found.");
                }
        }
        public void stop() {
                if (isReady()) {
                        mSensorManager.unregisterListener(mSensorListener);
                }
        }
    }

}
```

14.12　使用湿度传感器

人类的生存和社会活动与湿度密切相关。随着现代化的实现，很难找出一个与湿度无关的领域来。由于应用领域不同，对湿度传感器的技术要求也不同。在 Android 系统中，湿度传感器的值是 TYPE_RELATIVE_HUMIDITY，单位是%，能够测量周围环境的相对湿度。Android系统中的湿度与光线、气压、温度传感器的使用方式相同，可以从湿度传感器读取到相对湿度的原始数据。而且，如果设备同时提供了湿度传感器（TYPE_RELATIVE_HUMIDITY）和温度传感器（TYPE_AMBIENT_TEMPERATURE），那么就可以用这两个数据流来计算出结露点和绝对湿度。

1．结露点

结露点是在固定的气压下，空气中所含的气态水达到饱和而凝结成液态水所需要降至的温度。以下给出了计算结露点温度的公式：

$$t_d(t, \text{RH}) = T_n \cdot \frac{\ln(\text{RH}/100\%) + m \cdot t/(T_n + t)}{m - [\ln(\text{RH}/100\%) + m \cdot t/(T_n + t)]}$$

在上述公式中，各个参数的具体说明如下所示。

❑ t_d = 结露点温度，单位是℃；

❑ t = 当前温度，单位是℃；

❑ RH = 当前相对湿度，单位是百分比（%）；

❑ m = 18.62；

❑ T_n = 243.12。

2．绝对湿度

绝对湿度是在一定体积的干燥空气中含有的水蒸气的质量。绝对湿度的计量单位是克/立方米。以下给出了计算绝对湿度的公式：

$$d_v(t, RH) = 218.7 \cdot \frac{(RH/100\%) \cdot A \cdot \exp(m \cdot t/(T_n + t)}{273.15 + t}$$

在上述公式中，各个参数的具体说明如下所示。

❑ d_v = 绝对湿度，单位是克/立方米；

❑ t = 当前温度，单位是℃；

❑ RH = 当前相对湿度，单位是百分比（%）；

❑ m = 18.62；

❑ T_n = 243.12℃；

❑ A = 6.112 hPa。

## 第 15 章

编写安全的应用程序

在本章的内容中，将详细讲解构建一个安全的Android应用程序的知识。首先详细讲解使用Eclipse开发并调试Android应用程序的过程，并讲解了发布Android应用程序的方法；然后讲解了编译和反编译Android应用程序的具体过程；最后详细讲解了构建各种Android应用组件的基本知识。希望通过本章内容的学习，为读者步入本书后面知识的学习打下基础。

15.1　Android安全机制概述

根据Android系统架构分析，其安全机制是基于Linux操作系统的内核安全机制基础之上的，这主要体现在如下两个方面。

（1）使用进程沙箱机制来隔离进程资源。

（2）通过Android系统独有的内存管理技术，安全高效地实现进程之间的通信处理。

上述安全机制策略十分适合于嵌入式移动终端处理器设备，因为这可以很好地兼顾高性能与内存容量的限制。另外，因为Android应用程序是基于Framework应用框架的，并且使用Java语言进行编写，最后运行于Dalvik VM（Android虚拟机）。同时，Android的底层应用由C/C++语言实现，以原生库形式直接运行于操作系统的用户空间。这样Android应用程序和Dalvik VM的运行环境都被控制在"进程沙箱"环境下。"进程沙箱"是一个完全被隔离的环境，自行拥有专用的文件系统区域，能够独立共享私有数据，如图15-1所示。

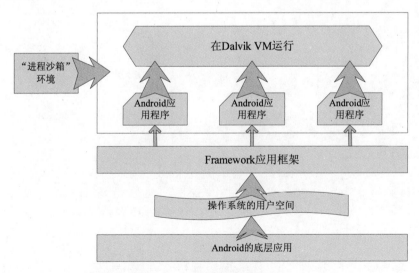

图15-1　Android安全机制架构

在本节的内容中，将详细讲解Android安全机制的基本架构知识。

15.1.1 Android的安全机制模型

在Android系统的应用层中，提供了如下所示的安全机制模型。

❑ 使用显式定义经用户授权的应用权限控制机制的方法，系统规范并强制各类应用程序的行为准则与权限许可。

❑ 提供了应用程序的签名机制，实现了应用程序之间的信息信任和资源共享。

概览整个Android系统的框架结构，其安全机制的具体特点如下所示。

❑ 采用不同的层次架构机制来保护用户信息的安全，并且不同的层次可以保证各种应用的灵活性。

❑ 鼓励更多的用户去了解应用程序的工作过程，鼓励用户花费更多的时间和注意力来关注移动设备的安全性。

❑ 无惧面对恶意软件的威胁，并拥有坚强的意志力消灭这些威胁。

❑ 时刻防范恶意第三方应用程序的攻击。

❑ 时刻做好风险控制工作，一旦安全防护系统崩溃，要尽可能地尽量减少损害，并尽快恢复。

根据上述模型，Android安全系统提供了如下所示的安全机制。

1．内存管理

Android内存管理机制基于标准Linux的OOM（低内存管理）机制，实现了低内存清理（LMK）机制，将所有的进程按照重要性进行分级，系统会自动清理最低级别进程所占用的内存空间。另外，还引Android独有的共享内存机制Ashmem，通过此机制可以清理不再使用共享内存的区域。

2．权限声明

Android应用程序需要显式声明权限、名称、权限组与保护级别，只有这样才能算是一个合格的Android程序。在Android系统中规定：不同级别应用程序的使用权限的认证方式不同，具体说明如下所示。

❑ Normal级：申请后即可用；

❑ Dangerous级：在安装时由用户确认后方可用；

❑ Signature与Signatureorsystem级：必须是系统用户才可用。

3．应用程序签名

Android应用程序包（".apk"格式文件）必须被开发者数字签名，同一名开发者可以指定不同的应用程序共享UID，这样可以运行在同一个进程空间以实现资源共享。

4．访问控制

通过使用基于Linux系统的访问控制机制，可以确保系统文件与用户数据不受非法访问。

5．进程沙箱隔离

当安装Android应用程序时会被赋予一个独特的用户标识（UID），这个标识被永久保持。当Android应用程序及其运行的Dalvik VM运行于独立的Linux进程空间中时，会将与UID不同的应用程序隔离出来。

6．进程通信

Android采用Binder机制提供的共享内存实现进程通信功能，Binder机制基于Client-Server模式，提供了类似于COM和CORBA的轻量级远程进程调用（RPC）。通过使用Binder机制中的接口描述语言（AIDL）来定义接口与交换数据的类型，这样可以确保进程间通信的数据不会发生越界操作，影响进程的空间。

15.1.2 Android具有的权限

Android安全结构的中心思想为"应用程序在默认的情况下不可以执行任何对其他应用程序、系统或者用户带来负面影响的操作。"作为开发者来说，只有了解并把握Android的安全架构的核心，才能设计出在使用过程中更加流畅的用户体验。

根据用户的使用过程体验，可以将和Android系统相关的权限分为如下3类。

❑ Android手机所有者权限：自用户购买Android手机（如Samsung GT-i9000）后，用户不需要输入任何密码，就具有安装一般应用软件、使用应用程序等的权限。

❑ Android root权限：该权限为Android系统的最高权限，可以对所有系统中文件、数据进行任意操作。出厂时默认没有该权限，需要使用z4Root等软件进行获取，然而，并不鼓励进行此操作，因为可能由此使用户失去手机原厂保修的权益。同样，如果将Android手机进行root权限提升，则此后用户不需要输入任何密码，都将能以Android root权限来使用手机。

❑ Android应用程序权限：Android提供了丰富的SDK（Software Development Kit），开发人员可以根据其开发Android中的应用程序。而应用程序对Android系统资源的访问需要有相应的访问权限，这个权限就称为Android应用程序权限，它在应用程序设计时设定，在Android系统中初次安装时即生效。值得注意的是：如果应用程序设计的权限大于Android手机所有者权限，则该应用程序无法运行。如：没有获取Android root权限的手机无法运行Root Explorer，因为运行该应用程序需要Android root权限。

15.1.3　Android的组件模型（Component Model）

整个Android系统中包括4种组件，具体说明如下所示。

❑ Activity：Activity就是一个界面，这个界面里面可以放置各种控件，比如：Task Manager的界面、Root Explorer的界面等。

❑ Service：服务是运行在后台的功能模块，如文件下载、音乐播放程序等。

❑ Content Provider：它是Android平台应用程序间数据共享的一种标准接口，它以类似于URI（Universal Resources Identification）的方式来表示数据，例如：content://contacts/people/1101。

❑ Broadcast Receiver：与Broadcast Receiver组件相关的概念是Intent，Intent是一个对动作和行为的抽象描述，负责组件之间、程序之间进行消息传递。而Broadcast Receiver组件则提供了一种把Intent作为一个消息广播出去，由所有对其感兴趣的程序对其做出反应的机制。

15.1.4　Android安全访问设置

在Android系统中，每个应用程序的APK（Android Package）包里中都会包含有一个AndroidMainifest.xml文件，该文件除了罗列应用程序的运行时库、运行依赖关系等之外，还会详细地罗列出该应用程序所需的系统访问。AndroidMainifest.xml文件的基本格式如下所示。

```xml
<?xml version="1.0" encoding="utf-8"?>
<manifest xmlns:android="http://schemas.android.com/apk/res/android"
    package="cn.com.fetion.android"
    android:versionCode="1"
    android:versionName="1.0.0">
  <application android:icon="@drawable/icon" android:label="@string/app_name">
    <activity android:name=".welcomActivity"
              android:label="@string/app_name">
        <intent-filter>
            <action android:name="android.intent.action.MAIN" />
            <category android:name="android.intent.category.LAUNCHER" />
        </intent-filter>
    </activity>
  </application>
  <uses-permission android:name="android.permission.SEND_SMS"></uses-permission>
</manifest>
```

在上述代码中的加粗斜体部分，功能是说明该软件具备发送短信的功能。在Android系统中，一共定义了100多种permission供开发人员使用。

15.2 声明不同的权限

在Android系统中，每个应用程序的APK（Android Package）包里中都会包含有一个AndroidMainifest.xml文件，该文件除了罗列应用程序的运行时库、运行依赖关系等之外，还会详细地罗列出该应用程序所需的系统访问。AndroidManifest.xml文件是一个跟安全相关的配置文件，该配置文件是Android安全保障的一个不可忽视的方面。在本节的内容中，将详细讲解使用AndroidManifest.xml文件声明不同权限的基本知识。

15.2.1 AndroidManifest.xml文件基础

在Android系统中，AndroidManifest.xml文件的主要功能如下所示：
- 说明程序用到的Java数据包，数据包名是应用程序的唯一标识；
- 描述应用程序的具体组成部分；
- 说明应用程序的各个组成部分在哪个进程下运行；
- 声明应用程序所必须具备的权限，以访问受保护的部分API以及与其他应用程序进行交互；
- 声明应用程序其他的必备权限，以实现各个组成部分之间的交互；
- 列举应用程序运行时需要的环境配置信息，只在程序开发和测试时来声明这些信息，在发布前会被删除；
- 声明应用程序所需要的Android API的最低版本，例如1.0、1.5和1.6等；
- 列举应用程序所需要链接的库。

在Android系统中，以在Android SDK的帮助文档中查看AndroidManifest.xml文件的结构、元素以及元素属性的具体说明，这些元素在命名、结构等方面的使用规则如下所示。
- 元素：在所有的元素中只有<manifest>和<application>是必需的，且只能出现一次。如果一个元素包含有其他子元素，必须通过子元素的属性来设置其值。处于同一层次的元素的说明是没有顺序的。
- 属性：通常所有的属性都是可选的，但是有些属性是必须设置的，即使不存在，那些真正可选的属性也有默认的数值项说明。除了根元素<manifest>的属性，所有其他元素属性的名字都是以android:前缀的。
- 定义类名：所有的元素名都对应其在SDK中的类名，如果你自己定义类名，必须包含类的数据包名，如果类与application处于同一数据包中，可以直接简写为"."。
- 多数值项：如果某个元素有超过一个数值，这个元素必须通过重复的方式来说明其某个属性具有多个数值项，且不能将多个数值项一次性说明在一个属性中。
- 资源项说明：当需要引用某个资源时，其采用如下格式：@[package:]type:name。例如<activity android:icon="@drawable/icon" ...>。
- 字符串值：类似于其他语言，如果字符中包含有字符"\"，则必须使用转义字符"\\"。

15 2.2 声明获取不同的权限

AndroidMainifest.xml文件的基本格式如下所示。

```xml
<?xml version="1.0" encoding="utf-8"?>
<manifest xmlns:android="http://schemas.android.com/apk/res/android"
    package="cn.com.fetion.android"
    android:versionCode="1"
    android:versionName="1.0.0">
  <application android:icon="@drawable/icon" android:label="@string/app_name">
    <activity android:name=".welcomActivity"
              android:label="@string/app_name">
```

```
        <intent-filter>
            <action android:name="android.intent.action.MAIN" />
            <category android:name="android.intent.category.LAUNCHER" />
        </intent-filter>
    </activity>
  </application>
  <uses-permission android:name="android.permission.SEND_SMS"></uses-permission>
</manifest>
```

在上述代码中的加粗斜体部分，功能是说明该软件具备发送短信的功能。在Android系统中，一共定义了100多种permission供开发人员使用，具体说明如表15-1所示。

表15-1　Android应用程序权限说明表

功能	详细描述
访问登记属性	android.permission.ACCESS_CHECKIN_PROPERTIES，读取或写入登记check-in数据库属性表的权限
获取粗略位置	android.permission.ACCESS_COARSE_LOCATION，通过WiFi或移动基站的方式获取用户粗略的经纬度信息，定位精度大概误差在30～1500米
获取精确位置	android.permission.ACCESS_FINE_LOCATION，通过GPS芯片接收卫星的定位信息，定位精度达10米以内
访问定位额外命令	android.permission.ACCESS_LOCATION_EXTRA_COMMANDS，允许程序访问额外的定位提供者指令
获取模拟定位信息	android.permission.ACCESS_MOCK_LOCATION，获取模拟定位信息，一般用于帮助开发者调试应用
获取网络状态	android.permission.ACCESS_NETWORK_STATE，获取网络信息状态，如当前的网络连接是否有效
访问Surface Flinger	android.permission.ACCESS_SURFACE_FLINGER，Android平台上底层的图形显示支持，一般用于游戏或照相机预览界面和底层模式的屏幕截图
获取WiFi状态	android.permission.ACCESS_WIFI_STATE，获取当前WiFi接入的状态以及WLAN热点的信息
账户管理	android.permission.ACCOUNT_MANAGER，获取账户验证信息，主要为GMail账户信息，只有系统级进程才能访问的权限
验证账户	android.permission.AUTHENTICATE_ACCOUNTS，允许一个程序通过账户验证方式访问账户管理ACCOUNT_MANAGER相关信息
电量统计	android.permission.BATTERY_STATS，获取电池电量统计信息
绑定小插件	android.permission.BIND_APPWIDGET，允许一个程序告诉appWidget服务需要访问小插件的数据库，只有非常少的应用才用到此权限
绑定设备管理	android.permission.BIND_DEVICE_ADMIN，请求系统管理员接收者receiver，只有系统才能使用
绑定输入法	android.permission.BIND_INPUT_METHOD，请求InputMethodService服务，只有系统才能使用
绑定RemoteView	android.permission.BIND_REMOTEVIEWS，必须通过RemoteViewsService服务来请求，只有系统才能用
绑定壁纸	android.permission.BIND_WALLPAPER，必须通过WallpaperService服务来请求，只有系统才能用
使用蓝牙	android.permission.BLUETOOTH，允许程序连接配对过的蓝牙设备
蓝牙管理	android.permission.BLUETOOTH_ADMIN，允许程序进行发现和配对新的蓝牙设备
变成砖头	android.permission.BRICK，能够禁用手机，非常危险，顾名思义就是让手机变成砖头
应用删除时广播	android.permission.BROADCAST_PACKAGE_REMOVED，当一个应用在删除时触发一个广播
收到短信时广播	android.permission.BROADCAST_SMS，当收到短信时触发一个广播
连续广播	android.permission.BROADCAST_STICKY，允许一个程序收到广播后快速收到下一个广播
WAP PUSH广播	android.permission.BROADCAST_WAP_PUSH，WAP PUSH服务收到后触发一个广播
拨打电话	android.permission.CALL_PHONE，允许程序从非系统拨号器里输入电话号码

续表

功能	详细描述
通话权限	android.permission.CALL_PRIVILEGED，允许程序拨打电话，替换系统的拨号器界面
拍照权限	android.permission.CAMERA，允许访问摄像头进行拍照
改变组件状态	android.permission.CHANGE_COMPONENT_ENABLED_STATE，改变组件是否启用状态
改变配置	android.permission.CHANGE_CONFIGURATION，允许当前应用改变配置，如定位
改变网络状态	android.permission.CHANGE_NETWORK_STATE，改变网络状态，如是否能联网
改变 WiFi 多播状态	android.permission.CHANGE_WIFI_MULTICAST_STATE，改变WiFi多播状态
改变WiFi状态	android.permission.CHANGE_WIFI_STATE，改变WiFi状态
清除应用缓存	android.permission.CLEAR_APP_CACHE，清除应用缓存
清除用户数据	android.permission.CLEAR_APP_USER_DATA，清除应用的用户数据
底层访问权限	android.permission.CWJ_GROUP，允许CWJ账户组访问底层信息
手机优化大师扩展权限	android.permission.CELL_PHONE_MASTER_EX，手机优化大师扩展权限
控制定位更新	android.permission.CONTROL_LOCATION_UPDATES，允许获得移动网络定位信息改变
删除缓存文件	android.permission.DELETE_CACHE_FILES，允许应用删除缓存文件
删除应用	android.permission.DELETE_PACKAGES，允许程序删除应用
电源管理	android.permission.DEVICE_POWER，允许访问底层电源管理
应用诊断	android.permission.DIAGNOSTIC，允许程序到RW到诊断资源
禁用键盘锁	android.permission.DISABLE_KEYGUARD，允许程序禁用键盘锁
转存系统信息	android.permission.DUMP，允许程序获取系统dump信息从系统服务
状态栏控制	android.permission.EXPAND_STATUS_BAR，允许程序扩展或收缩状态栏
工厂测试模式	android.permission.FACTORY_TEST，允许程序运行工厂测试模式
使用闪光灯	android.permission.FLASHLIGHT，允许访问闪光灯
强制后退	android.permission.FORCE_BACK，允许程序强制使用back后退按键，无论Activity是否在顶层
访问账户Gmail列表	android.permission.GET_ACCOUNTS，访问G-Mail账户列表
获取应用大小	android.permission.GET_PACKAGE_SIZE，获取应用的文件大小
获取任务信息	android.permission.GET_TASKS，允许程序获取当前或最近运行的应用
允许全局搜索	android.permission.GLOBAL_SEARCH，允许程序使用全局搜索功能
硬件测试	android.permission.HARDWARE_TEST，访问硬件辅助设备，用于硬件测试
注射事件	android.permission.INJECT_EVENTS，允许访问本程序的底层事件，获取按键、轨迹球的事件流
安装定位提供	android.permission.INSTALL_LOCATION_PROVIDER，安装定位提供
安装应用程序	android.permission.INSTALL_PACKAGES，允许程序安装应用
内部系统窗口	android.permission.INTERNAL_SYSTEM_WINDOW，允许程序打开内部窗口，不对第三方应用程序开放此权限
访问网络	android.permission.INTERNET，访问网络连接，可能产生GPRS流量
结束后台进程	android.permission.KILL_BACKGROUND_PROCESSES，允许程序调用killBackgroundProcesses(String).方法结束后台进程
管理账户	android.permission.MANAGE_ACCOUNTS，允许程序管理AccountManager中的账户列表
管理程序引用	android.permission.MANAGE_APP_TOKENS，管理创建、摧毁、z轴顺序，仅用于系统
高级权限	android.permission.MTWEAK_USER，允许mTweak用户访问高级系统权限

续表

功能	详细描述
社区权限	android.permission.MTWEAK_FORUM，允许使用mTweak社区权限
软格式化	android.permission.MASTER_CLEAR，允许程序执行软格式化，删除系统配置信息
修改声音设置	android.permission.MODIFY_AUDIO_SETTINGS，修改声音设置信息
修改电话状态	android.permission.MODIFY_PHONE_STATE，修改电话状态，如飞行模式，但不包含替换系统拨号器界面
格式化文件系统	android.permission.MOUNT_FORMAT_FILESYSTEMS，格式化可移动文件系统，比如格式化清空SD卡
挂载文件系统	android.permission.MOUNT_UNMOUNT_FILESYSTEMS，挂载、反挂载外部文件系统
允许NFC通信	android.permission.NFC，允许程序执行NFC近距离通信操作，用于移动支持
永久Activity	android.permission.PERSISTENT_ACTIVITY，创建一个永久的Activity，该功能标记为将来将被移除
处理拨出电话	android.permission.PROCESS_OUTGOING_CALLS，允许程序监视、修改或放弃播出电话
读取日程提醒	android.permission.READ_CALENDAR，允许程序读取用户的日程信息
读取联系人	android.permission.READ_CONTACTS，允许应用访问联系人通信录信息
屏幕截图	android.permission.READ_FRAME_BUFFER，读取帧缓存用于屏幕截图
读取收藏夹和历史记录	com.android.browser.permission.READ_HISTORY_BOOKMARKS，读取浏览器收藏夹和历史记录
读取输入状态	android.permission.READ_INPUT_STATE，读取当前键的输入状态，仅用于系统
读取系统日志	android.permission.READ_LOGS，读取系统底层日志
读取电话状态	android.permission.READ_PHONE_STATE，访问电话状态
读取短信内容	android.permission.READ_SMS，读取短信内容
读取同步设置	android.permission.READ_SYNC_SETTINGS，读取同步设置，读取Google在线同步设置
读取同步状态	android.permission.READ_SYNC_STATS，读取同步状态，获得Google在线同步状态
重启设备	android.permission.REBOOT，允许程序重新启动设备
开机自动允许	android.permission.RECEIVE_BOOT_COMPLETED，允许程序开机自动运行
接收彩信	android.permission.RECEIVE_MMS，接收彩信
接收短信	android.permission.RECEIVE_SMS，接收短信
接收Wap Push	android.permission.RECEIVE_WAP_PUSH，接收Wap Push信息
录音	android.permission.RECORD_AUDIO，录制声音通过手机或耳机的麦克
排序系统任务	android.permission.REORDER_TASKS，重新排序系统z轴运行中的任务
结束系统任务	android.permission.RESTART_PACKAGES，结束任务通过restartPackage(String)方法，该方式将在未来被放弃
发送短信	android.permission.SEND_SMS，发送短信
设置 Activity 观察其	android.permission.SET_ACTIVITY_WATCHER，设置Activity观察器，一般用于monkey测试
设置闹铃提醒	com.android.alarm.permission.SET_ALARM，设置闹铃提醒
设置总是退出	android.permission.SET_ALWAYS_FINISH，设置程序在后台是否总是退出
设置动画缩放	android.permission.SET_ANIMATION_SCALE，设置全局动画缩放
设置调试程序	android.permission.SET_DEBUG_APP，设置调试程序，一般用于开发
设置屏幕方向	android.permission.SET_ORIENTATION，设置屏幕方向为横屏或标准方式显示，不用于普通应用
设置应用参数	android.permission.SET_PREFERRED_APPLICATIONS，设置应用的参数，具体查看addPackageToPreferred(String)介绍

续表

功能	详细描述
设置进程限制	android.permission.SET_PROCESS_LIMIT，允许程序设置最大的进程数量的限制
设置系统时间	android.permission.SET_TIME，设置系统时间
设置系统时区	android.permission.SET_TIME_ZONE，设置系统时区
设置桌面壁纸	android.permission.SET_WALLPAPER，设置桌面壁纸
设置壁纸建议	android.permission.SET_WALLPAPER_HINTS，设置壁纸建议
发送永久进程信号	android.permission.SIGNAL_PERSISTENT_PROCESSES，发送一个永久的进程信号
状态栏控制	android.permission.STATUS_BAR，允许程序打开、关闭、禁用状态栏
访问订阅内容	android.permission.SUBSCRIBED_FEEDS_READ，访问订阅信息的数据库
写入订阅内容	android.permission.SUBSCRIBED_FEEDS_WRITE，写入或修改订阅内容的数据库
显示系统窗口	android.permission.SYSTEM_ALERT_WINDOW，显示系统窗口
更新设备状态	android.permission.UPDATE_DEVICE_STATS，更新设备状态
使用证书	android.permission.USE_CREDENTIALS，允许程序请求验证从AccountManager
使用SIP视频	android.permission.USE_SIP，允许程序使用SIP视频服务
使用振动	android.permission.VIBRATE，允许振动
唤醒锁定	android.permission.WAKE_LOCK，允许程序在手机屏幕关闭后后台进程仍然运行
写入GPRS接入点设置	android.permission.WRITE_APN_SETTINGS，写入网络GPRS接入点设置
写入日程提醒	android.permission.WRITE_CALENDAR，写入日程，但不可读取
写入联系人	android.permission.WRITE_CONTACTS，写入联系人，但不可读取
写入外部存储	android.permission.WRITE_EXTERNAL_STORAGE，允许程序写入外部存储，如SD卡上写文件
写入Google地图数据	android.permission.WRITE_GSERVICES，允许程序写入Google Map服务数据
写入收藏夹和历史记录	com.android.browser.permission.WRITE_HISTORY_BOOKMARKS，写入浏览器历史记录或收藏夹，但不可读取
读写系统敏感设置	android.permission.WRITE_SECURE_SETTINGS，允许程序读写系统安全敏感的设置项
读写系统设置	android.permission.WRITE_SETTINGS，允许读写系统设置项
编写短信	android.permission.WRITE_SMS，允许编写短信
写入在线同步设置	android.permission.WRITE_SYNC_SETTINGS，写入Google在线同步设置

15.2.3 自定义一个权限

在AndroidMainifest.xml文件中还可以自定义权限，其中permission就是自定义权限的声明，可以用来限制应用程序中的特殊组件，其特性与应用程序内部或者和其他应用程序之间访问。例如下面演示了一个引用自定义权限的例子，功能是在安装应用程序时提示权限。

```
<permission android:label=" "定义权限"
        android:description="@string/test"
        android:name="com.example.project.TEST"
        android:protectionLevel="normal"
        android:icon="@drawable/ic_launcher">
```

在上述定义权限的代码中，各个声明的具体说明如下所示。

❑ android:label：表示权限的名字，显示给用户的，值可是一个string数据，例如这里的"自定义权限"。

❑ android:description：是一个比label更长的对权限的描述。值是通过resource文件获取的，不能直接写string值，例如这里的"@string/test"。

❑ android:name：表示权限的名字，如果其他App引用该权限需要填写这个名字。

❑ android:protectionLevel：表示权限的级别，分为如下所示的4个级别：

- normal：表示低风险权限，在安装的时候，系统会自动授予权限给application。
- dangerous：表示高风险权限，系统不会自动授予权限给App，在用到的时候，会给用户提示。
- signature：表示签名权限，在其他App引用声明权限的时候，需要保证两个App的签名一致。这样系统就会自动授予权限给第三方App，而不提示给用户。
- signatureOrSystem：表示这个权限是引用该权限的App需要有和系统同样的签名才能授予的权限，一般不推荐使用。

15.3   发布Android程序生成APK

当一个Android项目开发完毕后，需要打包和签名处理成为APK文件，这样才能放到手机中使用，当然也可以发布到Market上去赚钱。在本节的内容中，将详细讲解打包、签名、发布Android程序的具体过程。

15.3.1   什么是APK文件

APK是AndroidPackage的缩写，即Android安装包（apk）。APK是类似Symbian Sis或Sisx的文件格式。通过将APK文件直接传到Android模拟器或Android手机中执行即可安装。APK文件和Sis一样，把Android SDK编译的工程打包成一个安装程序文件，格式为".apk"。APK文件其实是zip格式，但后缀名被修改为".apk"。通过UnZip解压后，可以看到Dex文件，Dex是DalvikVM executes的简称，即Android Dalvik执行程序，并非Java ME的字节码而是Dalvik字节码。Android在运行一个程序时首先需要UnZip。

在Android平台中，Dalvik VM的执行文件被打包为".apk"格式，最终运行时加载器会解压，然后获取编译后的androidmanifest.xml文件中的permission分支进行相关的安全访问。但是此时会仍然存在很多安全方面的限制，如果将APK文件传到"/system/app"文件夹下，就会发现最终的执行是不受限制的。安装的文件可能不是这个文件夹，而是在androidrom中，系统的APK文件默认会放入这个文件夹，它们拥有root权限。

在Android平台中，一个合法的APK至少需要包含如下部分。

- 根目录下的"AndroidManifest.xml"文件：功能是向Android系统声明所需Android权限等运行应用所需的条件。
- 根目录下的classes.dex（dex指Dalvik Exceptionable）：是应用（application）本身的可执行文件（Dalvik字节码）。
- 根目录下的res目录：包含应用的界面设定（如果仅是一个后台执行的"service"对象，则不必需）。
- APK根目录下的META-INF目录：这也是必须的，功能是存放应用作者的公钥证书与应用的数字签名。

例如将15.2节中创建的APK文件"first.apk"进行解压缩处理，会发现一共含有5个文件，如图15-2所示。

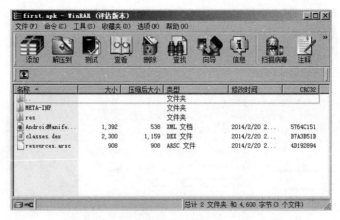

图15-2　解压缩"first.apk"后的效果

解压APK文件后，各个构成文件的具体说明如下所示。

- META-INF：这是Jar格式文件的常见组成部分。
- res：是存放资源文件的目录。
- AndroidManifest.xml：是Android应用程序的全局配置文件。
- classes.dex：Dalvik字节码。
- resources.arsc：编译后的二进制资源文件。

15.3.2　申请会员

开发完Android应用程序后，需要去Market市场申请成为会员，具体流程如下所示。

（1）登录http://market.android/publish/signup，如图15-3所示。

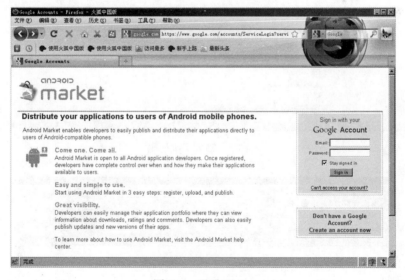

图15-3　登录Market

（2）单击链接Create an account now，来到注册页面，如图15-4所示。

（3）单击同意协议后来到下一步页面，在此输入手机号码，如图15-5所示。

（4）在新界面中输入手机获取的验证码，如图15-6所示。

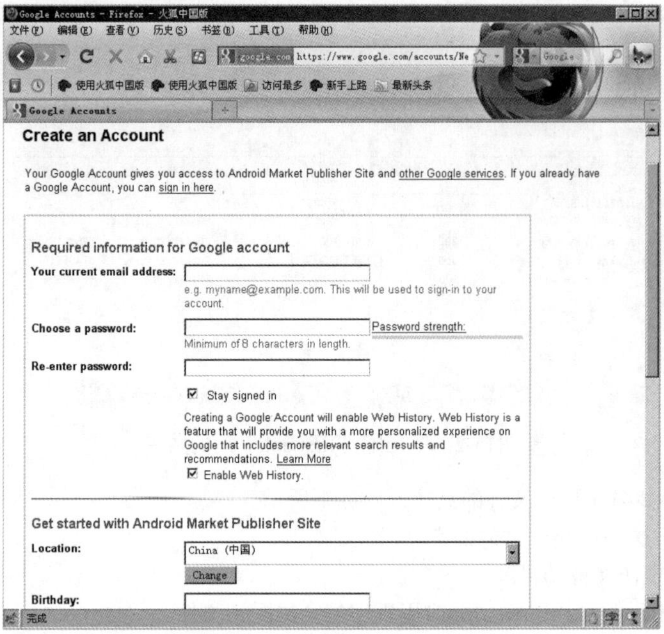

图15-4　注册界面

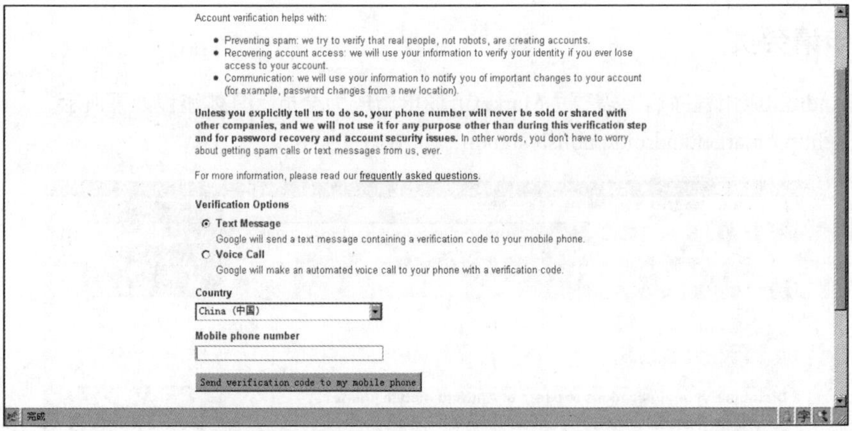

图15-5　输入手机号码

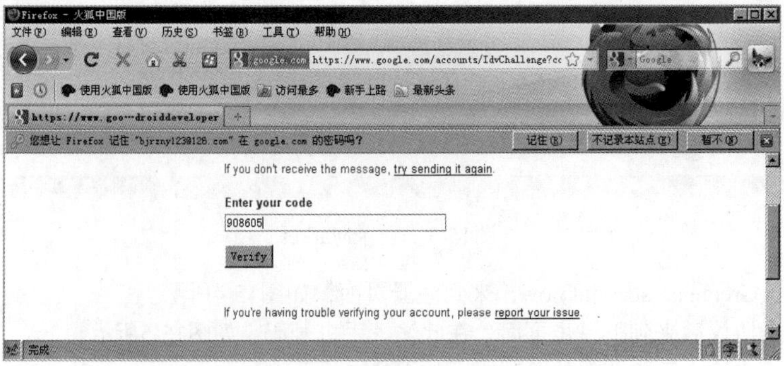

图15-6　输入验证码

（5）验证通过后，在新界面中继续输入信息，如图15-7所示。

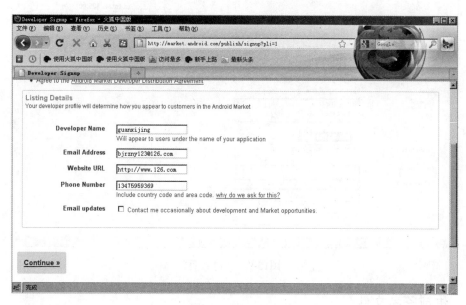

图15-7 输入信息

（6）单击"Continue"按钮后，提示需要花费25美元，支付后才能成为正式会员，如图15-8所示。

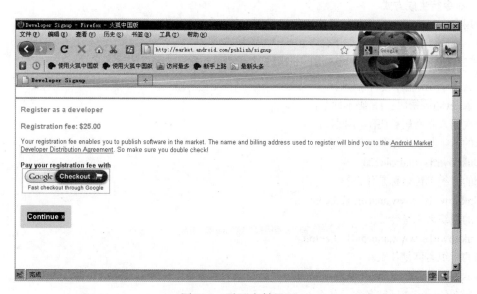

图15-8 需要支付界面

（7）单击 按钮来到支付界面，如图15-9所示。

在此输入你的信用卡信息，完成支付后即可成为正式会员。

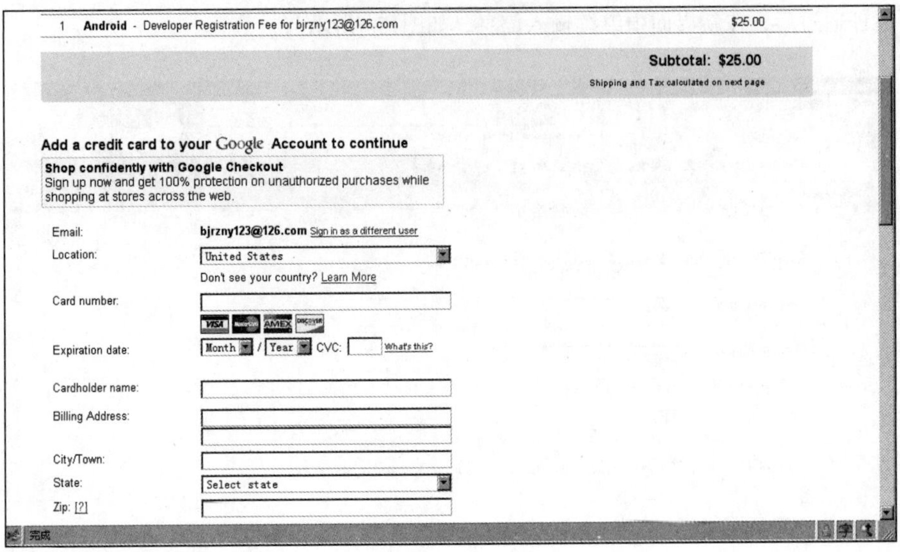

图15-9 支付界面

15.3.3 生成签名文件

Android应用程序的签名和Symbian程序的类似，都可以使用自己签名（Self-signed）的方式。制作Android签名文件的方法有两种，具体说明如下所示。

1. 命令行生成方式

使用命令行方式生成签名的具体流程如下所示。

（1）在cmd命令窗口输入如下命令：

```
keytool -genkey -alias android123.keystore -keyalg RSA -validity 20000 -keystore
android123.keystore
```

然后提示用户输入如下信息：

输入keystore密码：[密码不回显]

再次输入新密码：[密码不回显]

您的名字与姓氏是什么？

[Unknown]：android123

您的组织单位名称是什么？

[Unknown]：www.android123.com.cn

您的组织名称是什么？

[Unknown]：www.android123.com.cn

您的组织名称是什么？

[Unknown]：www.android123.com.cn

您所在的城市或区域名称是什么？

[Unknown]：New York

您所在的州或省份名称是什么？

[Unknown]：New York

该单位的两字母国家代码是什么？

[Unknown]：CN

CN=android123, OU=www.android123.com.cn, O=www.android123.com.cn, L=New York, ST
=New York, C=CN正确吗？

[否]：Y

输入<android123.keystore>的主密码（如果和keystore密码相同，按回车）：

其中参数-validity表示证书有效天数，这里我们写的大些200天。还有在输入密码时没有回显，只管输入就可以了，一般位数建议使用20位，最后需要记下来后面还要用。接下来就可以为apk文件签名了。

（2）执行

```
jarsigner -verbose -keystore android123.keystore -signedjar android123_signed.apk android123.apk
android123.keystore
```

这样就可以生成签名的apk文件，假设输入文件android123.apk，则最终生成android123_signed.apk为Android签名后的APK执行文件。

注意：keytool用法和jarsigner用法总结。

1）keytool用法。

-certreq　　[-v] [-protected]

　　　　[-alias <别名>] [-sigalg <sigalg>]

　　　　[-file <csr_file>] [-keypass <密钥库口令>]

　　　　[-keystore <密钥库>] [-storepass <存储库口令>]

　　　　[-storetype <存储类型>] [-providername <名称>]

　　　　[-providerclass <提供方类名称> [-providerarg <参数>]] ...

　　　　[-providerpath <路径列表>]

-changealias [-v] [-protected] -alias <别名> -destalias <目标别名>

　　　　[-keypass <密钥库口令>]

　　　　[-keystore <密钥库>] [-storepass <存储库口令>]

　　　　[-storetype <存储类型>] [-providername <名称>]

　　　　[-providerclass <提供方类名称> [-providerarg <参数>]] ...

　　　　[-providerpath <路径列表>]

-delete　　[-v] [-protected] -alias <别名>

　　　　[-keystore <密钥库>] [-storepass <存储库口令>]

　　　　[-storetype <存储类型>] [-providername <名称>]

　　　　[-providerclass <提供方类名称> [-providerarg <参数>]] ...

　　　　[-providerpath <路径列表>]

-exportcert [-v] [-rfc] [-protected]

　　　　[-alias <别名>] [-file <认证文件>]

　　　　[-keystore <密钥库>] [-storepass <存储库口令>]

　　　　[-storetype <存储类型>] [-providername <名称>]

　　　　[-providerclass <提供方类名称> [-providerarg <参数>]] ...

　　　　[-providerpath <路径列表>]

-genkeypair [-v] [-protected]

　　　　[-alias <别名>]

　　　　[-keyalg <keyalg>] [-keysize <密钥大小>]

　　　　[-sigalg <sigalg>] [-dname <dname>]

```
        [-validity <valDays>] [-keypass <密钥库口令>]
        [-keystore <密钥库>] [-storepass <存储库口令>]
        [-storetype <存储类型>] [-providername <名称>]
        [-providerclass <提供方类名称> [-providerarg <参数>]] ...
        [-providerpath <路径列表>]


-genseckey   [-v] [-protected]
        [-alias <别名>] [-keypass <密钥库口令>]
        [-keyalg <keyalg>] [-keysize <密钥大小>]
        [-keystore <密钥库>] [-storepass <存储库口令>]
        [-storetype <存储类型>] [-providername <名称>]
        [-providerclass <提供方类名称> [-providerarg <参数>]] ...
        [-providerpath <路径列表>]


-help
-importcert [-v] [-noprompt] [-trustcacerts] [-protected]
        [-alias <别名>]
        [-file <认证文件>] [-keypass <密钥库口令>]
        [-keystore <密钥库>] [-storepass <存储库口令>]
        [-storetype <存储类型>] [-providername <名称>]
        [-providerclass <提供方类名称> [-providerarg <参数>]] ...
        [-providerpath <路径列表>]


-importkeystore [-v]
        [-srckeystore <源密钥库>] [-destkeystore <目标密钥库>]
        [-srcstoretype <源存储类型>] [-deststoretype <目标存储类型>]
        [-srcstorepass <源存储库口令>] [-deststorepass <目标存储库口令>]
        [-srcprotected] [-destprotected]
        [-srcprovidername <源提供方名称>]
        [-destprovidername <目标提供方名称>]
        [-srcalias <源别名> [-destalias <目标别名>]
          [-srckeypass <源密钥库口令>] [-destkeypass <目标密钥库口令>]]
        [-noprompt]
        [-providerclass <提供方类名称> [-providerarg <参数>]] ...
        [-providerpath <路径列表>]


-keypasswd   [-v] [-alias <别名>]
        [-keypass <旧密钥库口令>] [-new <新密钥库口令>]
        [-keystore <密钥库>] [-storepass <存储库口令>]
        [-storetype <存储类型>] [-providername <名称>]
        [-providerclass <提供方类名称> [-providerarg <参数>]] ...
        [-providerpath <路径列表>]
```

```
-list      [-v | -rfc] [-protected]
           [-alias <别名>]
           [-keystore <密钥库>] [-storepass <存储库口令>]
           [-storetype <存储类型>] [-providername <名称>]
           [-providerclass <提供方类名称> [-providerarg <参数>]] ...
           [-providerpath <路径列表>]


-printcert   [-v] [-file <认证文件>]


-storepasswd [-v] [-new <新存储库口令>]
           [-keystore <密钥库>] [-storepass <存储库口令>]
           [-storetype <存储类型>] [-providername <名称>]
           [-providerclass <提供方类名称> [-providerarg <参数>]] ...
           [-providerpath <路径列表>]
```

2）jarsigner 用法。
[选项] jar 文件别名
jarsigner -verify [选项] jar 文件

[-keystore <url>]   密钥库位置
[-storepass <口令>]   用于密钥库完整性的口令
[-storetype <类型>]   密钥库类型
[-keypass <口令>]   专用密钥的口令（如果不同）
[-sigfile <文件>]   .SF/.DSA 文件的名称
[-signedjar <文件>]   已签名的 JAR 文件的名称
[-digestalg <算法>]   摘要算法的名称
[-sigalg <算法>]   签名算法的名称
[-verify]   验证已签名的 JAR 文件
[-verbose]   签名/验证时输出详细信息
[-certs]   输出详细信息和验证时显示证书
[-tsa <url>]   时间戳机构的位置
[-tsacert <别名>]   时间戳机构的公共密钥证书
[-altsigner <类>]   替代的签名机制的类名
[-altsignerpath <路径列表>]替代的签名机制的位置
[-internalsf]   在签名块内包含 .SF 文件
[-sectionsonly]   不计算整个清单的散列
[-protected]   密钥库已保护验证路径
[-providerName <名称>]   提供者名称
[-providerClass <类>   加密服务提供者的名称
[-providerArg <参数>] ... 主类文件和构造函数参数

2．使用 Eclipse 的 ADT 生成

实际上，使用 Eclipse 可以更加直观、方便地生成签名文件，具体流程如下所示。

（1）右键单击Eclipse项目名，依次选择"Android Tools" │ "Export Signed Application Package…"，如图15-10所示。

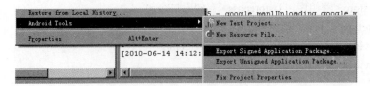

图15-10　选择导出

（2）在弹出的界面中选择要导出的项目，在此选择我们15.1节实现的"first"项目，如图15-11所示。

（3）单击"Next"按钮，在弹出界面中选择"Create new keystore"，然后分别输入文件名和密码，如图15-12所示。

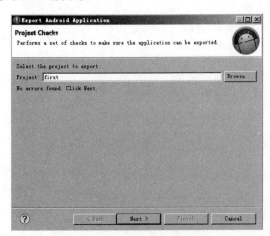

图15-11　选择要导出的项目

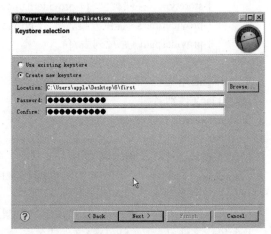

图15-12　文件名和密码

（4）单击"Next"按钮，在弹出的界面中依次输入签名文件的相关信息，如图15-13所示。

（5）单击"Next"按钮，在弹出的界面中输入签名文件路径，如图15-14所示。

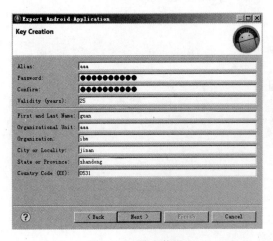

图15-13　输入信息

图15-14　输入信息

（6）单击"Finish"按钮后即可完成签名文件的创建工作，生成的有签名信息的APK文件如图15-15所示。

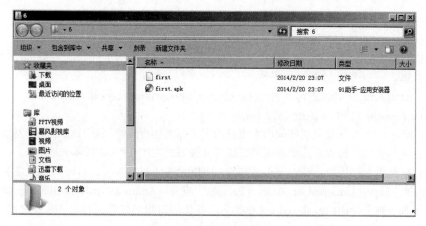

图15-15　生成的安装文件

15.3.4　使用签名文件

生成Android程序的签名文件后，可以通过如下两种方式进行使用。

1．命令行方式

（1）假设生成的签名文件是ChangeBackgroundWidget.apk，则最终生成ChangeBackgroundWidget_signed.apk为Android签名后的APK执行文件。

输入以下命令行：

```
jarsigner -verbose -keystore ChangeBackgroundWidget.keystore -signedjar
ChangeBackgroundWidget_signed.apk ChangeBackgroundWidget.apk ChangeBackgroundWidget.keystore
```

上面命令中间不换行。

（2）按"Enter"键，根据提示输入密钥库的口令短语（即密码），详细信息如下：

输入密钥库的口令短语：

```
正在添加：META-INF/MANIFEST.MF
正在添加：META-INF/CHANGEBA.SF
正在添加：META-INF/CHANGEBA.RSA
正在签名：res/drawable/icon.png
正在签名：res/drawable/icon_audio.png
正在签名：res/drawable/icon_exit.png
正在签名：res/drawable/icon_folder.png
正在签名：res/drawable/icon_home.png
正在签名：res/drawable/icon_img.png
正在签名：res/drawable/icon_left.png
正在签名：res/drawable/icon_mantou.png
正在签名：res/drawable/icon_other.png
正在签名：res/drawable/icon_pause.png
正在签名：res/drawable/icon_play.png
正在签名：res/drawable/icon_return.png
正在签名：res/drawable/icon_right.png
正在签名：res/drawable/icon_set.png
正在签名：res/drawable/icon_text.png
正在签名：res/drawable/icon_xin.png
正在签名：res/layout/fileitem.xml
正在签名：res/layout/filelist.xml
正在签名：res/layout/main.xml
正在签名：res/layout/widget.xml
正在签名：res/xml/widget_info.xml
正在签名：AndroidManifest.xml
正在签名：resources.arsc
正在签名：classes.dex
```

通过上述过程处理后，即可将未签名文件ChangeBackgroundWidget.apk签名为ChangeBackground-Widget_signed.apk。

在上述方式中，读者可能会遇到以下问题：

问题一：jarsigner无法打开jar文件ChangeBackgroundWidget.apk。

解决方法：将要进行签名的APK放到对应的文件下，把要签名的ChangeBackgroundWidget.apk放到JDK的bin文件里。

问题二：jarsigner无法对jar进行签名：java.util.zip.ZipException: invalid entry comp。ressed size (expected 1598 but got 1622 bytes)

方法一：Android开发网提示这些问题主要是由于资源文件造成的，对于Android开发来说应该检查res文件夹中的文件，逐个排查。这个问题可以通过升级系统的JDK和JRE版本来解决。

方法二：这是因为默认给apk做了debug签名，所以无法做新的签名，这时就必须点工程右键选择->Android Tools ->Export Unsigned Application Package。或者从AndroidManifest.xml的Exporting上也是一样的。然后再基于这个导出的unsigned apk做签名，导出的时候最好将其目录选在你之前产生keystore的那个目录下，这样操作起来就方便了。

2．使用Eclipse的ADT生成

实际上，使用Eclipse可以更加直观、方便的生成签名文件，具体流程如下：

（1）右键单击Eclipse项目名，依次选择"Android Tools"→"Export Signed Application Package…"，如图15-16所示。

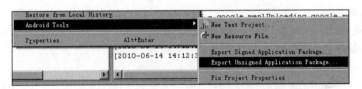

图15-16　Export Unsigned Application Package

（2）在弹出的界面中选择项目，如图15-17所示。

（3）单击"Next"按钮，在弹出的界面中选择"Use existing keystore"，并输入文件的密码，如图15-18所示。

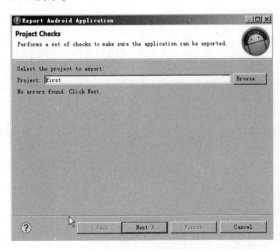

图15-17　选择项目

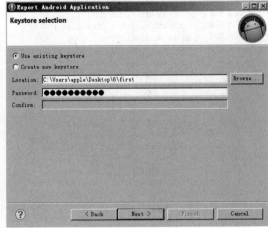

图15-18　输入密码

（4）单击"Next"按钮，输入原来签名文件的资料和密码，按照默认提示完成签名。在Eclipse界面中会显示生成的签名加密信息，如图15-19所示。

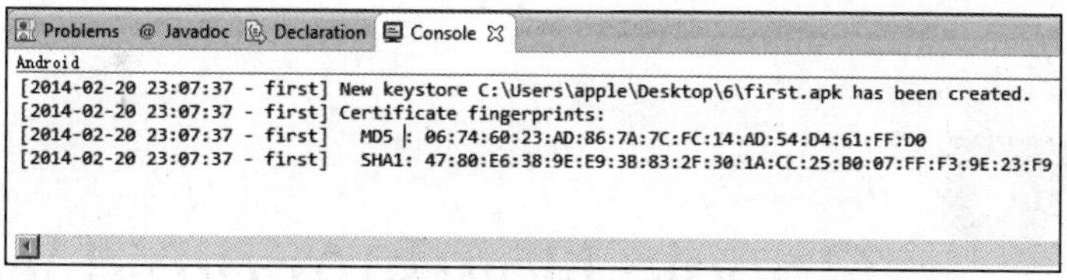

图15-19　加密信息

15.3.5　发布到市场

发布的过程比较简单，来到Market，登录个人中心，上传签名后的文件即可，具体操作流程在Market站点上有详细介绍说明。为节省本书的篇幅，在此将不做详细介绍。

## 第 16 章

Google Now和Android Wear详解

Google Now是谷歌在I/O开发者大会上随安卓4.1系统同时推出的一款应用，它会全面了解用户的各种习惯和正在进行的动作，并利用它所了解的来为用户提供相关信息。在本章的内容中，将详细讲解在Android设备中使用Google Now技术的基本知识，为步入本书后面知识的学习打下基础。

16.1 Google Now概述

Google Now是Google在移动市场最重要的创新之一。通过对用户数据的挖掘，Google Now在适当的时刻提供适当的信息，而它的卡片式推送也代表了Google展现信息的新方向。正如GigaOM的作者在某次旅行中体会到的，Google Now成了一个有力的帮手。虽然它仍有些让人不安，但Google Now利大于弊。在本节的内容中，将详细讲解Google Now的基本知识，为读者步入本书后面知识的学习打下基础。

16.1.1 搜索引擎的升级——Google Now

Google Now功能是I/O大会上的一个亮点，这个可以根据不同使用习惯来帮用户进行多项信息的预测，虽然人机交互方面与iOS上的Siri还有很大差距，但其预测比起Siri更加实用。国外媒体都给了Google Now功能很高的评价，不过这个功能在中国受到很大的限制。

在过去的十年中，搜索引擎的核心是获取足够多的海量信息，搜索技术的发展过程是追赶如何更好地获取信息的过程，核心是个性化和实时信息。但是随着时代的进步和发展，现在搜索结果正在变得越来越个性化。不同的人都会看到他更感兴趣的搜索结果，提高了搜索的效率。甚至由于搜索变得过于个性化，人们获得的信息都是自己想看到的，从而让原本能够扩大人们视野的搜索变成了把人们限制在自我的世界工具。这还引发了关于搜索过分个性化可能带来弊端的讨论。

搜索在个性化方面的努力最重要的是将搜索和社交网络结合，这样搜索引擎就能获得用户的更多信息，从而更好地帮用户做出判断。在个性化搜索方面谷歌遇到了来自Facebook的挑战，拥有最多用户信息的网站是Facebook，但它却并不向谷歌开放。从某种程度上说，谷歌推出自己的社交网络Google+ 的核心也是希望获得更多的用户信息。

实时搜索更多是搜索在技术实现上的改进，当然，大部分实时信息都存在于Twitter和雅虎，这对谷歌也是不小的挑战。随着移动互联网的发展，位置也成为了搜索引擎提供结果的重要依据，这也是个性化的一部分。而随着位置信息的加入，围绕这一点可以打造一个生活服务的平台。

综上所述，本地搜索将是一个巨大的市场，这个时候搜索提供的已经不仅仅是信息，更应该是一种服务。正因如此，Google Now便登上了历史舞台，接下来我们看一看Google Now能带来什么？

❑ 新的应用会更加方便用户收取电子邮件，当你接收到新邮件时，它就会自动弹出以便你查看。

❑ 实现了办理登记手续的QR CODE终端的更新，但是这一功能目前仅限于美国联合航空公司使用。

❑ 具有新的镜头搜索功能，令搜索和查找更加方便准确。

❑ 具有步行和行车里程记录功能，这个计步器功能可通过Android设备的传感器来统计用户每月行驶的里程，包括步行和骑自行车的路程。

❑ 拥有并强化了对博物馆、电影院、餐厅等搜索帮助。

❑ 旅游和娱乐特色功能：包括汽车租赁、演唱会门票和通勤共享方面的卡片。公共交通和电视节目的卡片进行改善，这些卡片现在可以听音识别音乐和节目信息。用户可以为新媒体节目的开播设定搜索提醒，同时还可以接收实时NCAA橄榄球比分。

16.1.2　Google Now的用法

其实Google Now并不是如同Google Mail、Google Talk那样的独立App，它被Google集成到了Google搜索中。在正常情况下，开启Google搜索即可使用Google Now。但是因为Google搜索业务已经退出中国大陆，所以Google也没打算让Google Now覆盖中国大陆用户。即使顺利安装了Google搜索，会依然找不到Google Now功能，如图16-1所示。

此时需要经过如下所示的步骤进行设置。

（1）登录手机设备的Google账户。

（2）在"设置"选项中将系统语言改为英文，如图16-2所示。

图16-1　默认没有Google Now功能的Google搜索　　　图16-2　设置设备语言为英文

（3）再次开启Google Search后会发现出现Google Now了，如图16-3所示。

（4）按照提示，单击"Next"按钮即可完成Google Now的初始化，这时候我们就可以使用Google Now了，如图16-4所示。

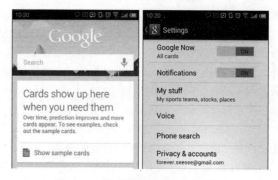

图16-3　Google Search中出现Google Now　　　图16-4　此时可以使用Google Now

（5）当设置完Google Now后回到设置菜单，将系统语言重新设置为简体中文。设置完毕后，Google Now非但不会被关闭，语言也变成了简体中文。这意味着Google本来就做好了Google Now的简体中文语言支持，只是没对简体中文用户开放而已，如图16-5所示。

（6）经过测试后会发现，虽然Google Now没有针对国内用户开放，但是数据依然涵盖了国内。在使用期间，公交班次、天气等信息都准确无误，连接也没遇到什么阻碍，如图16-6所示。

图16-5   中文Google Now   图16-6   使用Google Now的界面

注意： 只有在设备中登录并绑定Google账号后才能使用Google Now功能，国产行货手机没有内置添加
　　　 Google账号功能，读者需要在获取Root权限后进行添加设置。

16.2   什么是Android Wear

2014年3月，继谷歌眼镜之后，谷歌推出了Android Wear可穿戴平台，正式进军智能手表领域。与
之前传闻不同的是，谷歌并未推出硬件，这意味着什么？显然，作为一个平台服务商，谷歌的目标不
仅仅是一款卖得好的智能手表，而是一统整个穿戴式计算机行业。对于用户而言，Android Wear将改变
目前智能手表领域缺乏标准、各自为营的混乱状况，同时也能够与自己的Android手机获得更无缝化的
数据共享。

可以将Android Wear看作是一个针对智能手表等可穿戴设备优化的Android版本，的Android Wear
界面更适合小屏幕，主要功能是面向手机与手表互联带来的新型移动体验。举个例子来说，平常乘坐
公交车时难免都会遇到坐过站的情况，只要你在Android Wear手表中设定好目的地，GPS便会开始定位，
及时提醒我们"还有1站到达大明湖"，这样就能够避免发生坐过站的情况。

从本章前面讲解的内容可知，Google Now应用一直致力于通过上下文联想技术提供全面、智能的
搜索体验，现在Google Now被集成到Android Wear中了，不需要任何按键，只需说"OK，Google"以
及你想知道的内容或是进行的操作即可。

谷歌在视频中演示了相当丰富的使用场景，比如你要去海滩冲浪，Android Wear手表会自动弹出"海
里有海蜇"的警告；在收到短信场景时，可以直接语音回复即可；在登机场景中，直接出示手表中的
机票二维码就可以完成登机工作。

另外，健身应用也是Android Wear必备的一个功能。Android Wear能够实时监测我们的活动状态，
记录步数及热量消耗。当然，健身功能实际上还有很大的发展空间，相信谷歌和手表制造商会在日后
为用户提供更多样化的健康监测形式，如手表背面内置传感器监测用户体温和心率等。

由此可见，Android Wear是将Android延伸到可穿戴设备的项目。这个项目从智能手表开始。通过
一系列的新设备和应用，Android Wear将能够做到：

❑ 在你最需要的时候给出有用的信息：从你最喜欢的社交应用获取更新，使用通信应用交流，从
购物应用、新闻应用那里获取通知等。

❑ 直接回答你的问题：说一声"OK，Google"来提出问题，比如鳄梨里有多少卡路里、航班
离开的时间、游戏的分数、或者完成某件事情，比如呼叫出租车、发短信、预订餐厅或者设
置闹钟。

❑ 更好地监控你的健康：通过Android Wear上的提醒和健康信息，达到自己健身的目标。你最爱的
健身应用能够提供实时的速度、距离和时间信息。

❑ 通向多屏世界的钥匙：Android Wear能让你控制其他设备。用"Ok，Google"打开手机上的音乐列表，或者将最喜欢的电影投射到电视上面。在开发者的参与下，还会有更多的可能性。

目前，摩托罗拉和LG已经展示了概念的Android Wear手表，预计三星、HTC、华硕等厂商都会后续跟进。首先来看看摩托罗拉的Moto 360手表，它拥有一个接近传统手表的圆形金属表盘，适合在所有场合佩戴。摩托罗拉公司也承诺将使用精良的材质，保持佩戴的舒适性，如图16-7所示。

图16-7　Android Wear手表

16.3　开发Android Wear程序

在搭建完Android Wear开发环境之后，接下来开始讲解开发Android Wear程序的基本知识。在本节将首先讲解开发Android Wear程序的知识，然后通过一个演示实例来讲解具体开发过程。

16.3.1　创建通知

当一个手机或平板电脑等Android设备连接到一个Android Wear时，所有的通知在设备之间都是共享的。在Android Wear中，每个通知都会以新卡片背景流的样式出现，如图16-8所示。

图16-8　出现通知

由此可见，无需经过多少工作量，便可以Android Wear设备中创建一个通知应用程序用。但是为了提高用户体验，当用户面对一个通知时，再通过声音来回复。

1．引入需要的类

在开发Android Wear应用程序之前，必须首先详细阅读开发者预览文档。在该文档文件中提到，Android Wear应用程序必须包括V4支持库和开发者预览版支持库。所以开始的时候，你应该添加下面的文件：

```
import android.preview.support.wearable.notifications.*;
import android.preview.support.v4.app.NotificationManagerCompat;
import android.support.v4.app.NotificationCompat;
```

2．通过提醒Builder创建通知

在Android Wear中，通过用V4支持库可以实现最新的通知等功能，例如用操作按钮和大图标创建通知。在下面的演示代码中，使用NotificationCompat API结合新的NotificationManagerCompat API可以创建并发布通知。

```java
int notificationId = 001;
// Build intent for notification content
Intent viewIntent = new Intent(this, ViewEventActivity.class);
viewIntent.putExtra(EXTRA_EVENT_ID, eventId);
PendingIntent viewPendingIntent =
        PendingIntent.getActivity(this, 0, viewIntent, 0);

NotificationCompat.Builder notificationBuilder =
        new NotificationCompat.Builder(this)
        .setSmallIcon(R.drawable.ic_event)
        .setContentTitle(eventTitle)
        .setContentText(eventLocation)
        .setContentIntent(viewPendingIntent);

// Get an instance of the NotificationManager service
NotificationManagerCompat notificationManager =
        NotificationManagerCompat.from(this);

// Build the notification and issues it with notification manager.
notificationManager.notify(notificationId, notificationBuilder.build());
```

通过上述代码，当上述通知出现在手持设备中时，用户可以调用指定的setContentintent()方法通过触摸的方式通知PendingIntent。当这个通知出现在Android Wear中时，用户也可以用通知操作来调用在手持设备上的意图。

3．添加动作按钮

除了通过setContentIntent()定义的主要操作外，还可以通过传递PendingIntent到addAction()方法的方式添加其他操作。例如下面的代码显示了和前面类型相同的通知，但是增加了一个在地图上实现定位的事件操作。

```java
// Build an intent for an action to view a map
Intent mapIntent = new Intent(Intent.ACTION_VIEW);
Uri geoUri = Uri.parse("geo:0,0?q=" + Uri.encode(location));
mapIntent.setData(geoUri);
PendingIntent mapPendingIntent =
        PendingIntent.getActivity(this, 0, mapIntent, 0);

NotificationCompat.Builder notificationBuilder =
        new NotificationCompat.Builder(this)
        .setSmallIcon(R.drawable.ic_event)
        .setContentTitle(eventTitle)
        .setContentText(eventLocation)
        .setContentIntent(viewPendingIntent)
        .addAction(R.drawable.ic_map,
                getString(R.string.map), mapPendingIntent);
```

4．为通知添加一个大视图

在手持设备上，用户可以通过扩大通知卡片的方式来查看通知内容。在Android Wear设备中，大视图的内容是默认可见的。当在通知中添加扩展的内容后，可以调用NotificationCompat.Builder对象中的setStyle()方法实现BigTextStyle或InBoxStyle样式实例。

例如在下面的代码中，添加了NotificationCompat.bigtextstyle实例的事件通知，这样可以包括完整的事件的描述，包括可以提供比setcontenttext()空间更多的文本内容。

```java
BigTextStyle bigStyle = new NotificationCompat.BigTextStyle();
bigStyle.bigText(eventDescription);

NotificationCompat.Builder notificationBuilder =
        new NotificationCompat.Builder(this)
        .setSmallIcon(R.drawable.ic_event)
        .setLargeIcon(BitmapFractory.decodeResource(
```

```
            getResources(), R.drawable.notif_background))
    .setContentTitle(eventTitle)
    .setContentText(eventLocation)
    .setContentIntent(viewPendingIntent)
    .addAction(R.drawable.ic_map,
            getString(R.string.map), mapPendingIntent)
    .setStyle(bigStyle);
```

注意：可以使用setLargeIcon()方法为任何通知添加一个背景图像。

5. 为设备添加新的功能

在Android Wear预览版的支持库中提供了很多新的API，通过这些API可以在穿戴设备中提高通知用户体验。例如可以添加额外的页面的内容，或添加用户使用语音输入文本的响应功能。通过使用这些新的API，通过实例的NotificationCompat.Builder()构造函数可以添加新的功能，例如下面的演示代码。

```
// Create a NotificationCompat.Builder for standard notification features
NotificationCompat.Builder notificationBuilder =
        new NotificationCompat.Builder(mContext)
        .setContentTitle("New mail from " + sender.toString())
        .setContentText(subject)
        .setSmallIcon(R.drawable.new_mail);

// Create a WearablesNotification.Builder to add special functionality for wearables
Notification notification =
        new WearableNotifications.Builder(notificationBuilder)
        .setHintHideIcon(true)
        .build();
```

在上述代码中，方法setHintHideIcon()的功能是从通知卡中移除应用程序图标。方法setHintHideIcon()是一个新的通知功能，可以从WearableNotifications.Builder对象中生成。

当想要推送传递你的通知时，一定要始终使用NotificationManagerCompat API，例如下面的演示代码。

```
NotificationManagerCompat notificationManager =
        NotificationManagerCompat.from(this);

// Build the notification and issues it with notification manager.
notificationManager.notify(notificationId, notification);
```

注意：在笔者写作此书时，Android Wear开发者预览版API只是为了开发和测试而推出的，并不是为了编写出具体应用程序。谷歌在正式公布Android Wear SDK之前，上述开发流程只是待定的。

16.3.2　创建声音

如果在创建的通知中包含了文本回复功能，例如回复一封邮件,在通常情况下会在手持设备上启动一个Activity。当我们的通知显示在穿戴设备上时，可以允许用户使用语音输入口诉一个回复，还可以提供预先设置的文本信息让用户选择。当用户使用语音回复或者选择预设信息时，系统会发送信息到与手持设备相连的应用，该信息以一个附加品的形式与我们定义使用的通知行动的Intent相关联，如图16-9所示。

图16-9　声音回复

注意：在Android模拟器上开发时，即使在语音输入域，你也必须使用文本回复，所以你得确保在AVD设置上已激活了Hardware keyboard present。

332 第 16 章 Google Now 和 Android Wear 详解

1．定义远程回复

在Android Wear中创建支持语音输入的行动时，首先需要使用RemoteInput.Builder API创建 一个RemoteInput的实例。RemoteInput.Builder构造器获取一个String类型的值，系统会将这个值作为一个key传递给Intent extra，这个Intent可以将回复信息传送到手持设备中的应用程序。例如在下面的代码中创建了一个新的RemoteInput对象，功能是提供自定义标签给语音输入命令。

```
// 传送给行动intent的key的字符串
private static final String EXTRA_VOICE_REPLY = "extra_voice_reply";
String replyLabel = getResources().getString(R.string.reply_label);
RemoteInput remoteInput = new RemoteInput.Builder(EXTRA_VOICE_REPLY)
        .setLabel(replyLabel)
        .build();
```

2．添加预置文本进行回复

除了支持语音输入外，在Android Wear中还可以提供最多五条预置文本回复信息以供用户进行快速回复。实现方法是调用setChoices()方法，并将字符串数组传递给它。例如可以在资源数组中定义如下所示的回复。

```
res/values/strings.xml
<?xml version="1.0" encoding="utf-8"?>
<resources>
    <string-array name="reply_choices">
        <item>Yes</item>
        <item>No</item>
        <item>Maybe</item>
    </string-array>
</resources>
```

如图16-10所示。

然后通过如下代码释放String数组并将其添加到RemoteInput中。

图16-10　添加的回复数值

```
String replyLabel = getResources().getString(R.string.reply_label);
String[] replyChoices = getResources().getStringArray(R.array.reply_choices);

RemoteInput remoteInput = new RemoteInput.Builder(EXTRA_VOICE_REPLY)
        .setLabel(replyLabel)
        .setChoices(replyChoices)
        .build();
```

3．为主行动接收语音输入

在Android Wear应用中，如果"Reply"是我们应用程序的主行动（由setContentIntent() 方法定义），那么需要使用addRemoteInputForContentIntent()方法将RemoteInput添加到主行动上，例如下面的演示代码。

```
// 为回复行动创建Intent
Intent replyIntent = new Intent(this, ReplyActivity.class);
PendingIntent replyPendingIntent =
        PendingIntent.getActivity(this, 0, replyIntent, 0);
// 创建通知
NotificationCompat.Builder replyNotificationBuilder =
        new NotificationCompat.Builder(this)
        .setSmallIcon(R.drawable.ic_new_message)
        .setContentTitle("Message from Travis")
        .setContentText("I love key lime pie!")
        .setContentIntent(replyPendingIntent);
//创建远程回复<语音>
RemoteInput remoteInput = new RemoteInput.Builder(EXTRA_VOICE_REPLY)
        .setLabel(replyLabel)
        .build();
//创建穿戴设备的通知并添加语音输入
Notification replyNotification =
        new WearableNotifications.Builder(replyNotificationBuilder)
        .addRemoteInputForContentIntent(remoteInput)
        .build();
```

通过使用addRemoteInputForContentIntent()方法，将RemoteInput对象添加到通知的主行动中后，通常"Open"按钮会显示为"Reply"按钮，当用户在Android Wear上选择它时，它就会启动语音输入UI

视图界面。

4．为次行动设置语音输入

如果"Reply"动作不是我们创建通知的主动作，而只是为次行动激活语音输入，那么可以添加RemoteInput到新的行动按钮（由Action对象定义）。通过Action.Builder() 构造器实例化Action，它会给行动按钮添加一个icon和文本标签，加上PendingIntent，当用户选择这个行动时，系统会使用它调用用户的应用，例如下面的演示代码。

```
// 创建一个pending intent, 当用户选择这个行动时, 会启用这个intent
Intent replyIntent = new Intent(this, ReplyActivity.class);
PendingIntent pendingReplyIntent =
        PendingIntent.getActivity(this, 0, replyIntent, 0);

//创建远程输入Create the remote input
RemoteInput remoteInput = new RemoteInput.Builder(EXTRA_VOICE_REPLY)
        .setLabel(replyLabel)
        .build();

//创建通知行动Create the notification action
Action replyAction = new Action.Builder(R.drawable.ic_message,
        "Reply", pendingIntent)
        .addRemoteInput(remoteInput)
        .build();
```

然后为Action添加RemoteInput.Builder，使用addAction()方法为WearableNotifications.Builder添加Action，例如下面的演示代码。

```
//创建基本的通知创建者Create basic notification builder
NotificationCompat.Builder replyNotificationBuilder =
        new NotificationCompat.Builder(this)
        .setContentTitle("New message");

// 创建通知行动并添加远程输入Create the notification action and add remote input
Action replyAction = new Action.Builder(R.drawable.ic_message,
        "Reply", pendingIntent)
        .addRemoteInput(remoteInput)
        .build();

// 创建穿戴设备的通知并添加行动Create wearable notification and add action
Notification replyNotification =
        new WearableNotifications.Builder(replyNotificationBuilder)
        .addAction(replyAction)
        .build();
```

现在，当用户在Android Wear设备上选择"Reply"时，系统提示用户使用语音输入（如果提供了预置回复，则会显示预置列表）。当用户完成回复时，系统会调用与该行动关联的intent，并添加作为字符值的EXTRA_VOICE_REPLY extra（传递给RemoteInput.Builder构造器的字符串）到用户信息。

16.3.3　给通知添加页面

当想为Android Wear设备提供更多的信息，而且不需要用户使用手持设备打开应用时，可以在Android Wear上为通知添加一个或若干页面，附加的页面会在主通知卡片的右边立即显示出来，如图16-11所示。

图16-11　给通知添加页面

当创建多张页面时，第一步需要把通知显示在手机或平板设备上，也就是先创建一个主通知（第一张页面），然后使用addPage()方法每次添加一张页面，或者使用addPages()方法从Collection对象添加若干页面，例如下面的演示代码。

```
// 为主通知创建Builder
NotificationCompat.Builder notificationBuilder =
        new NotificationCompat.Builder(this)
        .setSmallIcon(R.drawable.new_message)
        .setContentTitle("Page 1")
        .setContentText("Short message")
        .setContentIntent(viewPendingIntent);

// 为第二张页面创建big text风格
BigTextStyle secondPageStyle = new NotificationCompat.BigTextStyle();
secondPageStyle.setBigContentTitle("Page 2")
               .bigText("A lot of text...");

// Create second page notification
Notification secondPageNotification =
        new NotificationCompat.Builder(this)
        .setStyle(secondPageStyle)
        .build();

// Create main notification and add the second page
Notification twoPageNotification =
        new WearableNotifications.Builder(notificationBuilder)
        .addPage(secondPageNotification)
        .build();
```

16.3.4   通知堆

当为手持设备创建通知时，大家可能习惯于把同类型的通知放在一个汇总通知里。例如，如果你的应用创建了接收信息的通知，当接收到多条信息时不会显示多条通知在手持设备上，而是使用单条通知。此时只需要提供汇总信息就可以了，例如"两条新信息"的提示。但是在Android Wear设备上，汇总信息没什么作用，因为用户无法在Android Wear设备上逐条阅读细节（因为他们必须在手持设备上打开应用查看更多信息）。为了支持Android Wear设备，需要把所有的通知聚集到一个堆里。通知堆以单张卡片的形式存在，用户可以展开它逐条查看，新的setGroup() 方法为你提供了可能，虽然在手持设备上，它仍然仅提供一条汇总信息，如图16-12所示。

图16-12   通知堆演示界面

1. 将通知逐条添加到Group

为了在Android Wear中创建堆，需要为每条通知调用setGroup()方法，并将唯一的group key传递给它们，例如下面的演示代码。

```
final static String GROUP_KEY_EMAILS = "group_key_emails";

NotificationCompat.Builder builder = new NotificationCompat.Builder(mContext)
        .setContentTitle("New mail from " + sender)
        .setContentText(subject)
        .setSmallIcon(R.drawable.new_mail);

Notification notif = new WearableNotifications.Builder(builder)
        .setGroup(GROUP_KEY_EMAILS)
        .build();
```

在默认情况下，会以我们的添加顺序来展现通知，最新的通知显示在头部。但是也可以通过传递一个位置值给setGroup()的第二个参数，在Group里定义一个特殊的位置。

2．添加一个汇总通知

在Android Wear应用中，提供一个汇总通知给手持设备是很重要的。除了逐条添加通知到同一个通知堆外，建议仍添加一个汇总通知，不过设置它的次序为**GROUP_ORDER_SUMMARY**，例如下面的演示代码。

```
Notification summaryNotification = new WearableNotifications.Builder(builder)
        .setGroup(GROUP_KEY_EMAILS, WearableNotifications.GROUP_ORDER_SUMMARY)
        .build();
```

这条通知不会显示在Android Wear设备上的通知堆里，只会显示在手持设备上的唯一通知上。

16.3.5　通知语法介绍

1．android.preview.support.v4.app

用NotificationCompat.Builder对象来设定通知的UI信息和行为，调用NotificationCompat.Builder.build()来创建通知，调用NotificationManager.notify()来发送通知。

一条通知必须包含如下所示的信息。

❑ 一个小图标：用setSmallIcon()来设置。

❑ 一个标题：用setContentTitle()来设置。

❑ 详情文字：用setContentText()来设置。

2．android.preview.support.wearable.notifications

这是一个提醒接口类，在里面定义了如表16-1所示的类。

表16-1　提醒类

RemoteInput	远程输入类，可穿戴设备输入
RemoteInput.Builder	生成RemoteInput的目标
WearableNotifications	可穿戴设备类型的通知
WearableNotifications.Action	可穿戴设备类型通知的行为动作
WearableNotifications.Action.Builder	生成类WearableNotifications.Action对象
WearableNotifications.Builder	一个NotificationCompat.Builder生成器对象，为可穿戴的扩展功能提供通知方法

例如在下面的代码中，通过注释详细讲解并演示了各个Android Wear对象的基本用法。

```
int notificationId = 001; //通知id
Intent replyIntent = new Intent(this, ReplyActivity.class);
        //响应Action, 可以启动Activity、Service或者Broadcast
 PendingIntent pendingIntent = PendingIntent.getActivity(this, 0, replyIntent, 0);
 RemoteInput remoteInput = new RemoteInput.Builder("key")
        //响应输入, "key" 为返回Intent的Extra的Key值
        .setLabel("Select") //输入页标题
        .setChoices(String[])//输入可选项
        .build();
 Action replyAction = new Action.Builder(R.drawable,
        //WearableNotifications.Action.Builder对应可穿戴设备的Action类"Reply", pendingIntent) //对应
pendingIntent.addRemoteInput(remoteInput).build();

 NotificationCompat.Builder notificationBuilder =  new NotificationCompat.Builder(mContext)
//标准通知创建
        .setContentTitle(title).setContentText(subject).setSmallIcon(R.drawable).setStyle(style)
        .setLargeIcon(bitmap) // 设置可穿戴设备显示的背景图
        .setContentIntent(pendingIntent) //可穿戴设备左滑, 有默认Open操作, 对应手机端的点击通知
        .addAction(R.drawable, String, pendingIntent); //增加一个操作, 可加多个
 Notification notification = new WearableNotifications.Builder(notificationBuilder)
//创建可穿戴类通知, 为通知增加可穿戴设备新特性, 必须与兼容包里的NotificationManager对应, 否则无效
                .setHintHideIcon(true) //隐藏应用图标
                .addPages(notificationPages) //增加Notification页
                .addAction(replyAction)      //对应上页, pendingIntent可操作项
```

```
          .addRemoteInputForContentIntent(replyAction) //可为ContentIntent替换默认的Open操作
          .setGroup(GROUP_KEY, WearableNotifications.GROUP_ORDER_SUMMARY) //为通知分组
          .setLocalOnly(true) //可设置只在本地显示
          .setMinPriority() //设置只在可穿戴设备上显示通知
                        .build();
    NotificationManagerCompat notificationManager = NotificationManagerCompat.from(this);//获得
    Manager
    notificationManager.notify(notificationId, notificationBuilder.build());//发送通知
```

16.4   实战演练——开发一个Android Wear程序

在接下来的内容中，将通过一个具体实例来讲解开发一个Android Wear程序的方法。

实例	功能	源码路径
实例16-1	开发一个Android Wear程序	\daima\16\wearmaster

本实例的具体实现流程如下所示。

（1）编写布局文件activity_main.xml，具体实现代码如下所示。

```xml
<RelativeLayout xmlns:android="http://schemas.android.com/apk/res/android"
    xmlns:tools="http://schemas.android.com/tools"
    android:layout_width="match_parent"
    android:layout_height="match_parent"
    android:paddingLeft="@dimen/activity_horizontal_margin"
    android:paddingRight="@dimen/activity_horizontal_margin"
    android:paddingTop="@dimen/activity_vertical_margin"
    android:paddingBottom="@dimen/activity_vertical_margin"
    tools:context="com.ezhuk.wear.MainActivity">
    <TextView
        android:text="@string/hello_world"
        android:layout_width="wrap_content"
        android:layout_height="wrap_content" />
</RelativeLayout>
```

（2）编写值文件strings.xml，功能是设置通知的文本内容，具体实现代码如下所示。

```xml
<?xml version="1.0" encoding="utf-8"?>
<resources>
    <string name="app_name">Wear</string>
    <string name="hello_world">Test</string>
    <string name="content_title">Basic Notification</string>
    <string name="content_text">Sample text.</string>
    <string name="page1_title">Page 1</string>
    <string name="page1_text">Sample text 1.</string>
    <string name="page2_title">Page 2</string>
    <string name="page2_text">Sample text 2.</string>
    <string name="action_title">Action Title</string>
    <string name="action_text">Action text.</string>
    <string name="action_button">Action</string>
    <string name="action_label">Action</string>
    <string name="summary_title">Summary Title</string>
    <string name="summary_text">Summary text.</string>
    <string-array name="input_choices">
        <item>First item</item>
        <item>Second item</item>
        <item>Third item</item>
    </string-array>
</resources>
```

（3）编写文件MainActivity.java实现程序的主Activity，功能是载入Android Wear的通知类NotificationUtils，调用不同的showNotificationXX方法显示通知信息，具体实现代码如下所示。

```java
package com.ezhuk.wear;

import android.app.Activity;
```

```
import android.os.Bundle;

import static com.ezhuk.wear.NotificationUtils.*;


public class MainActivity extends Activity {
    @Override
    protected void onCreate(Bundle savedInstanceState) {
        super.onCreate(savedInstanceState);
        setContentView(R.layout.activity_main);
    }

    @Override
    protected void onResume() {
        super.onResume();

        showNotification(this);
        showNotificationNoIcon(this);
        showNotificationMinPriority(this);
        showNotificationBigTextStyle(this);
        showNotificationBigPictureStyle(this);
        showNotificationInboxStyle(this);
        showNotificationWithPages(this);
        showNotificationWithAction(this);
        showNotificationWithInputForPrimaryAction(this);
        showNotificationWithInputForSecondaryAction(this);
        showGroupNotifications(this);
    }

    @Override
    protected void onPause() {
        super.onPause();
    }
}
```

（4）编写文件NotificationUtils.java，功能是定义各种不同类型showNotificationXX的通知方法，具体实现代码如下所示。

```
import android.app.Notification;
import android.app.PendingIntent;
import android.content.Context;
import android.content.Intent;
import android.graphics.BitmapFactory;
import android.net.Uri;
import android.preview.support.v4.app.NotificationManagerCompat;
import android.preview.support.wearable.notifications.RemoteInput;
import android.preview.support.wearable.notifications.WearableNotifications;
import android.support.v4.app.NotificationCompat;


public class NotificationUtils {
    private static final String ACTION_TEST = "com.ezhuk.wear.ACTION";
    private static final String ACTION_EXTRA = "action";

    private static final String NOTIFICATION_GROUP = "notification_group";

    public static void showNotification(Context context) {
        NotificationCompat.Builder builder =
                new NotificationCompat.Builder(context)
                        .setSmallIcon(R.drawable.ic_launcher)
                        .setContentTitle(context.getString(R.string.content_title))
                        .setContentText(context.getString(R.string.content_text));

        NotificationManagerCompat.from(context).notify(0,
                new WearableNotifications.Builder(builder)
                        .build());
    }
```

```java
public static void showNotificationNoIcon(Context context) {
    NotificationCompat.Builder builder =
            new NotificationCompat.Builder(context)
                    .setSmallIcon(R.drawable.ic_launcher)
                    .setContentTitle(context.getString(R.string.content_title))
                    .setContentText(context.getString(R.string.content_text));

    NotificationManagerCompat.from(context).notify(1,
            new WearableNotifications.Builder(builder)
                    .setHintHideIcon(true)
                    .build());
}

public static void showNotificationMinPriority(Context context) {
    NotificationCompat.Builder builder =
            new NotificationCompat.Builder(context)
                    .setSmallIcon(R.drawable.ic_launcher)
                    .setContentTitle(context.getString(R.string.content_title))
                    .setContentText(context.getString(R.string.content_text));

    NotificationManagerCompat.from(context).notify(2,
            new WearableNotifications.Builder(builder)
                    .setMinPriority()
                    .build());
}

public static void showNotificationWithStyle(Context context,
                                             int id,
                                             NotificationCompat.Style style) {
    Notification notification = new WearableNotifications.Builder(
            new NotificationCompat.Builder(context)
                    .setSmallIcon(R.drawable.ic_launcher)
                    .setStyle(style))
            .build();

    NotificationManagerCompat.from(context).notify(id, notification);
}

public static void showNotificationBigTextStyle(Context context) {
    showNotificationWithStyle(context, 3,
            new NotificationCompat.BigTextStyle()
                    .setSummaryText(context.getString(R.string.summary_text))
                    .setBigContentTitle("Big Text Style")
                    .bigText("Sample big text."));
}

public static void showNotificationBigPictureStyle(Context context) {
    showNotificationWithStyle(context, 4,
            new NotificationCompat.BigPictureStyle()
                    .setSummaryText(context.getString(R.string.summary_text))
                    .setBigContentTitle("Big Picture Style")
                    .bigPicture(BitmapFactory.decodeResource(
                            context.getResources(), R.drawable.background)));
}

public static void showNotificationInboxStyle(Context context) {
    showNotificationWithStyle(context, 5,
            new NotificationCompat.InboxStyle()
                    .setSummaryText(context.getString(R.string.summary_text))
                    .setBigContentTitle("Inbox Style")
                    .addLine("Line 1")
                    .addLine("Line 2"));
}

public static void showNotificationWithPages(Context context) {
    NotificationCompat.Builder builder =
            new NotificationCompat.Builder(context)
                    .setSmallIcon(R.drawable.ic_launcher)
```

```
                            .setContentTitle(context.getString(R.string.page1_title))
                            .setContentText(context.getString(R.string.page1_text));

        Notification second = new NotificationCompat.Builder(context)
                .setSmallIcon(R.drawable.ic_launcher)
                .setContentTitle(context.getString(R.string.page2_title))
                .setContentText(context.getString(R.string.page2_text))
                .build();

        NotificationManagerCompat.from(context).notify(6,
                new WearableNotifications.Builder(builder)
                        .addPage(second)
                        .build());
    }

    public static void showNotificationWithAction(Context context) {
        Intent intent = new Intent(Intent.ACTION_VIEW);
        intent.setData(Uri.parse(""));
        PendingIntent pendingIntent =
                PendingIntent.getActivity(context, 0, intent, 0);

        NotificationCompat.Builder builder =
                new NotificationCompat.Builder(context)
                        .setSmallIcon(R.drawable.ic_launcher)
                        .setContentTitle(context.getString(R.string.action_title))
                        .setContentText(context.getString(R.string.action_text))
                        .addAction(R.drawable.ic_launcher,
                                context.getString(R.string.action_button),
                                pendingIntent);

        NotificationManagerCompat.from(context).notify(7,
                new WearableNotifications.Builder(builder)
                        .build());
    }

    public static void showNotificationWithInputForPrimaryAction(Context context) {
        Intent intent = new Intent(ACTION_TEST);
        PendingIntent pendingIntent =
                PendingIntent.getActivity(context, 0, intent, 0);

        NotificationCompat.Builder builder =
                new NotificationCompat.Builder(context)
                        .setSmallIcon(R.drawable.ic_launcher)
                        .setContentTitle(context.getString(R.string.action_title))
                        .setContentText(context.getString(R.string.action_text))
                        .setContentIntent(pendingIntent);

        String[] choices =
                context.getResources().getStringArray(R.array.input_choices);

        RemoteInput remoteInput = new RemoteInput.Builder(ACTION_EXTRA)
                .setLabel(context.getString(R.string.action_label))
                .setChoices(choices)
                .build();

        NotificationManagerCompat.from(context).notify(8,
                new WearableNotifications.Builder(builder)
                        .addRemoteInputForContentIntent(remoteInput)
                        .build());
    }

    public static void showNotificationWithInputForSecondaryAction(Context context) {
        Intent intent = new Intent(ACTION_TEST);
        PendingIntent pendingIntent =
                PendingIntent.getActivity(context, 0, intent, 0);

        RemoteInput remoteInput = new RemoteInput.Builder(ACTION_EXTRA)
                .setLabel(context.getString(R.string.action_label))
```

```
                    .build();

        WearableNotifications.Action action =
                new WearableNotifications.Action.Builder(
                        R.drawable.ic_launcher,
                        "Action",
                        pendingIntent)
                .addRemoteInput(remoteInput)
                .build();

        NotificationCompat.Builder builder =
                new NotificationCompat.Builder(context)
                        .setContentTitle(context.getString(R.string.action_title));

        NotificationManagerCompat.from(context).notify(9,
                new WearableNotifications.Builder(builder)
                        .addAction(action)
                        .build());
    }

    public static void showGroupNotifications(Context context) {
        Notification first = new WearableNotifications.Builder(
                new NotificationCompat.Builder(context)
                        .setSmallIcon(R.drawable.ic_launcher)
                        .setContentTitle(context.getString(R.string.page1_title))
                        .setContentText(context.getString(R.string.page1_text)))
                .setGroup(NOTIFICATION_GROUP)
                .build();

        Notification second = new WearableNotifications.Builder(
                new NotificationCompat.Builder(context)
                        .setSmallIcon(R.drawable.ic_launcher)
                        .setContentTitle(context.getString(R.string.page2_title))
                        .setContentText(context.getString(R.string.page2_text)))
                .setGroup(NOTIFICATION_GROUP)
                .build();

        Notification summary = new WearableNotifications.Builder(
                new NotificationCompat.Builder(context)
                        .setSmallIcon(R.drawable.ic_launcher)
                        .setContentTitle(context.getString(R.string.summary_title))
                        .setContentText(context.getString(R.string.summary_text)))
                .setGroup(NOTIFICATION_GROUP, WearableNotifications.GROUP_ORDER_SUMMARY)
                .build();

        NotificationManagerCompat.from(context).notify(10, first);
        NotificationManagerCompat.from(context).notify(11, second);
        NotificationManagerCompat.from(context).notify(12, summary);
    }

    public static void cancelNotification(Context context, int id) {
        NotificationManagerCompat.from(context).cancel(id);
    }

    public static void cancelAllNotifications(Context context) {
        NotificationManagerCompat.from(context).cancelAll();
    }
}
```

到此为止，一个简单的Android Wear通知程序创建完毕。执行后会实现通知
功能，如图16-13所示。

有关Android Wear更多的演示程序，读者可以参考官方文档中的演示实例。　　图16-13　执行效果

## 第 17 章

Android应用优化详解

通过本章内容的学习，读者将会明白Android应用程序为什么需要优化，优化的意义是什么。希望通过本章内容的学习，能让读者充分认识到优化的迫切性。从而促使读者专心学习本章后面的内容，为读者步入本书后面高级知识的学习打下基础。

17.1 用户体验是产品成功的关键

我们做任何一款产品，目标用户群体永远是消费者，而用户体验往往决定了一款产品的畅销程度。作为智能手机来说，因为手机的自身硬件远不及PC，所以要求我们需要为消费者提供拥有更好用户体验的产品，只有这样我们的产品才会受追捧。

17.1.1 什么是用户体验

用户体验的英文称呼是User Experience，简称为UE。用户体验是一种纯主观在用户使用产品过程中建立起来的感受。但是对于一个界定明确的用户群体来讲，其用户体验的共性是能够经由良好设计实验来认识到。新竞争力在网络营销基础与实践中曾提到计算机技术和互联网的发展，使技术创新形态正在发生转变，以用户为中心、以人为本越来越得到重视，用户体验也因此被称作创新2.0模式的精髓。在中国面向知识社会的创新2.0——应用创新园区模式探索中，更将用户体验作为"三验"创新机制之首。

1．对用户体验的定义
看权威的ISO 9241-210标准对用户体验的定义：

人们对于针对使用或期望使用的产品、系统或者服务的认知印象和回应。

由此可见，用户体验是主观的，并且其注重实际应用。另外在ISO定义的补充说明中，还有如下更加深入的解释：

用户体验，即用户在使用一个产品或系统之前、使用期间和使用之后的全部感受，包括情感、信仰、喜好、认知印象、生理和心理反应、行为和成就等各个方面。该说明还列出3个影响用户体验的因素，这3个因素分别是系统、用户和使用环境。

通过ISO标准可以推导出，可用性也可以作为用户体验的一个方面。通过可用性标准可以评估用户体验的某一些方面。不过，ISO标准并没有进一步阐述用户体验和系统可用性之间的具体关系。由此可见，可用性和用户体验是两个相互重叠的概念。

用户体验这一领域的建立，正是为了全面地分析和透视一个人在使用某个系统时候的感受。其研究重点在于系统所带来的愉悦度和价值感，而不是系统的性能。有关用户体验这一课题的确切定义、框架以及其要素还在不断发展和革新。

2．用户体验的发展历程
"用户体验"这一名词最早在20世纪90年代中期，由用户体验设计师唐纳德·诺曼（Donald Norman）所提出和推广。在最近几年来，随着计算机技术在移动和图形技术等方面的飞速发展，已经使得人机交互（HCI）技术渗透到人类活动的几乎所有领域。这导致了一个巨大转变——（系统的评价指标）从单纯的可用性工程，扩展到范围更丰富的用户体验。这使得用户体验（用户的主观感受、动机、价值观等方面）在人机交互技术发展过程中受到了相当的重视，其关注度与传统的三大可用性指标（即效率、效益和基本主观满意度）不相上下，甚至比传统的三大可用性指标的地位更重要。

为了说明问题，我们举一个简单的例子，例如在网站设计的过程中有一点很重要，那就是需要结合不同利益相关者的利益——市场营销、品牌、视觉设计和可用性等各个方面。市场营销和品牌推广人员必须融入"互动的世界"，在这一世界里，实用性是最重要的。这就需要人们在设计网站的时候必须同时考虑到市场营销、品牌推广和审美需求这3个方面的因素。用户体验就是提供了这样一个平台，以期覆盖所有利益相关者的利益——使网站容易使用、有价值，并且能够使浏览者乐在其中。这就是为什么早期的用户体验著作都集中于网站用户体验的原因。

17.1.2　影响用户体验的因素

有许多因素可以影响用户使用系统的实际体验。为了便于讨论和分析，影响用户体验的这些因素被分为如下三大类：

- 使用者的状态；
- 系统性能；
- 环境状况。

针对典型用户群、典型环境情况的研究有助于设计和改进系统。这样的分类也有助于找到产生某种体验的原因。

17.1.3　用户体验设计目标

1. 有用

用户体验最重要的是要让产品有用，这个有用是指用户的需求。苹果在20世纪90年代出来第一款PDA手机，叫牛顿，是非常失败的一个案例。在那个年代，其实很多人并没有PDA的需求，苹果把90%以上的投资放到他1%的市场份额上，所以失败势在必然。

有用这一项毋庸置疑，Android是一款功能强大的智能手机操作系统，不但能拨打、接听电话，而且可以安装第三方软件，让手机更具有可玩性。

2. 易用

其次是易用，这非常关键。不容易使用的产品，也是没用的。市场上手机有一百五十多种品牌，每一部手机有一两百种功能。当用户买到这部手机的时候，他不知道怎么去用，一百多个功能他真地可能用的就五六个功能。当他不理解这个产品对他有什么用，他可能就不会花钱去买这部手机。产品要让用户一看就知道怎么去用，而不要去读说明书。这也是设计的一个方向。

Android系统集合了塞班、Windows和iOS等系统的优点，实现每一个应用的操作都是那么简单，并且用户可以按照自己的操作习惯进行设置，设置为符合自己操作习惯的模式。

3. 友好

设计的下一个方向就是友好。最早的时候，加入百度联盟，百度批准后，发这样一个邮件：百度已经批准你加入百度的联盟。批准，这个语调让人非常非常难受。所以现在说：祝贺你成为百度联盟的会员。文字上的这种感觉也是用户体验的一个细节。

Android的操作界面非常友好，UI布局非常科学合理，符合绝大数人的审美习惯。

4. 视觉设计

视觉设计的目的其实是要传递一种信息，是让产品产生一种吸引力，是这种吸引力让用户觉得这个产品可爱。"苹果"这个产品其实就有这样一个概念，就是能够让用户在视觉上受到吸引，爱上这个产品。视觉能创造出用户黏度。

Android的视觉效果一直是用户们津津乐道的，每一个颜色都凝聚了设计师们的智慧结晶。

5. 品牌

当前面四条做好了，就融会贯通上升到品牌。这个时候去做市场推广，可以做很好的事情。前四个基础没做好，推广越多，用户用得不好，他会马上走，而且永远不会再来，他还会告诉另外一个人说这个东西很难用。Android是软件巨头谷歌公司的产品，其品牌影响力全球皆知。相信在谷歌这艘航母的承载下，Android必然有一个美好的未来。

17.2　Android优化概述

Android优化技术博大精深，需要程序员具备极高的水准和开发经验。笔者从事Android开发也是短短数载，也不可能完全掌握Android优化技术。本书将尽可能地将Android优化技术的核心内容展现给读者，希望能给为读者水平的提高尽微薄之力。

本书将向大家展现如下内容：

1. UI布局优化

讲解了优化UI界面布局的基本知识，讲解了各种布局的技巧，剖析了减少层次结构、延迟加载、和嵌套优化等方面的知识。

2. 内存优化

详细讲解了Android系统内存的基本知识，分析了Android独有的垃圾回收机制，分别剖析了缩放处理、数据保存、使用与释放、内存泄漏和内存溢出等方面的知识。

3. 代码优化

讲解了在编码过程中，优化代码提高运行效率的基本知识。

4. 性能优化

分别讲解了资源存储、加载DEX文件和APK、虚拟机的性能、平台优化、优化渲染机制等方面的知识。

5. 系统优化

详细讲解了进程管理器、设置界面、后台停止、转移内存程序和优化缓存等方面的知识。

6. 优化工具

详细讲解了市面中常见的优化工具，例如优化大师、进程管理等。

17.3　UI布局优化

界面布局又被成为UI，UI是User Interface（用户界面）的简称。众所周知，对于网站开发人员来说，网站结构和界面设计是影响浏览用户第一视觉印象的关键。而对于Android应用程序来说，除了强大的功能和方便的可操作性之外，屏幕界面效果也是影响程序质量的重要元素之一。因为消费者永远喜欢的是既界面美观，而又功能强大的软件产品。在设计优美的Android界面之前，一定要先对屏幕进行布局。在布局的时候，需要用到优化技术提高界面的效率。在本节将以具体实例来介绍Android系统中UI布局优化的基本知识，为读者步入本书后面知识的学习打下基础。

17.3.1　<merge />标签在UI界面中的优化作用

在定义Android Layout(XML)时，有4个比较特别的标签是非常重要的，其中有3个是与资源复用有关，分别是<viewStub/>、<requestFocus/>、<merge/>和<include/>。可是以往我们所接触的案例或者官方文档的例子都没有着重去介绍这些标签的重要性。其中<merge />标签十分重要，因为它在优化UI结构时起到很重要的作用。<merge />标签可以通过删减多余或者额外的层级,从而优化整个Android Layout的结构。

在使用<merge />标签的时候需要注意如下两点。

(1)<merge />只可以作为xml layout的根节点。

(2)当需要扩充的xml layout本身是由merge作为根节点的话,需要将被导入的xml layout置于viewGroup中,同时需要设置attachToRoot为True。

其实除了本例外,<merge />标签还有另外一个用法。当应用Include或者ViewStub标签从外部导入XML结构时,可以将被导入的XML用merge作为根节点表示,这样当被嵌入父级结构中后可以很好地将它所包含的子集融合到父级结构中,而不会出现冗余的节点。

在本节的内容中,将通过一个具体实例来说明<merge />标签在UI界面中的优化作用。

题目	目的	源码路径
实例17-1	演示<merge />标签的优化作用	\daima\17\merge

本实例的具体实现流程如下所示。

(1)新建一个简单的Layout界面,在里面包含了两个Views元素,分别是ImageView和TextView。在默认状态下将这两个元素放在FrameLayout中,效果是在主视图中全屏显示一张图片,之后将标题显示在图片上,并位于视图的下方。文件main.xml的主要实现代码如下所示。

```xml
<?xml version="1.0" encoding="utf-8"?>
<FrameLayout
    xmlns:android="http://schemas.android.com/apk/res/android"
    android:layout_width="fill_parent"
    android:layout_height="fill_parent"
    >
    <ImageView
        android:layout_width="fill_parent"
        android:layout_height="fill_parent"
        android:scaleType="center"
        android:src="@drawable/golden_gate"
        />
    <TextView
        android:layout_width="wrap_content"
        android:layout_height="wrap_content"
        android:layout_marginBottom="20dip"
        android:layout_gravity="center_horizontal|bottom"
        android:padding="12dip"
        android:background="#AA000000"
        android:textColor="#ffffffff"
        android:text="Golden Gate"
        />
</FrameLayout>
```

图17-1 执行效果

此时执行后的效果如图17-1所示。

(2)启动SDK目录下的"tools"文件夹中的hierarchyviewer.bat,如图17-2所示。

图17-2 启动hierarchyviewer.bat

此时可以查看当前UI的结构视图,如图17-3所示。

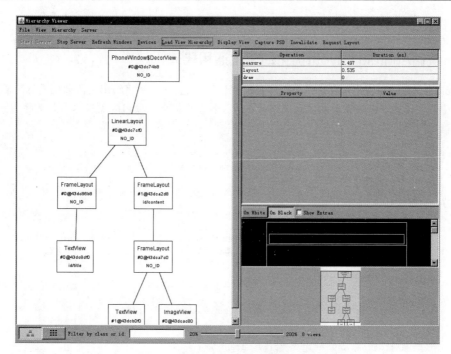

图17-3　文件main.xml的UI结构视图

此时可以很明显地看到由深黑色线框（在hierarchyviewer.bat界面中是红色框）所包含的结构出现了两个FrameLayout节点，这说明这两个完全意义相同的节点造成了资源浪费，那么如何才能解决呢？这时候就要用到<merge />标签来处理类似的问题了。

（3）将上边xml代码中的FramLayout换成merge，实现文件main2.xml的具体实现代码如下所示。

```xml
<merge
    xmlns:android="http://schemas.android.com/apk/res/android"
    >
    <ImageView
        android:layout_width="fill_parent"
        android:layout_height="fill_parent"
        android:scaleType="center"
        android:src="@drawable/golden_gate"
        />
    <TextView
        android:layout_width="wrap_content"
        android:layout_height="wrap_content"
        android:layout_marginBottom="20dip"
        android:layout_gravity="center_horizontal|
        bottom"
        android:padding="12dip"
        android:background="#AA000000"
        android:textColor="#ffffffff"
        android:text="Golden Gate"
        />
</merge>
```

此时程序运行后，在Emulator中显示的效果是一样的，可是通过hierarchyviewer查看的UI结构是有变化的，如图17-4所示。

此时原来多余的FrameLayout节点被合并在一起了，即将<merge />标签中的子集直接加到Activity的FrameLayout根节点下。如果所创建的Layout并不是用FramLayout作为根节点（而是应用LinerLayout等定义root标签），就不能应用

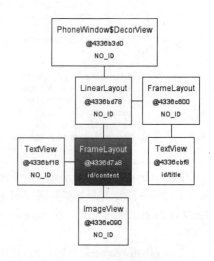

图17-4　UI结构视图

上边的例子通过merge来优化UI结构。

17.3.2 遵循Android Layout优化的两段通用代码

Android中的Layout优化一直是广大程序员们探讨的话题，接下来将给出两段通用的标准XML代码，并不是希望广大读者严格遵循下面的布局格式，但是希望根据自己项目的需求尽力向下面的标准靠拢。

其中第一段是标注了Layout优化的XML代码：

```
<?xml version="1.0" encoding="utf-8"?>
<!--<FrameLayout-->
<!--    xmlns:android="http://schemas.android.com/apk/res/android"-->
<!--    android:layout_width="fill_parent"-->
<!--    android:layout_height="fill_parent">-->
<!--        <ListView android:id="@+id/list"-->
<!--              android:layout_width="fill_parent"-->
<!--              android:layout_height="fill_parent"/>-->
<!--    <TextView android:id="@+id/no_item_text"-->
<!--              android:layout_width="fill_parent"-->
<!--              android:layout_height="fill_parent"-->
<!--              android:gravity="center"-->
<!--              android:visibility="gone"/>-->
<!--</FrameLayout>-->
<merge xmlns:android="http://schemas.android.com/apk/res/android">
    <ListView android:id="@+id/list"
            android:layout_width="fill_parent"
            android:layout_height="fill_parent"/>
    <TextView android:id="@+id/no_item_text"
            android:layout_width="fill_parent"
            android:layout_height="fill_parent"
            android:gravity="center"
            android:visibility="gone"/>
</merge>
```

第二段是标注了Layout优化的XML代码：

```
<?xml version="1.0" encoding="utf-8"?>
<!--<LinearLayout-->
<!--    xmlns:android="http://schemas.android.com/apk/res/android"-->
<!--    android:orientation="vertical"-->
<!--    android:layout_width="fill_parent"-->
<!--    android:layout_height="fill_parent">-->
<!--    -->
<!--    <ImageView android:id="@+id/softicon"-->
<!--            android:layout_width="wrap_content"-->
<!--            android:layout_height="wrap_content"-->
<!--            android:layout_marginTop="10dip"-->
<!--            android:layout_gravity="center"/>-->
  <TextView
        xmlns:android="http://schemas.android.com/apk/res/android"
        android:id="@+id/softname"
        android:layout_width="wrap_content"
        android:layout_height="wrap_content"
        android:layout_marginBottom="10dip"
        android:layout_gravity="center"
        android:gravity="center"
        android:drawableTop="@drawable/icon"/>
<!--</LinearLayout>-->
```

在进行Layout布局时，必须注意下面的4点。

（1）如果可能，尽量不要使用LineLayout，而是使用RelativeLayout替换它。这是因为android:layout_alignWithParentIfMissing只对RelativeLayout有用，如果那个视图设置为gone，这个属性将按照父视图进行调整。

（2）在使用Adapter控件时，例如list，如果布局中递归太深则会严重影响性能。

（3）对于TextView和ImageView组成的Layout来说，可以直接使用TextView替换。

（4）如果其父Layout是FrameLayout，如果子Layout也是FrameLayout，此时可以将FrameLayout替换

为merge，这样做的好处是可以减少层递归深度。

17.3.3 优化Bitmap图片

在Android项目中，如果直接使用ImageView显示Bitmap会占用较多资源。在图片较大的时候，甚至可能会导致系统崩溃。使用BitmapFactory.Options设置inSampleSize，这样做可以减少对系统资源的要求。通过本实例，将演示优化Android程序中Bitmap图片的方法。

题目	目的	源码路径
实例17-2	优化Bitmap图片	\daima\17\bit

1．实例说明

在Android项目中，如果直接使用ImageView显示Bitmap会占用较多资源。在图片较大的时候，甚至可能会导致系统崩溃。使用BitmapFactory.Options设置inSampleSize，这样做可以减少对系统资源的要求。通过本实例，将演示优化Android程序中Bitmap图片的方法。

2．具体实现

（1）编写文件xml.xml，插入一个ImageView控件用于显示一幅图片，主要代码如下所示。

```xml
<?xml version="1.0" encoding="utf-8"?>
<LinearLayout xmlns:android="http://schemas.android.com/apk/res/android"
android:orientation="vertical"
android:layout_width="fill_parent"
android:layout_height="fill_parent"
>
<TextView
android:layout_width="fill_parent"
android:layout_height="wrap_content"
android:text="@string/hello"
/>
<ImageView
android:id="@+id/imageview"
android:layout_gravity="center"
android:layout_width="fill_parent"
android:layout_height="fill_parent"
android:scaleType="center"
/>
</LinearLayout>
```

（2）编写文件java.java，通过设置inJustDecodeBounds为true的方式来获取outHeight（图片原始高度）和outWidth（图片的原始宽度），然后计算一个inSampleSize（缩放值），主要代码如下所示。

```java
import android.app.Activity;
import android.graphics.Bitmap;
import android.graphics.BitmapFactory;
import android.os.Bundle;
import android.widget.ImageView;
import android.widget.Toast;

public class AndroidImage extends Activity {

private String imageFile = "/sdcard/AndroidSharedPreferencesEditor.png";
/** Called when the activity is first created. */

@Override
public void onCreate(Bundle savedInstanceState) {
super.onCreate(savedInstanceState);
setContentView(R.layout.main);

ImageView myImageView = (ImageView)findViewById(R.id.imageview);
//Bitmap bitmap = BitmapFactory.decodeFile(imageFile);
//myImageView.setImageBitmap(bitmap);

Bitmap bitmap;
```

```
float imagew = 300;
float imageh = 300;

BitmapFactory.Options bitmapFactoryOptions = new BitmapFactory.Options();
bitmapFactoryOptions.inJustDecodeBounds = true;
bitmap = BitmapFactory.decodeFile(imageFile, bitmapFactoryOptions);

int yRatio = (int)Math.ceil(bitmapFactoryOptions.outHeight/imageh);
int xRatio = (int)Math.ceil(bitmapFactoryOptions.outWidth/imagew);

if (yRatio > 1 || xRatio > 1){
 if (yRatio > xRatio) {
  bitmapFactoryOptions.inSampleSize = yRatio;
  Toast.makeText(this,
     "yRatio = " + String.valueOf(yRatio),
     Toast.LENGTH_LONG).show();
 }
 else {
  bitmapFactoryOptions.inSampleSize = xRatio;
  Toast.makeText(this,
     "xRatio = " + String.valueOf(xRatio),
     Toast.LENGTH_LONG).show();
 }
}
else{
 Toast.makeText(this,
    "inSampleSize = 1",
    Toast.LENGTH_LONG).show();
}
bitmapFactoryOptions.inJustDecodeBounds = false;
bitmap = BitmapFactory.decodeFile(imageFile, bitmapFactoryOptions);
myImageView.setImageBitmap(bitmap);
}
}
```

在上述代码中，属性inSampleSize表示缩略图大小为原始图片大小的几分之一，即如果这个值为2，则取出的缩略图的宽和高都是原始图片的1/2，图片大小就为原始大小的1/4。

Options中的属性inJustDecodeBounds比较重要，如果设置inJustDecodeBounds为true，则可以获取outHeight（图片原始高度）和outWidth（图片的原始宽度）的值，通过这两个值就可以计算对应的inSampleSize（缩放值）。

17.3.4 FrameLayout布局优化

经过本章前面的内容可知，FrameLayout是最简单的一个布局对象。它被定制为你屏幕上的一个空白备用区域，之后你可以在其中填充一个单一对象，例如一张你要发布的图片。所有的子元素都将会固定在屏幕的左上角，你不能为FrameLayout中的一个子元素指定一个位置。后一个子元素将会直接在前一个子元素之上进行覆盖填充，把它们部分或全部挡住（除非后一个子元素是透明的）。由此可见，我们可以把FrameLayout当作canvas（画布），固定从屏幕的左上角开始填充图片和文字等。例如下面的演示代码，原来可以利用android:layout_gravity来设置位置。

```
<?xml version="1.0" encoding="utf-8"?>
<FrameLayout
  xmlns:android="http://schemas.android.com/apk/res/android"
  android:layout_width="fill_parent"
  android:layout_height="fill_parent" >

    <ImageView
        android:id="@+id/image"
        android:layout_width="fill_parent"
        android:layout_height="fill_parent"
        android:scaleType="center"
        android:src="@drawable/candle"
        />
```

```
<TextView
    android:id="@+id/text1"
    android:layout_width="wrap_content"
    android:layout_height="wrap_content"
    android:layout_gravity="center"
    android:textColor="#00ff00"
    android:text="@string/hello"
    />
<Button
    android:id="@+id/start"
    android:layout_width="wrap_content"
    android:layout_height="wrap_content"
    android:layout_gravity="bottom"
    android:text="Start"
    />
</FrameLayout>
```

图17-5 执行效果

执行上述代码后，效果如图17-5所示。

使用tools里面的hierarchyviewer.bat来查看layout的层次。在启动模拟器启动所要分析的程序，再启动hierarchyviewer.bat，查看到的UI的结构视图如图17-6所示。

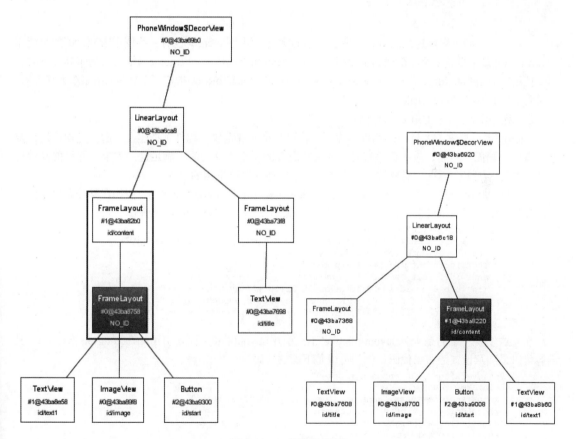

图17-6 UI的结构视图

1．使用<merge>减少视图层级结构

从上面的图17-6中可以看到存在了两个FrameLayout（红色框中的两个）。如果能在layout文件中把FrameLayout声明去掉就可以进一步优化布局代码了。但是由于布局代码需要外层容器容纳，如果直接删除FrameLayout则该文件就不是合法的布局文件了。这种情况下就可以使用<merge>标签了。我们可以对代码进行如下修改即可消除多余的FrameLayout。

```xml
<?xml version="1.0" encoding="utf-8"?>
<merge  xmlns:android="http://schemas.android.com/apk/res/android">
    <ImageView
        android:id="@+id/image"
        android:layout_width="fill_parent"
        android:layout_height="fill_parent"
        android:scaleType="center"
        android:src="@drawable/candle"
        />
    <TextView
        android:id="@+id/text1"
        android:layout_width="wrap_content"
        android:layout_height="wrap_content"
        android:layout_gravity="center"
        android:textColor="#00ff00"
        android:text="@string/hello"
        />
    <Button
        android:id="@+id/start"
        android:layout_width="wrap_content"
        android:layout_height="wrap_content"
        android:layout_gravity="bottom"
        android:text="Start"
        />
</merge>
```

　　虽然这可以减少视图层级结构，实现了对UI的优化，但是<merge>也有一些使用限制，例如只能用于xml layout文件的根元素；在代码中使用LayoutInflater.Inflater()一个以merge为根元素的布局文件时，需要使用View inflate(int resource,ViewGroup root, boolean attachToRoot)指定一个ViewGroup作为其容器，并且要设置attachToRoot为true。

　　2．使用<include> 重用layout代码

　　Android平台提供了大量的UI构件，你可以将这些小的视觉块（构件）搭建在一起，呈现给用户复杂且有用的画面。然而，应用程序有时需要一些高级的视觉组件。为了满足这一需求，并且能高效地实现，你可以把多个标准的构件结合起来成为一个单独的、可重用的组件。

　　和常见的程序开发一样，我们可以使用<include>来包含重用的layout代码。假如在某个布局里面需要用到另一个相同的布局设计，我们就可以通过<include>标签来重用layout代码。

```xml
<?xml version="1.0" encoding="utf-8"?>
<LinearLayout xmlns:android="http://schemas.android.com/apk/res/android"
    android:orientation="vertical"
    android:layout_width="fill_parent"
    android:layout_height="fill_parent">
    <include android:id="@+id/layout1" layout="@layout/relative" />
    <include android:id="@+id/layout2" layout="@layout/relative" />
    <include android:id="@+id/layout3" layout="@layout/relative" />
</LinearLayout>
```

　　在此这里要注意的是，"@layout/relative"不是引用Layout的id，而是引用res/layout/relative.xml，其内容可以是随意设置的布局代码，例如可以是下面的代码。

```xml
<?xml version="1.0" encoding="utf-8"?>
<RelativeLayout
    xmlns:android="http://schemas.android.com/apk/res/android"
    android:layout_width="wrap_content"
    android:layout_height="wrap_content"
    android:id="@+id/relativelayout">

    <ImageView
        android:id="@+id/image"
        android:layout_width="wrap_content"
        android:layout_height="wrap_content"
        android:src="@drawable/icon"
        />
    <TextView
        android:id="@+id/text1"
```

```
        android:layout_width="fill_parent"
        android:layout_height="wrap_content"
        android:text="@string/hello"
        android:layout_toRightOf="@id/image"
        />
    <Button
        android:id="@+id/button1"
        android:layout_width="fill_parent"
        android:layout_height="wrap_content"
        android:text="button1"
        android:layout_toRightOf="@id/image"
        android:layout_below="@id/text1"
        />
</RelativeLayout>
```

图17-7　执行效果

此时执行后的效果如图17-7所示。

另外，使用<include>标签以后，除了可以覆写id属性值外，还可以修改其他属性值，例如android:layout_width和android:height等。

例如可以创建一个可重用的组件包含一个进度条和一个取消按钮，一个Panel包含两个按钮（确定和取消动作），一个Panel包含图标、标题和描述等。简单的，你可以通过书写一个自定义的View来创建一个UI组件，但更简单的方式是仅使用XML来实现。

在Android XML布局文件里，通常每个标签都对应一个真实的类实例（这些类一般都是View的子类）。UI工具包还允许你使用3个特殊的标签，它们不对应具体的View实例：<requestFocus />、<merge />、<include />。

由此可见，<include />元素的作用如同它的名字一样，用于包含其他的XML布局。再看下面使用include标签的例子。

```
<com.android.launcher.Workspace
    android:id="@+id/workspace"
    android:layout_width="fill_parent"
    android:layout_height="fill_parent"
    launcher:defaultScreen="1">
    <include android:id="@+id/cell1" layout="@layout/workspace_screen" />
    <include android:id="@+id/cell2" layout="@layout/workspace_screen" />
    <include android:id="@+id/cell3" layout="@layout/workspace_screen" />
</com.android.launcher.Workspace>
```

在上述<include />代码中，只需要layout特性。此特性不带Android命名空间前缀，这表示我们想包含的布局的引用。在上述例子中，相同的布局被包含了3次。这个标签还允许你重写被包含布局的一些特性。上面的例子显示了你可以使用android:id来指定被包含布局中根View的id，它还可以覆盖已经定义的布局id。同样道理，我们可以重写所有的布局参数。这意味着任何android:layout_*的特性都可以在<include />中使用。例如下面的代码。

```
<include android:layout_width="fill_parent" layout="@layout/image_holder" />
<include android:layout_width="256dip" layout="@layout/image_holder" />
```

标签<include />非常重要，特别是在依据设备设置定制UI的时候表现得尤为有用。例如Activity的主要布局放置在"layout/"文件夹下，其他布局放置在"layout-land/"和"layout-port/"下。这样，在垂直和水平方向时你可以共享大多数的UI布局。

3．延迟加载

延迟加载的功能非常重要，特别是在界面中显示的内容比较多并且所占空间比较大时。在Android应用程序中，可以使用ViewStub实现延迟加载功能。ViewStub是一个不可见的，大小为0的View（视图），最佳用途就是实现View的延迟加载，在需要的时候再加载View，这和Java中常见的性能优化方法延迟加载一样。

当调用ViewStub的setVisibility()函数设置为可见或调用inflate初始化该View的时候，ViewStub引用的资源开始初始化，然后引用的资源替代ViewStub自己的位置填充在ViewStub的位置。在没有调用setVisibility(int)函数或inflate()函数之前，ViewStub一直存在于组件树层级结构中。但是由于ViewStub非常轻量级，所以对性能影响非常小。可以通过ViewStub的inflatedId属性来重新定义引用的layout id，例如下面的代码。

```
<ViewStub android:id="@+id/stub"
          android:inflatedId="@+id/subTree"
          android:layout="@layout/mySubTree"
          android:layout_width="120dip"
          android:layout_height="40dip" />
```

在上述代码中定义了ViewStub，这可以通过id"stub"来找到。在初始化资源"mySubTree"后，从父组件中删除了stub，然后用"mySubTree"替代了stub的位置。初始资源"mySubTree"得到的组件可以通过inflatedId指定的id"subTree"来引用。最后初始化后的资源被填充到一个宽为120dip、高为40dip的位置。

在初始化ViewStub对象时，建议读者使用下面的方式来实现。

```
ViewStub stub = (ViewStub) findViewById(R.id.stub);
View inflated = stub.inflate();
```

当调用函数inflate()的时候，ViewStub被引用的资源替代，并且返回引用的view。这样程序可以直接得到引用的view，而无需再次调用函数findViewById()来查找了，这样提高了效率，达到了优化的目的。

注意：ViewStub优化方式也不是万能的，其中最大的缺陷是暂时还不支持<merge />标签。

17.3.5 使用Android为我们提供的优化工具

考虑到优化的重要性，所以Android为我们提供了专业的优化工具，这些工具都包含在Android SDK包中。在本节的内容中，将详细讲解这些优化工具的基本用法。

1. Layout Optimization工具

通过Layout Optimization工具可以分析所提供的Layout，并提供优化意见。读者可以在tools文件夹中找到layoutopt.bat并启动。

接下来再介绍下另一个布局优化工具——layoutopt，这是Android为我们提供的布局分析工具，它能分析指定的布局，然后提出优化建议。

要想运行它，需要打开命令行进入sdk的tools目录，输入layoutopt加上我们的布局目录命令行。运行后如图17-8所示，其中框出的部分即为该工具分析布局后提出的建议，这里建议替换标签。

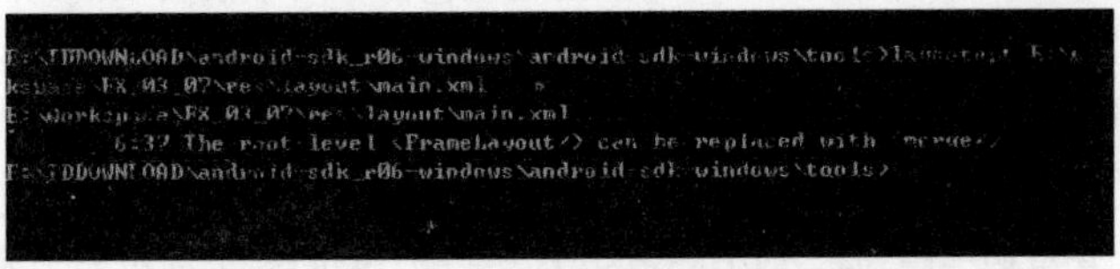

图17-8　命令行

由此可见，通过这个工具，能很好地优化我们的UI设计，寻找到更好的布局方法。Layout Optimization工具的用法如下。

```
layoutopt <list of xml files or directories>
```

其参数是一个或多个的Layout xml文件，以空格间隔；也可以是多个Layout xml文件所在的文件夹路径。例如下面演示了Layout Optimization工具的用法。

```
layoutopt  G:\StudyAndroid\UIDemo\res\layout\main.xml
layoutopt  G:\StudyAndroid\UIDemo\res\layout\main.xml
G:\StudyAndroid\UIDemo\res\layout\relative.xml
layoutopt  G:\StudyAndroid\UIDemo\res\layout
```

其实UI优化是需要一定技巧的，性能良好的代码固然重要，但写出优秀代码的成本往往也很高。很多读者可能不会过早地贸然为那些只运行一次或临时功能代码实施优化，如果你的应用程序反应迟钝，并且卖得很贵，或使系统中的其他应用程序变慢，用户一定会有所响应，你的应用程序下载量将很可能受到影响。

为了节省成本，在开发期间我们应该尽早优化布局。通过使用Android SDK提供的工具Layout Optimization，可以自动分析我们的布局，发现可能并不需要的布局元素，以降低布局复杂度。在接下来的内容中，将通过一个具体演示来说明使用Layout Optimization的基本流程。

（1）准备工作

如果想使用Android SDK中提供的优化工具，则需要在开发系统的命令行中工作，如果不熟悉使用命令行工具，那么就得多下工夫学习了。笔者在此强烈建议将Android工具所在的路径添加到操作系统的环境变量中，这样就可以直接敲名字运行相关的工具了，否则每次都要在命令提示符后面输入完整的文件路径。假设在Android SDK中有两个工具目录："/tools"和"/platform-tools"，下面的演示将主要使用位于"/tools"目录中的layoutopt工具，另外我想说的是，ADB工具位于"/platform-tools"目录下。

（2）运行Layoutopt

运行Layoutopt工具的方法相当简单，只需要将上一个布局文件或布局文件所在目录作为参数。在此需要注意的是，这里必须包括布局文件或目录的完整路径，即使当前就位于这个目录。请读者看一个简单的例子。

```
D:\d\tools\eclipse\article_ws\Nothing\res\layout>layoutopt
D:\d\tools\eclipse\article_ws\Nothing\res\layout\main.xml
D:\d\tools\eclipse\article_ws\Nothing\res\layout\main.xml
D:\d\tools\eclipse\article_ws\Nothing\res\layout>
```

在上述演示示例中，包含了文件的完整路径，如果不指定完整路径，不会输出任何内容，例如：

```
D:\d\tools\eclipse\article_ws\Nothing\res\layout>layoutopt main.xml
D:\d\tools\eclipse\article_ws\Nothing\res\layout>
```

如果读者看不见任何东西，则很可能是因为文件未被解析的原因，也就是说文件可能未被找到。

（3）使用Layoutopt输出

Layoutopt的输出结果只是概括性的建议，我们可以有选择地在应用程序中采纳这些建议，下面来看几个使用Layoutopt输出建议的例子。

❑ 建议1：无用的布局。

在布局设计期间通常会频繁地移动各种组件，并且有些组件最终可能会不再使用，例如下面的布局代码。

```
<?xml version="1.0" encoding="utf-8"?>
<LinearLayout xmlns:android="http://schemas.android.com/apk/res/android"
 android:layout_width="match_parent"
 android:layout_height="match_parent"
android:orientation="horizontal">
<LinearLayout          android:id="@+id/linearLayout1"
 android:layout_height="wrap_content"
 android:layout_width="wrap_content"
 android:orientation="vertical">
 <TextView             android:id="@+id/textView1"
 android:layout_width="wrap_content"
 android:text="TextView"
android:layout_height="wrap_content"></TextView>
</LinearLayout>
</LinearLayout>
```

Layout Optimization工具将会很快输出如下提示，告诉我们LinearLayout内的LinearLayout是多余的。

```
11:17 This LinearLayout layout or its LinearLayout parent is useless
```

在上述输出结果中，每一行最前面的两个数字表示建议的行号。

❑ 建议2：根可以替换。

Layoutopt的输出有时是矛盾的，例如下面的布局代码。

```
<?xml version="1.0" encoding="utf-8"?>
<FrameLayout      xmlns:android="http://schemas.android.com/apk/res/android"
android:layout_width="match_parent"
android:layout_height="match_parent">
```

```
<LinearLayout            android:id="@+id/linearLayout1"
android:layout_height="wrap_content"
android:layout_width="wrap_content"
android:orientation="vertical">
<TextView                android:id="@+id/textView1"
android:layout_width="wrap_content"
android:text="TextView"
android:layout_height="wrap_content"></TextView>
<TextView                android:text="TextView"
android:id="@+id/textView2"
android:layout_width="wrap_content"
android:layout_height="wrap_content"></TextView>
</LinearLayout>
</FrameLayout>
```

Layout Optimization工具将会返回下面的输出。

```
5:22 The root-level <FrameLayout/> can be replaced with <merge/>
10:21 This LinearLayout layout or its FrameLayout parent is useless
```

其中第一行的建议虽然可行，但不是必须的，我们希望两个TextView垂直放置，因此LinearLayout应该保留，而第二行的建议则可以采纳，可以删除无用的FrameLayout。但是这个工具不是全能的，例如在上面的演示代码中，如果给FrameLayout添加一个背景属性，然后再运行工具，第一个建议会消失，而第二个建议仍然会显示。工具Layout Optimization知道我们不能通过合并控制背景，但检查了LinearLayout后，它似乎就忘了还给FrameLayout添加一个LinearLayout不能提供的属性。

❑ 建议3：太多的视图。

其实每个视图都会消耗内存，如果在一个布局中布置太多的视图，布局会占用过多的内存。假设一个布局包含超过80个视图，则Layout Optimization可能会给出下面这样的建议。

```
-1:-1 This layout has too many views: 83 views, it should have <= 80!  -1:-1 This layout has too
many views: 82 views, it should have <= 80!  -1:-1 This layout has too many views: 81 views, it
should have <= 80!
```

上面的建议提示视图数量不能超过80，当然最新的设备有可能能够支持这么多视图，但如果真地出现性能不佳的情况，建议最好采纳这个建议。

❑ 建议4：太多的嵌套。

在一个布局不应该有太多的嵌套，Android开发团队建议布局保持在10级以内，即使是最大的平板电脑屏幕，布局也不应该超过10级。当布局嵌套太多时，Layout Optimization会输出如下内容。

```
-1:-1 This layout has too many nested layouts: 12 levels, it should have <= 10!  305:318 This
LinearLayout layout or its RelativeLayout parent is possibly useless  307:314 This LinearLayout
layout or its FrameLayout parent is possibly useless  310:312 This LinearLayout layout or its
LinearLayout parent is possibly useless
```

上述内容表示嵌套布局警告通常伴随有一些无用布局的警告，有助于找出哪些布局可以移除，避免屏幕布局全部重新设计。

由此可见，Layout Optimization是一个快速易用的布局分析工具，找出低效和无用的布局，你要做的是判断是否采纳layoutopt给出的优化建议，虽然采纳建议做出修改不会立即大幅改善性能，但没有理由需要复杂的布局拖慢整个应用程序的速度，并且后期的维护难度也很大。简单布局不仅简化了开发周期，还可以减少测试和维护工作量，因此，在应用程序开发期间，应尽早优化你的布局，不要等到最后用户反馈回来再做修改。

2．Hierarchy Viewer工具

层级观察器Hierarchy Viewer是Android为我们提供的一个优化工具，它是一个非常好的布局优化工具，可以实现UI优化功能。其实在本章前面的4.3节中，已经使用过这个工具。为了进一步说明Hierarchy Viewer工具的用法，请读者看下面的一段UI代码。

```
<?xml version="1.0" encoding="utf-8"?>
<FrameLayout xmlns:Android="http://schemas.android.com/apk/res/android"
    Android:orientation="vertical"
    Android:layout_width="fill_parent"
    Android:layout_height="fill_parent"
    >
```

```
<TextView
    Android:layout_width="300dip"
    Android:layout_height="300dip"
    Android:background="#00008B"
    Android:layout_gravity="center"
    />
<TextView
    Android:layout_width="250dip"
    Android:layout_height="250dip"
    Android:background="#0000CD"
    Android:layout_gravity="center"
    />
<TextView
    Android:layout_width="200dip"
    Android:layout_height="200dip"
    Android:background="#0000FF"
    Android:layout_gravity="center"
    />
<TextView
    Android:layout_width="150dip"
    Android:layout_height="150dip"
    Android:background="#00BFFF"
    Android:layout_gravity="center"
    />
<TextView
    Android:layout_width="100dip"
    Android:layout_height="100dip"
    Android:background="#00CED1"
    Android:layout_gravity="center"
    />
</FrameLayout>
```

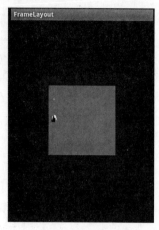

图17-9　层叠效果

这是非常简单的一个布局界面,执行后可以实现如图17-9所示的层叠效果。

下面就用层级观察器Hierarchy Viewer来观察我们的布局,此工具在SDK的tools目录下,打开后的界面如图17-10所示。

由此可见,Hierarchy Viewer的界面很简洁,在里面列出了当前设备上的进程,在前台的进程加粗显示。上面有3个选项,分别是刷新进程列表,将层次结构载入到树形图,截取屏幕到一个拥有像素栅格的放大镜中。对应的在左下角可以进行3个视图的切换。在模拟器上打开写好的框架布局,在页面上选择单击Load View,进入如图17-11所示界面。

图17-10　Hierarchy Viewer界面

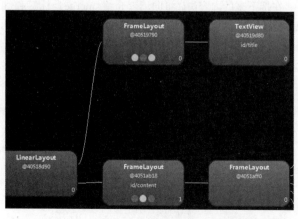

图17-11　单击Load View后的界面

其中大图为应用布局的树形结构,上面写有控件名称和id等信息,下方的圆形表示这个节点的渲染速度,从左至右分别为测量大小、布局和绘制。绿色最快,红色最慢。右下角的数字为子节点在父节点中的索引,如果没有子节点则为0。单击可以查看对应控件预览图、该节点的子节点数(为6则有5个子节点）以及具体渲染时间。双击可以打开控件图。单击相应的树形图中的控件可以在右侧看到他在布局中的位置和属性。工具栏有一系列的工具，保存为png、psd或刷新等工具。其中有个load overlay选项可以加入新的图层。当你需要在你的布局中放上一个bitmap，你会用到它来帮你布局。单击左下角的第三个图标切换到像素视图界面，如下图17-12所示。其中在左侧列表显示项目中的所有布局控件元素，在右侧显示每个控件所占用的像素。

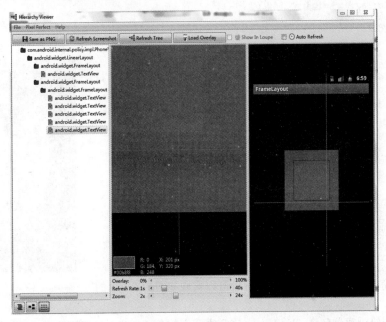

图17-12　像素视图

在上述视图左侧为View和ViewGroup关系图，单击其中的View会在右边的图像中用红色线条为我们选中相应的View。最右侧为设备上的原图。中间为放大后带像素栅格的图像，可以在Zoom栏调整放大倍数。在这里能定位控件的坐标和颜色。

3．联合使用<merge />和<include />标签实现互补

在接下来的内容中，将向读者介绍<merge />标签和<include />标签的互补使用。<merge />标签用于减少View树的层次来优化Android的布局。通过下面的演示代码，就会很容易地理解这个标签能解决的问题。下面的XML布局代码显示一幅图片，并且有一个标题位于其上方。这个结构相当简单，FrameLayout里放置了一个ImageView，其上放置了一个TextView。

```
<FrameLayout xmlns:android="http://schemas.android.com/apk/res/android"
    android:layout_width="fill_parent"
    android:layout_height="fill_parent">
    <ImageView
        android:layout_width="fill_parent"
        android:layout_height="fill_parent"
        android:scaleType="center"
        android:src="@drawable/golden_gate" />
    <TextView
        android:layout_width="wrap_content"
        android:layout_height="wrap_content"
        android:layout_marginBottom="20dip"
        android:layout_gravity="center_horizontal|bottom"
        android:padding="12dip"
        android:background="#AA000000"
        android:textColor="#ffffffff"
        android:text="Golden Gate" />
</FrameLayout>
```

　　整段代码的布局渲染起来很漂亮，效果如图17-13所示。当使用HierarchyViewer工具来检查时，会发现事情变得很有趣。如果你仔细查看View树，将会注意到在XML文件中定义的FrameLayout（高亮显示）是另一个FrameLayout唯一的子元素，如图17-14所示。

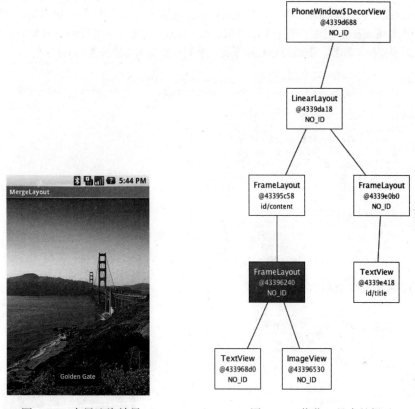

图17-13　布局渲染效果　　　　　　　　图17-14　优化工具中的提示

　　FrameLayout和它的父元素有着相同的尺寸（归功于fill_parent常量），并且也没有定义任何的background（背景）和额外的padding（边缘），所以它完全是无用的。我们所要做的仅仅是让UI变得更为复杂而已。怎样我们才能摆脱这个FrameLayout呢？毕竟，XML文档需要一个根标签且XML布局总是与相应的View实例相对应，这时候就需要<merge />标签来实现。当LayoutInflater遇到<merge />标签时会跳过它，并将<merge />内的元素添加到<merge />的父元素里。看下面我们用<merge />来替换FrameLayout，并重写之前的XML布局。

```
<merge xmlns:android="http://schemas.android.com/apk/res/android">
    <ImageView
        android:layout_width="fill_parent"
        android:layout_height="fill_parent"
        android:scaleType="center"
        android:src="@drawable/golden_gate" />
    <TextView
        android:layout_width="wrap_content"
        android:layout_height="wrap_content"
        android:layout_marginBottom="20dip"
        android:layout_gravity="center_horizontal|bottom"
        android:padding="12dip"
        android:background="#AA000000"
        android:textColor="#ffffffff"
        android:text="Golden Gate" />
</merge>
```

在上述新代码中，TextView和ImageView都直接添加到上一层的FrameLayout里。虽然视觉上看起来一样，但View的层次更加简单了。此时的UI结构视图如图17-15所示。

很显然，在这个场合使用<merge />标签是因为Activity的ContentView的父元素始终是FrameLayout。如果我们的布局使用LinearLayout作为它的根标签，那么就不能使用这个技巧。<merge />标签在其他的一些场合也非常很有用。例如，它与<include />标签结合起来就能表现得很完美。另外我们还可以在创建一个自定义的组合View时使用<merge />。让我们看一个使用<merge />创建一个新View的例子——OkCancelBar，包含两个按钮，并可以设置按钮标签。下面的XML用于在一个图片上显示自定义的View。

```
<merge
    xmlns:android="http://schemas.android.com/apk/res/android"
xmlns:okCancelBar="http:// schemas.android.com/apk/res/com.example.android.merge">
    <ImageView
        android:layout_width="fill_parent"
        android:layout_height="fill_parent"
        android:scaleType="center"
        android:src="@drawable/golden_gate" />
    <com.example.android.merge.OkCancelBar
        android:layout_width="fill_parent"
        android:layout_height="wrap_content"
        android:layout_gravity="bottom"
        android:paddingTop="8dip"
        android:gravity="center_horizontal"
        android:background="#AA000000"
        okCancelBar:okLabel="Save"
        okCancelBar:cancelLabel="Don't save" />
</merge>
```

新的布局效果如图17-16所示。

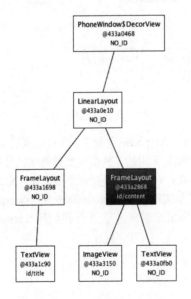

图17-15　新的UI结构视图

图17-16　新的布局效果

OkCancelBar部分的代码非常简单，因为这两个按钮在外部的XML文件中定义，通过类LayoutInflate导入。如下面的演示代码片段所示，R.layout.okcancelbar以OkCancelBar作为父元素。

```
public class OkCancelBar extends LinearLayout {
    public OkCancelBar(Context context, AttributeSet attrs) {
        super(context, attrs);
        setOrientation(HORIZONTAL);
        setGravity(Gravity.CENTER);
        setWeightSum(1.0f);
        LayoutInflater.from(context).inflate(R.layout.okcancelbar, this, true);
```

```
TypedArray array = context.obtainStyledAttributes(attrs, R.styleable.OkCancelBar, 0, 0);
String text = array.getString(R.styleable.OkCancelBar_okLabel);
if (text == null) text = "Ok";
((Button) findViewById(R.id.okcancelbar_ok)).setText(text);
text = array.getString(R.styleable.OkCancelBar_cancelLabel);
if (text == null) text = "Cancel";
((Button) findViewById(R.id.okcancelbar_cancel)).setText(text);
array.recycle();
    }
}
```

而两个按钮的定义正如下面的XML代码所示，在此使用<merge />标签直接添加两个按钮到OkCancelBar。每个按钮都是从外部相同的XML布局文件包含进来的，这样做的好处是便于维护，我们只是简单地重写它们的id。

```
<merge xmlns:android="http://schemas.android.com/apk/res/android">
    <include
        layout="@layout/okcancelbar_button"
        android:id="@+id/okcancelbar_ok" />
    <include
        layout="@layout/okcancelbar_button"
        android:id="@+id/okcancelbar_cancel" />
</merge>
```

由此可见，我们创建了一个灵活且易于维护的自定义View，它有着高效的View层次，如图17-17所示。

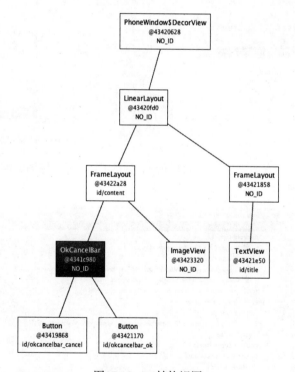

图17-17　UI结构视图

17.4　Android Lint静态分析

Android Lint是SDK Tools 16 (ADT 16)之后才被引入的工具，通过Android Lint可以对Android工程的源代码进行扫描和检查，发现潜在的问题，以便程序员及早修正这个问题。Android Lint提供了命令行方式执行，还可与IDE（如Eclipse和Android Studio）集成，并提供了HTML形式的输出报告。

通过使用Android Lint，可以扫描如下所示的一些错误问题：

- 缺少翻译和未使用的翻译；
- 布局性能问题；
- 未被使用的资源；
- 大小不一致的数组；
- 可访问性和国际化问题（硬编码字符串，缺少contentDescription）等；
- 图标问题，例如丢失密度、重复图标、错误尺寸等；
- 可用性问题，例如不在文本字段上指定输入的类型；
- 清单错误。

17.4.1   使用Android Lint

（1）打开Android Studio，导入一个要检测的Android工程，如图17-18所示。

（2）依次单击Android Studio菜单栏中的"Analyze"→"Inspect Code"，在弹出的选择范围界面中选择Inspect scope的范围，在此选择"Whole project（整个工程）"，如图17-19所示。

图17-18　Android工程

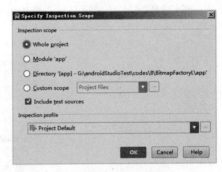

图17-19　选择范围

（3）单击"OK"按钮后开始进行Android Lint静态分析工作，分析完毕后可以在Inspection面板中看到检查结果，如图17-20所示。

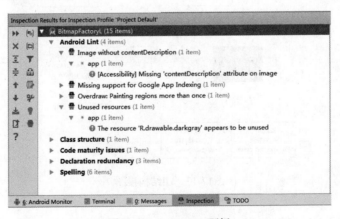

图17-20　Inspection面板

在上述面板中提示了如下所示的检查结果：

❑ Missing contentDescription attribute on image：在Android开发过程中，如果在配置文件中使用ImageView有时会引起Missing contentDescription attribute on image的提示。比如当在文件main.xml中使用ImageView控件时，如果没有使用android:contentDescription="@string/app_name"

则会引起整个错误，主要是因为在文件main.xml中没有使用TextView之类的文本控件，ADT会提示给像ImageView增加一个说明，这里添加android:contentDescription="@string/app_name即可，其实加不加影响不大，只是在IDE中会显示一个黄色下划线，不美观。

❑ Missing support for Google App Indexing：表示缺少对谷歌应用程序索引的支持。App Indexing是从Android 4.4开始新增的一项重要功能，尽管甚少被提及，但是它的影响却不容忽视。Google通过App Indexing功能，在搜索结果中使用深链接（Deep linking），将相关的应用显示出来，用户只需单击"应用内打开"按钮，即可导向应用列表，进行下载与安装。当下，应用搜索所面临的最大挑战就是盲目地去丰富应用程序中可操作的内容，而Android App Indexing将会彻底改变用户发现应用程序的方式。利用Google的最大优势，让开发者参与到应用搜索优化中去，并最终实现应用推广与盈利。

❑ Overdraw：表示过度绘制，是指在一帧的时间内（16.67ms）像素被绘制了多次，理论上一个像素每次只绘制一次是最优的，但是由于重叠的布局导致一些像素会被多次绘制，而每次绘制都会对应到CPU的一组绘图命令和GPU的一些操作，当这个操作耗时超过16.67ms时，就会出现掉帧现象，也就是我们所说的卡顿，所以对重叠不可见元素的重复绘制会产生额外的开销，需要尽量减少Overdraw的发生。

❑ The resource R.drawable.darkgray appears to be unused：表示有未使用的资源文件。

17.4.2　解决错误

双击错误信息，可以看到错误详情介绍在代码中的位置，例如Inspection面板的效果如图17-21所示。

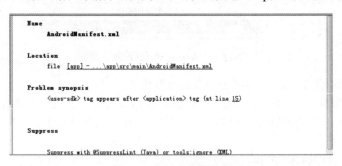

图17-21　Inspection面板的效果

单击上图中的"[app] - ...\app\src\main\AndroidManifest.xml"后，会在Android Studio中快速打开这个出错文件，如图17-22所示。

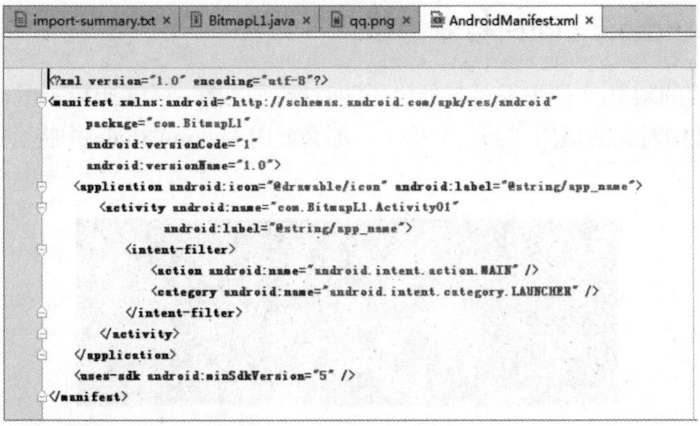

图17-22　快速打开出错文件

　　如果鼠标单击"(at line 15)"，会在 Android Studio 中快速定位这个出错文件的具体行数，如图 17-23 所示。

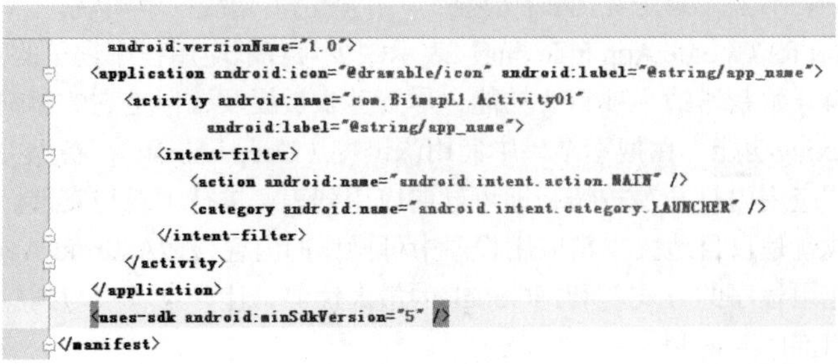

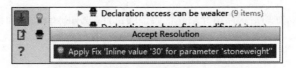

图17-23　定位到具体行数

> 注意：读者需要注意的是，这里的错误往往不是异常或 error，而是代码中可以进一步优化的部分。

　　在 Android Studio 中，许多 Lint 警告有自动修复功能。例如各种 Layoutopt 修复的替换提示，会替换 wrap_content 为 0dp，具体操作方法如下。

- 在 Lint 视图中，单击灯泡按钮 █ 来调用一个修复程序。单击后会弹出如图 17-24 所示的"Accept Resolution"界面，单击下方的"Apply Fix"会实现自动修复功能。

图17-24　"Accept Resolution"界面

- 在布局编辑器警告摘要中，单击修复按钮来修复。
- 在 XML 代码编辑器中，调用快速修复（Ctrl+1 或 Command+1）并选择与该警告关联的快速修复。

　　另外，开发者还可以取消错误警告的显示，具体可以从编辑器快速修复菜单中进行设置，可以实现如下操作。

- 仅忽略此文件中的这个警告。
- 忽略此项目中的这个警告。
- 在此期间忽略此警告。
- 通过添加注解或属性忽略此警告。

17.4.3　自定义 Android Lint 的检查提示

　　当在 Android 工程的 XML 文件中编写布局代码的时候，假如在一个 TextView 的 text 属性上直接写上字符串，在 textSize 属性中写入的值用"dp"为单位，那么此时 Android Studio 中将会弹出如图 17-25 所示的建议提示。

图17-25　Android Studio 的提示

在图17-25中显示的提示效果不是很明显，此时可以通过更改对应的Severity等级的方式来更改提示的等级。系统默认hardcode的severity等级为warning，可以将hardcode的severity等级修改为error，那么在存在硬编码时将会以error等级提醒我们。具体修改过程如下所示。

（1）打开Android Studio的"Setting"面板，依次单击左侧列表中的"Editor"→"Inspection"选项，在右侧搜索框中输入关键字"hard"，在下方会列表显示相关的选项，如图17-26所示。

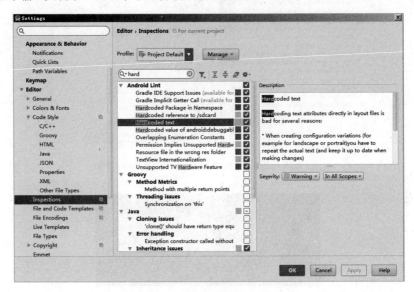

图17-26　输入关键字"hard"

（2）选中搜索列表中的"hardcode text"选项，在右下角中的Severity等级选项中，将"Warning"值改为"Error"，如图17-27所示。

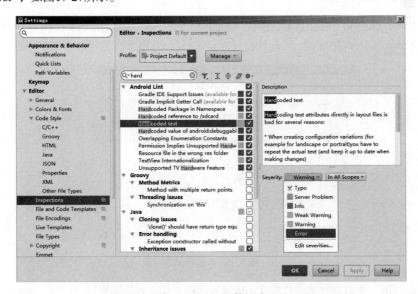

图17-27　将"Warning"值改为"Error"

（3）修改后的"Settings"面板界面效果如图17-28所示。

（4）修改完成后，可以看到将使用红色的波浪线标记来标注提示信息，整个视觉效果更直观，如图17-29所示。

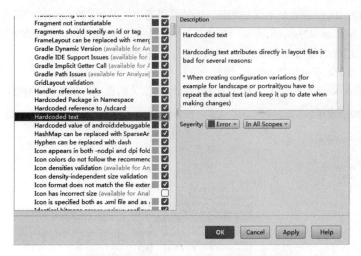

图17-28 修改后的"Settings"面板界面效果

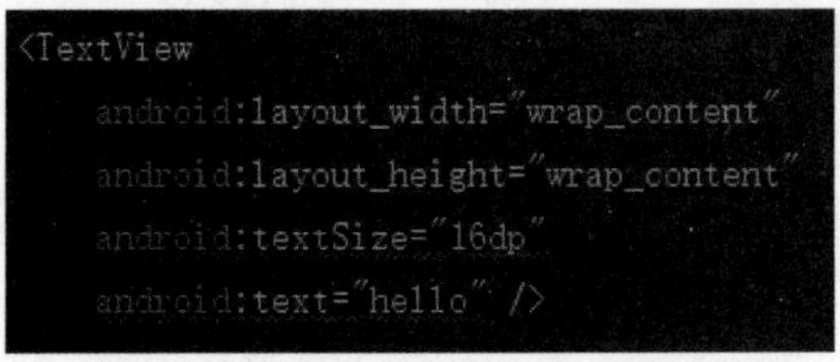

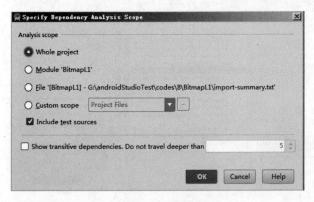

图17-29 红色提示信息

17.4.4 检查工程依赖的库

（1）依次单击Android Studio菜单栏中的"Analyze"→"Analyze Dependencies"，在弹出的选择范围界面中选择Inspect scope的范围，在此选择"Whole project（整个工程）"，如图17-30所示。

图17-30 选择范围

（2）单击"OK"按钮后开始进行检查工程依赖库的工作，分析完毕后可以在"Inspection"面板中看到检查结果，如图17-31所示。

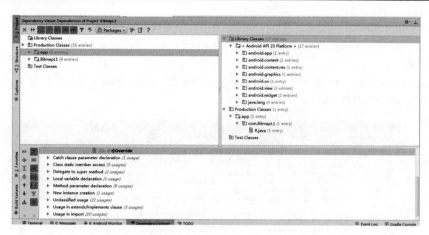

图17-31　"Inspection"面板

17.5　使用Memory Monitor内存分析工具

Memory Monitor是Android Studio自带的性能分析工具，可以通过视图直观地查看当前Android应用程序的内存、CPU占用情况。

（1）打开Android Studio，依次单击工具栏中的"View" → "Tool Windows" → "Android Monitor"命令，如图17-32所示。

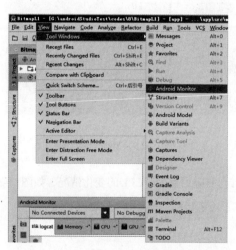

图17-32　打开"Android Monitor"

（2）在Android Studio下方弹出显示"Memory Monitor"面板，如图17-33所示。

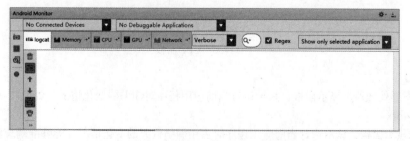

图17-33　"Memory Monitor"面板

如果在Android Studio中运行一个Android应用程序，则会在"Memory Monitor"面板中显示性能检测信息。

1. Logcat

Logcat是Android中的一个命令行工具，用于显示当前程序的运行log（日志）信息，详细显示了当前程序的运行过程，如图17-34所示。

图17-34　Logcat界面

2. Memory

内存显示面板，显示运行当前应用程序时内存的变化情况，如图17-35所示。下边的蓝色部分（运行程序可看到）表示当前占用的内存，上面灰色的部分表示是已经回收的内存。如果在图中看到尖峰，也就是快速分配内存又被回收，也就是发生了内存抖动，这里就是需要优化的地方。

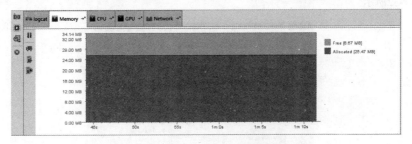

图17-35　Memory面板

3. CPU

CPU显示面板，显示运行当前应用程序时CPU的变化情况，如图17-36所示。

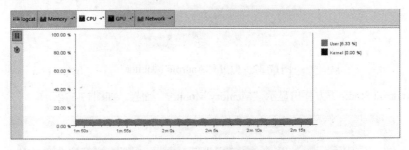

图17-36　CPU面板

4. GPU

GPU（图形处理器）显示面板，显示运行当前应用程序时GPU的变化情况，如图17-37所示。

5. Network

Network显示面板，显示运行当前应用程序时占用网络资源的变化情况，能够准确统计并监控网络流量，如图17-38所示。

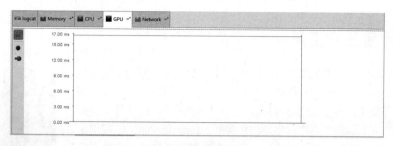

图17-37　GPU面板

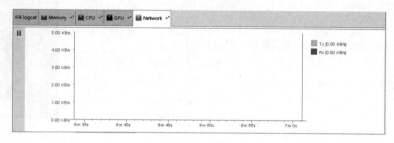

图17-38　Network面板

17.6　Code CleanUp（代码清理）

通过Code CleanUp可以实现代码清理工作，自动修改程序中不规范的代码，但是目前的修改能力还十分有限。

（1）依次单击Android Studio菜单栏中的"Analyze"→"Code CleanUp"，在弹出的选择范围界面中选择Code CleanUp scope的范围，在此选择"Whole project（整个工程）"，如图17-39所示。

图17-39　选择范围

（2）单击"OK"按钮后开始进行代码清理工作，分析完毕后可以在"Inspection"面板中看到检查结果。在图17-40中弹出了"No suspicious code found"的提示，表示当前项目不存在不规范的代码。

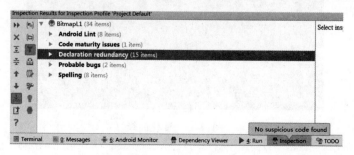

图17-40　"Inspection"面板

17.7　使用第三方工具

在市面中诞生了许多性能测试工具，其中最受开发者欢迎的是 Emmagee。Emmagee 是网易杭州 QA 团队开发的用于测试指定 Android 应用性能的小工具，其优势在于如同 Windows 系统性能监视器，提供的是数据采集的功能，而行为则基于用户真实的应用操作。Emmagee 能够监控单个 App 的 CPU、内存、流量、启动耗时、电量、电流等性能状态的变化，且用户可自定义配置监控的频率以及性能的实时显示，并最终生成一份性能统计文件。

（1）安装 Emmagee，启动后的界面效果如图 17-41 所示。

（2）勾选 "360 卫士" 选项，单击 "开始测试" 按钮后开始测试应用程序 360 卫士的性能。测试完成后，在系统任务列表中选择 Emmagee 并停止测试，在 "storage\sdcard0" 下找到命名类似 "Emmagee_TestResult_20151231210532.csv" 的文件，在此文件中保存了完整的监控数据，如图 17-42 所示。

图17-41　Emmagee界面

指定应用的CPU内存监控情况										
应用包名:	com.qihoo360.mobilesafe									
应用名称:	?360卫士									
应用PID:	19941									
机器内存大小	980.78MB									
机器CPU型号:	ARMv7 Processor rev 0 (v71)									
机器android?	4.1.1									
手机型号:	AMOI N820									
UID:	10033									
时间	应用占用户	应用占用户	机器剩余	应用占用	CPU总使用	流量(KB)	电量(%)	电流(mA)	温度(C)	电压(V)
###########	21.38	2.18	256.25	41.83	55.29	0	73%	545	38	3.874
###########	21.4	2.18	256.66	2.25	14.41	0	73%	545	38	3.874
###########	50.76	5.18	246.42	39.67	70.11	0	73%	430	38	3.874
###########	34.2	3.49	251.05	43.5	92.28	0	73%	430	38	3.874
###########	34.1	3.48	250.63	56.12	97.89	0	73%	430	38	3.874
###########	34.82	3.55	250.71	79.24	98.73	0	73%	430	38	3.874
###########	34.98	3.57	248	69.07	94.49	0	73%	430	38	3.874
###########	28.02	2.86	249.7	72.22	97.44	0	73%	430	38	3.874
###########	28.14	2.87	242.7	71.02	94.69	0	73%	430	38	3.874
###########	28.21	2.88	241.2	63.04	98.91	0	73%	430	38	3.874
###########	28.46	2.9	236.05	46.69	99.34	0	73%	445	38	3.874
###########	28.47	2.9	236.22	54.94	99.21	0	73%	445	38	3.874
###########	28.48	2.9	236.25	58.11	99.25	0	73%	445	38	3.874
###########	28.07	2.86	236.53	48.66	99.62	0	73%	445	38	3.874

图17-42　监控数据

可以将上述 CSV 数据复制到 Excel 中生成统计图表，如图 17-43 所示。在运行某个应用程序的过程中，通过变化曲线可以查看 CPU、内存等性能数据的变化情况。

图17-43　变化曲线

## 第 18 章

Android TV开发详解

随着物联网技术的发展和可穿戴设备的兴起，物联网技术已经逐渐走进了人们的生活。在当前的技术水平下，智能化已经成为了当今社会发展的大趋势。谷歌作为科技界的巨头，一直致力于为人们提供智能化生活的解决方案。为了为人们提供一个智能化家居客厅，谷歌推出了Android TV系统，为智能电视厂商提供了一个标准的生态系统，为智能电视产业提供了一个行业标准。在本章的内容中，将详细讲解基于Android TV系统开发一个多功能电视盒子系统的基本知识。

18.1 Android TV概述

2014年6月，在旧金山召开的谷歌I/O会议上，谷歌宣布了一种名为"谷歌电视（Google TV）"的direct-to-TV服务，也就是Android TV。Google TV的合作伙伴包括英特尔、索尼、罗技、Adobe、百思买和DISH Network等全球产业巨头。到目前为止，尽管Android TV推出不到两年，但芯片厂商、内核厂商以及整机厂商已开始着重布局此市场，特别是前两者，已将Android TV作为Android手机，Android平板电脑之后的另一个新大陆。"国内的创维、海尔、海信等知名品牌电视机厂商已推出商用化的Android TV，都是基于ARM Cortext A9内核的。

Android TV的推出，预示了一个全新的视频服务领域，让全球用户创作内容（UGC）最大仓库的拥有者谷歌，在与其他从事视频服务的同业竞争中，一开始就获得了强大的位置。利用Android和Chrome作为基础平台，谷歌将能够把内容与智能搜索及创新服务相结合，提供诱人的用户体验，覆盖高清电视机和家用设备，最终连接到一切设备。

Android平台跨入电视产业以前，联网功能已成为美国市场的主流电视配备。但是这些由硬件厂商主导的联网电视，是在原有产品架构下加入联网功能，各家平台不兼容、联网功能受到局限，内容也较少。智能电视Android平台进入联网电视领域，将可改善原有联网电视模式的缺点。尤其应用程序商店模式，将可吸引不同类型的版权拥有者加入联网电视服务，并促使更多消费者购买联网电视。不过，罗惠隆认为，受到传统影视产业供应链紧密结合的影响，近期智能电视在手机电视产业所产生的效应，将由影视供应链、内容与通路之间的关系变化决定。

自从Android TV平台问世之后，宣布Android智能平台正式进入家庭客厅。并且Android TV本身的巨大优势，将不可避免地成为智能电视世界的业内标准。Android TV的自身优点如下所示。

（1）因为Android TV完全开源并免费，所以大幅降低了系统成本包括软件授权费用和开发人员成本等，缩短产品开发周期，加速产品上市。可进行任意层面的修改，实现差异化。

（2）技术成熟，经过市场验证，跨硬件平台的完整中间件平台。

（3）功能丰富，性能优异的软件模块，如JavaScript V8、WebKit和Skia图形库等。

（4）具备一次编译功能，自身是跨平台运行的Dalvik虚拟机，便于基于AppStore模式的应用开发。

（5）拥有数量庞大的存量应用程序（Google Market），经过稍许改动，便可适用于电视。

（6）便于与其他Android设备实现连接，例如可以和手机、平板电脑等进行互联和互操作。

18.2 系统模块结构

在下面的内容中，将通过一个综合实例的实现过程，详细讲解基于开发Android TV系统的一个多功能电视盒子系统的基本知识。本系统功能模块的具体结构如图18-1所示。

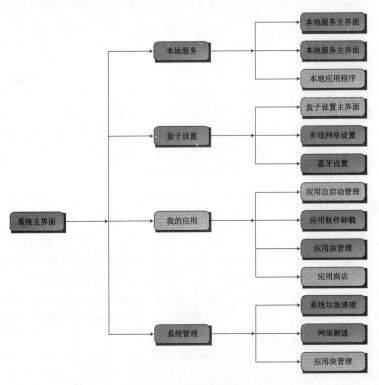

图18-1 系统模块结构

18.3 系统主界面

打开文件AndroidManifest.xml，会发现本系统执行后首先将进入"activitys.MainActivity"界面，此界面是系统的主界面，执行效果如图18-2所示。

图18-2 系统主界面

在接下来的内容中，将详细讲解系统主界面的具体实现过程。

18.3.1 系统主界面布局

本系统的主界面Activity的布局文件是activity_main.xml，具体实现代码如下所示。

```xml
<?xml version="1.0" encoding="utf-8"?>
<RelativeLayout xmlns:android="http://schemas.android.com/apk/res/android"
    android:layout_width="match_parent"
    android:layout_height="match_parent"
    android:background="@drawable/bg"
    android:gravity="right"
    android:orientation="vertical" >

    <com.droid.views.GameTitleView
        android:layout_width="wrap_content"
        android:layout_height="wrap_content"
        android:layout_marginTop="20dp">
        </com.droid.views.GameTitleView>


    <RadioGroup
        android:id="@+id/main_group"
        android:layout_width="fill_parent"
        android:layout_height="wrap_content"
        android:layout_marginTop="120dp"
        android:gravity="center"
        android:orientation="horizontal">

        <RadioButton
            android:id="@+id/main_title_local"
            android:layout_width="150dp"
            android:layout_height="40dp"
            android:background="@drawable/sel_local_service"
            android:button="@null"
            android:textSize="20sp" />

        <ImageView
            android:layout_width="wrap_content"
            android:layout_height="wrap_content"
            android:layout_margin="5dp"
            android:background="@drawable/title_divider" />

        <RadioButton
            android:id="@+id/main_title_setting"
            android:layout_width="150dp"
            android:layout_height="40dp"
            android:layout_marginLeft="20dp"
            android:background="@drawable/sel_setting"
            android:button="@null"
            android:textSize="20sp" />

        <ImageView
            android:layout_width="wrap_content"
            android:layout_height="wrap_content"
            android:layout_margin="5dp"
            android:background="@drawable/title_divider" />

        <RadioButton
            android:id="@+id/main_title_app"
            android:layout_width="150dp"
            android:layout_height="40dp"
            android:layout_marginLeft="20dp"
            android:background="@drawable/sel_app"
            android:button="@null"
            android:textSize="20sp" />

    </RadioGroup>
```

```
        <com.droid.views.MyViewPager
            android:id="@+id/main_viewpager"
            android:layout_width="fill_parent"
            android:layout_height="fill_parent"
            />
    </RelativeLayout>
```

18.3.2　系统主界面Activity

本系统启动后首先执行的Activity界面文件是MainActivity.java，具体实现流程如下所示。

（1）定义系统中需要的常量和变量，在屏幕中加载显示指定的图片信息，如果加载失败则显示提醒信息，对应的实现代码如下所示。

```
public class MainActivity extends BaseActivity implements View.OnClickListener {

    private static final String TAG = "MainActivityGameLTV2";
    private MyViewPager mViewPager;
    private RadioButton localService;
    private RadioButton setting;
    private RadioButton app;
    private SQLiteDatabase mSQLiteDataBase;
    private ClientApplication mClientApp;
    private List<ContentValues> datas;//图片数据
    private int currentIndex;
    private static final int PAGE_NUMBER = 3;
    private ArrayList<Fragment> fragments = new ArrayList<Fragment>();
    private boolean d = true;// debug
    private SharedPreferencesUtil sp;
    private Context context;
    private FileCache fileCache;
    private String cacheDir;
    private View mViews[];
    private int mCurrentIndex = 0;
    private Handler handler = new Handler() {
        public void handleMessage(android.os.Message msg) {
            switch (msg.what) {
                case 0:
                    break;
                case 1://异常处理
                    initFragment("");
                    showShortToast("图片加载失败！");
                    break;
                case 2://图片数据解析
                    Bundle b = msg.getData();
                    String json = b.getString("mResponseJson");
                    try {
                        initFragment(json);
                    } catch (Exception e) {
                        e.printStackTrace();
                    }
                    break;
            }
        }

    ;
    };
```

（2）程序执行后将加载显示界面布局文件activity_main.xml，通过FileCache对象获取系统缓存信息，通过函数updateUI及时更新系统界面，对应的实现代码如下所示。

```
        protected void onCreate(Bundle savedInstanceState) {
            super.onCreate(savedInstanceState);
            this.setContentView(R.layout.activity_main);
            mClientApp = (ClientApplication) this.getApplication();
            context = this;
            fileCache = new FileCache(context);
            cacheDir = fileCache.getCacheDir();
            sp = SharedPreferencesUtil.getInstance(context);
```

```
            initView();
            initData();
            context.registerReceiver(this.mConnReceiver,
                    new IntentFilter(ConnectivityManager.CONNECTIVITY_ACTION));
            mBindService();
            this.registerReceiver(updateUI,
                    new IntentFilter("com.droid.updateUI"));
        }
```

（3）通过函数installApk()安装新的APK应用程序，具体实现代码如下所示。

```
        /**
         * 程序安装更新
         */
        private void installApk() {
            boolean installFlag = false;
            Log.d(TAG, "--installFlag1--" + installFlag);
            ArrayList<File> fileList = fileCache.getFile();
            for (File apk : fileList) {
                String name = apk.getName();
                if (name.substring(name.length() - 3, name.length()).equals("zip")) {
                    continue;
                }
                name = name.substring(0, name.length() - 4);
                if (sp.getString(name + "packageName", "") != "") {
                    PackageInfo info = Tools.getAPKVersionInfo(context,
                            sp.getString(name + "packageName", ""));
                    if (info.versionCode < sp.getInt(name + "Version", 0)) {
                        installFlag = true;
                        Tools.installApk(context, apk,
                                sp.getString(name + "MD5", ""));
                    }
                }
            }
            if (!installFlag) {
                UpdateManager updateManager = new UpdateManager(this);
                updateManager.checkUpdateInfo();
            }
        }
```

（4）通过BroadcastReceiver()及时更新UI界面的Receiver，具体实现代码如下所示。

```
        private BroadcastReceiver updateUI = new BroadcastReceiver() {
            public void onReceive(Context context, Intent intent) {
                String spResponseJson = sp.getString("url_str_json_data", " ");
                initFragment(spResponseJson);
            }
        };
```

（5）初始化系统数据库中的数据，将获取的应用程序信息发送到Fragment块中，具体实现代码如下所示。

```
        private void initData() {
            // 打开数据库
            openDataBase();
            if (isThereHaveUrlDataInDB()) {
                String data = getUrlDataFromDB();
                //将数据发送到Fragment
                initFragment(data);
                getUrlDataFromNetFlow();
            } else {
                getUrlDataFromNetFlow();
            }
        }
        private boolean isThereHaveUrlDataInDB() {
            boolean b = false;
            try {
                String s = getUrlDataFromDB();
                if (s.length() > 0)
                    b = true;
            } catch (Exception e) {
                e.printStackTrace();
```

```
    }
    return b;
}
```

（6）通过函数initView()初始化UI界面视图，具体实现代码如下所示。

```
private void initView() {
    mViewPager = (MyViewPager) this.findViewById(R.id.main_viewpager);
    localService = (RadioButton) findViewById(R.id.main_title_local);
    setting = (RadioButton) findViewById(R.id.main_title_setting);
    app = (RadioButton) findViewById(R.id.main_title_app);
    localService.setSelected(true);
    mViews = new View[]{localService, setting, app};
    setListener();
}
```

（7）监听用户对系统的操作，各种事件监听操作的具体实现代码如下所示。

```
private void setListener() {
    localService.setOnClickListener(this);
    setting.setOnClickListener(this);
    app.setOnClickListener(this);

    localService.setOnFocusChangeListener(new View.OnFocusChangeListener() {
        public void onFocusChange(View v, boolean hasFocus) {
            if(hasFocus){
                mViewPager.setCurrentItem(0);
            }
        }
    });
    setting.setOnFocusChangeListener(new View.OnFocusChangeListener() {
        public void onFocusChange(View v, boolean hasFocus) {
            if(hasFocus){
                mViewPager.setCurrentItem(1);
            }
        }
    });
    app.setOnFocusChangeListener(new View.OnFocusChangeListener() {
        public void onFocusChange(View v, boolean hasFocus) {
            if(hasFocus){
                mViewPager.setCurrentItem(2);
            }
        }
    });
}


public void onClick(View v) {
    switch (v.getId()) {
        case R.id.main_title_local:
            currentIndex = 0;
            mViewPager.setCurrentItem(0);
            break;
        case R.id.main_title_setting:
            currentIndex = 3;
            mViewPager.setCurrentItem(1);
            break;
        case R.id.main_title_app:
            currentIndex = 4;
            mViewPager.setCurrentItem(2);
            break;
    }
}
```

（8）通过函数initFragment()初始化Fragment块的信息，在Fragment块中排列显示系统的功能块，如图18-3所示。

图18-3　Fragment块

函数initFragment()的具体实现代码如下所示。

```
private void initFragment(String url_data) {
    fragments.clear();//清空
```

```
            int count = PAGE_NUMBER;

            FragmentManager manager;
            FragmentTransaction transaction;

            /* 获取manager */
            manager = this.getSupportFragmentManager();
            /* 创建事物 */
            transaction = manager.beginTransaction();

            LocalServiceFragment interactTV = new LocalServiceFragment();
            SettingFragment setting = new SettingFragment();
            AppFragment app = new AppFragment();

            /*创建一个Bundle用来存储数据，传递到Fragment中*/
            Bundle bundle = new Bundle();
            /*往bundle中添加数据*/
            bundle.putString("url_data", url_data);
            /*把数据设置到Fragment中*/

            interactTV.setArguments(bundle);

            fragments.add(interactTV);
            fragments.add(setting);
            fragments.add(app);

            transaction.commitAllowingStateLoss();

            MainActivityAdapter mAdapter = new MainActivityAdapter(getSupportFragmentManager(),
            fragments);
            mViewPager.setAdapter(mAdapter);
            mViewPager.setOnPageChangeListener(pageListener);
            mViewPager.setCurrentItem(0);
        }
```

（9）通过ViewPager来切换监听方法，实现屏幕界面的切换界面功能，具体实现代码如下所示。

```
    public ViewPager.OnPageChangeListener pageListener = new ViewPager.OnPageChangeListener()
    {
        public void onPageScrollStateChanged(int arg0) {
        }
        public void onPageScrolled(int arg0, float arg1, int arg2) {
        }
        public void onPageSelected(int position) {
            mViewPager.setCurrentItem(position);
            switch (position) {
                case 0:
                    currentIndex = 0;
                    localService.setSelected(true);
                    setting.setSelected(false);
                    app.setSelected(false);
                    break;
                case 1:
                    currentIndex = 1;
                    localService.setSelected(false);
                    setting.setSelected(true);
                    app.setSelected(false);
                    break;
                case 2:
                    currentIndex = 2;
                    localService.setSelected(false);
                    setting.setSelected(false);
                    app.setSelected(true);
                    break;
            }
        }
    };
```

（10）通过函数getUrlDataFromNetFlow()从网上获取Url数据流，具体实现代码如下所示。

```
    private void getUrlDataFromNetFlow() {
```

```
        if (NetWorkUtil.isNetWorkConnected(context)) {
            //获取数据
            initFragment("");
        } else {
            initFragment("");
        }
    }
```

（11）创建数据库并创建一个数据库表，具体实现代码如下所示。

```
    private String getUrlDataFromDB() {
        Cursor cursor = mSQLiteDataBase.rawQuery("SELECT url_data FROM my_url_data", null);
        cursor.moveToLast();
        String a = cursor.getString(cursor.getColumnIndex("url_data"));
        //String s = cursor.getString(2);
        return a;
    }

    /* 打开数据库，创建表 */
    private void openDataBase() {
        mSQLiteDataBase = this.openOrCreateDatabase("myapp.db", MODE_PRIVATE, null);
        String CREATE_TABLE = "create table if not exists my_url_data (_id INTEGER PRIMARY
        KEY,url_data TEXT);";
        mSQLiteDataBase.execSQL(CREATE_TABLE);
        // 插入一条id为1的空数据
        String INSERT_ONE_DATA = "";
    }
    @Override
    protected void onStop() {
        super.onStop();
        mSQLiteDataBase.close();
    }
```

（12）通过onKeyDown(int keyCode, KeyEvent event) 获取顶部焦点，具体实现代码如下所示。

```
    public boolean onKeyDown(int keyCode, KeyEvent event) {
        boolean focusFlag = false;
        for (View v : mViews) {
            if (v.isFocused()) {
                focusFlag = true;
            }
        }
        Log.d(TAG, "code:" + keyCode + " flag:" + focusFlag);
        if (focusFlag) {
            if (KeyEvent.KEYCODE_DPAD_LEFT == keyCode) {
                if (mCurrentIndex > 0) {
                    mViews[--mCurrentIndex].requestFocus();
                }
                return true;
            } else if (KeyEvent.KEYCODE_DPAD_RIGHT == keyCode) {
                if (mCurrentIndex < 2) {
                    mViews[++mCurrentIndex].requestFocus();
                }
                return true;
            }
        }
        return super.onKeyDown(keyCode, event);
    }
```

（13）绑定后台服务操作，检查是否有新的系统版本，实现系统更新功能，具体实现代码如下所示。

```
    private void mBindService() {
        Intent intent = new Intent(this, MainService.class);
        if (d)
            Log.i(TAG, "=======bindService()========");
        bindService(intent, connection, Context.BIND_AUTO_CREATE);
    }

    private MainService.MyBinder myBinder;
    private ServiceConnection connection = new ServiceConnection() {
```

```
        public void onServiceDisconnected(ComponentName name) {
        }

        public void onServiceConnected(ComponentName name, IBinder service) {
            myBinder = (MainService.MyBinder) service;
            myBinder.startDownload();
        }
    };

    private BroadcastReceiver mConnReceiver = new BroadcastReceiver() {
        public void onReceive(Context context, Intent intent) {

            NetworkInfo currentNetworkInfo = intent.getParcelableExtra(ConnectivityManager.
            EXTRA_NETWORK_INFO);

            if (currentNetworkInfo.isConnected()) {
                //连接网络更新数据
                installApk();
            } else {
                showShortToast("网络未连接");
                ClientApplication.netFlag = false;
            }
        }
    };
}
```

18.4 本地服务

在本地服务模块中将显示在本系统中已经安装的应用程序，效果如图18-4所示。

图18-4 本地服务界面

在接下来的内容中，将详细讲解本地服务界面的具体实现过程。

18.4.1 本地服务主界面

本地服务界面主界面的布局文件是fragment_local_service.xml，具体实现代码如下所示。

```
<LinearLayout xmlns:android="http://schemas.android.com/apk/res/android"
    android:layout_width="fill_parent"
    android:layout_height="fill_parent"
    android:gravity="center"
    android:orientation="vertical">

    <RelativeLayout
        android:id="@+id/local_focus_rl"
        android:layout_width="fill_parent"
        android:layout_height="fill_parent"
        android:layout_gravity="center"
```

```
    android:layout_marginTop="120dp"
    android:gravity="center">

    <ImageButton
        android:id="@+id/local_tv"
        android:layout_width="366dp"
        android:layout_height="220dp"
        android:focusable="true"
        android:src="@drawable/local_tv"
        android:layout_margin="2dp"
        android:background="@drawable/sel_focus"
        android:scaleType="fitXY" />

    <ImageButton
        android:id="@+id/local_tour"
        android:layout_width="366dp"
        android:layout_height="220dp"
        android:layout_below="@id/local_tv"
        android:src="@drawable/local_tour"
        android:focusable="true"
        android:layout_margin="2dp"
        android:background="@drawable/sel_focus"
        android:scaleType="fitXY" />

    <ImageButton
        android:id="@+id/local_ad1"
        android:layout_width="366dp"
        android:layout_height="450dp"
        android:focusable="true"
        android:layout_margin="2dp"
        android:layout_toRightOf="@id/local_tv"
        android:src="@drawable/local_ad1"
        android:background="@drawable/sel_focus"
        android:scaleType="fitXY" />

    <ImageButton
        android:id="@+id/local_cate"
        android:layout_width="220dp"
        android:layout_height="146dp"
        android:focusable="true"
        android:layout_margin="2dp"
        android:layout_toRightOf="@id/local_ad1"
        android:src="@drawable/local_cate"
        android:background="@drawable/sel_focus"
        android:scaleType="fitXY" />

    <ImageButton
        android:id="@+id/local_weather"
        android:layout_width="220dp"
        android:layout_height="146dp"
        android:layout_toRightOf="@id/local_cate"
        android:focusable="true"
        android:layout_margin="2dp"
        android:src="@drawable/local_weather"
        android:background="@drawable/sel_focus"
        android:scaleType="fitXY" />

    <ImageButton
        android:id="@+id/local_ad2"
        android:layout_width="220dp"
        android:layout_height="146dp"
        android:layout_toRightOf="@id/local_ad1"
        android:layout_below="@id/local_cate"
        android:layout_margin="2dp"
        android:src="@drawable/local_ad2"
        android:background="@drawable/sel_focus"
        android:scaleType="fitXY" />
```

```
    <ImageButton
        android:id="@+id/local_news"
        android:layout_width="220dp"
        android:layout_height="146dp"
        android:layout_toRightOf="@id/local_ad2"
        android:layout_margin="2dp"
        android:layout_below="@id/local_cate"
        android:src="@drawable/local_news"
        android:background="@drawable/sel_focus"
        android:scaleType="fitXY" />

    <ImageButton
        android:id="@+id/local_app_store"
        android:layout_width="220dp"
        android:layout_height="146dp"
        android:layout_toRightOf="@id/local_ad1"
        android:layout_below="@id/local_ad2"
        android:layout_margin="2dp"
        android:src="@drawable/local_app_store"
        android:background="@drawable/sel_focus"
        android:scaleType="fitXY" />

    <ImageButton
        android:id="@+id/local_video"
        android:layout_width="220dp"
        android:layout_height="146dp"
        android:layout_toRightOf="@id/local_app_store"
        android:layout_below="@id/local_ad2"
        android:layout_margin="2dp"
        android:src="@drawable/local_video"
        android:background="@drawable/sel_focus"
        android:scaleType="fitXY" />

    </RelativeLayout>
</LinearLayout>
```

本地服务主界面对应的Activity文件是LocalServiceFragment.java。在此界面中首先设置了9个Fragment块，然后通过initView(View view)来监听用户对这9个区域的操作，最后通过switch语句根据用户的操作来到本地服务中9个不同的功能界面中。文件LocalServiceFragment.java的具体实现代码如下所示。

```
public class LocalServiceFragment extends WoDouGameBaseFragment implements View.OnClickListener {

    private ImageWorker mImageLoader;
    private static final boolean d = ClientApplication.debug;
    private Context context;
    private List<ContentValues> datas;

    private ImageButton tour;
    private ImageButton tv;
    private ImageButton ad1;
    private ImageButton cate;
    private ImageButton weather;
    private ImageButton ad2;
    private ImageButton news;
    private ImageButton appStore;
    private ImageButton video;

    @Override
    public void onCreate(Bundle savedInstanceState) {
        super.onCreate(savedInstanceState);
        context = getActivity();
    }

    @Override
    public View onCreateView(LayoutInflater inflater, ViewGroup container, Bundle
savedInstanceState) {
        View view = LayoutInflater.from(getActivity()).inflate(R.layout.fragment_local_service,
```

```
null);
        initView(view);
        return view;
    }

    private void initView(View view) {

        tv = (ImageButton) view.findViewById(R.id.local_tv);
        tour = (ImageButton) view.findViewById(R.id.local_tour);
        ad1 = (ImageButton) view.findViewById(R.id.local_ad1);
        ad2 = (ImageButton) view.findViewById(R.id.local_ad2);
        cate = (ImageButton) view.findViewById(R.id.local_cate);
        weather = (ImageButton) view.findViewById(R.id.local_weather);
        news = (ImageButton) view.findViewById(R.id.local_news);
        appStore = (ImageButton) view.findViewById(R.id.local_app_store);
        video = (ImageButton) view.findViewById(R.id.local_video);

        tv.setOnFocusChangeListener(mFocusChangeListener);
        tour.setOnFocusChangeListener(mFocusChangeListener);
        ad1.setOnFocusChangeListener(mFocusChangeListener);
        ad2.setOnFocusChangeListener(mFocusChangeListener);
        cate.setOnFocusChangeListener(mFocusChangeListener);
        weather.setOnFocusChangeListener(mFocusChangeListener);
        news.setOnFocusChangeListener(mFocusChangeListener);
        appStore.setOnFocusChangeListener(mFocusChangeListener);
        video.setOnFocusChangeListener(mFocusChangeListener);

        tv.setOnClickListener(this);
        video.setOnClickListener(this);

        tv.setFocusable(true);
        tv.setFocusableInTouchMode(true);
        tv.requestFocus();
        tv.requestFocusFromTouch();
    }

    public void onClick(View v) {
        switch (v.getId()) {
            case R.id.local_tv:
                break;
            case R.id.local_ad1:
                break;
            case R.id.local_ad2:
                break;
            case R.id.local_weather:
                break;
            case R.id.local_app_store:
                break;
            case R.id.local_cate:
                break;
            case R.id.local_news:
                break;
            case R.id.local_tour:
                break;
            case R.id.local_video:
                break;
        }
    }
}
```

18.4.2　应用程序管理界面

在应用程序管理界面中列出了当前本地安装的应用程序，界面布局文件是item_pager_layout_managerapp.xml，功能是将屏幕划分为5行3列共15块区域。文件item_pager_layout_managerapp.xml具体实现代码如下所示。

```
<?xml version="1.0" encoding="utf-8"?>
```

```xml
<LinearLayout xmlns:android="http://schemas.android.com/apk/res/android"
    android:layout_width="wrap_content"
    android:layout_height="wrap_content"
    android:layout_gravity="center"
    android:gravity="center"
    android:orientation="vertical">

    <LinearLayout
        android:layout_width="fill_parent"
        android:layout_height="wrap_content"
        android:layout_gravity="center"
        android:gravity="center"
        android:background="@drawable/item_focus"
        android:orientation="horizontal" >

        <LinearLayout
             android:nextFocusUp="@+id/manager_app"
            android:id="@+id/app_item0"
            android:layout_width="200dp"
            android:layout_height="150dp"
            android:layout_gravity="center"
            android:background="@drawable/sel_item"
            android:focusable="true"
            android:gravity="center"
            android:orientation="vertical"
            android:visibility="invisible" >

            <ImageView
                android:id="@+id/app_icon0"
                android:layout_width="80dp"
                android:layout_height="80dp"
                android:layout_marginTop="10dp"
                android:background="@android:color/transparent"
                android:scaleType="fitCenter" />

            <TextView
                android:id="@+id/app_name0"
                android:layout_width="match_parent"
                android:layout_height="wrap_content"
                android:layout_gravity="center"
                android:layout_marginTop="10dp"
                android:gravity="center"
                android:textColor="@android:color/white"
                android:textSize="24sp" />
        </LinearLayout>

        <ImageView
            android:layout_width="1dp"
            android:layout_height="150dp"
            android:background="@drawable/shuxian" />
……
    </LinearLayout>
</LinearLayout>
```

应用程序管理界面对应的Activity文件是AllApp.java, 功能是获取并显示系统内的已安装App应用程序, 具体实现代码如下所示。

```java
public class AllApp extends LinearLayout implements View.OnClickListener{

    public AllApp(Context context, AttributeSet attrs) {
        super(context, attrs);
    }

    public AllApp(Context context, AttributeSet attrs, int defStyle) {
        super(context, attrs, defStyle);
    }

    private Context mContext;
    private ImageView appIcons[] = new ImageView[15];
```

```java
    private LinearLayout appItems[] = new LinearLayout[15];
    int iconIds[] = {R.id.app_icon0,R.id.app_icon1,R.id.app_icon2,
            R.id.app_icon3,R.id.app_icon4,R.id.app_icon5,
            R.id.app_icon6,R.id.app_icon7,R.id.app_icon8,
            R.id.app_icon9,R.id.app_icon10,R.id.app_icon11,
            R.id.app_icon12,R.id.app_icon13,R.id.app_icon14};
            private TextView appNames[] = new TextView[15];
            int nameIds[] = {R.id.app_name0,R.id.app_name1,R.id.app_name2,
            R.id.app_name3,R.id.app_name4,R.id.app_name5,
            R.id.app_name6,R.id.app_name7,R.id.app_name8,
            R.id.app_name9,R.id.app_name10,R.id.app_name11,
            R.id.app_name12,R.id.app_name13,R.id.app_name14};
    int itemIds[] = {
            R.id.app_item0,R.id.app_item1,R.id.app_item2,
            R.id.app_item3,R.id.app_item4,R.id.app_item5,
            R.id.app_item6,R.id.app_item7,R.id.app_item8,
            R.id.app_item9,R.id.app_item10,R.id.app_item11,
            R.id.app_item12,R.id.app_item13,R.id.app_item14
    };

    public AllApp(Context context) {
        super(context);
        mContext = context;
    }

    private List<AppBean> mAppList = null;
    private int mPagerIndex  = -1;
    private int mPagerCount = -1;
    public void setAppList(List<AppBean> list, int pagerIndex, int pagerCount)
    {
        mAppList = list;
        mPagerIndex = pagerIndex;
        mPagerCount = pagerCount;
    }

    public void managerAppInit()
    {
        View v = LayoutInflater.from(mContext).inflate(R.layout.item_pager_layout, null);
        LayoutParams params = new LayoutParams(LayoutParams.WRAP_CONTENT,
        LayoutParams.WRAP_CONTENT);
        params.gravity = Gravity.CENTER;
        int itemCount = -1;
        if(mPagerIndex < mPagerCount - 1)
        {
            itemCount = 15;
        }else
        {
            itemCount = (mAppList.size() - (mPagerCount-1)*15);
        }
        for(int i = 0; i < itemCount; i++)
        {
            appIcons[i] = (ImageView) v.findViewById(iconIds[i]);
            appNames[i] = (TextView)v.findViewById(nameIds[i]);
            appIcons[i].setImageDrawable(mAppList.get(mPagerIndex*15 + i).getIcon());
            appItems[i] = (LinearLayout)v.findViewById(itemIds[i]);
            appNames[i].setText(mAppList.get(mPagerIndex * 15 + i).getName());
            appItems[i].setVisibility(View.VISIBLE);
            appItems[i].setOnClickListener(this);
//          appItems[i].setOnFocusChangeListener(focusChangeListener);
        }
        addView(v);
    }

    public View.OnFocusChangeListener focusChangeListener = new View.OnFocusChangeListener()
    {

        public void onFocusChange(View v, boolean hasFocus) {

            int focus = 0;
```

```
            if (hasFocus) {
                focus = R.anim.enlarge;
            } else {
                focus = R.anim.decrease;
            }
        //如果有焦点就放大，没有焦点就缩小
            Animation mAnimation = AnimationUtils.loadAnimation(
                    mContext, focus);
            mAnimation.setBackgroundColor(Color.TRANSPARENT);
            mAnimation.setFillAfter(hasFocus);
            v.startAnimation(mAnimation);
            mAnimation.start();
            v.bringToFront();
        }
    };

    @SuppressLint("NewApi")
    public void onClick(View arg0) {
        int id = arg0.getId();
        int position = -1;
        switch(id)
        {
        case R.id.app_item0:
            position = mPagerIndex*15 + 0;
            break;
        case R.id.app_item1:
            position = mPagerIndex*15 + 1;
            break;
        case R.id.app_item2:
            position = mPagerIndex*15 + 2;
            break;
        case R.id.app_item3:
            position = mPagerIndex*15 + 3;
            break;
        case R.id.app_item4:
            position = mPagerIndex*15 + 4;
            break;
        case R.id.app_item5:
            position = mPagerIndex*15 + 5;
            break;
        case R.id.app_item6:
            position = mPagerIndex*15 + 6;
            break;
        case R.id.app_item7:
            position = mPagerIndex*15 + 7;
            break;
        case R.id.app_item8:
            position = mPagerIndex*15 + 8;
            break;
        case R.id.app_item9:
            position = mPagerIndex*15 + 9;
            break;
        case R.id.app_item10:
            position = mPagerIndex*15 + 10;
            break;
        case R.id.app_item11:
            position = mPagerIndex*15 + 11;
            break;
        case R.id.app_item12:
            position = mPagerIndex*15 + 12;
            break;
        case R.id.app_item13:
            position = mPagerIndex*15 + 13;
            break;
        case R.id.app_item14:
            position = mPagerIndex*15 + 14;
            break;
            default:
```

```
                break;
        }
    if(position != -1)
    {
            PackageManager manager = mContext.getPackageManager();
            String packageName = mAppList.get(position).getPackageName();
            Intent intent=new Intent();
            intent =manager.getLaunchIntentForPackage(packageName);
            mContext.startActivity(intent);
        }
    }
}
```

应用程序管理界面的效果如图18-5所示。

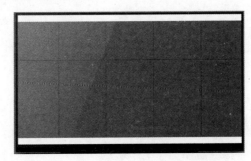

图18-5　应用程序管理界面的效果

文件GetAppList.app的功能是获取系统内已经安装的应用程序，然后保存在ArrayList数组列表中，具体实现代码如下所示。

```
public class GetAppList {

    private Context mContext;

    public GetAppList(Context context) {
        mContext = context;
    }

    private static final String TAG = "GetAppList";
    private static final boolean d = ClientApplication.debug;

    public ArrayList<AppBean> getLaunchAppList() {
        PackageManager localPackageManager = mContext.getPackageManager();
        Intent localIntent = new Intent("android.intent.action.MAIN");
        localIntent.addCategory("android.intent.category.LAUNCHER");
        List<ResolveInfo> localList = localPackageManager.queryIntentActivities(localIntent, 0);
        ArrayList<AppBean> localArrayList = null;
        Iterator<ResolveInfo> localIterator = null;
        if (localList != null) {
            localArrayList = new ArrayList<AppBean>();
            localIterator = localList.iterator();
        }
        while (true) {
            if (!localIterator.hasNext())
                break;
            ResolveInfo localResolveInfo = (ResolveInfo) localIterator.next();
            AppBean localAppBean = new AppBean();
            localAppBean.setIcon(localResolveInfo.activityInfo.loadIcon(localPackageManager));
            localAppBean.setName(localResolveInfo.activityInfo.loadLabel(localPackageManager).
            toString());
            localAppBean.setPackageName(localResolveInfo.activityInfo.packageName);
            localAppBean.setDataDir(localResolveInfo.activityInfo.applicationInfo.publicSourceDir);
            localAppBean.setLauncherName(localResolveInfo.activityInfo.name);
            String pkgName = localResolveInfo.activityInfo.packageName;
            PackageInfo mPackageInfo;
            try {
```

```
        mPackageInfo = mContext.getPackageManager().getPackageInfo(pkgName, 0);
        if ((mPackageInfo.applicationInfo.flags & mPackageInfo.applicationInfo.FLAG_
        SYSTEM) > 0) {//系统预装
            localAppBean.setSysApp(true);
        }
    } catch (NameNotFoundException e) {
        e.printStackTrace();
    }

    String noSeeApk = localAppBean.getPackageName();

    // 屏蔽自己 、芒果 、tcl新
    if (!noSeeApk.equals("com.cqsmiletv") && !noSeeApk.endsWith("com.starcor.hunan")
    && !noSeeApk.endsWith("com.tcl.matrix.tventrance")) {
        localArrayList.add(localAppBean);
    }
    }
    return localArrayList;
}

public ArrayList<AppBean> getUninstallAppList() {
    PackageManager localPackageManager = mContext.getPackageManager();
    Intent localIntent = new Intent("android.intent.action.MAIN");
    localIntent.addCategory("android.intent.category.LAUNCHER");
    List<ResolveInfo> localList = localPackageManager.queryIntentActivities(localIntent, 0);
    ArrayList<AppBean> localArrayList = null;
    Iterator<ResolveInfo> localIterator = null;
    if (localList != null) {
        localArrayList = new ArrayList<AppBean>();
        localIterator = localList.iterator();
    }
    while (true) {
        if (!localIterator.hasNext())
            break;
        ResolveInfo localResolveInfo = (ResolveInfo) localIterator.next();
        AppBean localAppBean = new AppBean();
        localAppBean.setIcon(localResolveInfo.activityInfo.loadIcon(localPackageManager));
        localAppBean.setName(localResolveInfo.activityInfo.loadLabel (localPackage
        Manager).toString());
        localAppBean.setPackageName(localResolveInfo.activityInfo.packageName);
        localAppBean.setDataDir(localResolveInfo.activityInfo.applicationInfo.
        publicSourceDir);
        String pkgName = localResolveInfo.activityInfo.packageName;
        PackageInfo mPackageInfo;
        try {
            mPackageInfo = mContext.getPackageManager().getPackageInfo(pkgName, 0);
            if ((mPackageInfo.applicationInfo.flags &
            mPackageInfo.applicationInfo.FLAG_SYSTEM) > 0) {//系统预装
                localAppBean.setSysApp(true);
            } else {
                localArrayList.add(localAppBean);
            }
        } catch (NameNotFoundException e) {
            e.printStackTrace();
        }
    }
    return localArrayList;
}

public ArrayList<AppBean> getAutoRunAppList() {
    PackageManager localPackageManager = mContext.getPackageManager();
    Intent localIntent = new Intent("android.intent.action.MAIN");
    localIntent.addCategory("android.intent.category.LAUNCHER");
    List<ResolveInfo> localList = localPackageManager.queryIntentActivities(localIntent, 0);
    ArrayList<AppBean> localArrayList = null;
    Iterator<ResolveInfo> localIterator = null;
    if (localList != null) {
        localArrayList = new ArrayList<AppBean>();
```

```
            localIterator = localList.iterator();
        }

    while (true) {
        if (!localIterator.hasNext())
            break;
        ResolveInfo localResolveInfo = localIterator.next();
        AppBean localAppBean = new AppBean();
        localAppBean.setIcon(localResolveInfo.activityInfo.loadIcon(localPackageManager));
        localAppBean.setName(localResolveInfo.activityInfo.loadLabel(localPackage
        Manager).toString());
        localAppBean.setPackageName(localResolveInfo.activityInfo.packageName);

localAppBean.setDataDir(localResolveInfo.activityInfo.applicationInfo.publicSourceDir);
        String pkgName = localResolveInfo.activityInfo.packageName;
        String permission = "android.permission.RECEIVE_BOOT_COMPLETED";
        try {
            PackageInfo mPackageInfo = mContext.getPackageManager().getPackageInfo(pkgName, 0);
            if ((PackageManager.PERMISSION_GRANTED == localPackageManager. CheckPermission
(permission, pkgName)) && !((mPackageInfo.applicationInfo.flags & mPackageInfo.applicationInfo.
FLAG_SYSTEM) > 0)) {
                localArrayList.add(localAppBean);
            }
        } catch (NameNotFoundException e) {
            e.printStackTrace();
        }
    }
    return localArrayList;
}
}
```

在应用程序管理界面中还可以设置某个应用程序开机自动启动，如图18-6所示。

图18-6   开机自启动管理界面

另外本系统中还拥有很多重要的功能，具体功能请参考图18-1所示。为节省本书的篇幅，其他功能将不再详细讲解，具体信息请读者参考本书附带光盘中的代码。

读书笔记

读书笔记

欢迎来到异步社区!

异步社区的来历

异步社区(www.epubit.com.cn)是人民邮电出版社旗下IT专业图书旗舰社区,于2015年8月上线运营。

异步社区依托于人民邮电出版社20余年的IT专业优质出版资源和编辑策划团队,打造传统出版与电子出版和自出版结合、纸质书与电子书结合、传统印刷与POD按需印刷结合的出版平台,提供最新技术资讯,为作者和读者打造交流互动的平台。

社区里都有什么?

购买图书

我们出版的图书涵盖主流IT技术,在编程语言、Web技术、数据科学等领域有众多经典畅销图书。社区现已上线图书1000余种,电子书400多种,部分新书实现纸书、电子书同步出版。我们还会定期发布新书书讯。

下载资源

社区内提供随书附赠的资源,如书中的案例或程序源代码。

另外,社区还提供了大量的免费电子书,只要注册成为社区用户就可以免费下载。

与作译者互动

很多图书的作译者已经入驻社区,您可以关注他们,咨询技术问题;可以阅读不断更新的技术文章,听作译者和编辑畅聊好书背后有趣的故事;还可以参与社区的作者访谈栏目,向您关注的作者提出采访题目。

灵活优惠的购书

您可以方便地下单购买纸质图书或电子图书,纸质图书直接从人民邮电出版社书库发货,电子书提供多种阅读格式。

对于重磅新书,社区提供预售和新书首发服务,用户可以第一时间买到心仪的新书。

用户帐户中的积分可以用于购书优惠。100 积分 =1 元,购买图书时,在 `0` 使用积分 里填入可使用的积分数值,即可扣减相应金额。

纸电图书组合购买

　　社区独家提供纸质图书和电子书组合购买方式，价格优惠，一次购买，多种阅读选择。

社区里还可以做什么？

提交勘误

　　您可以在图书页面下方提交勘误，每条勘误被确认后可以获得 100 积分。热心勘误的读者还有机会参与书稿的审校和翻译工作。

写作

　　社区提供基于 Markdown 的写作环境，喜欢写作的您可以在此一试身手，在社区里分享您的技术心得和读书体会，更可以体验自出版的乐趣，轻松实现出版的梦想。

　　如果成为社区认证作译者，还可以享受异步社区提供的作者专享特色服务。

会议活动早知道

　　您可以掌握 IT 圈的技术会议资讯，更有机会免费获赠大会门票。

加入异步

　　扫描任意二维码都能找到我们：

异步社区	微信服务号	微信订阅号	官方微博	QQ 群：368449889

社区网址：www.epubit.com.cn

投稿 & 咨询：contact@epubit.com.cn